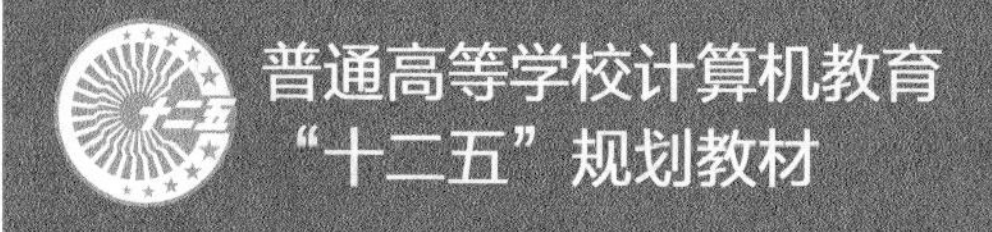

普通高等学校计算机教育

"十二五"规划教材

卓越工程师培养计划推荐教材

——软件开发类

C#
应用开发与实践

■ 胡学钢 主编 ■ 刘东杰 吕进来 副主编

人民邮电出版社

北京

图书在版编目（CIP）数据

C#应用开发与实践 / 胡学钢主编. -- 北京 : 人民邮电出版社, 2012.12（2021.8重印）
普通高等学校计算机教育“十二五”规划教材
ISBN 978-7-115-29719-8

Ⅰ. ①C… Ⅱ. ①胡… Ⅲ. ①C语言－程序设计－高等学校－教材 Ⅳ. ①TP312

中国版本图书馆CIP数据核字(2012)第271968号

内 容 提 要

本书系统全面地介绍有关C#程序开发所涉及的各类知识。全书共分20章，内容包括初识C#语言、C#程序的组成元素、变量和常量、表达式及运算符、流程控制语句、字符与字符串、数组、面向对象程序设计基础、异常处理与调试、Windows窗体及控件、ADO.NET操作数据库、面向对象高级技术、委托与事件、文件与流、网络与多线程、GDI+绘图、C#语言新特性、综合案例——进销存管理系统、课程设计——雷速下载专家、课程设计——快递单打印系统。全书每章内容都与实例紧密结合，有助于读者理解知识、应用知识，达到学以致用的目的。

本书附有配套DVD光盘，光盘中提供本书所有实例、综合实例、实验、综合案例和课程设计的源代码、制作精良的电子课件PPT及教学录像、《C#编程词典（个人版）》体验版学习软件。其中，源代码全部经过精心测试，能够在Windows XP、Windows 2003、Windows 7系统下编译和运行。

本书可作为本科计算机专业、软件学院、高职软件专业及相关专业的教材，同时也适合C#爱好者和初、中级的C#程序开发人员参考使用。

◆ 主　　编　胡学钢
　副 主 编　刘东杰　吕进来
　责任编辑　李海涛

◆ 人民邮电出版社出版发行　　北京市丰台区成寿寺路11号
　邮编　100164　　电子邮件　315@ptpress.com.cn
　网址　http://www.ptpress.com.cn
　北京九州迅驰传媒文化有限公司印刷

◆ 开本：787×1092　1/16
　印张：25.75　　　2012年12月第1版
　字数：709千字　　2021年8月北京第12次印刷

ISBN 978-7-115-29719-8

定价：52.00元（附光盘）

读者服务热线：(010)81055256　印装质量热线：(010)81055316
反盗版热线：(010)81055315
广告经营许可证：京东市监广登字20170147号

前　言

C#语言是微软公司推出的具有战略意义的、完全面向对象的一种编程语言，它是当今最主流的面向对象编程语言之一。目前，大多数高校的计算机专业和IT培训学校，都将C#作为教学内容之一，这对于培养学生的计算机应用能力具有非常重要的意义。

在当前的教育体系下，实例教学是计算机语言教学最有效的方法之一，本书将C#语言知识和实用的实例有机结合起来，一方面，跟踪C#语言的发展，适应市场需求，精心选择内容，突出重点、强调实用，使知识讲解全面、系统；另一方面，设计典型的实例，将实例融入到知识讲解中，使知识与实例相辅相成，既有利于读者学习知识，又有利于指导读者实践。另外，本书在每一章的后面还提供了习题和实验，方便读者及时验证自己的学习效果（包括理论知识和动手实践能力）。

本书作为教材使用时，课堂教学建议60～65学时，实验教学建议15～20学时。各章主要内容和学时建议分配如下，老师可以根据实际教学情况进行调整。

章	主 要 内 容	课堂学时	实验学时
第1章	C#的发展历程、特点及编程环境、.NET Framework框架、安装与卸载Visual Studio 2010、熟悉Visual Studio 2010开发环境、安装并使用Help Library管理器、综合实例——创建一个Windows应用程序	2	1
第2章	引用命名空间、类的声明、Main方法的使用、常用的标识符和关键字、C#语句的构成、C#程序的代码注释、综合实例——在控制台中输出笑脸图案	2	1
第3章	数据类型的概念及其分类、数据类型之间的转换、拆箱和装箱、常量声明和使用、变量的声明和使用、综合实例——使用值类型和引用类型输出不同的字段	3	1
第4章	数据类型的概念及其分类、定义表达式、关系运算符、逻辑运算符、特殊运算符、运算符优先级、综合实例——在控制台中实现模拟登录	3	1
第5章	if条件语句、switch语句、while和do…while循环语句、for循环语句、foreach循环语句、跳转语句、综合实例——哥德巴赫猜想算法的实现	3	1
第6章	字符类Char、字符串类String、常见的字符串操作方法、StringBuilder可变字符串类、综合实例——根据汉字获得其区位码	3	1
第7章	一维数组和二维数组的声明与使用、通过冒泡法和选择法排序数组、添加和删除数组元素、ArrayList集合类的概述与应用、综合实例——设计一个简单客车售票程序	3	1

续表

章	主 要 内 容	课堂学时	实验学时
第 8 章	面向对象程序设计的基本概念、类与对象的使用、方法的声明及使用、字段和属性的声明、索引器的声明、面向对象的 3 个基本特征、结构的用途及使用方法、综合实例——定义商品库存结构	4	1
第 9 章	常用的公共异常类、try…catch 语句的功能及用法、throw 语句的功能及用法、try…catch…finally 语句的功能及用法、中断和停止调试、在代码中插入断点、综合实例——捕获数组越界异常	3	1
第 10 章	Windows 窗体的常用属性、事件和方法，调用 Windows 窗体，常用的 6 种基本控件，创建菜单、工具栏和状态栏，高级控件和组件的应用，综合实例——进销存管理系统登录窗口	3	1
第 11 章	ADO.NET 技术实现原理、使用 Connection 对象连接 SQL Server 数据库、应用 Command 命令对象操作数据库、应用 DataSet 对象与 DataReader 对象操作数据、BindingSource 组件和 DataGridView 控件的应用、综合实例——商品月销售统计表	3	1
第 12 章	接口的基本概念、实现接口的多重继承、抽象类及抽象方法的基本概念、抽象类及抽象方法的声明及使用方法、密封类及密封方法的基本概念、迭代器和分部类的使用、泛型的定义及使用方法、综合实例——利用接口实现选择不同语言	4	1
第 13 章	委托的概念及应用、匿名方法的概念及应用、委托的发布和订阅、事件的发布和订阅、Windows 事件概述、综合实例——运用委托实现两个数的四则运算	3	1
第 14 章	文件的基本操作、文件夹基本操作、数据流基础、流读写文件、综合实例——复制文件时显示进度条	4	1
第 15 章	System.Net 命名空间、System.Net.Sockets 命名空间、线程的挂起与恢复、线程的休眠和终止、线程的优先级、线程的同步、综合实例——设计点对点聊天程序	3	1
第 16 章	GDI+操作的基础类、画笔类和画刷类，绘制直线和矩形，绘制椭圆、弧形和扇形，绘制多边形，综合实例——绘制图形验证码	2	1
第 17 章	隐式类型 var 的用法、对象和集合初始化器的用法、自定义扩展方法、匿名类型的定义及使用、Lambda 表达式的定义及应用、自动实现属性的定义、查询表达式的基本应用、使用 LINQ 到 SQL 技术操作数据库、综合实例——使用 LINQ 过滤文章中包含特殊词语的句子	2	1
第 18 章	综合案例——进销存管理系统，包括需求分析、总体设计、数据库设计、公共类设计、系统主要模块开发和系统打包部署	4	0
第 19 章	课程设计——雷速下载专家，包括课程设计目的、功能描述、总体设计、公共类设计、实现过程、调试运行和课程设计总结	4	0
第 20 章	课程设计——快递单打印系统，包括课程设计目的、功能描述、总体设计、数据库设计、技术准备、实现过程、调试运行和课程设计总结	4	0

由于编者水平有限，书中难免存在疏漏和不足之处，敬请广大读者批评指正，使本书得以改进和完善。

编　者

2012 年 6 月

目 录

第 8 章　面向对象程序设计基础 ……113

第 9 章　异常处理与调试 ……………135

第 10 章　Windows 窗体及控件 ……147

第 11 章 ADO.NET 操作数据库······178

第 12 章 面向对象高级技术······202

第1章 初识C#语言

本章要点：

- C#的发展历程、特点及编程环境
- .NET Framework 框架
- 安装与卸载 Visual Studio 2010
- 熟悉 Visual Studio 2010 开发环境
- 安装并使用 Help Library 管理器

C#是微软公司推出的一种语法简洁、类型安全的面向对象的编程语言，开发人员可以通过它编写在.NET Framework 上运行的各种安全可靠的应用程序。本书中涉及的程序都是通过 Visual Studio 2010 开发环境编译的，Visual Studio 2010 开发环境是目前开发 C#应用程序最好的工具。本章将详细介绍 C#语言的相关内容，并且通过图文并茂的形式介绍安装与卸载 Visual Studio 2010 开发环境及其 Help Library 帮助的全过程。

1.1 C#概述

1.1.1 C#发展历程

1998 年，Anders Hejlsberg（Delphi 和 Turbo Pascal 语言的设计者）以及他的微软开发团队开始设计 C#语言的第一个版本。2000 年 9 月，ECMA（国际信息和通信系统司标准化组织）成立了一个任务组，着力为 C#编程语言定义一个建设标准。据称，其设计目标是制定“一个简单、现代、通用、面向对象的编程语言”，于是出台了 ECMA-334 标准，这是一种令人满意的简洁的语言，它有类似 Java 的语法，但显然又借鉴了 C++和 C 的风格。设计 C#语言是为了增强软件的健壮性，为此提供了数组越界检查和“强类型”检查，并且禁止使用未初始化的变量。C#语言的正式发布是从 2002 年伴随着 Visual Studio 开发平台一起开始的，其一经推出，就受到众多程序员的青睐，C#语言近些年的发展趋势如图 1-1 所示。

说明

从图 1-1 中可以看出，C#自从 2002 年正式发布以来，一直呈现稳定的上升趋势，而且作为微软公司全力推广的一种语言，它的发展前景也非常好。根据 TIOBE 的排名，截至 2012 年上半年，C#已经跃居编程语言排行榜的前 3 名。

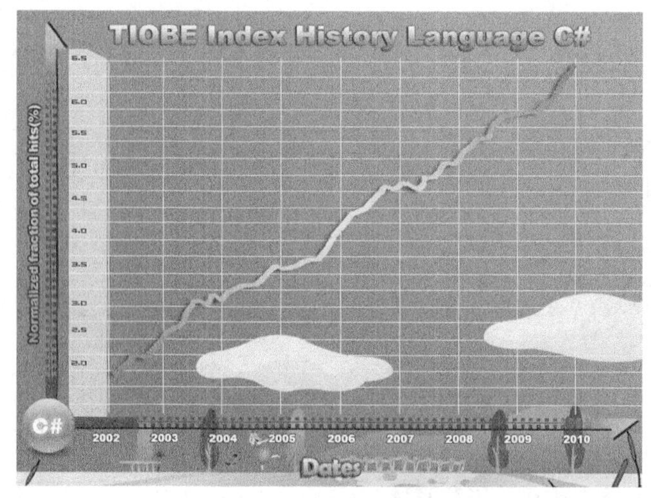

图 1-1 C#语言发展趋势

1.1.2 C#语言特点

C#是一种面向对象的编程语言，主要用于开发可以在.NET 平台上运行的应用程序。C#的语言体系都构建在.NET 框架上，它是从 C 和 C++派生来的一种简单、现代、面向对象和类型安全的编程语言，并且能够与.NET 框架完美结合。C#具有以下突出的特点。

（1）语法简洁，不允许直接操作内存，去掉了指针操作。

（2）彻底的面向对象设计。C#具有面向对象语言所应有的一切特性：封装、继承和多态。

（3）与 Web 紧密结合。C#支持绝大多数的 Web 标准，如 HTML、XML、SOAP 等。

（4）强大的安全性机制。可以消除软件开发中的常见错误（如语法错误），.NET 提供的垃圾回收器能够帮助开发者有效的管理内存资源。

（5）兼容性。因为 C#遵循.NET 的公共语言规范（CLS），从而保证能够与其他语言开发的组件兼容。

（6）完善的错误、异常处理机制。C#提供了完善的错误和异常处理机制，使程序在交付应用时能够更加健壮。

1.1.3 C#语言编程环境

目前，开发和运行 C#程序有多种选择，例如，用户可以从微软公司免费获取.NET 的软件开发工具箱（SDK）或购买功能强大的 Visual Studio.NET 开发环境，各自的特点如下。

- SDK 包含编译、运行和测试 C#程序的所有资源，它包含 C#语言编译器、JIT、编译器和相关文档。唯一不含有的是用来输入和编辑 C#程序的文本编辑器。
- Visual Studio.NET 是微软公司的完整开发环境，它包含一个集成开发环境（IDE）和高级 C#编辑器，同时还支持程序调试及许多可提高开发人员效率的附加功能。Visual Studio.NET 和 SDK 使用相同的 C#编译器和 JIT 编译器，运行时来编译和运行程序，用户可以准确运行同一程序而且运行速度相同。Visual Studio.NET 提供了功能强大的工具包，可以让用户轻松设计和编写 C#程序。

开发人员最常用的 Visual Studio 开发平台的最新版本是 Visual Studio 2010，其主界面如图 1-2 所示。

图 1-2　Visual Studio 2010 开发环境主界面

1.2　.NET Framework 简介

1.2.1　什么是.NET Framework

.NET Framework 是支持生成、运行下一代应用程序和 XML Web Services 的内部 Windows 组件，它简化了在高度分布式 Internet 环境中的应用程序开发。.NET Framework 旨在实现以下目标。

- 提供一个完善的面向对象编程环境，无论代码是在本地存储执行，还是在 Internet 上分布，或者是在远程执行的。
- 提供一个良好的代码执行环境，使开发人员的经验在面对类型大不相同的应用程序（如基于 Windows 的应用程序和基于 Web 的应用程序）时保持一致。
- 按照工业标准生成所有通信，以确保基于.NET Framework 的代码可与任何其他代码集成。

.NET Framework 包括公共语言运行库（简称 CLR）和.NET Framework 类库两个组件，下面分别对它们进行介绍。

1．公共语言运行库

公共语言运行库是.NET Framework 的基础，它为多种语言（例如 C#、VB、VC++等）提供了一种统一的运行环境。可以将公共语言运行库看做是一个在执行程序时进行代码管理的“工具”，代码管理的概念是运行库的基本原则。以运行库为目标的代码称为托管代码，而不以运行库为目标的代码称为非托管代码。托管代码具有许多优点，如跨语言集成、跨语言异常处理、增强的安全性、调试和分析服务等。

2．.NET Framework 类库

.NET Framework 为所有的.NET 程序语言提供了一个公共的基础类库，该类库中提供的面向对象的类就像许多零件，程序开发人员编写程序时只要思考程序逻辑的部分，其他（如数学计算、字符操作、数据库操作等）各种复杂功能，利用这些类实现即可，其特点如下。

- .NET Framework 类库是一个综合性的面向对象的可重用类型集合，可以使用它开发多种应用程序，这些应用程序包括传统的命令行或图形用户界面（比如，常见的 Windows 窗口）应用程序，也包括基于 ASP.NET 所提供的应用程序（比如，网页窗口和 XML Web Services 服务）。

- .NET Framework 类库是一个与公共语言运行库紧密集成的可重用的类型集合。该类库是面向对象的，这不但使.NET Framework 类型易于使用，而且还减少了学习.NET Framework 新功能所需要的时间。
- 第 3 方组件可与.NET Framework 中的类实现无缝集成。例如，可以在.NET 中使用第 3 方 Jmail 组件实现邮件发送功能，使用第 3 方 FreeTextBox 组件制作文本编辑框等。
- 类库还包括支持多种专用开发方案的类型。

1.2.2 C#与.NET Framework 的关系

NET Framework（中文译作.NET 框架，通常简称为.NET）是微软公司推出的一个全新的编程平台，目前常用的版本是 4.0。C#语言是微软公司专门为.NET Framework 量身打造的首选编程语言，目前常用版本是 4.0。C#就其本身而言只是一种语言，尽管它是用于生成面向.NET 环境的代码，但它本身不是.NET 的一部分。打个比方说，就像是枪支与子弹的关系，子弹需要在枪中才能发射出去，但子弹不是枪的一部分。另外，.NET 支持的一些特性，C#并不支持，而 C#支持的另一些特性，.NET 也不支持（例如运算符重载）。在安装 Visual Studio 开发平台的同时，.NET Framework 框架也被安装到本地计算机中。

C#与.NET 的关系如图 1-3 所示。

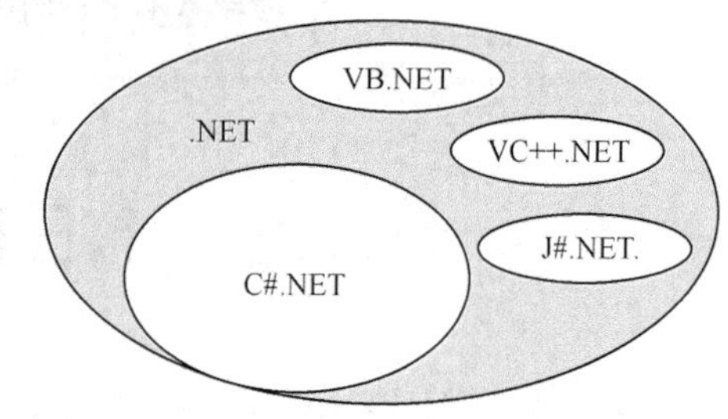

图 1-3 C#与.NET 的关系图

1.3 安装与卸载 Visual Studio 2010

Visual Studio 2010 是微软公司为了配合.NET 战略推出的 IDE 开发环境，同时，它也是目前开发 C#应用程序最好的工具，本节将对 Visual Studio 2010 的安装与卸载进行详细讲解。

1.3.1 系统必备

安装 Visual Studio 2010 之前，首先要了解安装 Visual Studio 2010 所需的必备条件，检查计算机的软硬件配置是否满足 Visual Studio 2010 开发环境的安装要求，具体要求如表 1-1 所示。

表 1-1 安装 Visual Studio 2010 所需的必备条件

名　称	说　明
处理器	1.6GHz 处理器，建议使用 2.0GHz 双核处理器
RAM	1GB，建议使用 2GB 内存
可用硬盘空间	系统驱动器上需要 5.4GB 的可用空间，安装驱动器上需要 2GB 的可用空间
CD-ROM 驱动器或 DVD-ROM	必须使用
操作系统及所需补丁	Windows XP Service Pack 3、Windows Server 2003 Service Pack 2、Windows Vista 或 Windows 7

1.3.2 安装 Visual Studio 2010

下面将详细介绍如何安装 Visual Studio 2010，使读者掌握每一步的安装过程。阅读本节之后，读者完全可以自行安装 Visual Studio 2010。安装 Visual Studio 2010 的步骤如下。

（1）将 Visual Studio 2010 安装盘放到光驱中，光盘自动运行后会进入安装程序文件界面，如果光盘不能自动运行，可以双击 setup.exe 可执行文件，应用程序会自动跳转到如图 1-4 所示的“Visual Studio 2010 安装程序”界面。该界面上有 2 个安装选项：安装 Microsoft Visual Studio 2010 和检查 Service Release，一般情况下需安装第一项。

（2）单击第一个安装选项“安装 Microsoft Visual Studio 2010”，弹出如图 1-5 所示的“Microsoft Visual Studio 2010 旗舰版”安装向导界面。

图 1-4　Visual Studio 2010 安装界面

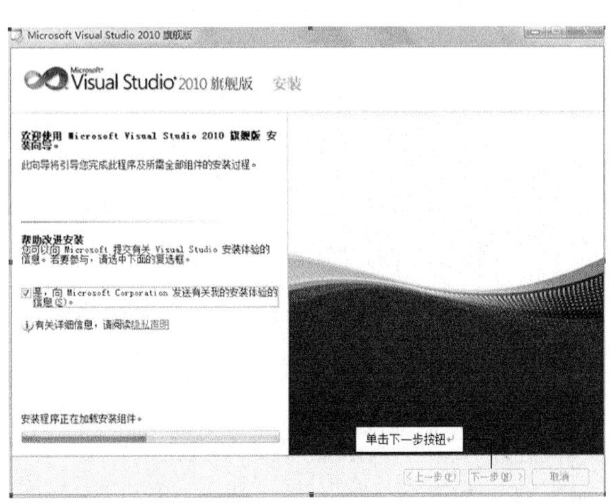

图 1-5　Visual Studio 2010 安装向导

（3）单击“下一步”按钮，弹出如图 1-6 所示的“Microsoft Visual Studio 2010 旗舰版安装程序—起始页”界面，该界面左边显示的是 Visual Studio 2010 将安装的组件信息，右边显示用户许可协议。

（4）选中“我已阅读并接受许可条款”单选按钮，单击“下一步”按钮，弹出如图 1-7 所示的“Microsoft Visual Studio 2010 旗舰版安装程序—选项页”界面，用户可以选择要安装的功能和产品安装路径。一般使用默认设置即可，产品默认路径为“C:\Program Files\Microsoft Visual Studio 10.0\”。在本程序中的安装路径为“D:\Program Files\Microsoft Visual Studio 10.0\”。

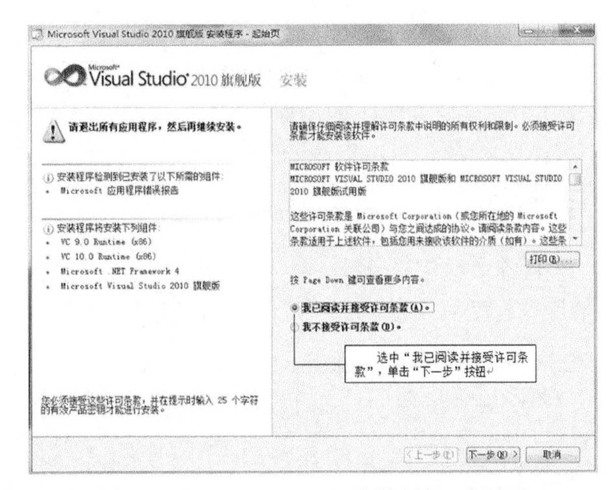

图 1-6　Visual Studio 2010 安装程序—起始页

在选择安装选项页中，用户可以选择“完全”和“自定义”2 种安装方式。如果选择“完全”，安装程序会安装系统的所有功能，如图 1-7 所示。如果选择“自定义”，用户可以选择希望安装的项目，增加了安装程序的灵活性，如图 1-8 所示。

（5）在图 1-7 中，选择好产品安装路径单击“安装”按钮，进入产品的安装界面，如图 1-8 所示。

在图 1-8 中，选择好产品安装路径单击“下一步”按钮，进入选择要安装的功能界面，如图 1-9 所示。

（6）选择好产品要安装的功能之后，单击“安装”按钮，进入如图 1-10 所示的“Microsoft Visual Studio 2010 旗舰版安装程序—安装页”界面，显示正在安装组件。

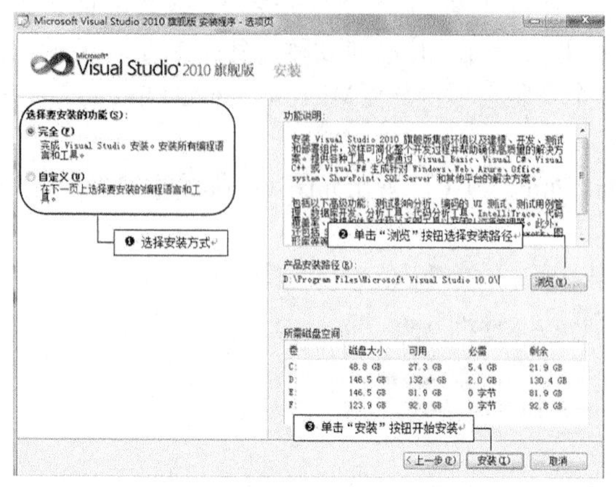

图 1-7　选择“完全”安装方式

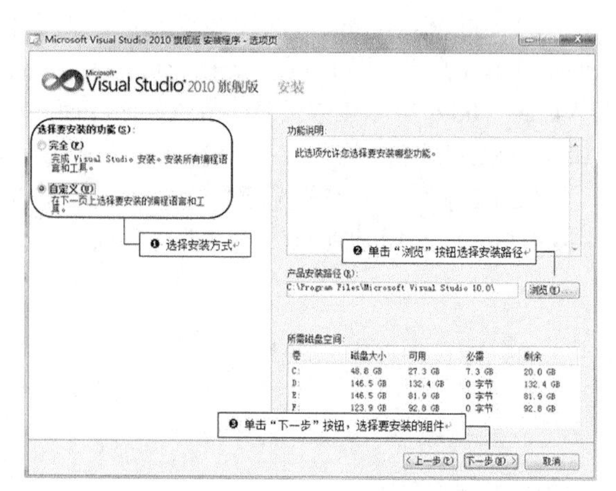

图 1-8　选择“自定义”安装方式

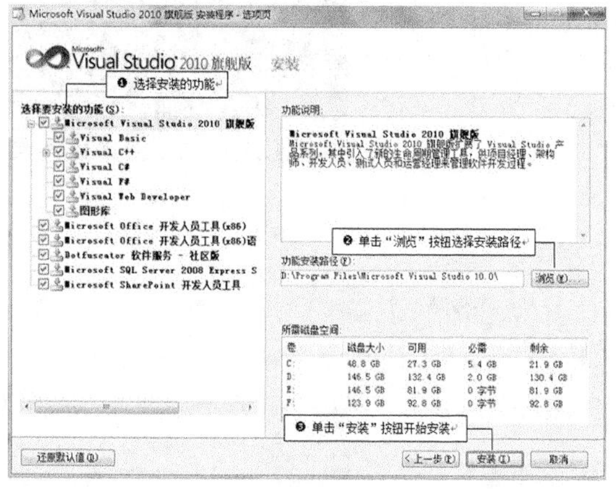

图 1-9　选择安装的功能

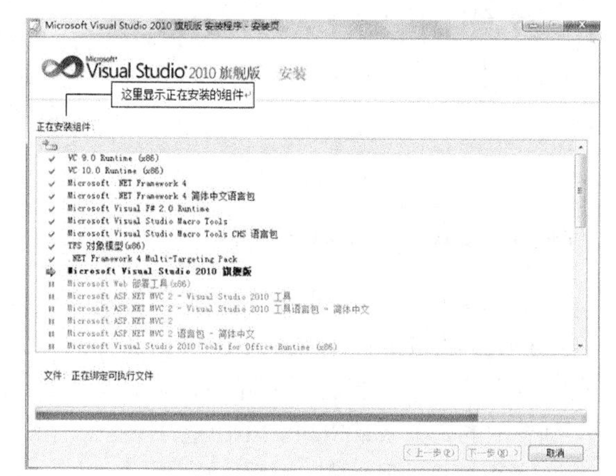

图 1-10　Visual Studio 2010 安装程序—安装页

（7）安装完毕后，单击“下一步”按钮，弹出如图 1-11 所示的“Microsoft Visual Studio 2010 旗舰版安装程序—完成页”界面，单击“完成”按钮。至此，Visual Studio 2010 程序开发环境安装完成。

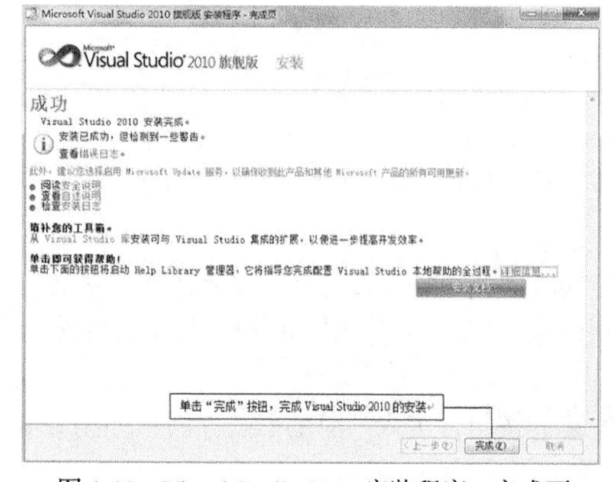

图 1-11　Visual Studio 2010 安装程序—完成页

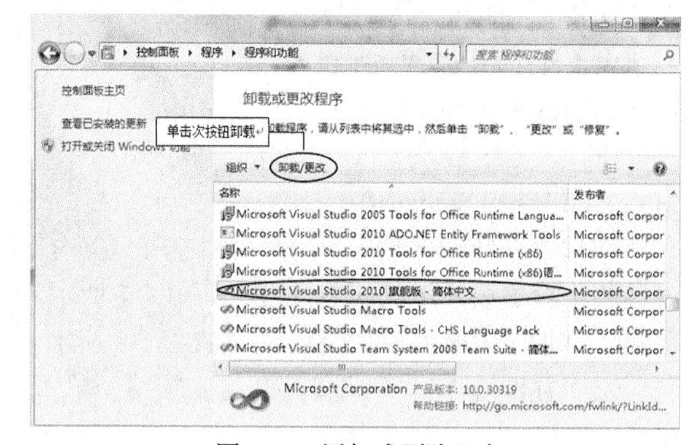

图 1-12　添加或删除程序

1.3.3　卸载 Visual Studio 2010

如果想卸载 Visual Studio 2010，可以按以下步骤进行。

（1）在 Windows 7 操作系统中，打开“控制面板”/“程序”/“程序和功能”，在打开的窗口中选中“Microsoft Visual Studio 2010 旗舰版—简体中文”，如图 1-12 所示。

（2）选中“Microsoft Visual Studio 2010 旗舰版—简体中文”后，单击“卸载/更改”按钮进入 Microsoft Visual Studio 2010 安装程序—维护页 1，如图 1-13 所示。

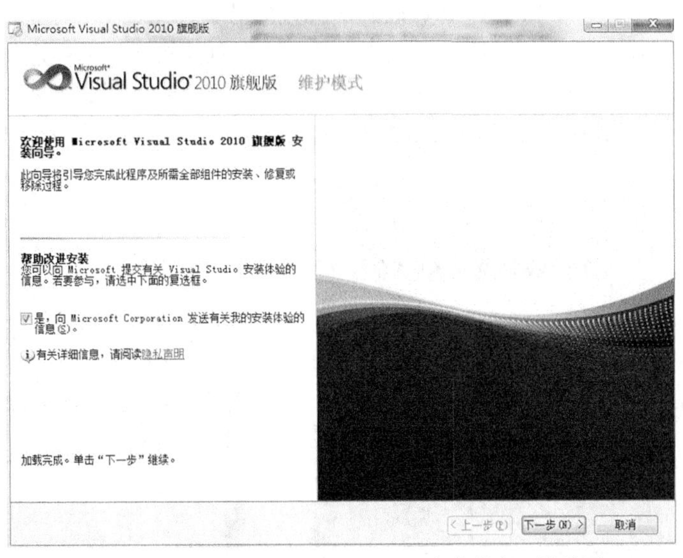

图 1-13　Microsoft Visual Studio 2010 安装程序—维护页 1

（3）单击“下一步”按钮，进入 Microsoft Visual Studio 2010 安装程序—维护页 2，如图 1-14 所示。单击“卸载”进行卸载。

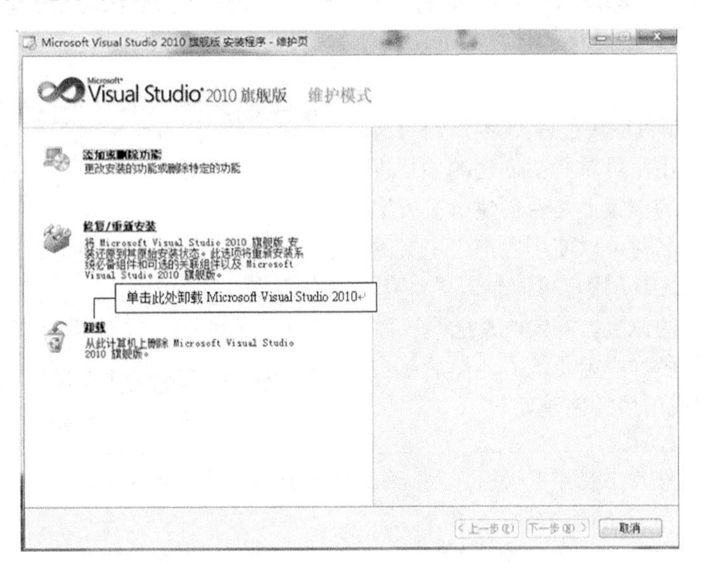

图 1-14　Microsoft Visual Studio 2010 安装程序—维护页 2

1.4　熟悉 Visual Studio 2010 开发环境

Visual Studio 2010 是一套完整的开发工具集，用于生成 Windows 桌面应用程序、控制台应用程序、ASP.NET Web 应用程序、XML Web Services 和移动应用程序等，它提供了在设计、开发、调试和部署 Windows 应用程序、Web 应用程序、XML Web Services 和传统的客户端应用程序时所需的工具。本节将对 Visual Studio 2010 开发环境进行详细介绍。

1.4.1 创建项目

选择“开始”/“程序”/“Microsoft Visual Studio 2010”/“Microsoft Visual Studio 2010”命令，启动 Visual Studio 2010 开发环境。用户可以通过两种方法创建项目：一种是选择“文件”/“新建项目”命令，如图 1-15 所示。另一种是通过“起始页”/“新建项目”，如图 1-16 所示。

选择其中一种方法创建项目，将弹出如图 1-17 所示的“新建项目”对话框。

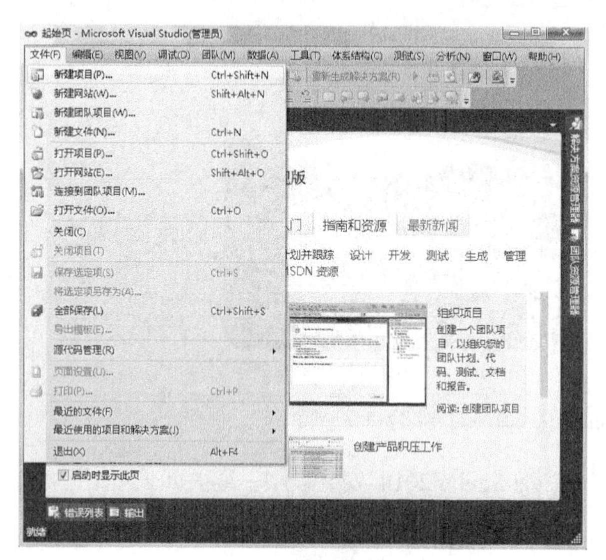

图 1-15 创建项目 1

图 1-16 创建项目 2

选择创建“控制台应用程序”(当然也可选择其他类型)后，用户可对所要创建的项目进行命名、选择保存的位置、是否创建解决方案目录的设定，在命名时可以使用用户自定义的名称，也可使用默认名，用户可以单击“浏览”按钮设置项目保存的位置。需要注意的是，解决方案名称与项目名称一定要统一，然后单击“确定”按钮，完成项目的创建。

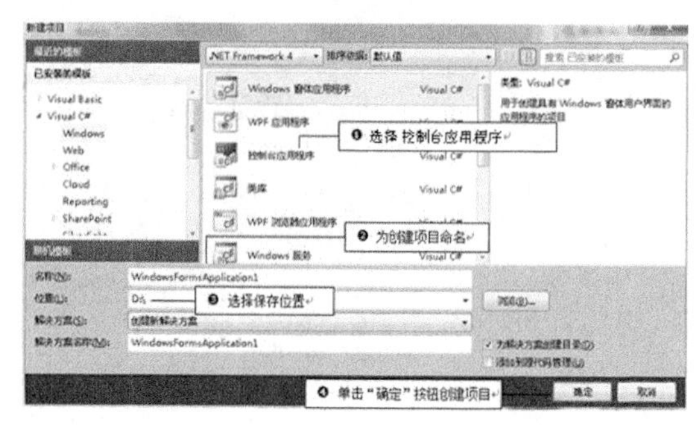

图 1-17 “新建项目”对话框

控制台应用程序是 Windows 系统组件的一部分，而 Windows 应用程序是指可以在 Windows 平台上运行的所有程序。

1.4.2 窗体设计器

窗体设计器是一个可视化窗口，开发人员可以使用 Visual Studio 2010 工具箱中提供的各种控件来对该窗口进行设计，以适用于不同的需求。窗体设计器如图 1-18 所示。

当使用 Visual Studio 2010 工具箱中提供的各种控件来对窗体设计窗口进行设计时，可以使用鼠标将控件直接拖放到窗体设计窗口中，如图 1-19 所示。

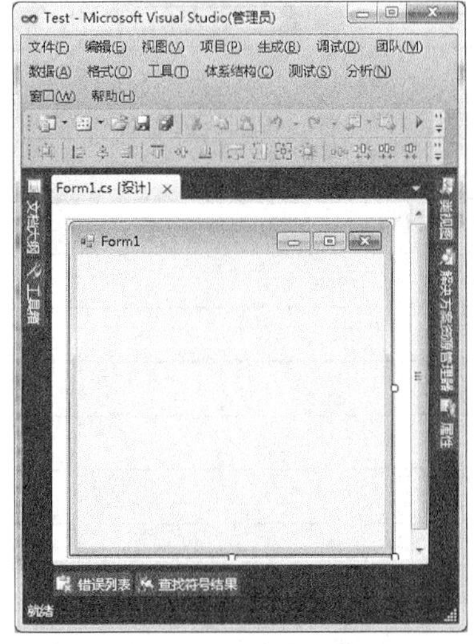

图 1-18　窗体设计器

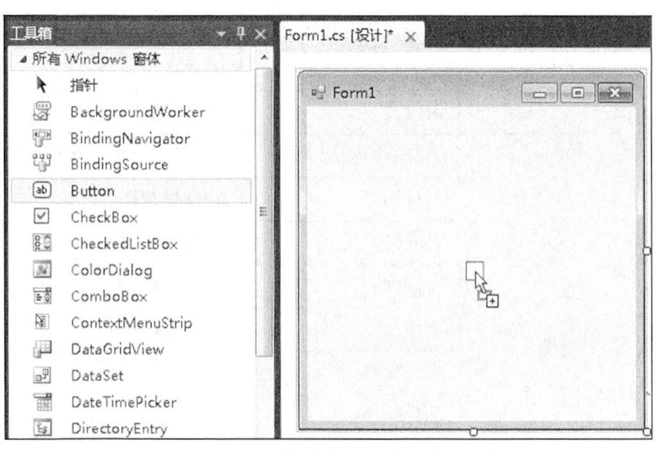

图 1-19　使用鼠标将控件拖放到窗体设计窗口中

1.4.3　代码设计器

在 Visual Studio 2010 开发环境中，双击窗体设计器可以进入代码设计器窗口，代码设计器是一个可视化窗口，开发人员可以在该设计窗口中编写 C#代码。代码设计器如图 1-20 所示。

```
Form1.cs*  Form1.cs [设计]*
Test.Form1
 4  using System.Data;
 5  using System.Drawing;
 6  using System.Linq;
 7  using System.Text;
 8  using System.Windows.Forms;
 9
10  namespace Test
11  {
12      public partial class Form1 : Form
13      {
14          public Form1()
15          {
16              InitializeComponent();
17          }
18
19          private void Form1_Load(object sender, EventArgs e)
20          {
21
22          }
23      }
24  }
```

图 1-20　代码设计器

1.4.4　菜单栏

菜单栏显示了所有可用的命令。通过鼠标单击可以执行菜单命令，也可以通过快捷键执行菜单命令。部分菜单命令及其功能如表 1-2 所示。

表 1-2　菜单命令及功能

菜　单　项	菜单命令	功　　能
文件	新建	建立一个新的项目、网站、文件、团队项目等
	打开	打开一个已经存在的项目、网站、文件等
	添加	添加一个项目到当前所编辑的项目中
	全部保存	将项目中所有文件保存
	导出模板	将当前项目作为模板保存起来，生成.zip 文件
	最近的文件	打开最近操作的文件（例如类文件）
	最近的文档	打开最近操作的文件（例如解决方案）
编辑	剪切	将选定内容放入剪贴板，同时删除文档中所选的内容
	复制	将选定内容放入剪贴板，但不删除文档中所选的内容
	粘贴	将剪贴板中的内容粘贴到当前光标处
	删除	删除所选定内容
	全选	选择当前文档中全部内容

续表

菜 单 项	菜单命令	功 能
编辑	查找和替换	在当前窗口文件中查找指定内容，可将查找到的内容替换为指定信息
	定位到	定位到某个类、方法、属性或者事件
视图	解决方案资源管理器	显示解决方案资源管理器窗口
	类视图	显示类视图
	对象浏览器	显示对象浏览器窗口
	错误列表	显示错误列表窗口
	输出	显示输出窗口
	属性窗口	显示属性窗口
	工具箱	显示工具箱窗口
	工具栏	打开工具栏菜单（例如标准工具栏、调试工具栏）
	属性窗口	显示属性窗口
	属性页	为用户控件显示属性页

1.4.5 工具栏

为了操作更方便、快捷，菜单项中常用的命令按功能分组分别放入相应的工具栏中。通过工具栏可以迅速地访问常用的菜单命令。常用的工具栏有标准工具栏和调试工具栏，下面分别介绍。

（1）标准工具栏包括大多数常用的命令按钮，如新建项目、添加项目、打开文件、保存、全部保存等，如图 1-21 所示。

（2）调试工具栏包括对应用程序进行调试的快捷按钮，如图 1-22 所示。

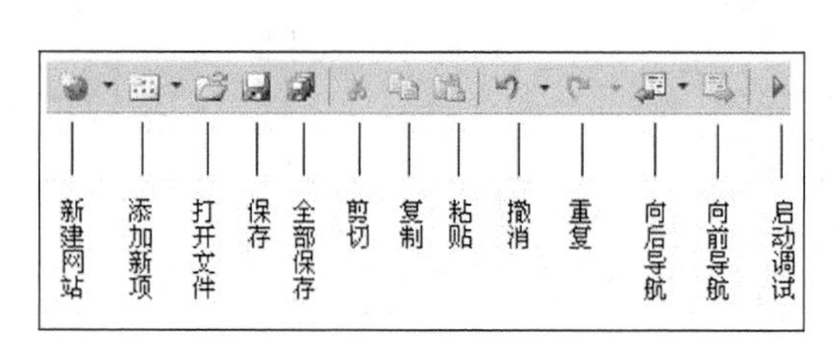

图 1-21 Visual Studio 2010 标准工具栏

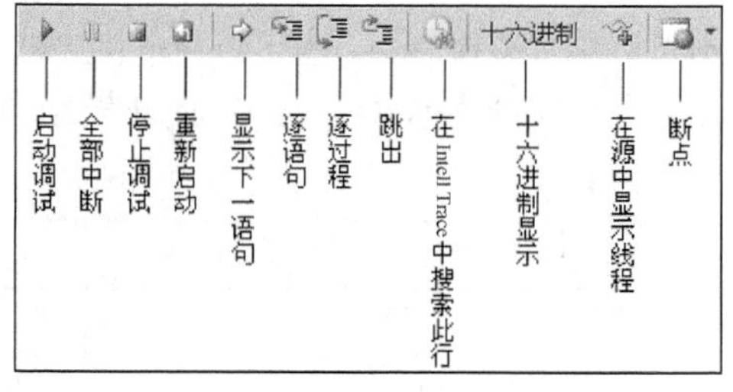

图 1-22 Visual Studio 2010 调试工具栏

说明

在调试程序或运行程序的过程中，通常可用以下 4 种快捷键来操作：

（1）按下〈F5〉快捷键实现调试运行程序；

（2）按下〈Ctrl+F5〉快捷键实现不调试运行程序；

（3）按下〈F11〉快捷键实现逐语句调试程序；

（4）按下〈F10〉快捷键实现逐过程调试程序。

1.4.6 工具箱面板

工具箱是 Visual Studio 2010 的重要组成部分，它提供了进行.NET 应用程序开发的常用控件。通过工具箱，开发人员可以方便地进行可视化的窗体设计，简化了程序设计的工作量，提高了工作效率。在 Windows 窗体应用程序开发中，根据控件功能的不同，将工具箱划分为 12 个栏目，如图 1-23 所示。

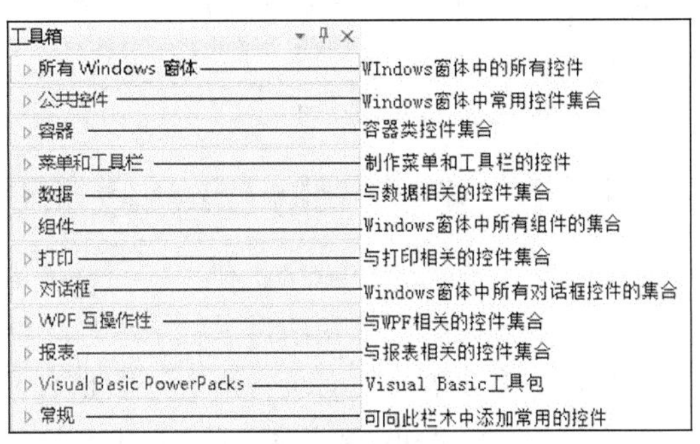

图 1-23　“工具箱”面板

单击某个栏目，显示该栏目下的所有控件，如图 1-24 所示。当需要某个控件时，可以通过双击所需要的控件直接将控件加载到窗体上，也可以先单击选择需要的控件，再将其拖动到设计窗体上。工具箱面板中的控件可以通过工具箱右键菜单（见图 1-25）来控制，如实现控件的排序、删除、显示方式等。

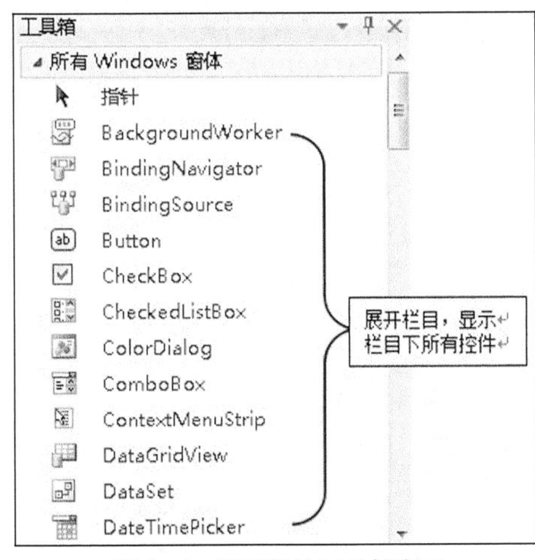

图 1-24　展开后的工具箱窗口

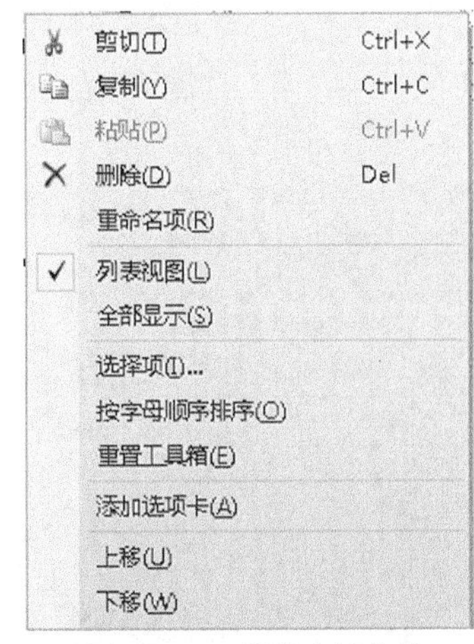

图 1-25　工具箱右键菜单

1.4.7　属性面板

“属性”面板是 Visual Studio 2010 中一个重要的工具，该窗口中为 Windows 窗体应用程序的开发提供了简单的属性修改方式。对窗体应用程序开发中的各个控件属性都可以由“属性”面板设置完成。“属性”面板不仅提供了属性的设置及修改功能，还提供了事件的管理功能。“属性”面板可以管理控件的事件，方便编程时对事件的处理。

“属性”面板采用了两种方式管理属性和事件，分别为按分类方式和按字母顺序方式。读者可以根据自己的习惯采用不同的方式。面板的下方还有简单的帮助，方便开发人员对控件的属性进行操作和修改，“属性”面板的左侧是属性名称，相对应的右侧是属性值。“属性”面板如图 1-26 所示。

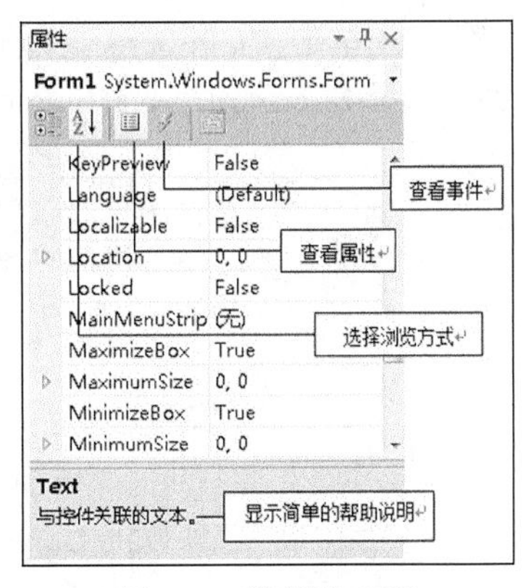

图 1-26　“属性”面板

1.5　Visual Studio 2010 帮助系统

Visual Studio 2010 中提供了一个广泛的帮助工具，称为 Help Library 管理器。在 Help Library

管理器中，用户可以查看任何 C#语句、类、属性、方法、编程概念及一些编程的例子。帮助工具包括用于 Visual Studio IDE、.NET Framework、C#、J#、C++等的参考资料。用户可以根据需要进行筛选，使其只显示某方面（C#）的相关信息。

1.5.1 安装 Help Library 管理器

在 Visual Studio 2010 中提供了一个强大的帮助工具，称为 Help Library 管理器，Help Library 管理器是开发人员在开发项目过程中最好的帮手，它包含了对 C#语言各方面知识的讲解，并附有示例代码。本小节将对 Help Library 管理器的安装及使用进行详细讲解。

安装 Help Library 管理器的步骤如下。

（1）在 Visual Studio 2010 安装程序—完成页中，单击“安装文档”按钮，如图 1-27 所示。

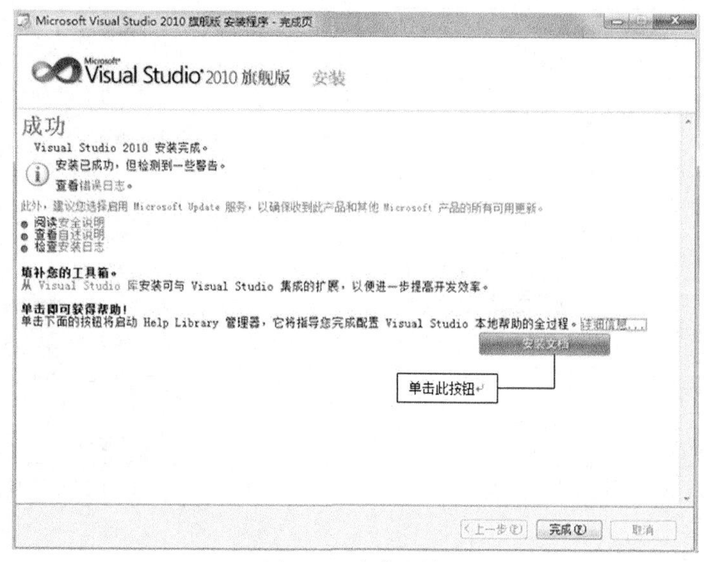

图 1-27　安装文档

（2）单击“安装文档”按钮后，进入如图 1-28 所示设置本地内容位置界页，单击“浏览”按钮，选择 Microsoft Visual Studio 2010 Help Library 管理器的安装路径。

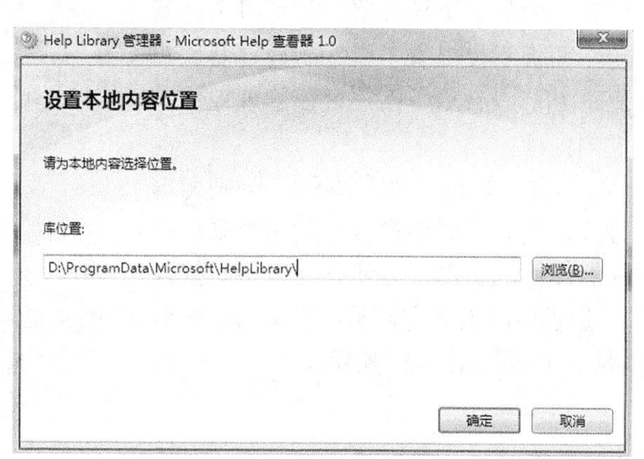

图 1-28　设置本地内容位置界面

（3）选择好安装位置后，单击“确定”按钮，进入如图 1-29 所示的 Help Library 管理器的从磁盘安装内容界面，在“操作”下添加要安装的内容。

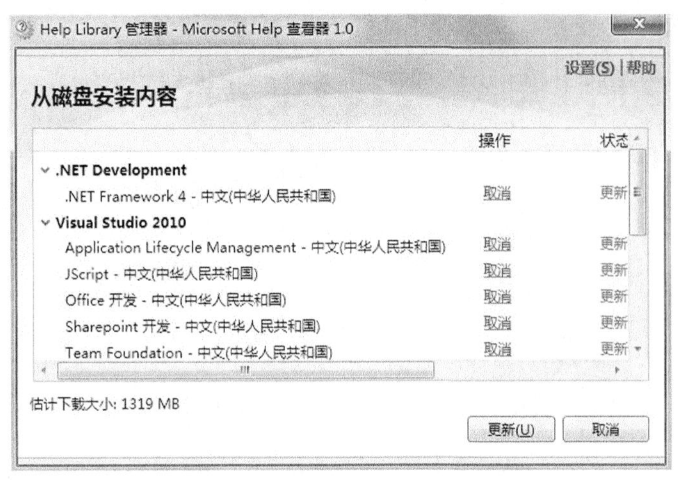

图 1-29 从磁盘安装内容界面

（4）单击“更新”按钮，进入如图 1-30 所示的 Help Library 管理器的更新界面。

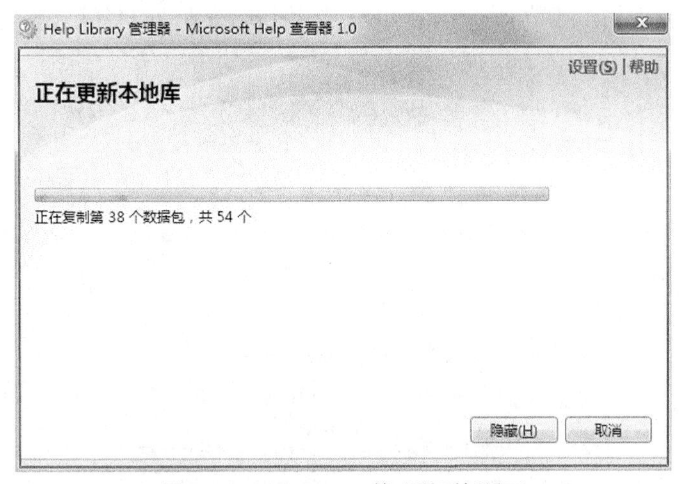

图 1-30 Help Library 管理器更新界面

（5）本地库更新完成后将自动弹出 Help Library 管理器页面，如图 1-31 所示。

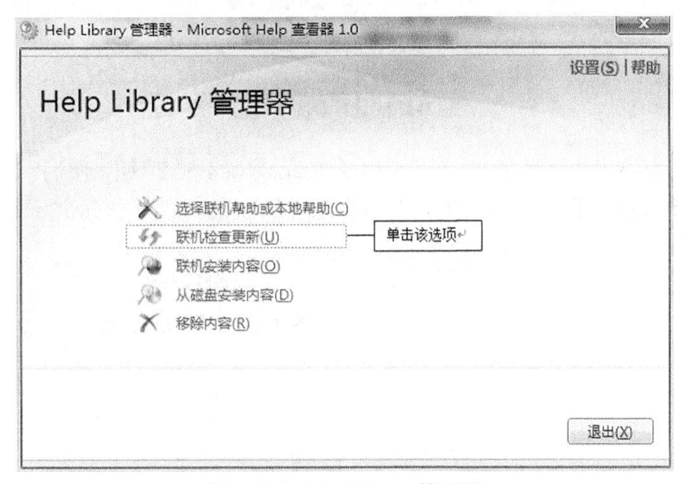

图 1-31 Help Library 管理器

（6）选择“联机检查更新”，将弹出 Help Library 管理器设置页面，如图 1-32 所示。

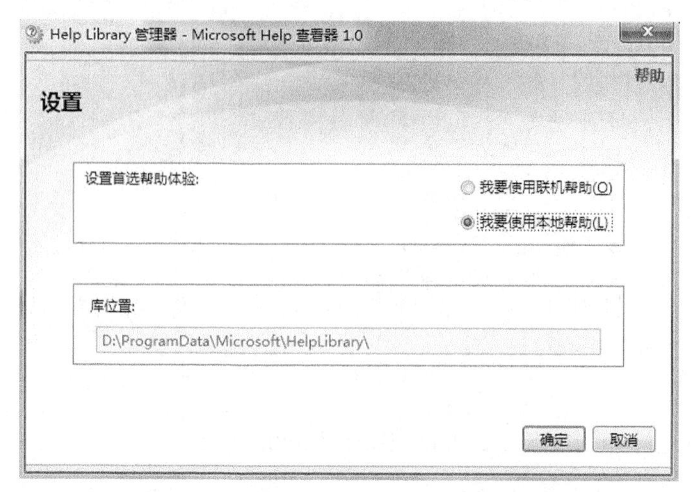

图 1-32　Help Library 管理器设置页面

（7）选择“我要使用本地帮助”，单击“确定”按钮，进入“选择默认环境设置”页面，如图 1-33 所示。

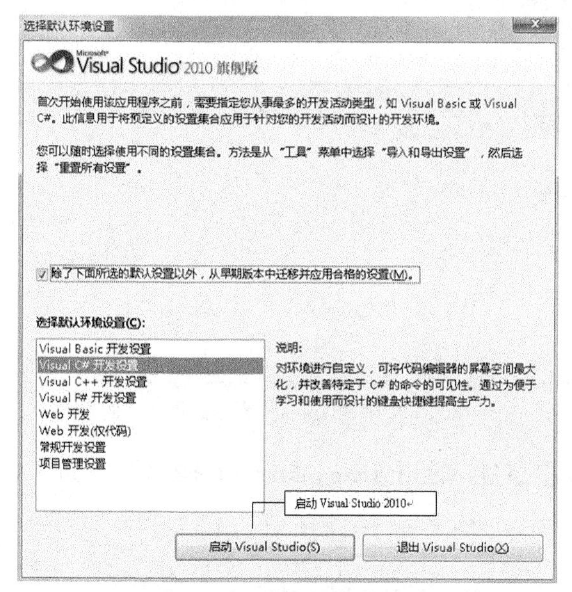

图 1-33　选择默认设置页

（8）选择“Visual C#开发环境”，单击“启动 Visual Studio”按钮，便启动 Visual Studio 2010。由于是首次启动 Visual Studio 2010，会弹出如图 1-34 所示的对话框，这并不是安装的错误。

图 1-34　启动 Visual Studio 2010

1.5.2　使用 Help Library

Help Librery 是微软公司的文档库，它提供了大量的技术文档，是开发人员的左膀右臂，下面介绍如何使用 Help Librery 帮助。

（1）选择“开始”/“所有程序”/“Visual Studio 2010”/“Visual Studio 2010 文档”选项，即可进入 Help Librery 主界面，如图 1-35 所示。或者在工具栏中选择“帮助”/“查看帮助”，也可以进入 Help Librery 主界面，如图 1-36 所示。

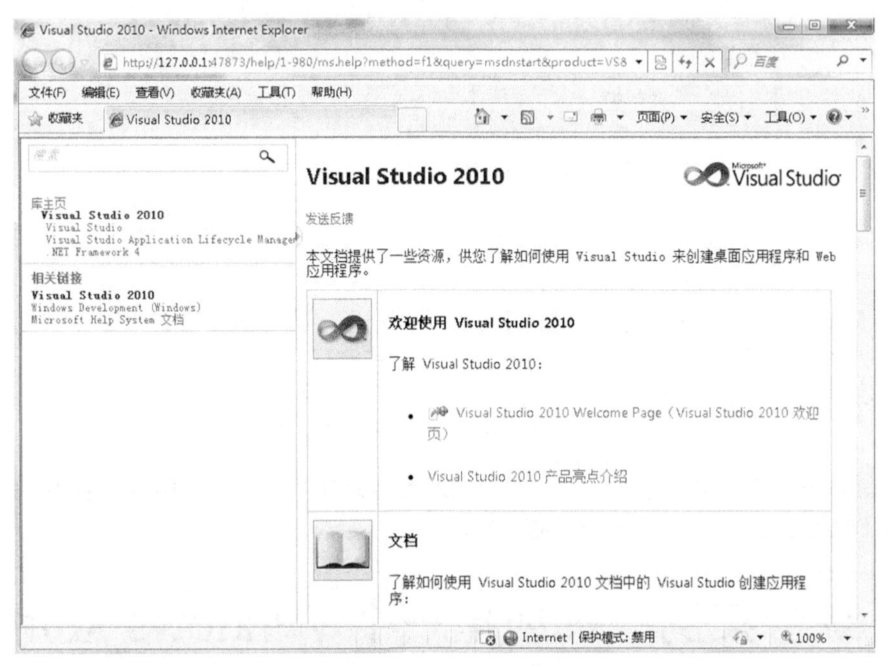

图 1-35　Help Librery 主界面

图 1-36　进入 Help Librery 主界面

（2）Help Library 管理器还为使用者提供了一种强大的搜索功能。单击工具栏中的“搜索”按钮，并在文本框中输入搜索的内容提要，按键盘上的<Enter>键后，搜索的结果以概要的方式呈现在主界面中，开发人员可以根据自己的需要选择不同的文档进行阅读，其使用示意图如图 1-37 所示。

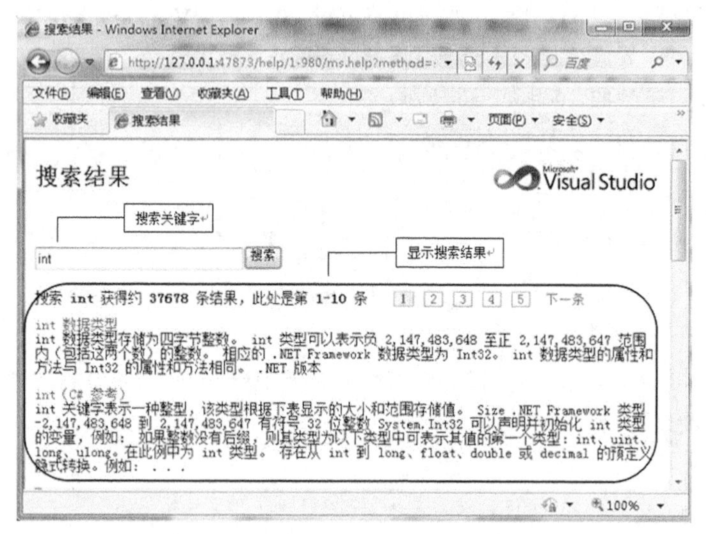

图 1-37 Help Library 管理器的搜索功能

Help Library 管理器实际上就是.NET 语言的超大型词典，可以在该词典中查找.NET 语言的结构、声明及使用方法，它是一个智能的查询软件。

1.6 综合实例——创建一个 Windows 应用程序

本实例主要演示如何使用 Visual Studio 2010 开发环境创建一个 Windows 窗体应用程序，开发步骤如下。

（1）选择“开始”/“所有程序”/“Microsoft Visual Studio 2010”/“Microsoft Visual Studio 2010”选项，进入 Visual Studio 2010 开发环境。在菜单栏中选择“文件”/“新建项目”（或“文件”/“新建”/“项目”）选项，弹出如图 1-38 所示的“新建项目”对话框。

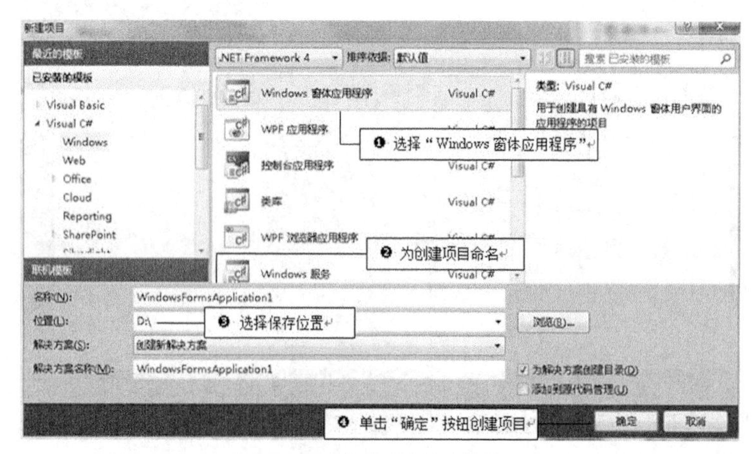

图 1-38 “新建项目”对话框

（2）如图 1-38 所示，首先在“新建项目”对话框左侧选择“Windows”项，然后在中间部分选择“Windows 窗体应用程序”项，这样就表示将要创建一个 Windows 窗体应用程序。程序运行效果如图 1-39 所示。

图 1-39　Windows 窗体应用程序运行效果

知识点提炼

（1）C#是一种面向对象的编程语言，主要用于开发可以运行在.NET 平台上的应用程序。

（2）.NET Framework 是支持生成、运行下一代应用程序和 XML Web Services 的内部 Windows 组件，它简化了在高度分布式 Internet 环境中的应用程序开发。

（3）公共语言运行库是.NET Framework 的基础，它为多种语言（例如 C#、VB、VC++等）提供了一种统一的运行环境。

（4）C#就其本身而言只是一种语言，尽管它是用于生成面向.NET 环境的代码，但它本身不是.NET 的一部分。

习　　题

1-1　C#语言的主要特点有哪些？

1-2　.NET Framework 类库的功能有哪些？

1-3　列举安装 Visual Studio 2010 开发环境的必备条件。

1-4　Visual Studio 2010 的“属性”窗口有何作用？

1-5　Help Library 管理器有哪几种学习使用方式？

实验：安装 Visual Studio 2010 开发环境

实验目的

熟悉 Visual Studio 2010 开发环境的安装过程。

实验内容

根据自己的 Windows 操作系统，安装相应的补丁后，使用 Visual Studio 2010 安装光盘安装 Visual Studio 2010 开发环境。

实验步骤

（1）首先确定自己的 Windows 操作系统是否需要安装补丁，如果是 Windows XP，需要安装 SP3 补丁；如果是 Windows Server 2003，需要安装 SP2 补丁；如果是 Windows 7，则不需要安装任何补丁。

（2）Windows 补丁安装完成后，将 Visual Studio 2010 安装盘放到光驱中，光盘自动运行后会进入安装程序文件界面，如果光盘不能自动运行，可以双击加载到光驱中的 setup.exe 可执行文件，应用程序会自动跳转到“Visual Studio 2010 安装程序”界面，该界面上有两个安装选项：安装 Microsoft Visual Studio 2010 和检查 Service Release。

（3）单击第一个安装选项“安装 Microsoft Visual Studio 2010”，弹出“Visual Studio 2010 安装向导”界面。

（4）单击“下一步”按钮，弹出“Visual Studio 2010 安装程序—起始页”界面，该界面左边显示的是关于 Visual Studio 2010 安装程序的所需组件信息，右边显示用户许可协议。

（5）选中“我已阅读并接受许可条款”单选按钮，单击“下一步”按钮，弹出“Visual Studio 2010 安装程序—选项页”界面，用户可以选择要安装的功能和产品安装路径。一般使用默认设置即可，产品默认路径为“C:\Program Files\Microsoft Visual Studio 10.0\”。

（6）这里选择“完全”安装方式，单击“安装”按钮，进入“Visual Studio 2010 安装程序—安装页”界面，显示正在安装组件。

（7）安装完毕后，单击“下一步”按钮，弹出“Visual Studio 2010 安装程序—完成页”界面，单击“完成”按钮，即可完成 Visual Studio 2010 开发环境的安装。

第 2 章 C#程序的组成元素

本章要点：

- 引用命名空间
- 类的声明
- Main 方法的使用
- 常用的标识符和关键字
- C#语句的构成
- C#程序的代码注释

熟悉了 Visual Studio 2010 的安装过程后，下面使用 Visual Studio 2010 编写 C#程序。Visual Studio 2010 并不是编写 C#程序的唯一工具，使用任何一个文本编辑器都可以编写 C#程序。但是，目前 Visual Studio 2010 是编写 C#程序最好的工具之一。本章详细地介绍如何编写一个 C#程序，以及 C#程序的基本结构，讲解过程中为了便于读者理解结合了大量的举例。

2.1 编写第一个 C#程序

对于初学者来说，讲解抽象的 C#理论，远不如讲解一个具体的实例，下面就从一个简单的示例讲起，然后再深入学习。

【例 2-1】 创建一个控制台应用程序，在该程序的 Main()主函数中输出“欢迎来到 C#编程世界！”。（实例位置：光盘\MR\源码\第 2 章\2-1）

具体操作步骤如下。

（1）选择“开始”/“程序”/Microsoft Visual Studio 2010/Microsoft Visual Studio 2010 命令，打开 Visual Studio 2010。

（2）选择 Visual Studio 2010 工具栏中的“文件”/“新建”/“项目”命令，打开“新建项目”对话框，如图 2-1 所示。

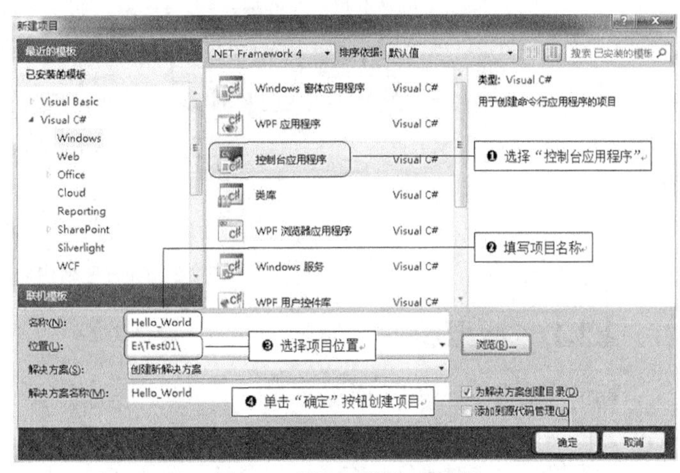

图 2-1 “新建项目”对话框

（3）选择“控制台应用程序”选项，命名为 Hello_World，选择保存在 E:\Test01\上，然后单击“确定”按钮，创建一个控制台应用程序。

（4）在 Main 方法中输入代码：

```
using System;
using System.Collections.Generic;
using System.Linq;
using System.Text;
namespace ConsoleApplication1
{
    class Program
    {
        static void Main(string[] args)           //Main 方法，在此方法下编写代码输出数据
        {
            Console.WriteLine("欢迎来到 C#编程世界！");//输出“欢迎来到 C#编程世界!”
            Console.ReadLine();
        }
    }
}
```

程序运行结果如图 2-2 所示。

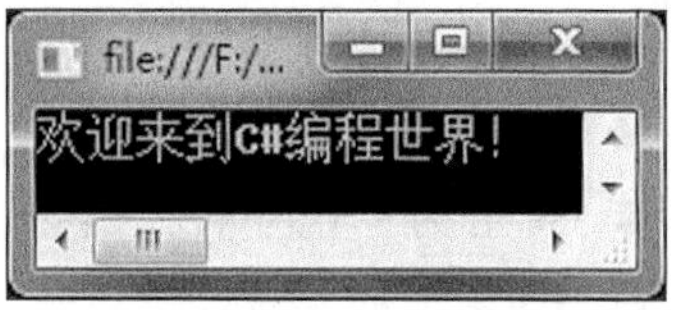

图 2-2　输出字符串“欢迎来到 C#编程世界!”

Console 类提供的 WriteLine 方法将指定的数据在控制台输出，然后换行。Console 类提供的 ReadLine 方法用于从标准输入流读取一行字符。在用户按下回车键之前不会返回，直到用户按下回车键为止。

2.2　C#程序的基本组成

一个 C#程序的结构大体可以分为标识符、关键字、命名空间、类、Main 方法、语句、注释等，图 2-3 描述了一个基本的 C#程序结构。

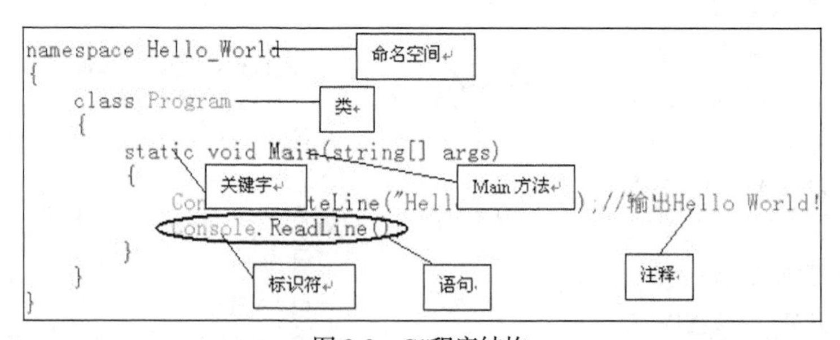

图 2-3　C#程序结构

2.2.1　标识符

标识符是指在程序中用来表示事物的单词，例如，System 命名空间中的类 Console，Console 类的方法 WriteLine 都是标识符。

标识符在命名时最好具有一定的含义，例如，System 命名空间中的类 Console（译作控制台），以及 Console 类的方法 WriteLine（译作输出一行）都是标识符。标识符的命名有 3 个基本规则，

分别介绍如下。

- 标识符只能由数字、字母和下画线组成。
- 标识符必须以字母或者下画线开头。
- 标识符不能是关键字。

例如，图 2-4 中的 Console 就是标识符。

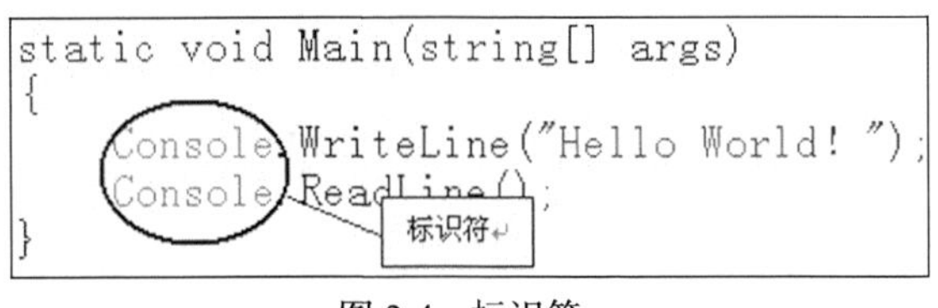

图 2-4　标识符

2.2.2　关键字

所谓的关键字是指在 C#语言中具有特殊意义的单词，它们被 C#设定为保留字，不能随意使用。关键字就相当于商品的国家认证标志，如中国名牌认证标志、国家免检产品认证标志、绿色食品认证标志等，商品或商品的包装一旦被印有某种国家认证标志，那么该商品就具有了相应的特性或者特殊含义。例如，图 2-5 中的 static、void 和 string 都是关键字。

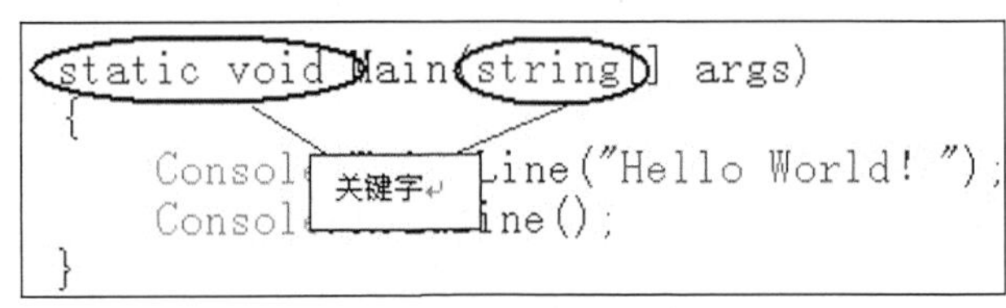

图 2-5　关键字

2.2.3　命名空间

C#程序是利用命名空间组织起来的，命名空间既用作程序的“内部”组织系统，也用作向“外部”公开的组织系统（即一种向其他程序公开自己拥有的程序元素的方法）。如果要调用某个命名空间中的类或者方法，首先需要使用 using 指令引入命名空间，using 指令将命名空间名所标识的命名空间内的类型成员导入当前编译单元中，从而可以直接使用每个被导入的类型的标识符，而不必加上它们的完全限定名。

using 指令的基本形式如下：

```
using 命名空间名;
```

C#中常用的命名空间如表 2-1 所示。

表 2-1　C#中常用的命名空间

方　法	说　明
System	定义通常使用的数据类型和数据类型的基本.NET 类
System.Collections	定义列表、队列等字符串表
System.Text	ASCII、Unicode、UTF-7 和 UTF-8 字符编码处理
System.Data	定义 ADO.NET 数据库结构
System.Drawing	提供对基本图形功能的访问
System.Web	浏览器和 Web 服务器功能

【例 2-2】创建一个控制台应用程序，建立一个命名空间 N1，在命名空间 N1 中有一个类 A，在项目中使用 using 指令引入命名空间 N1，然后在命名空间 Test01 中即可实例化命名空间 N1 中的类，最后调用此类中的 show 方法。代码如下：（实例位置：光盘\MR\源码\第 2 章\2-2）

```
using System;
using System.Collections.Generic;
using System.Linq;
using System.Text;
using N1;
namespace Test01
{
    class Program
    {
        static void Main(string[] args)
        {
            A a = new A();                                              //实例化 N1 中的类 A
            a.show();                                                   //调用类 A 中的 show 方法
        }
    }
}
namespace N1                                                            //建立命名空间 N1
{
    class A                                                             //自定义类 A
    {
        public void show()
        {
            Console.WriteLine("引用命名空间 N1 后我才可以被输出！"); //输出字符串
            Console.ReadLine();
        }
    }
}
```

程序运行结果如图 2-6 所示。

图 2-6　引用其他命名空间

如果在程序中没有引用命名空间 N1，程序就会有错误提示，如图 2-7 所示。

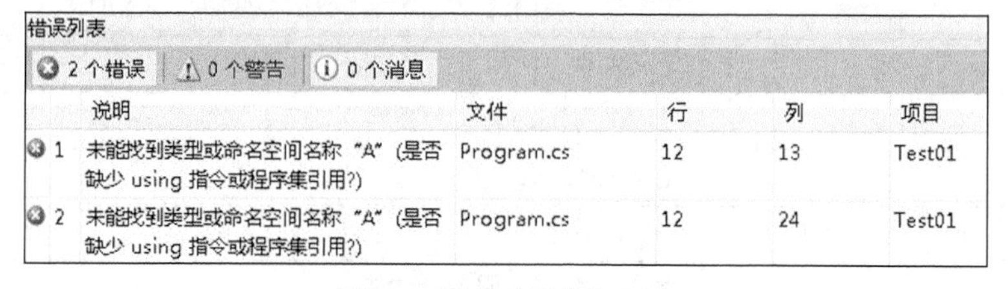

错误列表

2 个错误 | 0 个警告 | 0 个消息

	说明	文件	行	列	项目
1	未能找到类型或命名空间名称 "A" (是否缺少 using 指令或程序集引用?)	Program.cs	12	13	Test01
2	未能找到类型或命名空间名称 "A" (是否缺少 using 指令或程序集引用?)	Program.cs	12	24	Test01

图 2-7　没有引用命名空间

2.2.4　类的介绍

类是一种数据结构，它可以封装数据成员、方法成员和其他的类。类是创建对象的模板，C#中所有的语句都必须包含在类内，因此，类是 C#语言的核心和基本构成模块。C#支持自定义类，使用 C#编程，实质上就是编写自己的类来描述实际需要解决的问题。

使用任何新的类之前都必须声明它，一个类一旦被声明，就可以当做一种新的类型来使用。在 C#中通过使用 class 关键字来声明类，声明形式如下：

```
[类修饰符] class [类名] [基类或接口]
{
    [类体]
}
```

在 C#中，类名是一种标识符，必须符合标识符的命名规则。类名要能够体现类的含义和用途，而且一般采用第一个字母大写的名词，也可以采用多个词构成的组合词。

【例 2-3】 声明一个最简单的类，此类没有任何意义，只演示如何声明一个类。代码如下：

```
class MyClass
{
}
```

2.2.5　Main 方法

Main 方法是程序的入口点，C#程序中必须包含一个 Main 方法，在该方法中可以创建对象和调用其他方法，一个 C#程序中只能有一个 Main 方法，并且在 C#中所有的 Main 方法都必须是静态的。C#是一种面向对象的编程语言，即使是程序的启动入口点它也是一个类的成员。由于程序启动时还没有创建类的对象，因此，必须将入口点 Main 方法定义为静态方法，使它可以不依赖于类的实例对象而执行。默认的 Main 方法代码如下：

```
static void Main(string[] args)
{
}
```

Main 方法默认访问级别为 private。

可以用 3 个修饰符修饰 Main 方法，分别是 public、static 和 void，具体说明如下。

- public：说明 Main 方法是公有的，在类的外面也可以调用整个方法。
- static：说明 Main 方法是一个静态方法，即这个方法属于类的本身而不是这个类的特定对象。调用静态方法不能使用类的实例化对象，必须直接使用类名来调用。
- void：此修饰符说明 Main 方法无返回值。

Main 方法是一个特别重要的方法，使用时需要注意以下几点。

- Main 方法是程序的入口点，程序控制在该方法中开始和结束。
- 该方法在类或结构的内部声明。它必须为静态方法，而且不应该为公共方法。
- 它可以具有 void 或 int 返回类型。
- 声明 Main 方法时既可以使用参数，也可以不使用参数。
- 参数可以作为从零开始索引的命令行参数来读取。

2.2.6 C#语句

语句是构成所有 C#程序的基本单位，语句中可以声明局部变量或常数、调用方法、创建对象或将值赋予变量、属性或字段，语句通常以分号终止。

【例 2-4】 下面的代码就是一条语句：

```
Console.WriteLine("Hello World! ");
```

上面的代码用来调用 Console 类中的 WriteLine 方法输出“Hello World!”字符串。

2.2.7 代码注释

在程序开发过程中，为了方便日后的维护和增强代码的可读性，我们有必要养成在代码中加入注释内容的良好习惯。在代码关键的位置加入注释，可以帮助我们理解代码的实现目的与实现方式，使程序工作流程更加清晰明了。

编译器编译程序时不执行注释的代码或文字，其主要功能是对某行或某段代码进行说明，方便对代码的理解与维护，这一过程就好像是超市中各商品的下面都附有价格标签，对商品的价格进行说明。注释可以分为行注释和块注释两种，行注释都以“//”开头。

【例 2-5】 在“Hello World!”程序中使用行注释，代码如下：

```
static void Main(string[] args)                    //程序的 Main 方法
{
    Console.WriteLine("Hello World! ");             //输出“Hello World!”
    Console.ReadLine();
}
```

如果注释的行数较少，一般使用行注释。对于连续多行的大段注释，则使用块注释，块注释通常以“/*”开始，以“*/”结束，注释的内容放在它们之间。

【例 2-6】 在“Hello World!”程序中使用块注释，代码如下：

```
class Program
{
    /*程序的 Main 方法中可以输出“Hello World!”字符串      //块注释开始
    static void Main(string[] args)                    //Main 方法
    {
        Console.WriteLine("Hello World! ");             //输出“Hello World!”字符串
        Console.ReadLine();
    }
    */                                                 //块注释结束
}
```

说明

（1）在 Visual Studio 2010 中对代码进行注释时，可以通过单击工具栏中的图标实现，取消注释时，可以通过单击工具栏中的图标实现。

（2）在 Visual Studio 2010 开发环境中，如果对一段代码整体进行注释，可以在其上方输入“///”，这时会在相应的位置自动编写如下注释语句，开发人员在其中填写注释的文字即可：

```
/// <summary>
///
/// </summary>
/// <param name="args"></param>
```

（3）在 Visual Studio 2010 开发环境中，可以使用#region 和#endregion 关键字指定可

展开或折叠的代码块，这样使得代码可以更好的布局。例如，下面代码使用#region 和 #endregion 关键字注释 Main 方法：

```
#region
static void Main(string[] args)
{
}
#endregion
```

2.3　综合实例——在控制台中输出笑脸图案

在控制台窗口中输出信息，是 C#初学者必须掌握的基本技能之一，它有利于初学者了解程序组成元素和体会程序的运行过程。本实例主要演示如何使用 Visual Studio 2010 在控制台中输出笑脸图案（*^__^*），程序运行效果如图 2-8 所示。

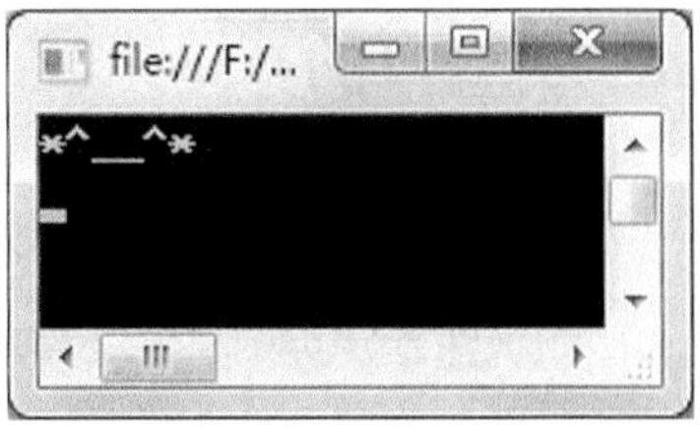

图 2-8　笑脸图案

程序开发步骤如下。

（1）选择“开始”/“程序”/Microsoft Visual Studio 2010/ Microsoft Visual Studio 2010 命令，打开 Visual Studio 2010。

（2）选择 Visual Studio 2010 工具栏中的“文件”/“新建”/“项目”命令，打开“新建项目”对话框。

（3）选择“控制台应用程序”选项，命名为 Smile，然后单击“确定”按钮，创建一个控制台应用程序。

（4）在 Main 方法中输入如下代码：

```
static void Main(string[] args)
{
    Console.WriteLine("*^__^*");                //在控制台中输出图案
    Console.ReadLine();                         //等待输入回车后才退出控制台窗体
}
```

知识点提炼

（1）命名空间既用作程序的“内部”组织系统，也用作向“外部”公开的组织系统（即一种向其他程序公开自己拥有的程序元素的方法）。

（2）类是一种数据结构，它可以封装数据成员、函数成员和其他的类。

（3）标识符是指在程序中用来表示事物的单词。

（4）关键字是指在 C#语言中具有特殊意义的单词，它们被 C#设定为保留字，不能随意使用。

习　　题

2-1　C#程序的结构大体可以分为哪些？

2-2　如何理解 C#中的命名空间？

2-3　引入命名空间需要使用什么关键字？
2-4　类是一种数据结构，它可以包含哪些成员？
2-5　应用程序的入口方法是什么？
2-6　标识符的 3 个基本原则是什么？
2-7　列举 C#中常用的 5 个关键字。
2-8　构成所有 C#程序的基本单位是什么？
2-9　代码注释的功能有哪些，以及分为哪两种？
2-10　怎样折叠或展开代码块？

实验：声明指定命名空间并定义类

实验目的

（1）声明指定命名空间。
（2）在指定命名空间中自定义简单类。
（3）在指定类中自定义简单方法。

实验内容

创建一个控制台应用程序，然后在该应用程序中添加一个类文件（*.class 文件），并且在该类文件中更改默认命名空间的名称（即要求与默认的命名空间不一致），在该新的命名空间中定义一个简单的类，并在该类中定义一个能够向控制台输出信息的简单方法，最后在 Main 方法中引用并实例化这个自定义类，程序运行效果如图 2-9 所示。

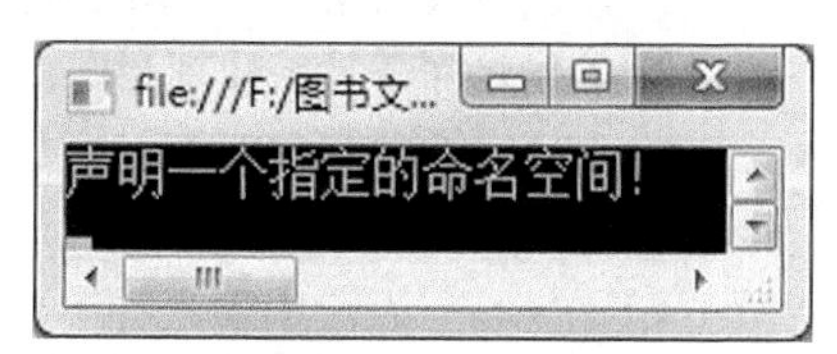

图 2-9　在指定的命名空间中输出信息

实验步骤

（1）创建一个控制台应用程序，命名为 AboutNS，并保存到磁盘的指定位置。

（2）右键单击项目名称（AboutNS），在弹出的快捷菜单中选择“添加”/“类”命令，如图 2-10 所示。

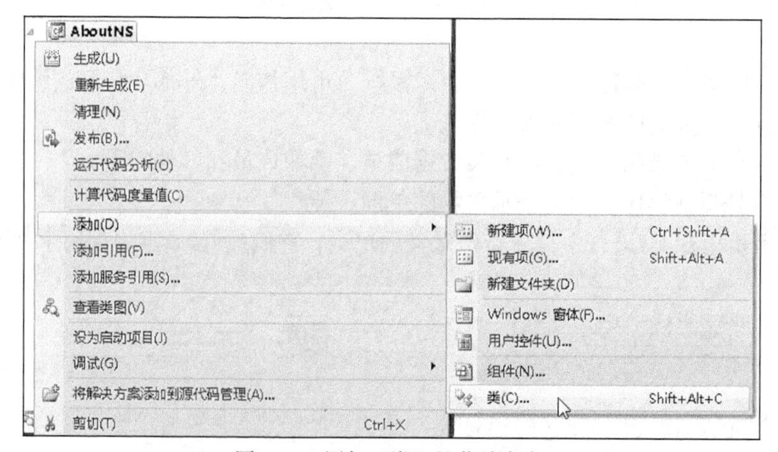

图 2-10　添加“类”的菜单命令

（3）接着打开如图 2-11 所示的“添加新项-AboutNS”页面，在该页面的中间部分选择“类”项，然后输入类名称为“TestClass”，最后单击“添加”按钮，即可在当前项目（AboutNS）中添加一个新的类文件（TestClass.cs）。

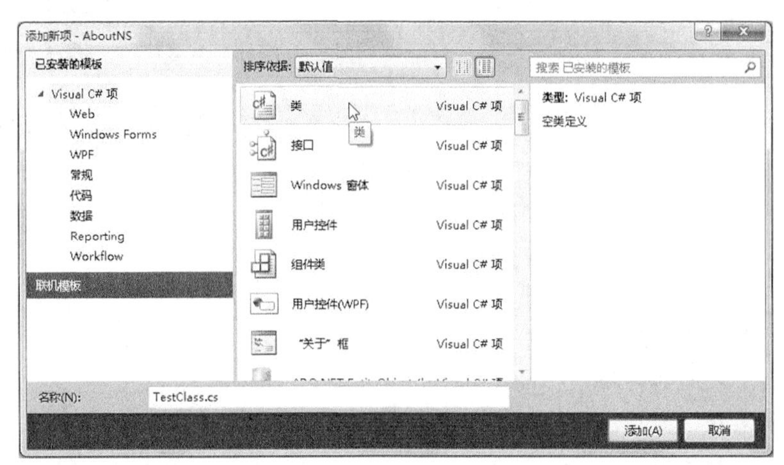

图 2-11　在指定的命名空间中输出信息

（4）打开新创建的“TestClass.cs”类文件，然后把默认的命名空间名称（默认为“AboutNS”）修改为“Test”，并在其中定义“TestClass”类，最后在该类中定义“Show”这个方法，用于向控制台输出信息。具体代码如下：

```
namespace Test                                      //声明指定命名空间
{
    class TestClass                                 //定义类
    {
        public void Show()                          //声明方法
        {
            Console.WriteLine("声明一个指定的命名空间! ");    //输出消息
        }
    }
}
```

（5）最后在“Program”类的“Main”方法中实例化“TestClass”类，并调用其“Show”方法向控制台输出信息。具体代码如下：

```
namespace AboutNS                                   //默认命名空间
{
    class Program
    {
        /// <summary>
        /// 程序运行入口方法
        /// </summary>
        /// <param name="args">传入的参数</param>
        static void Main(string[] args)
        {
            TestClass tc = new TestClass();         //实例化 TestClass 类
            tc.Show();                              //调用类的方法
            Console.ReadLine();
        }
    }
}
```

第 3 章 变量和常量

本章要点：

- 数据类型的概念及其分类
- 数据类型之间的转换
- 拆箱和装箱
- 常量声明和使用
- 变量的声明和使用

应用程序的开发离不开变量与常量的应用。变量本身被用来存储特定类型的数据，而常量则存储不变的数据值。本章详细地介绍数据类型和变量的基本操作；同时，对常量也做详细讲解，讲解过程中为了便于读者理解结合了大量的举例。

3.1 数 据 类 型

在编写 C#程序时，无论是声明变量还是常量，都必须用到数据类型。C#中的数据类型主要分为值类型和引用类型两种，这两种数据类型的差异在于数据的存储方式，值类型直接存储数据；而引用类型则存储实际数据的引用，程序通过此引用找到真正的数据。本节将对 C#中的数据类型及数据类型转换进行详细讲解。

3.1.1 值类型

值类型直接存储数据值，它主要包含整数类型、浮点类型、布尔类型等。值类型在栈中进行分配，因此效率很高，使用值类型主要目的是为了提高性能。值类型具有如下特性。

- 值类型变量都存储在栈中。
- 访问值类型变量时，一般都是直接访问其实例。
- 每个值类型变量都有自己的数据副本，因此对一个值类型变量的操作不会影响其他变量。
- 复制值类型变量时，复制的是变量的值，而不是变量的地址。
- 值类型变量不能为 null，必须具有一个确定的值。

值类型是从 System.ValueType 类继承而来的类型，下面详细介绍值类型中包含的几种数据类型。

1. 整数类型

整数类型代表一种没有小数点的整数数值，在 C#中内置的整数类型如表 3-1 所示。

表 3-1　　C#内置的整数类型

类　型	说　　明	范　　围
sbyte	8 位有符号整数	– 128 ~ 127
short	16 位有符号整数	– 32 768 ~ 32 767
int	32 位有符号整数	– 2 147 483 648 ~ 2 147 483 647
long	64 位有符号整数	– 9 223 372 036 854 775 808 ~ 9 223 372 036 854 775 807
byte	8 位无符号整数	0 ~ 255
ushort	16 位无符号整数	0 ~ 65 535
unit	32 位无符号整数	0 ~ 4 294 967 295
ulong	64 位无符号整数	0 ~ 18 446 744 073 709 551 615

说明

byte 类型以及 short 类型是范围比较小的整数，如果正整数的范围没有超过 65 535，声明为 ushort 类型即可。当然更小的数值直接以 byte 类型作处理即可，但是使用这种类型时必须注意数值的大小，否则可能会导致运算溢出错误。

【例 3-1】 创建一个控制台应用程序，在其中声明一个 int 类型的变量 m，并初始化为 2；声明一个 byte 类型的变量 n，并初始化为 23；然后计算定义的两个变量的和，并进行输出。代码如下：（实例位置：光盘\MR\源码\第 3 章\3-1）

```
static void Main(string[] args)
{
    int m = 2;                              //定义一个 int 类型的变量
    byte n = 23;                            //定义一个 byte 类型的变量
    int result = m + n;                     //计算两个数的和
    Console.WriteLine("结果是: "+result);    //输出计算结果
    Console.ReadLine();
}
```

程序运行结果如图 3-1 所示。

图 3-1　整数类型的使用

说明

如果将 byte 类型的变量 n 赋值为 256，重新编译程序，就会出现错误提示，主要原因是 byte 类型的变量是 8 位无符号整数，它的范围为 0~255，256 已经超出了 byte 类型的范围，所以编译程序会出现错误提示。

2. 实数类型

实数类型主要用于处理含有小数的数值数据，它主要包含 float、double 和 decimal 3 种类型，表 3-2 列出了这 3 种类型的描述信息。

表 3-2　实数类型及描述

类　型	说　　明	范　　围
float	精确到 7 位数	1.5×10^{-45}~3.4×10^{38}
double	精确到 15~16 位数	50×10^{-324}~1.7×10^{308}
decimal	28~29 位有效位	$(-7.9\times10^{28}$~$7.9\times10^{28})/(10^{0\sim28})$

如果不做任何设置，包含小数点的数值都被认为是 double 类型，例如 9.27，如果没有特别指定，这个数值的类型是 double 类型。如果要将数值以 float 类型来处理，就应该通过强制使用 f 或 F 将其指定为 float 类型。

【例 3-2】 下面的代码用来将数值强制指定为 float 类型。

```
float m = 9.27f;                    //使用 f 强制指定为 float 类型
float n = 1.12F;                    //使用 F 强制指定为 float 类型
```

如果要将数值强制指定为 double 类型，则需要使用 d 或 D 进行设置。

【例 3-3】 下面的代码用来将数值强制指定为 double 类型。

```
double m = 927d;                    //使用 d 强制指定为 double 类型
double n = 112D;                    //使用 D 强制指定为 double 类型
```

程序中使用 float 类型时，必须在数值的后面跟随 f 或 F，否则编译器会直接将其作为 double 类型处理。

3. 布尔类型

布尔类型主要用来表示 true/false 值，一个布尔类型的变量，其值只能是 true 或者 false，不能将其他的值指定给布尔类型变量，布尔类型变量不能与其他类型进行转换。

【例 3-4】创建一个控制台应用程序，在其中声明一个 bool 类型的变量 bl，并初始化为 false；然后在控制台中输入两个数，并通过比较两个数的大小来重新为 bool 类型的变量赋值；最后输出 bool 类型变量的值。代码如下：（实例位置：光盘\MR\源码\第 3 章\3-4）

```
static void Main(string[] args)
{
    bool bl = false;                                    //定义一个 bool 类型变量
    Console.Write("请输入第一个数：");
    int m = Convert.ToInt32(Console.ReadLine());        //记录输入的第一个数字
    Console.Write("请输入第二个数：");
    int n = Convert.ToInt32(Console.ReadLine());        //记录输入的第二个数字
    if (m >= n)                                         //判断第一个数是否大于等于第二个数
    {
        bl = true;                                      //将 bool 类型变量赋值为 true
    }
    else
    {
        bl = false;                                     //将 bool 类型变量赋值为 false
    }
    Console.WriteLine("结果为：" + bl);                  //输出 bool 类型变量
    Console.ReadLine();
}
```

程序运行结果如图 3-2 所示。

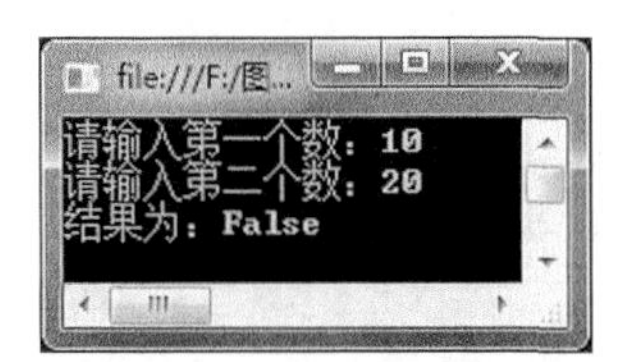

图 3-2　布尔类型的使用

由于 bool 类型的变量的值只能是 true 或者 false，所以在将其他类型的值赋值给 bool 类型变量时，会出现错误提示信息。例如：bool bl = 2012;，这样的赋值显然是错误的，编译器会返回错误提示“常量值 2012 无法转换为 bool”。

布尔类型变量大多数被应用到流程控制语句当中，例如，循环语句或者 if 语句等。

4. 枚举类型

枚举类型是一种独特的值类型，它用于声明一组具有相同性质的常量，编写与日期相关的应用程序时，经常需要使用年、月、日、星期等日期数据，可以将这些数据组织成多个不同名称的枚举类型。使用枚举可以增加程序的可读性和可维护性。同时，枚举类型可以避免类型错误。

在定义枚举类型时，如果不对其进行赋值，默认情况下，第一个枚举数的值为 0，后面每个枚举数的值依次递增 1。

在 C#中使用关键字 ***enum*** 类声明枚举，其形式如下：

```
enum 枚举名
{
   list1=value1,                //给枚举元素 1 赋初始值
   list2=value2,                //给枚举元素 2 赋初始值
   list3=value3,                //给枚举元素 3 赋初始值
   …
   listN=valueN,                //给枚举元素 N 赋初始值
}
```

其中，大括号{}中的内容为枚举值列表，每个枚举值均对应一个枚举值名称，value1~valueN 为整数数据类型，list1~listN 则为枚举值的标识名称。下面通过一个实例来演示如何使用枚举类型。

【例 3-5】 本示例首先应用关键字 enum 定义一个枚举类型 MonthOfYeear，用来存储 12 个月份的名称，然后在 Program 类中分别对 MonthOfYeear 枚举类型变量 month 赋初值。代码如下：（实例位置：光盘\MR\源码\第 3 章\3-5）

```
namespace MonthEnum
{
    enum MonthOfYeear                                      //定义一个枚举类型，描述月份
    {
January,Feburary,March,April,May,June,July,Aguest,September,October,Novermber,December
    }
    class Program
    {
        static void Main(string[] args)                //入口方法
```

```
        {
            MonthOfYeear month;                          //定义一个枚举变量
            month = MonthOfYeear.May;                    //引用一个枚举值
            Console.WriteLine("本月是{0}",month);        //输出本月的值
            Console.ReadLine();
        }
    }
}
```

程序运行结果如图 3-3 所示。

图 3-3　枚举类型的实现实例运行结果图

3.1.2　引用类型

引用类型是构建 C#应用程序的主要对象类型数据，引用类型的变量又称为对象，可存储对实际数据的引用。C#支持两个预定义的引用类型 object 和 string，其说明如表 3-3 所示。

表 3-3　C#预定义的引用类型及说明

类　型	说　　明
object	object 类型在.NET Framework 中是 Object 的别名。在 C#的统一类型系统中，所有类型（预定义类型、用户定义类型、引用类型和值类型）都是直接或间接从 Object 继承的
string	string 类型表示零或更多 Unicode 字符组成的序列

尽管 string 是引用类型，但如果用到了相等运算符（==和!=），则表示比较 string 对象（而不是引用）的值。

在应用程序执行的过程中，引用类型使用 new 关键字创建对象实例，并存储在堆中。堆是一种由系统弹性配置的内存空间，没有特定大小及存活时间，因此可以被弹性地运用于对象的访问。

引用类型具有如下特征。

- 必须在托管堆中为引用类型变量分配内存。
- 必须使用 new 关键字来创建引用类型变量。
- 在托管堆中分配的每个对象都有与之相关联的附加成员，这些成员必须被初始化。
- 引用类型变量是由垃圾回收机制来管理的。
- 多个引用类型变量可以引用同一对象，这种情形下，对一个变量的操作会影响另一个变量所引用的同一对象。
- 引用类型被赋值前的值都是 null。

所有被称为“类”的都是引用类型，主要包括类、接口、数组、委托等。下面通过一个实例来演示如何使用引用类型。

【例 3-6】创建一个控制台应用程序，在其中创建一个类 SampleClass，在此类中声明一个 int 类型的变量，并初始化为 10；然后在程序的其他位置通过 new 关键字创建此类的引用类型变量进行使用；最后输出引用变量的值。代码如下：（实例位置：光盘\MR\源码\第 3 章\3-6）

```
class SampleClass                                   //自定义类
{
    public int i = 10;                              //定义一个 int 类型的变量
}
class Program
{
    static void Main()
    {
        object a;                                   //定义 object 类型的引用变量
        a = 1;                                      //给引用变量赋值
        Console.WriteLine("引用变量初始值："+a);    //输出引用变量初始值
        a = new SampleClass();                      //使用 new 关键字实例化类，并赋值给变量
        SampleClass classRef;                       //声明一个类对象
        classRef = (SampleClass)a;                  //使用引用变量实例化类对象
        Console.WriteLine("引用变量值："+classRef.i);//输出引用变量的值
        Console.ReadLine();
    }
}
```

程序运行结果如图 3-4 所示。

图 3-4　引用类型的使用

3.1.3　类型转换

C#中程序中对一些不同类型的数据进行操作时，经常用到类型转换，类型转换主要分为隐式类型转换和显式类型转换。下面分别进行讲解。

1．隐式类型转换

隐式类型转换就是不需要声明就能进行的转换。进行隐式类型转换时，编译器不需要进行检查就能安全地进行转换。表 3-4 列出了可以进行隐式类型转换的数据类型。

表 3-4　　隐式类型转换表

源类型	目标类型
sbyte	short、int、long、float、double、decimal
byte	short、ushort、int、uint、long、ulong、float、double 或 decimal
short	int、long、float、double 或 decimal
ushort	int、uint、long、ulong、float、double 或 decimal
int	long、float、double 或 decimal
uint	long、ulong、float、double 或 decimal
char	ushort、int、uint、long、ulong、float、double 或 decimal
float	double
ulong	float、double 或 decimal
long	float、double 或 decimal

从 int、uint、long 或 ulong 到 float，以及从 long 或 ulong 到 double 的转换可能导致精度损失，但不会影响它的数量级。其他的隐式转换不会丢失任何信息。

【例 3-7】 将 int 类型的值隐式转换成 long 类型，代码如下：

```
int i =5;                          //声明一个整型变量 i 并初始化为 5
long j = i;                        //隐式转换成 long 类型
```

2. 显式类型转换

显式类型转换也可以称为强制类型转换，它需要在代码中明确地声明要转换的类型。如果在不存在隐式转换的类型之间进行转换，就需要使用显式类型转换。表 3-5 列出了需要进行显式类型转换的数据类型。

表 3-5　　显式类型转换表

源类型	目标类型
sbyte	byte、ushort、uint、ulong 或 char
byte	sbyte 和 char
short	sbyte、byte、ushort、uint、ulong 或 char
ushort	sbyte、byte、short 或 char
int	sbyte、byte、short、ushort、uint、ulong 或 char
uint	sbyte、byte、short、ushort、int 或 char
char	sbyte、byte 或 short
float	sbyte、byte、short、ushort、int、uint、long、ulong、char 或 decimal
ulong	sbyte、byte、short、ushort、int、uint、long 或 char
long	sbyte、byte、short、ushort、int、uint、ulong 或 char
double	sbyte、byte、short、ushort、int、uint、ulong、long、char 或 decimal
decimal	sbyte、byte、short、ushort、int、uint、ulong、long、char 或 double

（1）由于显式类型转换包括所有隐式类型转换和显式类型转换，因此总是可以使用强制转换表达式从任何数值类型转换为任何其他的数值类型。

（2）在进行显式类型转换时，可能会导致溢出错误。

【例 3-8】 创建一个控制台应用程序，将 double 类型的变量 m 进行显式类型转换，转换为 int 类型变量。代码如下：（实例位置：光盘\MR\源码\第 3 章\3-8）

```
static void Main(string[] args)
{
    double m = 5.83;                                  //声明 double 类型变量
    Console.WriteLine("原 double 类型数据：" + m);      //输出原数据
    int n = (int)m;                                   //显式转换成整型变量
    Console.WriteLine("转换成的 int 类型数据："+n);      //输出整型变量
    Console.ReadLine();
}
```

程序运行结果如图 3-5 所示。

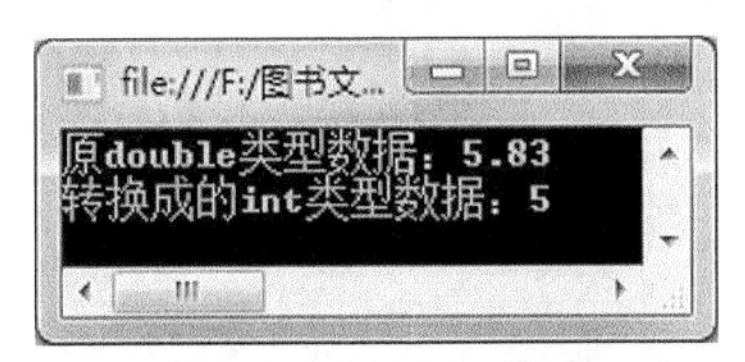

图 3-5　显式类型转换

另外，也可以通过 Convert 关键字进行显式类型转换，上面的例子还可以通过下面代码实现。

【例 3-9】 通过 Convert 关键字实现例 3-8 中的功能，代码如下：

```
double m = 5.83;                                   //声明 double 类型变量
Console.WriteLine("原 double 类型数据：" + m);      //输出原数据
int n = Convert.ToInt32(m);                        //通过 Convert 关键字转换
Console.WriteLine("转换成的 int 类型数据：" + n);   //输出整型变量
Console.ReadLine();
```

3. 装箱操作

装箱，实质上就是将值类型转换为引用类型的过程，例如下面代码用来对 int 类型的变量 i 进行装箱操作。

```
int i = 2009;                                      //声明一个值类型变量
object obj = i;                                    //对值类型变量进行装箱操作
```

对值类型的值进行装箱操作，其实就是分配一个对象实例，并将值类型的值复制到该对象实例中。

【例 3-10】 创建一个控制台应用程序，声明一个整型变量 i 并赋值为 368，然后将其复制到装箱对象 obj 中，最后再改变变量 i 的值。代码如下：（实例位置：光盘\MR\源码\第 3 章\3-10）

```
static void Main(string[] args)
{
    int i = 368;                                   //声明一个 int 类型变量 i，并初始化为 368
    object obj = i;                                //对变量 i 进行装箱操作
    Console.WriteLine("1、i 的值为{0}，装箱之后的对象为{1}", i, obj);
    i = 5998;                                      //重新将 i 赋值为 5998
    Console.WriteLine("2、i 的值为{0}，装箱之后的对象为{1}", i, obj);
    Console.ReadLine();
}
```

程序运行结果如图 3-6 所示。

图 3-6　装箱操作

从程序运行结果可以看出，值类型变量的值复制到装箱得到的对象中之后，改变值类型变量的值，并不会影响装箱对象的值。

4. 拆箱操作

拆箱，实质上就是将引用类型转换为值类型的过程，拆箱的执行过程大致可以分为以下两个阶段：

（1）检查对象的实例，看它是不是值类型的装箱值；

（2）把这个实例的值复制给值类型的变量。

【例 3-11】 创建一个控制台应用程序，声明一个整型变量 i 并赋值为 368，然后将其复制到装箱对象 obj 中，最后进行拆箱操作，将装箱对象 obj 赋值给整型变量 j。代码如下：（实例位置：光盘\MR\源码\第 3 章\3-11）

```
static void Main(string[] args)
{
    int i = 368;                                    //声明一个 int 类型的变量 i,并初始化为 368
    object obj = i;                                 //执行装箱操作
    Console.WriteLine("装箱操作：值为{0}，装箱之后对象为{1}", i, obj);
    int j = (int)obj;                               //执行拆箱操作
    Console.WriteLine("拆箱操作：装箱对象为{0}，值为{1}", obj, j);
    Console.ReadLine();
}
```

程序运行结果如图 3-7 所示。

图 3-7　拆箱操作

从程序运行结果可以看出，拆箱后得到的值类型数据的值与装箱对象的值相等。

在执行拆箱操作时，要符合类型一致的原则，否则会出现异常。比如，将一个字符串进行了装箱操作，那么在对其进行拆箱操作时，一定是拆箱为字符串类型。

3.2　常量和变量

常量就是其值固定不变的量，而且常量的值在编译时就已经确定了；变量用来表示一个数值、一个字符串值或者一个类的对象，变量存储的值可能会发生更改，但变量名称保持不变。

3.2.1　常量的声明和使用

常量又叫常数，它主要用来存储在程序运行过程中值不改变的数据。常量也有数据类型，C#语言中，常量的数据类型有多种，主要有 sbyte、byte、short、ushort、int、uint、long、ulong、char、float、double、decimal、bool、string 等。

C#中使用关键字 const 来声明常量，并且在声明常量时，必须对其进行初始化，例如：

```
class Calendar
{
    public const int month = 12;
}
```

上面代码中，常量 month 将始终为 12，不能更改，即使是该类自身也不能更改它。

另外，开发人员还可以同时声明多个相同类型的常量，例如：

```
class Calendar
{
    const int month = 12, week = 52, day = 365;
}
```

下面通过一个例子演示常量和变量的差异。

【例 3-12】 创建一个控制台应用程序，声明一个变量 num1 并且赋值为 98，然后再声明一个常量 num2 并赋值为 368，最后将变量 num1 的值修改为 368。代码如下：（实例位置：光盘\MR\源码\第 3 章\3-12）

```
static void Main(string[] args)
{
    int num1 = 98;                              //声明一个整型变量
    const int num2 = 368;                       //声明一个整型常量
    Console.WriteLine("变量 num1={0}", num1);    //输出变量
    Console.WriteLine("常量 num2={0}", num2);    //输出常量
    num1 = 368;                                 //重新将变量赋值为 368
    Console.WriteLine("变量 num1={0}", num1);    //输出变量
    Console.ReadLine();
}
```

程序运行结果如图 3-8 所示。

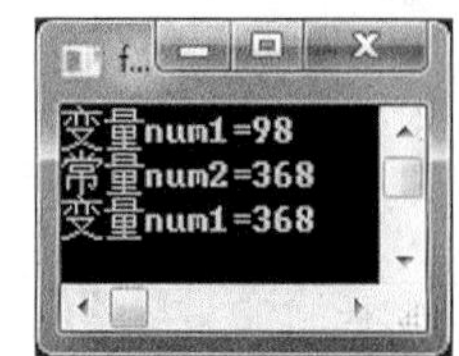

图 3-8 常量和变量的差异

本程序中变量 num1 的初始化值为 98，而常量 num2 的值为 368，由于变量的值是可以修改的，所以变量 num1 可以重新被赋值为 368 后再输出。通过查看输出结果，可以看到变量 num1 的值可以被修改，但如果尝试修改常量 num2 的值，编译器会出现错误信息，阻止进行这样的操作。

尽管常量不能使用 static 关键字声明，但可以像访问静态字段一样访问常量。未包含在定义常量的类中的表达式必须使用类名、一个句点和常量名来访问该常量。

const 关键字可以防止开发程序时错误的产生。例如，对于一些不需要改变的对象，使用 const 关键字将其定义为常量，这可以防止开发人员不小心修改对象的值，产生意想不到的结果。如果在定义方法时，不希望在方法体中修改参数值，应使用 const 关键字将参数定义为常量参数，防止用户修改参数值。例如定义 get×××()等形式的方法用于获取类的信息时，应将方法定义为 const 方法，防止用户在方法中修改成员变量的值，因为方法的作用是获取信息，而不是修改信息。总之，应尽可能多地使用 const 关键字（Use const whenever you need）。

3.2.2 变量的声明和使用

变量是指在程序运行过程中其值可以不断变化的量。变量通常用来保存程序运行过程中的输入数据、计算获得的中间结果和最终结果等。声明变量时，需要指定变量的名称和类型，变量的声明非常重要，未经声明的变量本身并不合法，也无法在程序当中使用。在 C#中，声明一个变量是由一个类型和跟在后面的一个或多个变量名组成，多个变量之间用逗号分开，声明变量以分号结束。

【例 3-13】 声明一个整型变量 m，同时声明 3 个字符串型变量 str1、str2 和 str3。代码如下：

```
int m;                                          //声明一个整型变量
string str1, str2, str3;                        //同时声明 3 个字符串型变量
```

上面的第 1 行代码中，声明了一个名称为 m 的整型变量；第 2 行代码中，声明了 3 个字符串型的变量，分别为 str1、str2 和 str3。

另外，声明变量时，还可以初始化变量，即在每个变量名后面加上给变量赋初始值的指令。

【例 3-14】 声明一个整型变量 r，并且赋值为 368；然后再同时声明 3 个字符串型变量，并初始化。代码如下：

```
int r = 368;                                                    //初始化整型变量 r
string x = "明日科技", y = "C#编程词典", z = "视频学 C#编程"; //初始化字符串型变量 x、y 和 z
```

声明变量时，要注意变量名的命名规则。C#中的变量名是一种标识符，因此应该符合标识符的命名规则。变量名是区分大小写的，下面给出变量的命名规则。

- 变量名只能由数字、字母和下画线组成。
- 变量名的第一个符号只能是字母和下画线，不能是数字。
- 不能使用关键字作为变量名。
- 一旦在一个语句块中定义了一个变量名，那么在变量的作用域内都不能再定义同名的变量。

例 3-14 中的变量赋值方式其实是一种特殊的赋值方式，它在声明变量的同时给变量赋值，另外，还可以使用赋值运算符“=”（等号）来单独给变量赋值，将等号右边的值赋给左边的变量。

【例 3-15】 声明一个变量，并使用赋值运算符“=”（等号）给变量赋值。代码如下：

```
int sum;                                                        //声明一个变量
sum =368;                                                       //使用赋值运算符“=”给变量赋值
```

在给变量赋值时，等号右边也可以是一个已经被赋值的变量。

【例 3-16】 首先声明两个变量 sum 和 num，然后将变量 sum 赋值为 368，最后将变量 sum 的值赋值给变量 num。代码如下：

```
int sum,num;                                                    //声明 2 个变量
sum =368;                                                       //给变量 sum 赋值为 927
num = sum;                                                      //将变量 sum 赋值给变量 num
```

【例 3-17】 创建一个控制台应用程序，首先定义一个静态的全局字符串变量，并在 Main 方法中，使用定义的字符串变量记录输入的字符串；然后定义一个 for 循环，在 for 循环中，将全局变量和局部变量组合进行输出。代码如下：（实例位置：光盘\MR\源码\第 3 章\3-17）

```
static string str;                                      //定义一个静态的全局变量
static void Main(string[] args)
{
    Console.Write("请输入一个字符串：");
    str=Console.ReadLine();                             //使用全局变量记录输入的字符串
    for (int i = 1; i < 5; i++)                         //定义 for 循环，其中用到局部变量 i
    {
        Console.WriteLine(str + ":" + 368 * i);         //输出信息
    }
    Console.ReadLine();
}
```

程序运行结果如图 3-9 所示。

图 3-9 变量的使用

说明

程序中使用变量时，可以通过以下规则确定变量的作用域：

（1）只要字段所属的类在某个作用域内，其字段也在该作用域内；

（2）局部变量存在于表示声明该变量的块语句或方法结束的封闭花括号之前的作用域内；

（3）在 for、while 或类似语句中声明的局部变量存在于该循环体内。

3.3　综合实例——使用值类型和引用类型输出不同的字段

本实例主要演示如何通过值类型与引用类型输出“值”，值类型变量存储的是数据的副本，而引用类型变量存储的是对象的引用，并不是对象本身。本实例运行结果如图 3-10 所示。

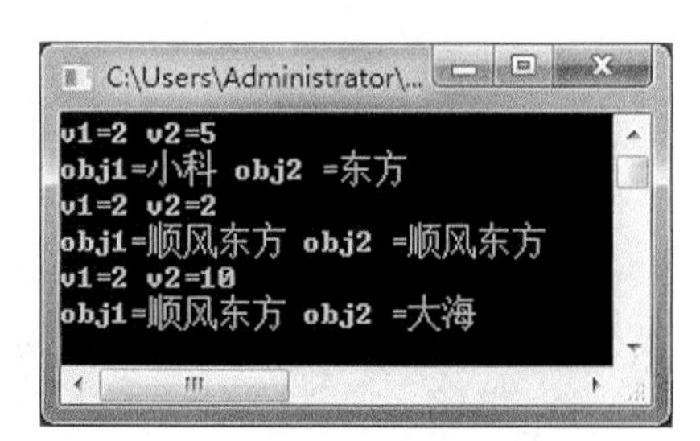

图 3-10　值类型和引用类型的输出值

程序开发步骤如下。

（1）选择“开始”/“程序”/Microsoft Visual Studio 2010/Microsoft Visual Studio 2010 命令，打开 Visual Studio 2010。

（2）选择 Visual Studio 2010 工具栏中的“文件”/“新建”/“项目”命令，打开“新建项目”对话框。

（3）选择“控制台应用程序”选项，命名为 difffiled，然后单击“确定”按钮，创建一个控制台应用程序。

（4）在 Main 方法，新建两个引用类型的实例 obj1、obj2 并分别为其赋初值“小科”、“东方”，定义两个值类型变量 v1、v2 并为其赋初值 2 和 5，然后分别输出值类型和引用类型的字段的值。将 v1 的值赋给 v2, obj1 的值赋给 obj2，将 obj2 的值改为“顺风东方”，再分别输出值类型和引用类型字段的值。重新对 v2 赋值为 10，并且 obj2 得到一个新的实例“大海”，再次输出值类型和引用类型字段的值，具体代码如下：

```
static void Main(string[] args)
{
    //新建引用类型实例 obj1，并为引用类型字段赋值 Name="小科"
    test obj1 = new test() { Name = "小科" };
    int v1 = 2;                          //定义值类型变量 v1 并赋值为 2
    //新建引用类型实例 obj2，并为引用类型字段赋值 Name="东方"
    test obj2 = new test() { Name = "东方" };
    int v2 = 5;                          //定义值类型变量 v2 并赋值为 5
    //输出值类型的值
    System.Console.WriteLine("v1={0} v2={1}", v1, v2);
    //输出引用类型 Name 字段的值
    System.Console.WriteLine("obj1={0} obj2 ={1}", obj1.Name, obj2.Name);
    v2 = v1;                             //值类型变量进行赋值操作
    obj2 = obj1;                         //引用类型变量进行赋值操作
    obj2.Name = "顺风东方";              //更改引用类型字段的值
    //输出值类型的值
    System.Console.WriteLine("v1={0} v2={1}", v1, v2);
```

```
//输出引用类型 Name 字段的值
System.Console.WriteLine("obj1={0} obj2 ={1}", obj1.Name, obj2.Name);
v2 = 10;                            //值类型变量进行赋值操作
//引用类型变量得到一个新的实例
obj2 = new test() { Name = "大海" };
//输出值类型的值
System.Console.WriteLine("v1={0} v2={1}", v1, v2);
//输出引用类型 Name 字段的值
System.Console.WriteLine("obj1={0} obj2 ={1}", obj1.Name, obj2.Name);
System.Console.ReadLine();          //等待回车继续
```

知识点提炼

（1）值类型直接存储数据值，它主要包含整数类型、浮点类型、布尔类型等；引用类型是构建 C#应用程序的主要对象类型数据，引用类型的变量又称为对象，可存储对实际数据的引用。

（2）枚举类型是一种独特的值类型，它用于声明一组具有相同性质的常量。

（3）隐式类型转换就是不需要声明就能进行的转换；显式类型转换也可以称为强制类型转换，它需要在代码中明确地声明要转换的类型。

（4）装箱，实质上就是将值类型转换为引用类型的过程。

（5）拆箱，实质上就是将引用类型转换为值类型的过程。

（6）变量是指在程序运行过程中其值可以不断变化的量，变量通常用来保存程序运行过程中的输入数据、计算获得的中间结果和最终结果等。

（7）常量又叫常数，它主要用来存储在程序运行过程中值不改变的数据。

习　　题

3-1　C#中的数据类型主要分为哪两种，分别是什么？

3-2　值类型与引用类型比较，哪种执行效率更高？

3-3　类型转换分为哪两种，分别是什么？

3-4　如果在不存在隐式转换的类型之间进行转换，就需要使用什么类型转换？

3-5　在进行隐式类型转换时，编译器如何工作？

3-6　拆箱的执行过程大致可以分为哪两个阶段？

3-7　C#中声明常量的关键字是什么？

3-8　列举出几种主要的变量命名规则。

实验：判断当前系统日期是星期几

实验目的

（1）声明枚举类型。

（2）应用枚举类型。

（3）通过 DateTime.Now.DayOfWeek 获取当前的日期是星期几。

实验内容

创建一个枚举类型，其中包含 7 个枚举值，分别用来代表一周的 7 天，然后通过 DateTime.Now.DayOfWeek 属性获取星期几（当日）对应的数值，最后将这个数值与枚举值进行匹配，就可以得到今天是星期几。例如，今天是 2011/6/9（星期六），程序应该输出“今天是星期六”，运行效果如图 3-11 所示。

图 3-11　输出当前系统日期

实验步骤

（1）创建一个控制台应用程序，命名为 Week，并保存到磁盘的指定位置。

（2）打开 Program.cs 文件，首先在 Week 命名空间中，通过 enum 关键字建立一个枚举，该枚举值名称分别代表一周的 7 天，如果枚举值名称是 Sun，说明其代表的是一周中的星期日，其枚举值为 0，依此类推，具体代码如下：

```
enum MyDate                                     //使用 enum 创建枚举
{
    Sun = 0,                                    //设置枚举值名称 Sun，枚举值为 0
    Mon = 1,                                    //设置枚举值名称 Mon，枚举值为 1
    Tue = 2,                                    //设置枚举值名称 Tue，枚举值为 2
    Wed = 3,                                    //设置枚举值名称 Wed，枚举值为 3
    Thi = 4,                                    //设置枚举值名称 Thi，枚举值为 4
    Fri = 5,                                    //设置枚举值名称 Fri，枚举值为 5
    Sat = 6                                     //设置枚举值名称 Sat，枚举值为 6
}
```

（3）在 Main 方法中，首先声明一个 int 类型的变量 k，用于获取当前表示的日期是星期几；然后调用 swith 语句，输出当天是星期几。具体代码如下：

```
static void Main(string[] args)
{
    int k = (int)DateTime.Now.DayOfWeek;        //获取代表星期几的返回值
    switch (k)
    {
        //如果 k 等于枚举变量 MyDate 中的 Sun 的枚举值，则输出今天是星期日
        case (int)MyDate.Sun: Console.WriteLine("今天是星期日"); break;
        //如果 k 等于枚举变量 MyDate 中的 Mon 的枚举值，则输出今天是星期一
        case (int)MyDate.Mon: Console.WriteLine("今天是星期一"); break;
        //如果 k 等于枚举变量 MyDate 中的 Tue 的枚举值，则输出今天是星期二
        case (int)MyDate.Tue: Console.WriteLine("今天是星期二"); break;
        //如果 k 等于枚举变量 MyDate 中的 Wed 的枚举值，则输出今天是星期三
        case (int)MyDate.Wed: Console.WriteLine("今天是星期三"); break;
        //如果 k 等于枚举变量 MyDate 中的 Thi 的枚举值，则输出今天是星期四
        case (int)MyDate.Thi: Console.WriteLine("今天是星期四"); break;
        //如果 k 等于枚举变量 MyDate 中的 Fri 的枚举值，则输出今天是星期五
        case (int)MyDate.Fri: Console.WriteLine("今天是星期五"); break;
        //如果 k 等于枚举变量 MyDate 中的 Sat 的枚举值，则输出今天是星期六
        case (int)MyDate.Sat: Console.WriteLine("今天是星期六"); break;
    }
    Console.ReadLine();
}
```

注意

不要将枚举类型 MyDate 放在 Program 类中，MyDate 枚举应该与 Program 类平行地放在 Week 命名空间中。

第 4 章 表达式及运算符

本章要点：

- 定义表达式
- 关系运算符
- 逻辑运算符
- 特殊运算符
- 运算符优先级

运算符在 C#程序中应用广泛，尤其是在计算功能中，往往需要大量的运算符。运算符结合一个或一个以上的操作数，从而便形成了表达式，并且返回运算结果。本章详细地介绍各种运算符，在讲解过程中，为了便于读者理解结合了大量的举例。

4.1 表 达 式

表达式是由运算符和操作数组成的。运算符设置对操作数进行什么样的运算。例如，+、-、*和/都是运算符，操作数包括文本、常量、变量、表达式等。

【例 4-1】 下面几行代码就是使用简单的表达式组成的 C#语句，代码如下：

```
int i = 927;                                    //声明一个 int 类型的变量 i 并初始化为 927
i = i * i + 112;                                //改变变量 i 的值
int j = 2011;                                   //声明一个 int 类型的变量 j 并初始化为 2011
j = j / 2;                                      //改变变量 j 的值
```

在 C#中，如果表达式最终的计算结果为所需的类型值，表达式就可以出现在需要值或对象的任意位置。

【例 4-2】 创建一个控制台应用程序，声明两个 int 类型的变量 i 和 j，并将其分别初始化为 927 和 112，然后输出 i*i+j*j 的正弦值。代码如下：（实例位置：光盘\MR\源码\第 4 章\4-2）

```
int i = 927;                                    //声明一个 int 类型的变量 i 并初始化为 927
int j = 112;                                    //声明一个 int 类型的变量 j 并初始化为 112
Console.WriteLine(Math.Sin(i*i+j*j));           //表达式作为参数输出
Console.ReadLine();
```

程序的运行结果为 – 0.599423085852245。

在上面的代码中，表达式 i*i+j*j 作为方法 Math.Sin 的参数来使用，同时，表达式 Math.Sin(i*i+j*j)还是方法 Console.WriteLine 的参数。

4.2 运　算　符

运算符针对操作数进行运算，同时产生运算结果。运算符是一种专门用来处理数据运算的特殊符号，数据变量结合运算符形成完整的程序运算语句。下面将对 C#中常见的运算符做详细介绍。

4.2.1 算术运算符

+、-、*、/和%运算符都称为算术运算符，分别用于进行加、减、乘、除和模（求余数）运算。下面对这几种算术运算符进行详细的讲解。

1. 加法运算符

加法运算符（+）通过两个数相加来执行标准的加法运算。

【例 4-3】 创建一个控制台应用程序，声明两个整型变量 M1 和 M2，并将 M1 赋值为 2011，然后使 M2 的值为 M1 与 M1 相加之后的值。代码如下：

```
static void Main(string[] args)
{
    int M1 = 2011;                          //声明整型变量 M1，并赋值为 2011
    int M2;                                 //声明整型变量 M2
    M2 = M1 + M1;                           //M2 的值为 M1 与 M1 相加之后的值
    Console.WriteLine("M2={0}",M2);
    Console.ReadLine();
}
```

程序运行结果为 4022。

如果想要对整型变量 M 进行加 1 操作，可以用 M=M+1;来实现，也可以用增量运算符（++)实现，如 M++或++M。++M 是前缀增量操作，该操作的结果是操作数加 1 之后的值；M++是后缀增量操作，该运算的结果是操作数增加之前的值。

2. 减法运算符

减法运算符（-）通过从一个表达式中减去另外一个表达式的值来执行标准的减法运算。

【例 4-4】 创建一个控制台应用程序，声明两个 decimal 类型变量 R1 和 R2，并分别赋值为 1112.82 和 9270.81；然后再声明一个 decimal 类型变量 R3，使其值为 R2 减去 R1 之后得到的值。代码如下：

```
static void Main(string[] args)
{
    decimal R1 = (decimal)1112.82;          //声明整型变量 R1，并赋值为 1112.82
    decimal R2 = (decimal)9270.81;          //声明整型变量 R2，并赋值为 9270.81
    decimal R3;                             //声明整型变量 R3
    R3 = R2 - R1;                           //R3 的值为 R2 减去 R1 得到的值
    Console.WriteLine("R3={0}",R3);
    Console.ReadLine();
}
```

程序运行结果为 8157.99。

如果想要对整型变量 R 进行减 1 操作，可以用 M=M−1;来实现，也可以用减量运算符（--)实现，如 R--或--R。--R 是前缀减量操作，该操作的结果是操作数减 1 之后的值；R--是后缀减量操作，该运算的结果是操作数减少之前的值。

3. 乘法运算符

乘法运算符（*）将两个表达式进行乘法运算并返回它们的乘积。

【例 4-5】 创建一个控制台应用程序，声明两个整型变量 ls1 和 ls2，并分别赋值为 10 和 20；再声明一个整型变量 sum，使其值为 ls1 和 ls2 的乘积。代码如下：

```
static void Main(string[] args)
{
    int ls1 = 10;                          //声明整型变量 ls1，并赋值为 10
    int ls2 = 20;                          //声明整型变量 ls2，并赋值为 20
    int sum;                               //声明整型变量 sum
    sum = ls1 * ls2;                       //使 sum 的值为 ls1 和 ls2 的乘积
    Console.WriteLine(sum.ToString());
    Console.ReadLine();
}
```

程序运行结果为 200。

4. 除法运算符

除法运算符（/）执行算术除运算，它用被除数表达式除以除数表达式而得到商。

两个整数相除的结果始终为一个整数，如果要获取作为有理数或分数的商，应将被除数或除数设置为 float 类型或 double 类型，这可以通过在数字后添加一个小数点来隐式执行该操作。

【例 4-6】 创建一个控制台应用程序，声明两个整型变量 shj1 和 shj2，并分别赋值为 45 和 5；再声明一个整型变量 ls，使其值为 shj1 除以 shj2 得到的值。代码如下：

```
static void Main(string[] args)
{
    int shj1 = 45;                         //声明整型变量 shj1，并赋值为 45
    int shj2 = 5;                          //声明整型变量 shj2，并赋值为 5
    int ls;                                //声明整型变量 ls
    ls = shj1 / shj2;                      //使 ls 的值为 shj1 除以 shj2 得到的值
    Console.WriteLine(ls.ToString());
    Console.Read();
}
```

程序运行结果为 9。

注意

在用算术运算符（+、-、*、/）运算时，产生的结果可能会超出所涉及数值类型的值的范围，这样会导致运行结果不正确。

5. 求余运算符

求余运算符（%）返回除数与被除数相除之后的余数，通常用这个运算符来创建余数在特定范围内的等式。求余运算符只针对整型数，如果在实数型之间使用该运算符，则返回的是实数型数值。

【例 4-7】 创建一个控制台应用程序，声明两个整型变量 I1 和 I2，并分别赋值为 55 和 10；再声明一个整型变量 I3，使其值为 I1 与 I2 求余运算之后的值。代码如下：

```
static void Main(string[] args)
{
    int I1 = 55;                           //声明整型变量 I1，并赋值为 55
    int I2 = 10;                           //声明整型变量 I1，并赋值为 10
    int I3;                                //声明整型变量 I3
```

```
    I3 = I1 % I2;                           //使 I3 等于 I1 与 I2 求余运算之后的值
    Console.WriteLine(I4.ToString());
    Console.Read();
}
```

程序运行结果为 5。

在获取两个数相除的余数时，也可以用 Math 类的 DivRem 方法来实现，如上述代码中的 I3 = I1 % I2 可以写成 Math.DivRem(I1,I2,out I3)，I3 中存储了 I1 和 I2 的余数。

4.2.2　赋值运算符

赋值运算符为变量、属性、事件等元素赋新值。赋值运算符主要有=、+=、-=、*=、/=、%=、&=、|=、^=、<<=和>>=运算符。赋值运算符的左操作数必须是变量、属性访问、索引器访问或事件访问类型的表达式，如果赋值运算符两边的操作数的类型不一致，就需要首先进行类型转换，然后再赋值。

在使用赋值运算符时，右操作数表达式所属的类型必须可隐式转换为左操作数所属的类型，运算将右操作数的值赋给左操作数指定的变量、属性或索引器元素。所有赋值运算符及其运算规则如表 4-1 所示。

表 4-1　赋值运算符

名　称	运　算　符	运算规则	意　义
赋值	=	将表达式赋值给变量	将右边的值给左边
加赋值	+=	x+=y	x=x+y
减赋值	-=	x- =y	x=x-y
除赋值	/=	x/=y	x=x/y
乘赋值	*=	x*=y	x=x*y
模赋值	%=	x%=y	x=x%y
位与赋值	&=	x&=y	x=x&y
位或赋值	|=	x|=y	x=x|y
右移赋值	>>=	x>>=y	x=x>>y
左移赋值	<<=	x<<=y	x=x<<y
异或赋值	^=	x^=y	x=x^y

下面以加赋值（+=）运算符为例，说明赋值运算符的用法。

【例 4-8】 创建一个控制台应用程序，声明一个 int 类型的变量 i，并初始化为 927；然后通过加赋值运算符改变 i 的值，使其在原有的基础上增加 112。代码如下：（实例位置：光盘\MR\源码\第 4 章\4-8）

```
static void Main(string[] args)
{
    int i = 927;                            //声明一个 int 类型的变量 i 并初始化为 927
    i += 112;                               //使用加赋值运算符
    Console.WriteLine("最后 i 的值为: {0}",i);  //输出最后变量 i 的值
    Console.ReadLine();
}
```

程序运行结果为：

最后 i 的值为：1039

4.2.3 关系运算符

关系运算符可以实现对两个值的比较运算，关系运算符在完成两个操作数的比较运算之后会返回一个代表运算结果的布尔值。常见的关系运算符如表 4-2 所示。

表 4-2　　关系运算符

关系运算符	说　明	关系运算符	说　明
==	等于	!=	不等于
>	大于	>=	大于等于
<	小于	<=	小于等于

关系运算符就好像对两个铁球进行比较，看看这两个铁球哪个大，是否相等，并给出一个“真”或“假”的值。

下面对这几种关系运算符进行详细讲解。

1. 相等运算符

要查看两个表达式是否相等，可以使用相等运算符（= =）。相等运算符对整型、浮点型和枚举类型数据的操作是一样的。它只简单地比较两个表达式，并返回一个布尔结果。

【例 4-9】 创建一个控制台应用程序，声明两个 decimal 类型变量 L1 和 L2，并分别赋值为 1981.00m 和 1982.00m；然后再声明一个 bool 类型变量 result，使其值等于 L1 和 L2 进行相等运算后的返回值。代码如下：

```
decimal L1 = 1981.00m;                    //声明 decimal 类型变量 L1
decimal L2 = 1982.00m;                    //声明 decimal 类型变量 L2
bool result;                              //声明 bool 类型变量 result
//使 result 等于 L1 和 L2 进行相等运算后的返回值
result = L1 == L2;
Console.WriteLine(result);                //输出运行结果
Console.ReadLine();
```

程序运行结果为 False。

2. 不等运算符

不等运算符（!=）是与相等运算符相反的运算符，有两种格式的不等运算符可以应用到表达式，一种是普通的不等运算符（!=），另外一种是相等运算符的否定!（a==b）。通常，这两种格式可以计算出相同的值。

【例 4-10】 创建一个控制台应用程序，声明两个 decimal 类型变量 S1 和 S2，并分别赋值为 1981.00m 和 1982.00m；然后再声明两个 bool 类型变量 result 和 result1，使它们的值分别等于两种不等运算返回的值。代码如下：

```
decimal S1 = 1981.00m;                    //声明 decimal 类型变量 S1
decimal S2 = 1982.00m;                    //声明 decimal 类型变量 S2
bool result;                              //声明 bool 类型变量 result
bool result1;                             //声明 bool 类型变量 result1
result = S1 != S2;                        //获取不等运算返回值第一种方法
result1 = !(S1 == S2);                    //获取不等运算返回值第二种方法
```

```
Console.WriteLine(result);                    //输出结果
Console.WriteLine(result1);                   //输出结果
Console.ReadLine();
```

程序的运行结果为：

true
true

3. 小于运算符

如果要比较一个值是否小于另外一个值，可以使用小于运算符（<）。当左边的表达式的值小于右边表达式的值时，结果是真；否则，结果是假。

【例 4-11】 创建一个控制台应用程序，声明两个整型变量 U1 和 U2，并分别赋值为 1112 和 927；再声明一个 bool 类型变量 result，使其值等于 U1 和 U2 进行小于运算的返回值。代码如下：

```
int U1 = 1112;                                //声明整型变量 U1
int U2 = 927;                                 //声明整型变量 U2
bool result;                                  //声明 bool 型变量 result
//使 result 等于 U1 和 U2 进行小于运算的返回值
result = U1 < U2;
Console.WriteLine(result);                    //输出结果
Console.ReadLine();
```

程序的运行结果为 False。

在用小于或大于运算符对值进行判断时，如果判断符左右两边的值进行掉换，其判断的结果也会随之改变。

4. 大于运算符

如果比较一个值是否大于另外一个值，可以使用大于运算符（>）。当左边的表达式的值大于右边的表达式的值时，结果是真；否则，结果是假。

【例 4-12】 创建一个控制台应用程序，声明两个整型变量 F1 和 F2，并分别赋值为 18 和 8；再声明一个 bool 类型变量 result，使其值等于 F1 和 F2 进行大于运算的返回值。代码如下：

```
int F1 = 18;                                  //声明整型变量 F1
int F2 = 8;                                   //声明整型变量 F2
bool result;                                  //声明 bool 型变量 result
//使 result 等于 F1 和 F2 进行大于运算的返回值
result = F1 >F2;
Console.WriteLine(result);                    //输出结果
Console.ReadLine();
```

程序运行结果为 True。

5. 小于或等于运算符

如果要比较一个值是否小于或等于另外一个值，可以使用小于或等于运算符（<=）。当左边表达式的值小于或等于右边表达式的值时，结果是真；否则，结果是假。

【例 4-13】 创建一个控制台应用程序，声明两个整型变量 X1 和 X2，并分别赋值为 12 和 9；然后再声明一个 bool 类型变量 result，使其值等于 X1 和 X2 进行小于或等于运算的返回值。代码如下：

```
int X1 = 12;                                  //声明整型变量 X1
int X2 = 9;                                   //声明整型变量 X2
bool result;                                  //声明 bool 型变量 result
```

```
//使 result 等于 X1 和 X2 进行小于或等于运算的返回值
result = X2 <=X1;
Console.WriteLine(result);                              //输出结果
Console.ReadLine();
```

程序运行结果为 true。

6. 大于或等于运算符

大于或等于运算符（>=）用于查看某个值是否大于或等于另外一个值。当运算符左边表达式的值大于或等于右边表达式的值时，结果是真；否则，结果是假。

【例 4-14】 创建一个控制台应用程序，声明两个整型变量 T1 和 T2，并分别赋值为 1112 和 927；再声明一个 bool 类型变量 result，使其值等于 T1 和 T2 进行大于或等于运算的返回值。代码如下：

```
int T1 = 1112;                                          //声明整型变量 T1
int T2 = 927;                                           //声明整型变量 T2
bool result;                                            //声明 bool 型变量 result
//使 result 等于 T1 和 T2 进行大于或等于运算的返回值
result = T2 >=T1;
Console.WriteLine(result);                              //输出结果
Console.ReadLine();
```

程序运行结果为 False。

关系运算符一般常用于判断或循环语句中。

4.2.4 逻辑运算符

逻辑运算符对两个表达式执行布尔逻辑运算。C#中的逻辑运算符大体可以分为按位逻辑运算符和布尔逻辑运算符。

按位逻辑运算符是对两个整数表达式的相应位执行布尔逻辑运算。有效的整型数是有符号或无符号的 int 和 long 类型。它们对每一位执行布尔计算并返回兼容的整数结果。

1. 按位“与”运算符

按位“与”运算符（&）比较两个整数的相应位。当两个数的对应位都是 1 时，返回相应的结果位是 1。当两个整数的相应位都是 0 或者其中一个位是 0 时，则返回相应的结果位是 0。

【例 4-15】 创建一个控制台应用程序，对变量 num1 和 num2 进行按位“与”运算，并输出结果。代码如下：

```
int num1 = 1;                                           //声明一个整型的变量 num1
int num2 = 85;                                          //声明一个整型的变量 num2
bool iseven;                                            //声明一个 bool 类型的变量 iseven
iseven = (num1 & num2) == 0;                            //获取两个变量“与”运算后的返回值
Console.WriteLine(iseven);                              //输出结果
Console.ReadLine();
```

为了使读者更好地理解按位“与”运算符的用法，对上述代码进行分析。

首先十进制数 1 对应的二进制数为 00000001，十进制数 85 对应的二进数为 01010101。根据按位“与”运算符的定义可以得出(1&85)=1，而上述代码中使(1&85) ==0，所以返回 false。

程序的运行结果为 False。

2. 按位“或”运算符

按位“或”运算符（|）用于比较两个整数的相应位。当两个整数的对应位有一个是 1 或都是 1 时，返回相应的结果位是 1。当两个整数的相应位都是 0 时，则返回相应的结果位是 0。

【例 4-16】创建一个控制台应用程序，对变量 num1 和 num2 进行按位“或”运算，并输出结果。代码如下：

```
int num1 = 1;                              //声明一个整型的变量 num1
int num2 = 85;                             //声明一个整型的变量 num2
int iseven;                                //声明一个整型的变量 iseven
iseven = (num1 | num2);                    //获取两个变量“或”运算后的返回值
Console.WriteLine(iseven);                 //输出结果
Console.ReadLine();
```

十进制数 1 对应的二进制数是 00000001，十进制数 85 对应的二进制数是 01010101。根据按位“或”运算符的定义可以得出(1|85)=85。

程序运行结果为 85。

3. 按位“异或”运算符

按位“异或”运算符（^）比较两个整数的相应位。当两个整数的对应位一个是 1 而另外一个是 0 时，返回相应的结果位是 1。当两个整数的相应位都是 1 或者都是 0 时，则返回相应的结果位是 0。

【例 4-17】创建一个控制台应用程序，对变量 num1 和 num2 进行按位“异或”运算，并输出结果。代码如下：

```
int num1 = 1;                                  //声明一个整型的变量 num1
int num2 = 85;                                 //声明一个整型的变量 num2
int iseven;                                    //声明一个整型的变量 iseven
//获取两个变量“异或”运算后的返回值
iseven = (num1 ^ num2);
Console.WriteLine(iseven);                     //输出结果
Console.ReadLine();
```

十进制数 1 对应的二进制数是 00000001，十进制数 85 对应的二进制数是 01010101。根据按位“异或”运算符的定义可以得出(1^85)=84。

程序运行结果为 84。

4. 布尔“与”运算符

布尔逻辑运算符对两个布尔表达式执行布尔逻辑计算。先计算左边的表达式，然后计算右边的表达式，最后通过两个表达式之间的布尔逻辑运算符对两个表达式进行计算。根据使用的运算符的类型返回布尔结果。

布尔“与”运算符（&）用于计算两个布尔表达式。当两个布尔表达式的结果都是真时，则返回真；否则，返回结果是假。

【例 4-18】创建一个控制台应用程序，利用布尔“与”运算符，判断运算返回值。代码如下：

```
bool Bls = false;                              //声明一个 bool 类型变量 Bls
int Inum = 20;                                 //声明一个整型变量 Inum
bool result;                                   //声明一个 bool 类型变量 result
result=Bls&(Inum<30);                          //获取布尔“与”运算后的返回值
Console.WriteLine(result);                     //输出结果
Console.ReadLine();
```

程序的运行结果为 false。

说明

在对运算符进行“与”运算时，也可以用&&进行操作，它与&不同，如 x&&y，如果 x 为 false，则不计算 y，因为 y 不论为何值，“与”操作的结果都为 false。这个道理就像是做算数题一样，如果前面的计算发生错误，那么后面的部分跟本就不用做，因为怎么做都是错误的。

5. 布尔“或”运算符

布尔“或”运算符（|）用于计算两个布尔表达式的结果。当两个布尔表达式中有一个表达式返回真时，则结果为真；当两个布尔表达式的计算结果都是假时，则结果为假。

【例 4-19】创建一个控制台应用程序，利用布尔“或”运算符，判断运算返回值。代码如下：

```
bool Bls = false;                              //声明一个 bool 类型变量 Bls
int Inum = 20;                                 //声明一个整型变量 Inum
bool result;                                   //声明一个 bool 类型变量 result
result=Bls | (Inum<30);                        //获取布尔“或”运算后的返回值
Console.WriteLine(result);                     //输出结果
Console.ReadLine();
```

程序运行结果为 true。

注意

在对运算符进行“或”运算时，也可以用||进行操作，它与|不同，例如 x||y，如果 x 为 true，则不计算 y，因为 y 不论为何值，“或”操作的结果都为 true。

6. 布尔“异或”运算符

布尔“异或”运算符（^）用于计算两个布尔表达式的结果，只有当其中一个表达式是真而另外一个表达式是假时，该表达式返回的结果才是真；当两个表达式的计算结果都是真或者都是假时，则返回的结果为假。

【例 4-20】创建一个控制台应用程序，利用布尔“异或”运算符，判断返回值是 true 还是 false。代码如下：

```
bool Bls = true;                               //声明一个 bool 类型变量 Bls
int Inum = 20;                                 //声明一个整型变量 Inum
bool result;                                   //声明一个 bool 类型变量 result
result=Bls ^ (Inum<30);                        //获取布尔“异或”运算后的返回值
Console.WriteLine(result);                     //输出结果
Console.ReadLine();
```

程序的运行结果为 false。

4.2.5 移位运算符

“<<”和“>>”运算符用于执行移位运算，分别称为左移位运算符和右移位运算符。对于 X<<N 或 X>>N 形式的运算，含义是将 X 向左或向右移动 N 位，得到的结果的类型与 X 相同。在此处，X 的类型只能是 int、uint、long 或 ulong，N 的类型只能是 int，或者显式转换为这些类型之一，否则编译程序时会出现错误。

1. 左移位运算符

使用左移位运算符（<<）可以将数向左移位。其作用是所有的位都向左移动指定的次数，高次位会丢失，低位以零来填充。

【例 4-21】 创建一个控制台应用程序，使变量 intmax 向左移位 8 次，并输出结果。代码如下：

```
uint intmax = 4294967295;                    //声明 uint 类型变量 intmax
uint bytemask;                               //声明 uint 类型变量 bytemask
bytemask = intmax << 8;                      //使 intmax 左移 8 次
Console.WriteLine(bytemask);                 //输出结果
Console.ReadLine();
```

程序运行结果为 4294967040。

如果第 1 个操作数是 int 或 uint（32 位数），则移位数由第 2 个操作数的低 5 位给出；如果第 1 个操作数是 long 或 ulong（64 位数），则移位数由第 2 个操作数的低 6 位给出；在左移时，第 1 个操作数的高序位被放弃，低序空位用 0 填充。移位操作从不导致溢出。

2. 右移位运算符

右移位运算符（>>）是把数向右移位。其作用是所有的位都向右移动指定的次数。

【例 4-22】 创建一个控制台应用程序，其变量 intmax 向右移位 16 次，并输出结果。代码如下：

```
uint intmax = 4294967295;                    //声明 uint 类型变量 intmax
uint bytemask;                               //声明 uint 类型变量 bytemask
bytemask = intmax >>16;                      //使 intmax 右移 16 次
Console.WriteLine(bytemask);                 //输出结果
Console.ReadLine();
```

程序运行结果为 65535。

在右移时，如果第 1 个操作数为 int 或 uint（32 位数），则移位数由第 2 个操作数的低 5 位给出；如果第 1 个操作数为 long 或 ulong （64 位数），则移位数由第 2 个操作数的低 6 位给出；如果第 1 个操作数为 int 或 long，则右移位是算术移位（高序空位设置为符号位）。如果第 1 个操作数为 uint 或 ulong 类型，则右移位是逻辑移位（高位填充 0）。

4.2.6　其他特殊运算符

C#还有一些运算符不能简单地归到某个类型中，下面对这些特殊的运算符进行详细讲解。

1. is 运算符

is 运算符用于检查变量是否为指定的类型。如果是，返回真；否则，返回假。

【例 4-23】 创建一个控制台应用程序，判断整型变量 i 是否为整型，可以通过下面的代码进行判断：

```
int i = 0;                                   //声明整型变量 i
bool result = i is int;                      //判断 i 是否为整型
Console.WriteLine(result);                   //输出结果
Console.ReadLine();
```

因为 i 是整型，所以运行程序返回值为 true。

说明　不能重载 is 运算符。is 运算符只考虑引用转换、装箱转换和取消装箱转换，不考虑其他转换，如用户定义的转换。

2. as 运算符

as 运算符用于在兼容的引用类型之间执行转换，但是，如果无法进行转换，则 as 返回 null，而非引发异常。

【例 4-24】 创建一个控制台应用程序，使用 as 运算符把 object 类型的变量转换为 string 类型。代码如下：

```
string str ="这是一个字符串";                 //声明字符串变量并赋初值
object obj = str;                            //把字符串赋值给 object 类型的变量
string temp= obj as string;                  //把 object 类型的变量转换为 string 类型
Console.WriteLine(temp);                     //输出转换后的结果
Console.ReadLine();
```

因为 obj 的值本质上就是一个字符串，所以运行程序后，输出字符串为“这是一个字符串”。

3. 条件运算符

条件运算符（?:）根据布尔型表达式的值返回两个值中的一个。如果条件为 true，则计算第 1 个表达式并以它的计算结果为准；如果条件为 false，则计算第 2 个表达式并以它的计算结果为准。

【例 4-25】 创建一个控制台应用程序，如果 i 大于 j 则返回 i 的值，否则返回 j 的值。代码如下：（实例位置：光盘\MR\源码\第 4 章\4-25）

```
static void Main(string[] args)
{
    int i=20;                                //定义一个整型变量
    int j=21;                                //定义零个整型变量
    int n=i>j?i:j;                           //比较后的出运算结果
    Console.WriteLine(n={0},n);              //输出结果
    Console.ReadLine();
}
```

程序运行结果为 21。

4. new 运算符

new 运算符用于创建一个新的类型实例，它有以下 3 种形式。

- 对象创建表达式，用于创建一个类类型或值类型的实例。
- 数组创建表达式，用于创建一个数组类型实例。
- 代表创建表达式，用于创建一个新的代表类型实例。

【例 4-26】 创建一个控制台应用程序，使用 new 运算符创建一个数组，向数组中添加项目，然后输出数组中的项。代码如下：（实例位置：光盘\MR\源码\第 4 章\4-26）

```
static void Main(string[] args)
{
    string[] ls = new string[3];             //创建具有 3 个项目的 string 类型数组
     ls[0] = "asp.net";                      //为数组第一项赋值
     ls[1] = "C#";                           //为数组第二项赋值
     ls[2] = "Java";                         //为数组第三项赋值
     Console.WriteLine(ls[0]);               //输出数组第一项
     Console.WriteLine(ls[1]);               //输出数组第二项
     Console.WriteLine(ls[2]);               //输出数组第三项
     Console.ReadLine();
}
```

程序运行结果如图 4-1 所示。

图 4-1　new 运算符创建数组

5. typeof 运算符

typeof 运算符用于获得系统原型对象的类型，也就是 Type 对象。Type 类包含关于值类型和引用类型的信息。typeof 运算符可以在 C#语言中的各种位置使用，以找出关于引用类型和值类型的信息。

【例 4-27】创建一个控制台应用程序，利用 typeof 运算符获取引用类型的信息，并输出结果。代码如下：

```
static void Main(string[] args)
{
    Type mytype = typeof(string);                    //获取引用类型的信息
    Console.WriteLine("类型：{0}", mytype);           //输出结果
    Console.ReadLine();
}
```

程序运行结果为“类型：System.String”。

4.3　运算符优先级

当表达式中包含一个以上的运算符时，程序会根据运算符的优先级进行运算。优先级高的运算符会比优先级低的运算符先被执行，在表达式中，可以通过括号()来调整运算符的运算顺序，将想要优先运算的运算符放置在括号()中，当程序开始执行时，括号()内的运算符会被优先执行。表 4-3 列出了所有运算符从高到低的优先级顺序。

表 4-3　　运算符的优先级顺序（由高到低）

<table>
<tr><th>分　类</th><th>运　算　符</th></tr>
<tr><td>基本</td><td>x.y、f(x)、a[x]、x++、x−−、new、typeof、checked、unchecked</td></tr>
<tr><td>一元</td><td>+、−、!、~、++、−−、(T)x、~</td></tr>
<tr><td>乘除</td><td>*、/、%</td></tr>
<tr><td>加减</td><td>+、−</td></tr>
<tr><td>移位</td><td><<、>></td></tr>
<tr><td>比较</td><td><、>、<=、>=、is、as</td></tr>
<tr><td>相等</td><td>==、!=</td></tr>
<tr><td>位与</td><td>&</td></tr>
<tr><td>位异或</td><td>^</td></tr>
<tr><td>位或</td><td>|</td></tr>
<tr><td>逻辑与</td><td>&&</td></tr>
<tr><td>逻辑或</td><td>||</td></tr>
<tr><td>条件</td><td>?:</td></tr>
<tr><td>赋值</td><td>=、+=、−=、*=、/=、%=、&=、|=、^=、<<=、>>=</td></tr>
</table>

运算符优先级其实就相当于进销存的业务流程，如进货、入库、销售、出库，只能按这个步骤进行操作，运算符的优先级也是这样的，它是按照一定的级别进行计算的。

4.4 综合实例——在控制台中实现模拟登录

开发项目时，用户登录是一个必须的功能，实现用户登录功能时，需要使用运算符判断输入的用户名和密码是否正确，如果正确，则成功登录，否则，给出提示信息。本实例主要讲解如何在控制台中模仿用户登录的功能，程序运行效果如图4-2所示。

图4-2 在控制台中实现模拟登录

程序开发步骤如下。

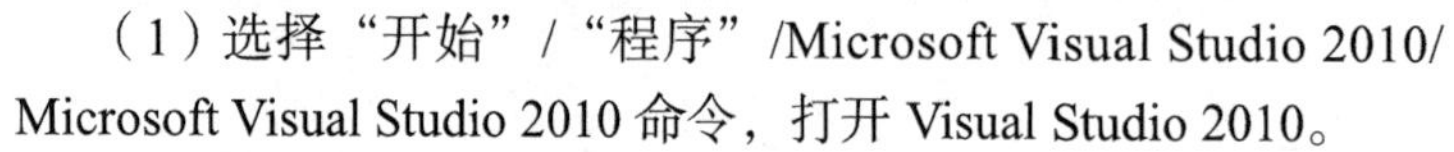

（1）选择“开始”/“程序”/Microsoft Visual Studio 2010/Microsoft Visual Studio 2010命令，打开Visual Studio 2010。

（2）选择Visual Studio 2010工具栏中的“文件”/“新建”/“项目”命令，打开“新建项目”对话框。

（3）选择“控制台应用程序”选项，命名为UserLogin，然后单击“确定”按钮，创建一个控制台应用程序。

（4）在Main方法中，需要声明两个string类型的变量，分别用来保存用户名和密码，然后使用关系运算符“==”和逻辑运算符“&&”判断输入的用户名和密码是否与指定的用户名和密码相匹配，最后使用条件运算符“?:”判断用户是否登录成功，并输出登录信息。具体如下代码：

```
static void Main(string[] args)
{
    Console.Write("请输入用户名：");                    //输入用户名
    string strName = Console.ReadLine();              //定义一个string变量，用来存储用户名
    Console.Write("请输入用户密码：");                  //输入用户密码
    string strPwd = Console.ReadLine();               //定义一个string变量，用来存储用户密码
    //使用各种运算符判断用户名和密码
    bool blLogin = (strName=="mr" && strPwd == "mrsoft");
    //使用条件运算符判断用户是否登录成功
    string strInfo = blLogin ? "登录成功" : "登录失败";
    Console.WriteLine(strInfo);                       //输出登录信息
    Console.ReadLine();
}
```

知识点提炼

（1）表达式是由运算符和操作数组成的。运算符设置对操作数进行什么样的运算。

（2）运算符针对操作数进行运算，同时产生运算结果。

（3）+、-、*、/和%运算符都称为算术运算符，分别用于进行加、减、乘、除和模运算。

（4）赋值运算符为变量、属性、事件等元素赋新值。赋值运算符主要有=、+=、-=、*=、/=、%=、&=、|=、^=、<<=和>>=运算符。

（5）关系运算符可以实现对两个值的比较运算，关系运算符在完成两个操作数的比较运算之后会返回一个代表运算结果的布尔值。

（6）逻辑运算符对两个表达式执行布尔逻辑运算。C#中的逻辑运算符大体可以分为按位逻辑运算符和布尔逻辑运算符。

（7）“<<” 和 “>>” 运算符用于执行移位运算，分别称为左移位运算符和右移位运算符。

习　　题

3-1　操作数通常包括哪些内容？

3-2　请写出模（即求余数）运算。

3-3　如果赋值运算符两边的操作数的类型不一致，该怎样处理？

3-4　按位逻辑运算符是对两个整数表达式的相应位执行什么运算？

3-5　说出 X<<N 或 X>>N 形式的运算的含义。

3-6　条件运算符（?:）的运算过程是什么？

3-7　列出 new 运算符常用的 3 种功能。

3-8　typeof 运算符的功能是什么？

实验：通过条件运算符判断奇偶数

实验目的

（1）应用赋值表达式保存数值。

（2）求模运算符（%）的应用。

（3）应用条件运算符（?:）做逻辑判断。

实验内容

从控制台中读取任意整数，然后使用条件运算符（?:）判断该整数的奇偶性，程序运行效果如图 4-3 所示。

图 4-3　判断奇数或偶数

实验步骤

（1）创建一个控制台应用程序，命名为 Judge，并保存到磁盘的指定位置。

（2）在 Main 方法中，首先通过 Console.ReadLine 方法从控制台中读取一个整数，然后将该整数与 2 求模（%），并使用条件运算符（?:）判断余数是否为零，若为零，则该整数为偶数，否则为奇数。具体如下代码：

```
static void Main(string[] args)
{
    Console.Write("请输入一个整数：");                              //提示输入一个整数
    int intNum = Convert.ToInt32(Console.ReadLine());              //从控制台读取一个整数
    string strValue = (intNum % 2 == 0) ? "是偶数" : "是奇数";     //判断奇偶性
    Console.WriteLine("{0}是" + strValue, intNum);                 //输出该整数的奇偶性
    Console.Read();
}
```

第 5 章 流程控制语句

本章要点：

- if 条件语句
- switch 多分支选择语句
- while 和 do…while 循环语句
- for 循环语句
- foreach 遍历语句
- break、continue 和 return 跳转语句

语句是对计算机下达的命令，每一个程序都是由很多个语句组合起来的，也就是说语句是组成程序的基本单元，同时它也控制着整个程序的执行流程。本章将对 C#中的流程控制语句及其使用方法进行详细讲解。

5.1 选择语句

选择结构是程序设计过程中最常见的一种结构，如用户登录、条件判断等都需要用到选择结构。C#中的选择语句主要包括 if 语句和 switch 语句两种，本节将分别进行介绍。

5.1.1 if 条件选择语句

英文单词 if 可以翻译成如果，例如，这里提供一句话，大家可以考虑如何通过 if 语句来实现，“如果你能坚持不懈的努力，那么就会成功”，这句话如果使用 if 语句表达就应该是下面的形式：

```
if( 你能坚持不懈的努力)
{
    就会成功;
}
```

也就是说，如果你选择坚持不懈的去努力，那么就会实现自己的梦想，坚持不懈的努力是成功的先决条件，所以“( )”里的内容是前提条件，只有满足了“( )”里的内容，才能执行“{}”号里的代码，这便是 if 语句的基本用法。

在生活中，随处可见 if 语句的应用实例。例如，当一个人走到岔路口时，摆在面前的有两条路，那么应该如何根据需要选择要走的路呢？这时 if 语句就派上用场了，如图 5-1 所示。

C#中 if 语句的语法格式如下：

```
if(布尔表达式)
{
```

```
    语句块;
}
```

只有当“布尔表达式”的值为 true 时，才会执行大括号内的语句块。

图 5-1　if 语句的演示

【例 5-1】 通过 if 语句实现只有年龄大于等于 56 岁才可以申请退休，代码如下：

```
int Age=50;
if(Age>=56)
{
    允许退休;
}
```

if 语句的另一种形式是 if…else 语句，在此处多出一个 else 分支，可以翻译成否则。同样，这里通过一个句子来理解 if…else 语句的用法。例如，如果你是中国人，请举起右手；否则，请举起左手。这个句子如果用 if…else 语句去表达可以是以下方式：

```
if（中国人）                    //如果是中国人
{
    举起右手;
}
else                            //否则
{
    举起左手;
}
```

C#中 if…else 语句的语法格式如下：

```
if（布尔表达式）
{
    语句块 1;
}
else
{
    语句块 2;
}
```

上面语法格式的具体含义是，当布尔表达式的值为 true 时，执行语句块 1；否则，执行语句块 2。

if 语句和 if…else 语句在实际开发项目时会被经常用到。例如，在开发进销存系统的用户登录窗体时，首先需要验证输入的用户名和密码是否正确，这时，就可以利用 if…else 语句判断输入的用户名和密码与数据库中存储的是否一致，如果一致则登录系统，否则提示用户重新登录。进销存系统的用户登录窗体如图 5-2 所示。

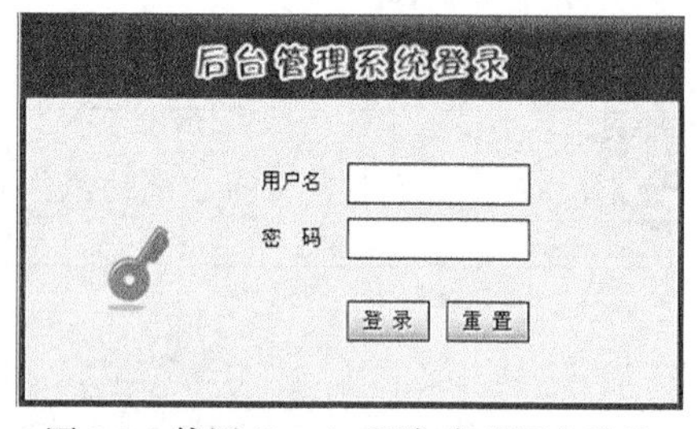

图 5-2　使用 if…else 语句实现用户登录

if 语句之间可以互相嵌套，if 语句和 if…else 语句之间可以互相嵌套使用，if…else 语句之间也可以互相嵌套，这也就是所谓的多层嵌套，使用起来是非常灵活的。if 选择语句的执行流程图如图 5-3 所示。

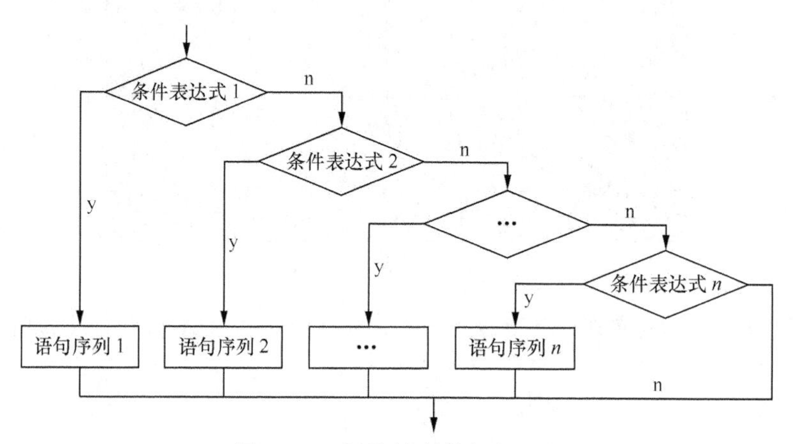

图 5-3　if 选择语句的执行流程图

下面对常用的几种 if 语句嵌套进行讲解。

1. if 语句之间的嵌套

语法格式如下：

```
if (布尔表达式)
{
    if (布尔表达式)
    {
        语句块;
    }
}
```

【例 5-2】 创建一个控制台应用程序，该程序中使用 if 语句的嵌套来判断用户输入的年份是否是闰年。代码如下：（实例位置：光盘\MR\源码\第 5 章\5-2）

```
static void Main(string[] args)
{
    Console.Write("请输入一个年份: ");                     //输入提示信息
    long x = Convert.ToInt32(Console.ReadLine());         //保存输入的年份
    if (x % 4 == 0)                                       //当 x 可以被 4 整除时
    {
        if (x % 100 != 0 || x % 400 == 0)                 //当 x 不能被 100 整除或者可以被 400 整除时
        {
            Console.WriteLine("该年份为闰年");             //输出该年份为闰年
        }
```

```
        else                                         //当 x 可以被 100 整除时
        {
            Console.WriteLine("该年份为非闰年");      //输出该年份为非闰年
        }
    }
    else                                             //当 x 不能被 4 整除时
    {
        Console.WriteLine("该年份为非闰年");          //输出该年份为非闰年
    }
    Console.ReadLine();                              //从标准输入流读取下一行字符
}
```

程序运行结果如图 5-4 所示。

图 5-4　if 语句的嵌套使用

2. if 语句和 if…else 语句之间的嵌套

语法格式如下：

```
if (布尔表达式)
{
    if (布尔表达式)
    {
        语句块 1;
    }
    else
    {
        语句块 2;
    }
}
```

以上只是 if 语句和 if…else 语句嵌套关系中的一种形式，当然也可以在 if…else 语句中嵌套 if 语句，它们是可以互相嵌套的，开发人员需要根据实际情况选择如何进行嵌套。

【例 5-3】创建一个控制台应用程序，其中使用 if 语句和 if…else 语句的嵌套来判断用户输入的年龄，并根据年龄输出相应的字符串。代码如下：（实例位置：光盘\MR\源码\第 5 章\5-3）

```
static void Main(string[] args)
{
    const int i = 18;                            //声明一个 int 类型的常量 i，值为 18
    const int j = 30;                            //声明一个 int 类型的常量 j，值为 30
    const int k = 50;                            //声明一个 int 类型的常量 k，值为 50
    int YouAge = 0;                              //声明一个 int 类型的变量 YouAge，值为 0
    Console.WriteLine("请输入您的年龄：");        //输出提示信息
    YouAge = int.Parse(Console.ReadLine());      //获取用户输入的数据
    if (YouAge <= i)                             //调用 if 语句判断输入的数据是否小于等于 18
    {
        //如果小于等于 18 则输出提示信息
        Console.WriteLine("您的年龄还小，要努力奋斗哦！");
    }
    else
    {
        if (i < YouAge && YouAge <= j)           //判断是否大于 18 岁小于 30 岁
        {
```

```
                //如果输入的年龄大于 18 岁并且小于 30 岁则输出提示信息
                Console.WriteLine("您现在的阶段正是努力奋斗的黄金阶段！");
            }
            else
            {
                if (j < YouAge && YouAge <= k)     //判断输入的年龄是否大于 30 岁小于等于 50 岁
                {
                    //如果输入的年龄大于 30 岁而小于等于 50 岁则输出提示信息
                    Console.WriteLine("您现在的阶段正是人生的黄金阶段！");
                }
                else
                {
                    //输出提示信息
                    Console.WriteLine("最美不过夕阳红！");
                }
            }
        }
        Console.ReadLine();
    }
```

程序运行结果如图 5-5 所示。

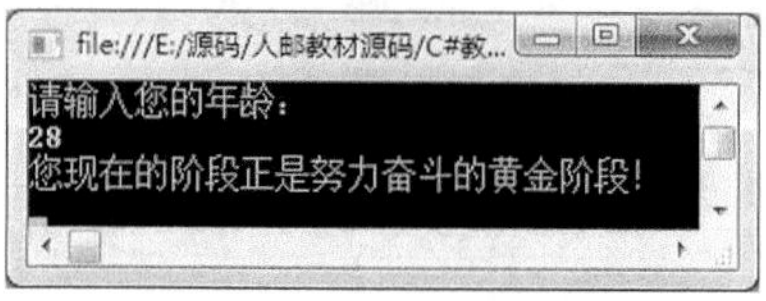

图 5-5　if 语句和 if…else 语句的嵌套使用

3. if…else 语句之间的嵌套

语法格式如下：

```
if（布尔表达式）
{
    if（布尔表达式）
    {
        语句块 1;
    }
    else
    {
        语句块 2;
    }
}
else
{
    if（布尔表达式）
    {
        语句块 3;
    }
    else
    {
        语句块 4;
    }
}
```

【例 5-4】创建一个控制台应用程序，通过 if…else 语句嵌套来确定输入的月份属于哪个季节。代码如下：（实例位置：光盘\MR\源码\第 5 章\5-4）

```
static void Main(string[] args)
{
    Console.WriteLine("请输入一个月份:");                //输入提示
    int month = int.Parse(Console.ReadLine());          //记录输入的月份
```

```
    string season;                                           //定义一个字符串变量，用来存储季节
    if (month == 12 || month == 1 || month == 2)            //判断输入的月份是不是 12、1、2 月
    {
        season = "冬季";
    }
    else
    {
        if (month == 3 || month == 4 || month == 5)         //判断输入的月份是不是 3、4、5 月
        {
            season = "春季";
        }
        else
        {
            if (month == 6 || month == 7 || month == 8)//判断输入的月份是不是 6、7、8 月
            {
                season = "夏季";
            }
            else
            {
                if (month == 9 || month == 10 || month == 11)//判断月份是否为 9、10、11 月
                {
                    season = "秋季";
                }
                else
                {
                    season = "月份不存在";
                }
            }
        }
    }
    Console.WriteLine("{0}月是{1}", month, season);
     //输出信息
    Console.ReadLine();
}
```

程序运行结果如图 5-6 所示。

图 5-6　if…else 语句的嵌套使用

5.1.2　switch 多分支选择语句

switch 语句是多路选择语句，它是根据某个值来使程序从多个分支中选择一个用于执行，为了能让读者更好的理解，请参看图 5-7。

C#中 switch 语句的语法格式如下：

```
switch(表达式)
{
    case 【常量表达式】:【语句块】; break;
    case 【常量表达式】:【语句块】; break;
    case 【常量表达式】:【语句块】; break;
    …
    case 【常量表达式】:【语句块】; break;
    default:【语句块】; break;
}
```

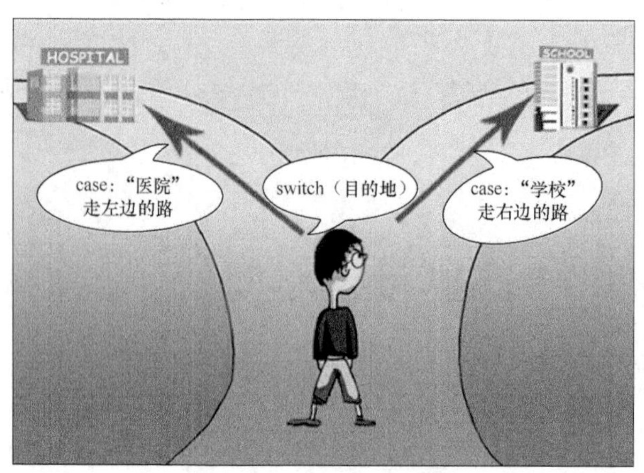

图 5-7　switch 语句的演示

使用 switch 语句时需要注意以下 3 点。

（1）每个 case 后面的【常量表达式】的值必须是与【表达式】的类型相同的一个常量，不能是变量。

（2）同一个 switch 语句中的两个或多个 case 标签中指定同一个常数值，会导致编译出错。

（3）一个 switch 语句中最多只能有一个 default 标签，并且每一个标签后边都需要一个 break 语句跳过 switch 语句的其他标签。

switch 语句的执行流程如图 5-8 所示。

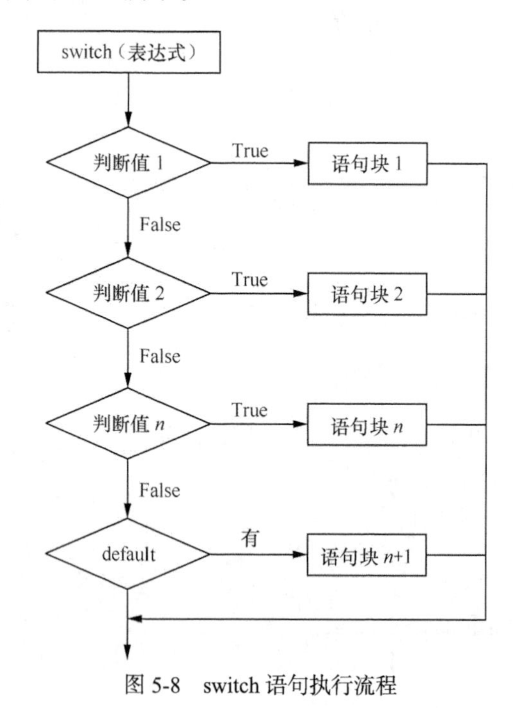

图 5-8　switch 语句执行流程

【例 5-5】 在许多情况下，使用 switch 语句可以简化 if…else 语句，并且执行效率更高。在例 5-4 中，使用 if…else 语句之间的嵌套实现了根据输入的月份判断该月属于哪个季节功能，这里使用 switch 语句来实现以上功能。代码如下：（实例位置：光盘\MR\源码\第 5 章\5-5）

```
static void Main(string[] args)
{
    Console.WriteLine("请您输入一个月份：");      //输出提示信息
    int month = int.Parse(Console.ReadLine());//声明一个 int 类型变量用于获取用户输入的数据
    string season;                              //声明一个字符串变量
    switch (month)                              //调用 switch 语句
    {
        case 12:
        case 1:
        case 2:
            season = "您输入的月份属于冬季！";    //如果输入的数据是 1、2 或者 12 则执行此分支
            break;
        case 3:
        case 4:
        case 5:
            season = "您输入的月份属于春季！";    //如果输入的数据是 3、4 或 5 则执行此分支
            break;
        case 6:
        case 7:
        case 8:
            season = "您输入的月份属于夏季！";    //如果输入的数据是 6、7 或 8 则执行此分支
            break;
        case 9:
        case 10:
        case 11:
            season = "您输入的月份属于秋季！";    //如果输入的数据是 9、10 或 11 则执行此分支
            break;
        //如果输入的数据不满足以上个分支的内容则执行 default 语句
        default:
            season = "月份输入错误！";
            break;
    }
    Console.WriteLine(season);
     //输出字符串 season
    Console.ReadLine();
}
```

程序运行结果如图 5-9 所示。

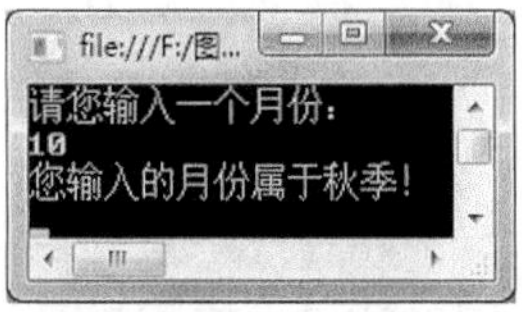

图 5-9　使用 switch 语句判断月份所属季节

5.2　循环语句

当程序要反复执行某一操作时，就必须使用循环结构，比如遍历二叉树、输出数组元素等。C#中的循环语句主要包括 while 语句、do…while 语句、for 语句和 foreach 语句，本节将对这几种循环语句分别进行介绍。

5.2.1　while 循环语句

while 语句按不同条件执行一个语句块零次或多次，其基本格式如下：

```
while(【布尔表达式】)
{
    【语句块】
}
```

while 语句的执行顺序如下。

- 计算【布尔表达式】的值。
- 如果【布尔表达式】的值为 true，程序执行【语句块】，执行完毕重新计算【布尔表达式】的值是否为 true。
- 如果【布尔表达式】的值为 false，则控制将转移到 while 语句的结尾。

while 语句在一开始就判断布尔表达式是否为 true，只有为 true 才能执行循环体。

while 语句的执行流程如图 5-10 所示。

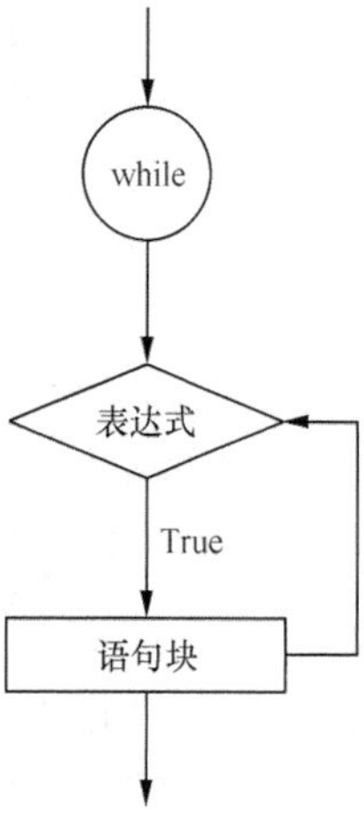

【例 5-6】创建一个控制台应用程序，使用 while 语句实现一个简单的人机交互功能，运行程序，当按照提示随意输入一个姓名时，系统将输出欢迎信息；当在程序提示输入姓名时，输入空格按回车键，系统将提示退出信息。代码如下：（实例位置：光盘\MR\源码\第 5 章\5-6）

```
static void Main(string[] args)
{
    Console.WriteLine("请输入您的姓名：");
                //输入提示
    string strinput = Console.ReadLine().Trim();
                //记录输入的字符串
    while (strinput != string.Empty)
                //使用 while 循环判断输入是否为空
    {
        Console.WriteLine("您好，{0}\n 欢迎来到本系统。", strinput);    //输出欢迎信息
        Console.WriteLine("请输入您的名字");
        strinput = Console.ReadLine().Trim();      //再次记录输入字符串
    }
    Console.WriteLine("没有输入有效姓名，系统退出……\n 按回车退出");
    Console.ReadLine();
}
```

图 5-10　while 语句执行流程

程序运行结果如图 5-11 所示。

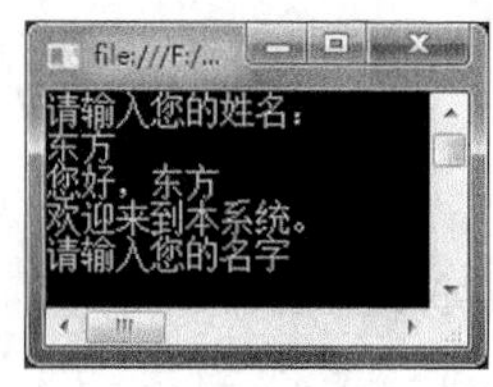

图 5-11　使用 while 语句实现人机交互

5.2.2　do…while 循环语句

do…while 语句与 while 语句相似，但它的判断条件在循环后，这样使得循环体内的语句至少

执行一次，其基本格式如下：

```
do
{
    【语句块】
}while(【布尔表达式】) ;
```

while(【布尔表达式】)之后必须加分号（;)。

do…while 语句的执行顺序如下。

- 程序首先执行【语句块】。
- 当程序到达【语句块】的结束点时，计算【布尔表达式】的值，如果【布尔表达式】的值是 true，程序转到 do…while 语句的开头；否则，结束循环。

do…while 语句的执行流程如图 5-12 所示。

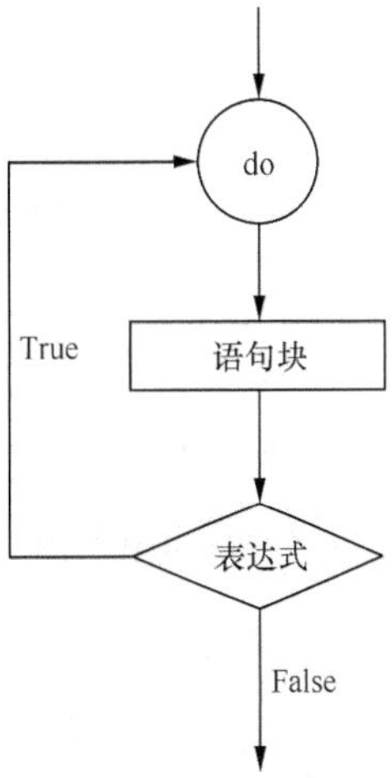

图 5-12　do…while 语句执行流程

【例 5-7】创建一个控制台应用程序，使用 do…while 语句实现简单的密码验证功能。代码如下：（实例位置：光盘\MR\源码\第 5 章\5-7）

```
static void Main(string[] args)
{
    bool flag = false;
    //用来判断密码是否正确
    do
    {
        Console.WriteLine("请输入您的姓名代号：");
    //输入提示
        Console.WriteLine("(1)小王，(2)小梁，(3)小赵");
        int id = int.Parse(Console.ReadLine().Trim());
    //记录输入代号
        Console.WriteLine("请输入密码：");
        string pwd = Console.ReadLine().Trim();     //记录输入密码
        switch (id)                                 //以代号为条件进行判断
        {
            case 1:
                if (pwd == "xiaowang")              //判断密码是否正确
                {
                    Console.WriteLine("密码正确！");
                    flag = true;                    //将 bool 型变量设置为 true
                }
                else
                {
                    Console.WriteLine("密码错误！");
                }
                break;
            case 2:
                if (pwd == "xiaoliang")             //判断密码是否正确
                {
                    Console.WriteLine("密码正确！");
                    flag = true;                    //将 bool 型变量设置为 true
```

```
                }
                else
                {
                    Console.WriteLine("密码错误！");
                }
                break;
            case 3:
                if (pwd == "xiaozhao")              //判断密码是否正确
                {
                    Console.WriteLine("密码正确！");
                    flag = true;                    //将 bool 型变量设置为 true
                }
                else
                {
                    Console.WriteLine("密码错误！");
                }
                break;
            default:
                Console.WriteLine("查无此人"); break;
        }
    } while (!flag);                                //条件判断
    Console.WriteLine("谢谢使用，按回车键退出！");
    Console.ReadLine();
}
```

程序运行结果如图 5-13 所示。

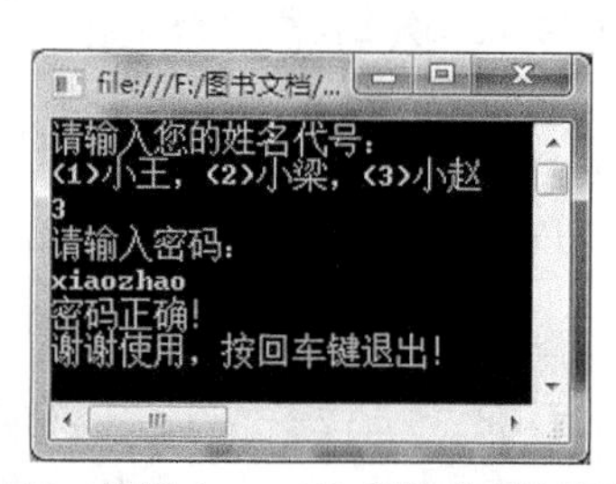

图 5-13　使用 do…while 语句实现密码验证

说明　while 语句和 do…while 语句都用来控制代码的循环，但 while 语句使用于先条件判断，再执行循环结构的场合；而 do…while 语句则适合于先执行循环结构，再进行条件判断的场合。具体来说，使用 while 语句时，如果条件不成立，则循环结构一次都不会执行，而如果使用 do…while 语句时，即使条件不成立，程序也至少会执行一次循环结构。

5.2.3　for 循环语句

for 语句用于重复执行一个语句或者语句块，直到指定的条件不成立，或者表达式计算为 false 时才退出循环。for 语句将初始值、布尔判断和更新值都编写在同一行程序代码中，其基本格式如下：

```
for(【初始化表达式】;【条件表达式】;【迭代表达式】)
{
    【语句块】
}
```

for 语句执行的顺序如下。

- 如果有【初始化表达式】，则按变量初始值设定项或语句表达式的书写顺序指定它们，此步骤只执行一次。
- 如果存在【条件表达式】，则计算它。
- 如果不存在【条件表达式】，则程序将转移到嵌入语句。如果程序到达了嵌入语句的结束点，按顺序计算 for【迭代表达式】，然后从上一个步骤中 for 条件的计算开始，执行另一次迭代。

注意　for 语句的 3 个参数都是可选的，理论上并不一定完全具备。但是如果不设置循环条件，程序就会产生死循环，此时需要通过跳转语句才能退出。

for 语句的执行流程如图 5-14 所示。

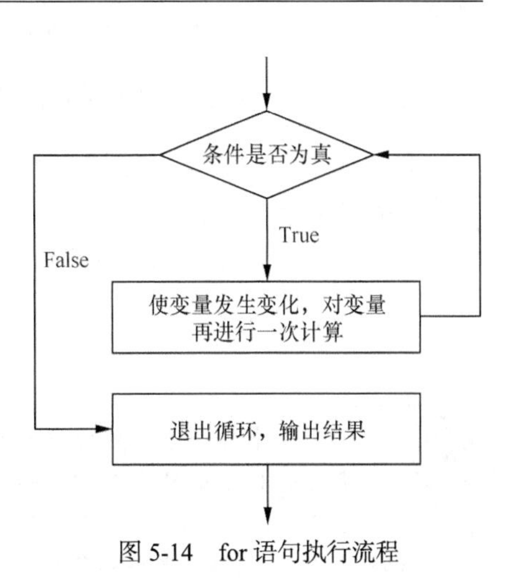

图 5-14　for 语句执行流程

【例 5-8】创建一个控制台应用程序，使用 for 语句遍历字符串数组，并将数组中的每一项进行输出。代码如下：（实例位置：光盘\MR\源码\第 5 章\5-8）

```
static void Main(string[] args)
{
    //定义字符串数组
    string[] strNames = new string[5] { "小王", "小梁", "小吕", "小赵", "小张"};
    for (int i = 0; i < strNames.Length; i++)
     //使用 for 循环遍历数组
    {
        Console.WriteLine("输出每一项：{0}", strNames[i]);//输出数组中的项
    }
    Console.ReadLine();
}
```

除了上面所述使用方法外，for 语句可以进行嵌套，也就是在一个 for 循环体中包含另一个 for 循环，这样可以帮助程序员完成大量重复性、规律性的工作。

【例 5-9】创建一个控制台应用程序，使用嵌套 for 语句实现 1！+2！+…+10！的和。代码如下：（实例位置：光盘\MR\源码\第 5 章\5-9）

```
static void Main(string[] args)
{
//定义 4 个 int 类型的变量，其中 i 表示要进行阶乘运算的数字，j 表示对 i 进行阶乘运算时需要用到的数字，temp 表示阶乘运算的临时缓存值，sum 表示总和
    int i, j, temp = 1, sum = 0;
    for (i = 1; i <= 10; i++)                    //使用 for 循环计算 1 到 10 以内的数字的阶乘
    {
        for (j = 1; j <= i; j++)                 //对访问到的数字进行阶乘运算
        {
            temp = temp * j;                     //阶乘运算
        }
        sum = sum + temp;                        //计算总和
        temp = 1;                                //初始化临时缓存值
    }
    Console.WriteLine("1!+2!+...+10!={0}", sum);//输出结果
```

```
        Console.ReadLine();
    }
```

程序运行结果如图 5-15 所示。

图 5-15 使用嵌套 for 语句实现阶乘算法

注意

由于嵌套 for 语句将消耗很大的资源，所以在实际开发项目时，能不使用嵌套 for 语句尽量不要使用。

5.2.4 foreach 循环语句

foreach 语句用于循环列举一个集合的元素，并对该集合中的每个元素执行一次相关的语句，其基本格式如下：

```
foreach(【类型】 【迭代变量名】 in 【集合类型表达式】)
{
    【语句块】
}
```

注意

变量的类型一定要与集合类型相同。例如，如果想遍历一个字符串数组中的每一项，那么此处变量的类型就应该是 string 类型，依此类推。

foreach 语句的执行流程如图 5-16 所示。

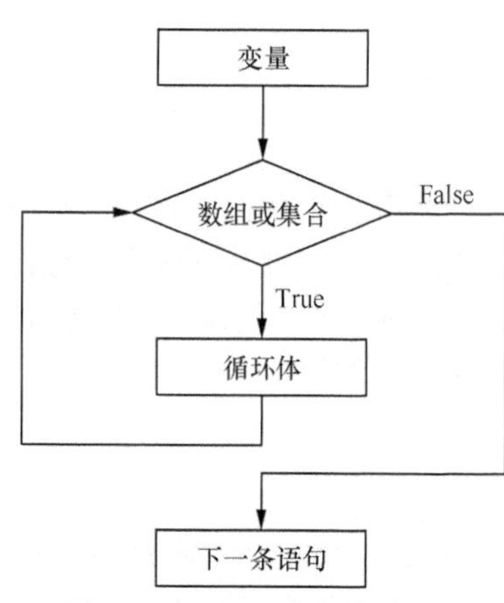

图 5-16 foreach 语句执行流程

【例 5-10】 创建一个控制台应用程序，使用 foreach 语句遍历泛型集合中的每个元素，并进行输出。代码如下：（实例位置：光盘\MR\源码\第 5 章\5-10）

```
static void Main(string[] args)
{
    string [] strNames={"小王","小梁","小吕","小赵","小张"};//定义一个字符串数组
    List<string> lists = new List<string>(strNames);
//使用字符串数组实例化泛型列表对象
    foreach (string str in lists)
//使用 foreach 语句遍历泛型集合
    {
        Console.Write(str + " ");
//输出遍历到的泛型集合元素
    }
    Console.ReadLine();
}
```

程序运行结果如图 5-17 所示。

图 5-17 使用 foreach 语句遍历泛型集合

5.3　跳 转 语 句

跳转语句主要用于无条件地转移控制，它会将控制转到某个位置，这个位置就成为跳转语句的目标。如果跳转语句出现在一个语句块内，而跳转语句的目标却在该语句块之外，则称该跳转语句退出该语句块。跳转语句主要包括 break 语句、continue 语句和 return 语句，本节将对这 3 种跳转语句分别进行介绍。

5.3.1　break 语句

break 语句常用于跳出 switch、while、do…while、for 和 foreach 语句。当多个 switch、while、do…while、for 和 foreach 语句嵌套时，break 语句只能跳出直接包含它的语句。

【例 5-11】　创建一个控制台应用程序，使用两个 for 语句做嵌套循环，在内层的 for 语句中，使用 break 语句实现当 int 类型变量 j 等于 10 时，跳出内循环。代码如下：（实例位置：光盘\MR\源码\第 5 章\5-11）

```
static void Main(string[] args)
{
    for (int i = 0; i < 4; i++)                          //调用 for 语句
    {
        Console.Write("\n第{0}次循环: ", i);             //输出提示是第几次循环
        for (int j = 0; j < 200; j++)                    //调用 for 语句
        {
            if (j == 10)                                 //如果 j 的值等于 10
                break;                                   //终止循环
            Console.Write(j + " ");                      //输出 j
        }
    }
    Console.ReadLine();
}
```

程序运行结果如图 5-18 所示。

```
C:\Users\Administrator\D...
第1次循环: 0 1 2 3 4 5 6 7 8 9
第2次循环: 0 1 2 3 4 5 6 7 8 9
第3次循环: 0 1 2 3 4 5 6 7 8 9
第4次循环: 0 1 2 3 4 5 6 7 8 9
```

图 5-18　使用 break 语句跳出循环

从程序的运行结果中可以看出，使用 break 语句只终止了内层循环，并没有影响到外部的循环，所以程序依然执行了 4 次循环。

5.3.2　continue 语句

continue 语句只能应用于 while、do…while、for 或 foreach 语句中，用来忽略循环语句块内位于它后面的代码而直接开始一次新的循环。当多个 while、do…while、for 或 foreach 语句互相嵌套时，continue 语句只能使直接包含它的循环语句开始一次新的循环。

【例 5-12】 创建一个控制台应用程序，通过在 while 循环语句中使用 continue 语句实现输出 10 以内的所有奇数。代码如下：（实例位置：光盘\MR\源码\第 5 章\5-12）

```
static void Main(string[] args)
```

```
{
    int i = 0;                                    //定义一个 int 类型的变量，用来存储访问到的数字
    Console.Write("10 以内的所有奇数：");         //输入提示
    while (i < 10)                                //循环访问 10 以内的数字
    {
        i++;                                      //将 i 的值加 1
        if ((i % 2 == 0))                         //判断 i 是不是偶数
        {
            continue;                             //转到下一次循环
        }
        Console.Write(i+" ");                     //输出奇数
    }
    Console.ReadLine();
}
```

程序运行结果如图 5-19 所示。

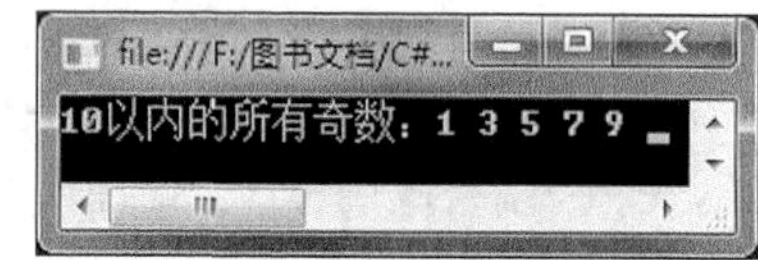

图 5-19　continue 语句的使用

5.3.3　return 语句

return 语句在日常生活中经常用到，比如一个人付钱买烟，售货员收钱递给这个人香烟，售货员递给这个人香烟的过程其实就是一个 return 的过程，他返回这个人想要的结果——香烟。从上面的例子可以看出，return 语句用来将控制返回到使用 return 语句的方法成员的调用方。return 语句后面可以跟一个可选的表达式，如果不带表达式，则 return 语句只能用在不返回值的方法成员中，即只能用在返回类型为 void 的方法中。

【例 5-13】 创建一个控制台应用程序，首先自定义一个 Area 方法，用来使用 return 语句来返回结算得到的圆面积；然后在 Main 方法中，根据用户输入的半径调用自定义的 Area 方法计算圆面积并输出。代码如下：（实例位置：光盘\MR\源码\第 5 章\5-13）

```
//计算圆面积
static double Area(double r)
{
    return r * r * Math.PI;                       //使用 return 语句返回计算结果
}
static void Main(string[] args)
{
    while (true)                                  //定义一个死循环，以便能够循环输入数据
    {
        Console.Write("请输入圆半径：");          //输入提示
        double r = Convert.ToDouble(Console.ReadLine());//记录输入的圆半径
        Console.WriteLine("半径为{0}的圆的面积是{1:0.00}", r, Area(r));//输出圆面积
    }
}
```

程序运行结果如图 5-20 所示。

图 5-20　使用 return 语句返回圆面积

5.4　综合实例——哥德巴赫猜想算法的实现

如果任意一个大于 6 的偶数都可以写成两个素数的和，就将其称为符合哥德巴赫猜想。下面通过一个实例来讲解哥德巴赫猜想的算法，本例运行效果如图 5-21 所示。

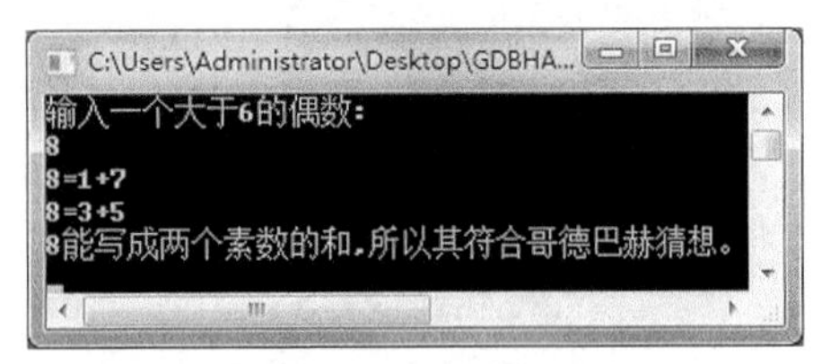

图 5-21　哥德巴赫猜想的实现

程序开发步骤如下。

（1）创建一个控制台应用程序，命名为 GDBHArith，并存放到磁盘的指定位置。

（2）在程序中，首先自定义一个返回值类型为 bool 类型的 IsPrimeNumber 方法，用来判断一个数是否是素数，该方法中有一个 int 类型的参数，用来表示要判断的数字。IsPrimeNumber 方法实现代码如下：

```
/// <summary>
/// 判断一个数是否是素数
/// </summary>
/// <param name="intNum">要判断的数</param>
/// <returns>如果是，返回 true;否则，返回 false</returns>
static bool IsPrimeNumber(int intNum)
{
    bool blFlag = true;                                  //标识是否是素数
    if (intNum == 1 || intNum == 2)                      //判断输入的数字是否是 1 或者 2
        blFlag = true;                                   //为 bool 类型变量赋值
    else
    {
        int sqr = Convert.ToInt32(Math.Sqrt(intNum)); //对要判断的数字进行开方运算
        for (int i = sqr; i >= 2; i--)                   //从开方后的数进行循环
        {
            if (intNum % i == 0)                         //对要判断的数字和指定数字进行求余
            {
                blFlag = false;                          //如果余数为 0，说明不是素数
            }
        }
    }
    return blFlag;                                       //返回 bool 型变量
}
```

（3）自定义一个返回值类型为 bool 类型的 ISGDBHArith 方法，用来判断一个数是否符合哥德巴赫猜想，该方法中有一个 int 类型的参数，用来表示要判断的数字。ISGDBHArith 方法实现代码如下：

```
/// </summary>
/// <param name="intNum">要判断的数</param>
/// <returns>如果符合，返回 true;否则，返回 false</returns>
static bool ISGDBHArith(int intNum)
{
    bool blFlag = false;                                 //标识是否符合哥德巴赫猜想
    if (intNum % 2 == 0 && intNum > 6)                   //对要判断的数字进行判断
    {
        for (int i = 1; i <= intNum / 2; i++)
        {
```

```
                bool bl1 = IsPrimeNumber(i);          //判断 i 是否为素数
                bool bl2 = IsPrimeNumber(intNum - i); //判断 intNum-i 是否为素数
                if (bl1 & bl2)
                {
                    //输出等式
                    Console.WriteLine("{0}={1}+{2}", intNum, i, intNum - i);
                    blFlag = true;                    //符合哥德巴赫猜想
                }
            }
        }
        return blFlag;                                //返回 bool 型变量
    }
```

（4）在 Main 方法中，首先提示输入信息，然后定义一个 int 类型的变量，用来记录输入的数字，之后调用自定义方法 ISGDBHArith 判断输入的数字是否符合哥德巴赫猜想，并输出相应的提示信息。Main 方法实现代码如下：

```
static void Main(string[] args)
{
    Console.WriteLine("输入一个大于 6 的偶数:");          //提示输入信息
    int intNum = Convert.ToInt32(Console.ReadLine());//记录输入的数字
    bool blFlag = ISGDBHArith(intNum);             //判断是否符合哥德巴赫猜想
    if (blFlag)                                    //如果为 true，说明符合，并输出信息
    {
        Console.WriteLine("{0}能写成两个素数的和,所以其符合哥德巴赫猜想。", intNum);
    }
    else
    {
        Console.WriteLine("猜想错误。");
    }
    Console.ReadLine();
}
```

知识点提炼

（1）if 语句是最常用的条件选择语句，它常用的形式有 if、if…else、if…else if…else 等。

（2）switch 语句是多路选择语句，它是根据某个值来使程序从多个分支中选择一个用于执行。

（3）for 语句用于重复执行一个语句或者语句块，直到指定的条件不成立，或者表达式计算为 false 时才退出循环。

（4）foreach 语句用于循环列举一个集合的元素，并对该集合中的每个元素执行一次相关的语句。

（5）break 语句常用于跳出 switch、while、do…while、for 和 foreach 语句。当多个 switch、while、do…while、for 和 foreach 语句嵌套时，break 语句只能跳出直接包含它的语句。

（6）continue 语句只能应用于 while、do…while、for 或 foreach 语句中，用来忽略循环语句块内位于它后面的代码而直接开始一次新的循环。当多个 while、do…while、for 或 foreach 语句互相嵌套时，continue 语句只能使直接包含它的循环语句开始一次新的循环。

（7）return 语句用来将控制返回到使用 return 语句的方法成员的调用方。return 语句后面可以跟一个可选的表达式，如果不带表达式，则 return 语句只能用在不返回值的方法成员中，即只能用在返回类型为 void 的方法中。

习　　题

5-1　C#中的选择语句主要包括哪两种？

5-2　C#中的循环语句主要包括哪几种？

5-3　跳转语句主要包括哪几种？

5-4　while 语句按不同条件执行一个语句块多少次？

5-5　do…while 语句与 while 语句的区别是什么？

实验：计算前 *N* 个自然数之和

实验目的

应用循环语句（比如，while）求任意个自然数之和。

实验内容

while 语句用于根据它的条件值执行零次或多次 while 语句块，当每次 while 语句块中的代码执行完毕时，将重新查看是否符合条件值，若符合则再次执行相同的程序代码，否则跳出 while 语句。本实验要求使用 while 语句计算前 *N* 个自然数之和并输出结果，程序效果如图 5-22 所示。

图 5-22　计算前 100 个自然数之和

实验步骤

（1）创建一个控制台应用程序，命名为 CalcSum，并保存到磁盘的指定位置。

（2）在程序中，首先使用 Console.ReadLine 方法从控制台中获取自然数 *N*，以便使用 while 语句循环 *N* 次；然后需要定义一个初始值为"1"的整数变量（并且该变量在 while 循环中要自增）；最后让"该整数变量"与"自然数 *N*"进行"小于或等于"比较，若比较结果为 true，则计算本次的和并继续执行 while 循环，否则退出。具体代码如下：

```
static void Main(string[] args)
{
    Console.Write("请输入数字：");                //输入提示
    int id = int.Parse(Console.ReadLine()); //记录输入的数字
    int sum = 0;                             //定义一个整型变量，用来记录数字总和
    int i = 1;                               //定义一个整型变量，用来初始化开始计算的数字
    while (i <= id)                          //使用 while 循环开始计算数字的总和
    {
        sum = sum + i;                       //计算总和
        i++;                                 //切换到下一个数字
    }
    Console.WriteLine("前{0}个自然数之和为{1}", id, sum);//输出计算结果
    Console.ReadLine();
}
```

第6章 字符与字符串

本章要点：

- 字符类 Char
- 字符串 String 的声明及使用
- 常见的字符串操作方法
- StringBuilder 可变字符串类
- String 类与 StringBuilder 类的区别

.NET Framework 类库中提供了强大的字符和字符串处理功能，其中 Char 类是 C#提供的字符类型，String 类是 C#提供的字符串类型，开发人员可以通过这两个类提供的方法对字符和字符串进行各种操作。另外，还可以使用正则表达式对用户输入的字符串进行验证等。

6.1 字　　符

Char 类在 C#中表示一个 Unicode 字符，正是这些 Unicode 字符构成了字符串，Unicode 字符是目前计算机中通用的字符编码，它为不同语言中的每个字符设定了统一的二进制编码，用于满足跨语言、跨平台的文本转换和处理要求。

6.1.1 字符的使用

字符的定义非常简单，可以通过下面的代码定义字符。

```
char ch1='L';
char ch2='1';
```

Char 类只定义一个 Unicode 字符。

Char 类中提供了许多的方法，程序开发人员可以通过这些方法对字符进行各种操作。Char 类的常用方法及说明如表 6-1 所示。

表 6-1　　Char 类的常用方法及说明

方　法	说　明
IsControl	指示指定的 Unicode 字符是否属于控制字符类别
IsDigit	指示某个 Unicode 字符是否属于十进制数字类别

续表

方　法	说　明
IsHighSurrogate	指示指定的 Char 对象是否为高代理项
IsLetter	指示某个 Unicode 字符是否属于字母类别
IsLetterOrDigit	指示某个 Unicode 字符是属于字母类别还是属于十进制数字类别
IsLower	指示某个 Unicode 字符是否属于小写字母类别
IsLowSurrogate	指示指定的 Char 对象是否为低代理项
IsNumber	指示某个 Unicode 字符是否属于数字类别
IsPunctuation	指示某个 Unicode 字符是否属于标点符号类别
IsSeparator	指示某个 Unicode 字符是否属于分隔符类别
IsSurrogate	指示某个 Unicode 字符是否属于代理项字符类别
IsSurrogatePair	指示两个指定的 Char 对象是否形成代理项对
IsSymbol	指示某个 Unicode 字符是否属于符号字符类别
IsUpper	指示某个 Unicode 字符是否属于大写字母类别
IsWhiteSpace	指示某个 Unicode 字符是否属于空白类别
Parse	将指定字符串的值转换为它的等效 Unicode 字符
ToLower	将 Unicode 字符的值转换为它的小写等效项
ToLowerInvariant	使用固定区域性的大小写规则，将 Unicode 字符的值转换为其小写等效项
ToString	将此实例的值转换为其等效的字符串表示
ToUpper	将 Unicode 字符的值转换为它的大写等效项
ToUpperInvariant	使用固定区域性的大小写规则，将 Unicode 字符的值转换为其大写等效项
TryParse	将指定字符串的值转换为它的等效 Unicode 字符

Char 类的方法中，其中以 Is 和 To 开头的比较重要，以 Is 开头的方法大多是判断 Unicode 字符是否为某个类别，而以 To 开头的方法主要是转换为其他 Unicode 字符。

【例 6-1】 创建一个控制台应用程序，使用 Char 类中的方法对字符进行各种判断及转换。代码如下：（实例位置：光盘\MR\源码\第 6 章\6-1）

```
static void Main(string[] args)
{
    char letter = 'a';                                  //声明字符 letter
    char num = '8';                                     //声明字符 num
    //使用 IsLetter 方法判断 letter 是否为字母
    Console.WriteLine("判断 letter 是否为字母：{0}", Char.IsLetter(letter));
    //使用 IsDigit 方法判断 num 是否为数字
    Console.WriteLine("判断 num 是否为数字：{0}", Char.IsDigit(num));
    //使用 IsLetterOrDigit 方法判断 num 是否为字母或数字
    Console.WriteLine("判断 num 是否为字母或数字：{0}", Char.IsLetterOrDigit(num));
    //使用 IsLower 方法判断 letter 是否为小写字母
    Console.WriteLine("判断 letter 是否为小写字母：{0}", Char.IsLower(letter));
    //使用 IsUpper 方法判断 letter 是否为大写字母
```

```
    Console.WriteLine("判断 letter 是否为大写字母: {0}", Char.IsUpper(letter));
    //使用 IsPunctuation 方法判断 num 是否为标点符号
    Console.WriteLine("判断 num 是否为标点符号: {0}", Char.IsPunctuation(num));
    //使用 IsSeparator 方法判断 num 是否为分隔符
    Console.WriteLine("判断 num 是否为分隔符: {0}", Char.IsSeparator(num));
    //使用 IsWhiteSpace 方法判断 num 是否为空白
    Console.WriteLine("判断 num 是否为空白: {0}", Char.IsWhiteSpace(num));
    //使用 ToUpper 方法将 letter 转换为大写
    Console.WriteLine("将字符转换为大写: {0}", Char.ToUpper(letter));
    //使用 ToLower 方法将 letter 转换为小写
    Console.WriteLine("将字符转换为小写: {0}", Char.ToLower(letter));
    Console.ReadLine();
}
```

程序运行结果如图 6-1 所示。

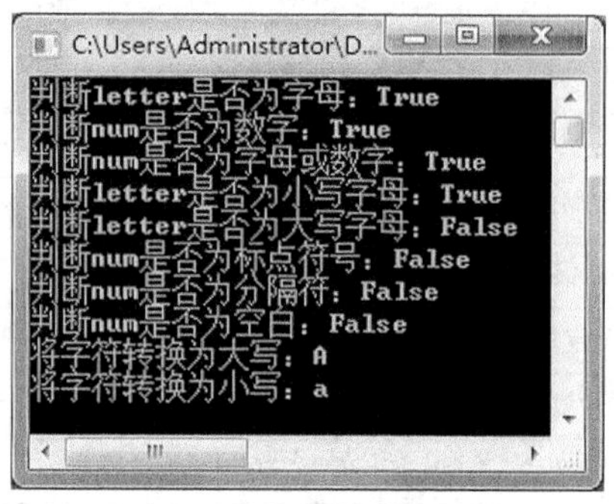

图 6-1　字符的判断及转换

6.1.2　转义字符的使用

C#采用字符“\”作为转义字符。例如，定义一个字符，而这个字符是单引号，如果不使用转义字符，则会产生错误。

【例 6-2】 不使用转义字符定义单引号字符，代码如下：

```
static void Main(string[] args)                //Main 方法
{
    char M=''';                                //声明一个字符变量，值为单引号
}
```

运行上面代码，结果如图 6-2 所示。

错误列表

4 个错误　0 个警告　0 个消息

	说明	文件	行	列	项目
1	空字符	Program.cs	30	20	ConsoleApplication2
2	常量中有换行符	Program.cs	30	22	ConsoleApplication2
3	应输入 ;	Program.cs	30	22	ConsoleApplication2
4	应输入 ;	Program.cs	30	24	ConsoleApplication2

图 6-2　字符转义错误

【例 6-3】 为了避免图 6-2 所示错误，开发人员可以使用转义字符来定义单引号字符。代码

如下：

```
static void Main(string[] args)                    //Main 方法
{
    char a='\'';                                   //使用转义字符定义字符的值为单引号
}
```

C#中常用的转义字符及说明如表 6-2 所示。

表 6-2　　转义字符及说明

转义字符	说　明
\n	回车换行
\t	横向跳到下一制表位置
\v	竖向跳格
\b	退格
\r	回车
\f	换页
\\	反斜线符
\’	单引号符
\ddd	1～3 位八进制数所代表的字符
\xhh	1～2 位十六进制数所代表的字符

为了避免转义序列元素转义，可以通过以下两种方式避免。

（1）通过@符实现。

（2）通过逐字指定字符串字面值（两个反斜杠）实现。

【例 6-4】 创建一个控制台应用程序，分别使用转义字符\n、\\、\b 和\v 实现回车换行、反斜杠、退格和竖向跳格功能。代码如下：（实例位置：光盘\MR\源码\第 6 章\6-4）

```
static void Main(string[] args)
{
    Console.Write("CSharp\nASP.NET! \n");                          //使用\n 回车换行
    Console.WriteLine("识别路径：C:\\Windows\\System32\\");//使用\\表示反斜杠符
    Console.WriteLine("退格\b");                                   //使用\b 表示退格
    Console.WriteLine("竖向跳格：\v");                             //使用\v 表示竖向跳格
    Console.ReadLine();
}
```

程序运行结果如图 6-3 所示。

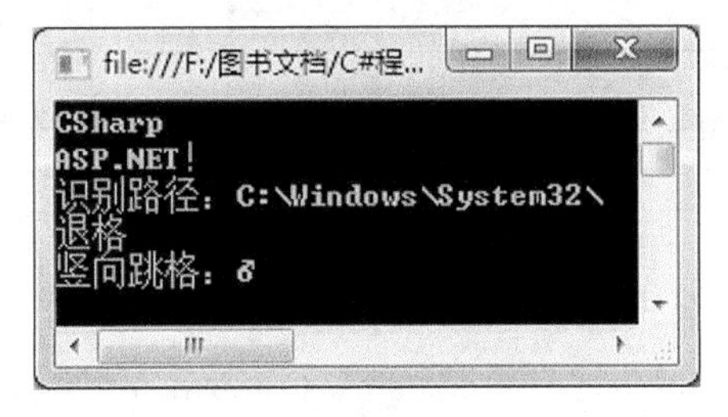

图 6-3　转义字符的使用

6.2 字 符 串

.NET Framework 中表示字符串的关键字为 string，string 类表示由 Unicode 格式编码的一系列字符所组成的字符串，使用 string 类时，一旦创建了其对象，就不能够修改。

6.2.1 字符串概述

实际使用 string 类时，表面看来能够修改字符串的所有方法实际上并不能修改，它们实际上返回一个根据所调用的方法修改的新的 string 对象，如果需要修改 string 字符串的实际内容，可以使用 StringBuilder 类。

字符串是 Unicode 字符的有序集合，用于表示文本，声明字符串时，可以使用 string 类型加变量名称来表示。

【例 6-5】 声明一个名称为 str 的字符串，代码如下：

```
string str;
```

声明完字符串之后，需要对其进行初始化，C#中使用=运算符来对字符串进行初始化。

【例 6-6】 声明一个名称为 str 的字符串，并将其初始化为"C#编程词典"。代码如下：

```
string str = "C#编程词典";
```

【例 6-7】 创建一个控制台应用程序，使用 string 类声明一个字符串变量并进行初始化，然后获取该字符串中的某个字符。代码如下：（实例位置：光盘\MR\源码\第 6 章\6-7）

```
static void Main(string[] args)
{
    string str = "I Love CSharp";                 //声明一个字符串变量 str
    char char1 = str[2];                          //获取字符串 str 的第 3 个字符
    char char2 = str[3];                          //获取字符串 str 的第 4 个字符
    Console.WriteLine("字符串 str 中的第 3 个字符是：{0}", char1);
    Console.WriteLine("字符串 str 中的第 4 个字符是：{0}", char2);
    Console.ReadLine();
}
```

程序运行结果如图 6-4 所示。

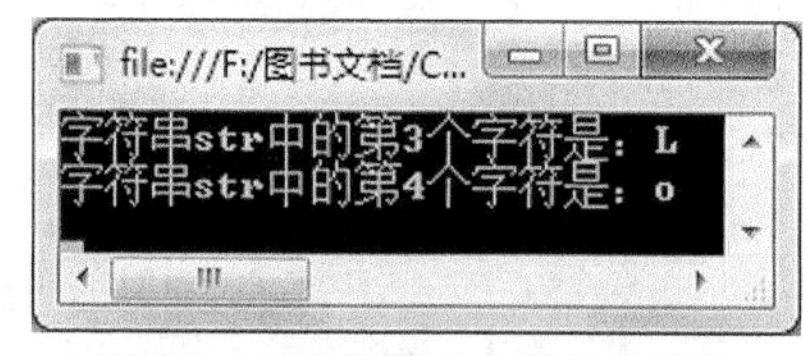

图 6-4　获取字符串中的某个字符

字符串中的字符索引从 0 开始，比如 str[1]表示获取的是 str 字符串中的第 2 个字符。

6.2.2 比较字符串

C#中最常见的比较字符串的方法有 Compare、CompareTo、Equals 方法等，这些方法都归属于 string 类，下面分别对这 3 种方法进行详细讲解。

1. Compare 方法

Compare 方法用来比较两个字符串是否相等，它有很多个重载方法，其中最常用的两种重载形式如下：

```
int Compare(string strA, string strB)
int Compare(string strA, string strB, bool ignorCase)
```

strA 和 strB：代表要比较的两个字符串。

ignorCase：一个布尔类型的参数，如果这个参数的值是 true，那么在比较字符串的时候就忽略大小写的差别。

返回值：一个 32 位有符号整数，指示两个比较数之间的词法关系。

Compare 方法是一个静态方法，使用时可以直接使用 string 类名进行调用。

【例 6-8】 创建一个控制台应用程序，声明两个字符串变量，然后使用 Compare 方法比较两个字符串是否相等。代码如下：（实例位置：光盘\MR\源码\第 6 章\6-8）

```
static void Main(string[] args)
{
    string str1 = "CSharp";                             //声明一个字符串 str1
    string str2 = "ASP.NET";                            //声明一个字符串 str2
    Console.WriteLine(String.Compare(str1, str2));      //输出 str1 与 str2 比较后的返回值
    Console.WriteLine(String.Compare(str1, str1));      //输出 str1 与 str1 比较后的返回值
    Console.WriteLine(String.Compare(str2, str1));      //输出 str2 与 str1 比较后的返回值
    Console.ReadLine();
}
```

程序运行结果如图 6-5 所示。

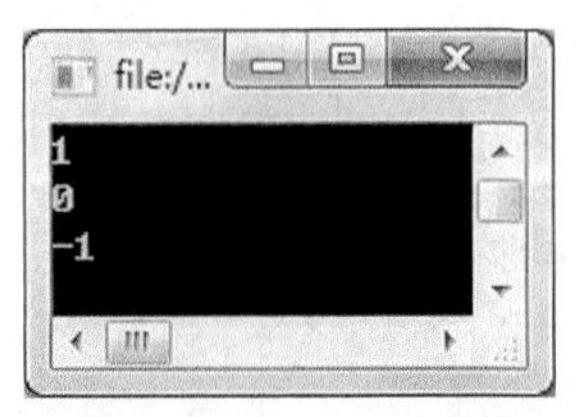

图 6-5　使用 Compare 方法比较字符串

比较字符串并非比较字符串长度的大小，而是比较字符串在英文字典中的位置。比较字符串时，按照字典排序的规则，判断两个字符串的大小。在英文字典中，在前面的单词小于在后面的单词。

2. CompareTo 方法

CompareTo 方法与 Compare 方法相似，都可以比较两个字符串是否相等，不同的是 CompareTo 方法以实例对象本身与指定的字符串作比较，其语法如下：

```
public int CompareTo (string strB)
```

strB：与此字符串相比较的字符串。

返回值：一个 32 位有符号整数，指示两个比较数之间的词法关系。

【例 6-9】 创建一个控制台应用程序，声明两个字符串变量，然后使用 CompareTo 方法比较两个字符串是否相等。代码如下：（实例位置：光盘\MR\源码\第 6 章\6-9）

```
static void Main(string[] args)
{
    string str1 = "CSharp";                          //声明一个字符串 str1
    string str2 = "ASP.NET";                         //声明一个字符串 str2
    Console.WriteLine(str1.CompareTo(str2));         //输出 str1 与 str2 比较后的返回值
    Console.ReadLine();
}
```

本例输出结果为“1”。

由于字符串 str1 在字典中的位置比字符串 str2 的位置靠前，所以运行结果为 1。

3. Equals 方法

Equals 方法主要用于比较两个字符串是否相同，如果相同返回值是 true，否则为 false。其常用的两种形式的语法如下：

```
public bool Equals (string value)
public static bool Equals (string a,string b)
```

value：与实例比较的字符串。

a 和 b：要进行比较的两个字符串。

返回值：如果两个值相同，则为 true，否则为 false。

【例 6-10】创建一个控制台应用程序，声明两个字符串变量，然后分别使用 Equals 方法的非静态和静态形式比较两个字符串是否相同。代码如下：（实例位置：光盘\MR\源码\第 6 章\6-10）

```
static void Main(string[] args)
{
    string str1 = "CSharp";                           //声明一个字符串 Str1
    string str2 = "ASP.NET";                          //声明一个字符串 str2
    Console.WriteLine(str1.Equals(str2));             //用 Equals 方法比较 str1 和 str2
    Console.WriteLine(string.Equals(str1, str2));     //用 Equals 方法比较 str1 和 str2
    Console.ReadLine();
}
```

程序输出结果为“fal se”和“false”。

6.2.3 格式化字符串

在 C#中，string 类提供了一个静态的 Format 方法，用于将字符串数据格式化成指定的格式，其语法格式如下：

```
public static string Format(string format, object obj);
```

- format：用来指定字符串所要格式化的形式。
- obj：要被格式化的对象。

返回值：format 的一个副本。

【例 6-11】创建一个控制台应用程序，声明两个 string 类型的变量 str1 和 str2，然后使用 Format 方法格式化这两个 string 类型变量，最后输出格式化后的字符串。代码如下：（实例位置：光盘\MR\源码\第 6 章\6-11）

```
static void Main(string[] args)
{
    string str1 = "CSharp";                              //声明字符串 str1
    string str2 = "ASP.NET";                             //声明字符串 str2
```

```
    //格式化字符串
    string newstr = String.Format("{0}是{1}最佳的后台编程语言！", str1, str2);
    Console.WriteLine(newstr);                                  //输出新字符串
    Console.ReadLine();
}
```

程序运行结果如图 6-6 所示。

图 6-6　使用 Format 方法格式化字符串

另外，如果希望日期时间按照某种格式输出，那么就可以使用 Format 方法将日期时间格式化成指定的格式。C#中提供了一些用于日期时间的格式规范，具体说明如表 6-3 所示。

表 6-3　用于日期时间的格式规范

格式规范	说　明
d	简短日期格式（YYYY-MM-dd）
D	完整日期格式（YYYY 年 MM 月 dd 日）
t	简短时间格式（hh：mm）
T	完整时间格式（hh：mm：ss）
f	简短的日期/时间格式（YYYY 年 MM 月 dd 日　hh：mm）
F	完整的日期/时间格式（YYYY 年 MM 月 dd 日　hh：mm：ss）
g	简短的可排序的日期/时间格式（YYYY-MM-dd　hh：mm）
G	完整的可排序的日期/时间格式（YYYY-MM-dd　hh：mm：ss）
M 或 m	月/日格式（MM 月 dd 日）
Y 或 y	年/月格式（YYYY 年 MM 月）

【例 6-12】 创建一个控制台应用程序，声明一个 DateTime 类型的变量 dt，用于获取系统的当前日期时间；然后通过使用格式规范 D，将日期时间格式化为“YYYY 年 MM 月 dd 日”的格式。代码如下：（实例位置：光盘\MR\源码\第 6 章\6-12）

```
static void Main(string[] args)
{
    DateTime dt = DateTime.Now;                        //获取系统当前日期
    string strDate = String.Format("{0:D}", dt);       //格式化成完整日期格式
    Console.WriteLine("今天的日期为：" + strDate);     //输出格式化后的日期
    Console.ReadLine();
}
```

程序运行结果如图 6-7 所示。

图 6-7　使用 Format 方法格式化当前系统日期

6.2.4 截取字符串

截取字符串时需要用到 string 类的 Substring 方法，该方法可以截取字符串中指定位置和指定长度的字符，其语法格式如下：

```
public string Substring (int startIndex,int length)
```

- startIndex：子字符串的起始位置的索引。
- length：子字符串中的字符数。
- 返回值：一个 string，它等于此实例中从 startIndex 开始的长度为 length 的子字符串，如果 startIndex 等于此实例的长度且 length 为零，则为空。

【例 6-13】创建一个控制台应用程序，声明一个字符串类型的变量，用来存储一个文件的全路径；然后使用 string 类对象的 Substring 方法从该全路径中分别截取文件的名称及路径。代码如下：（实例位置：光盘\MR\源码\第 6 章\6-13）

```
static void Main(string[] args)
{
    //定义一个字符串，用来存储文件全路径
    string strAllPath = "D:\\DataFiles\\Test.mdb";
    //获取文件路径
    string strPath = strAllPath.Substring(0, strAllPath.LastIndexOf("\\") + 1);
    //获取文件名
    string strName = strAllPath.Substring(strAllPath.LastIndexOf("\\") + 1);
    Console.WriteLine("文件路径：" + strPath);     //显示文件路径
    Console.WriteLine("文件名：" + strName);       //显示文件名
    Console.ReadLine();
}
```

程序运行结果如图 6-8 所示。

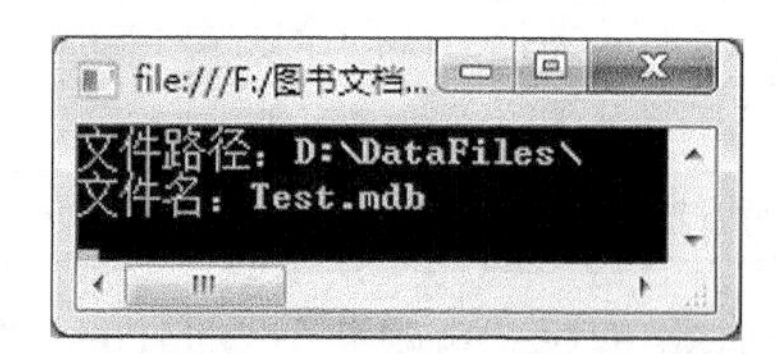

图 6-8　使用 Substring 方法获取文件名及路径名

6.2.5 分割字符串

分割字符串时需要用到 string 类的 Split 方法，该方法用于分割字符串，其返回值是包含所有分割子字符串的数组对象，可以通过数组取得所有分割的子字符串。Split 方法语法格式如下：

```
public string [ ] Split ( params char [ ] separator);
```

- separator：是一个数组，包含分隔符。
- 返回值：一个数组，其元素包含此实例中的子字符串，这些子字符串由 separator 中的一个或多个字符分隔。

【例 6-14】创建一个控制台应用程序，使用 string 类对象的 Split 方法根据指定的标点符号分割字符串，然后分行进行输出。代码如下：（实例位置：光盘\MR\源码\第 6 章\6-14）

```
static void Main(string[] args)
{
    Console.WriteLine("请输入一段文字：");                  //输入提示
```

```
    string strOld = Console.ReadLine() ;                  //记录输入的字符串
    string[] strNews = strOld.Split(',');                 //将输入的字符串根据指定标点符号分割
    string strNew = "";                                   //用以存储分行后的字符串
    for (int i = 0; i < strNews.Length; i++)
    {
        if (strNew == "")                                 //判断字符串是否有值
            strNew = "  " + strNews[i].ToString();        //记录分行后的第一段字符串
        else
            strNew += ",\n  " + strNews[i].ToString();//记录字符串，并分行显示
    }
    Console.Write("\n新字符串：\n" + strNew);             //显示新字符串
    Console.ReadLine();
}
```

程序运行结果如图 6-9 所示。

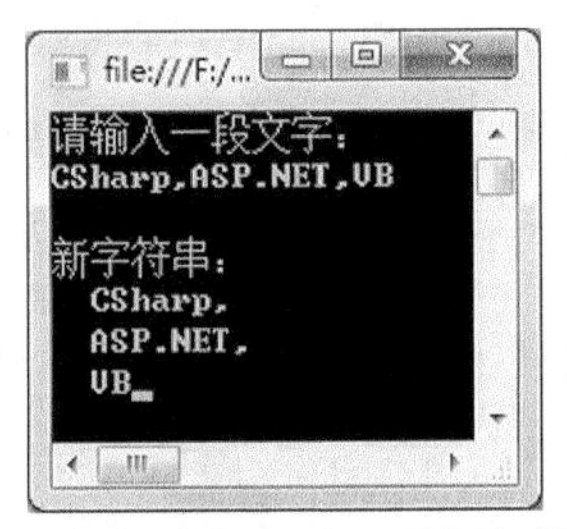

图 6-9　使用 Split 方法分割字符串

在实现向多人发送邮件时，可以使用 Split 方法对要接收邮件的多个邮箱进行分割，然后再一一进行发送。

6.2.6　插入和填充字符串

插入和填充字符串分别用到 string 类中的 Insert 方法和 PadLeft/PadRigth 方法，下面分别进行详细讲解。

1. 插入字符串

Insert 方法用于向字符串的任意位置插入新元素，其语法格式如下：

```
public string Insert (int startIndex, string value);
```

- startIndex：用于指定所要插入的位置，索引从 0 开始。
- value：指定所要插入的字符串。
- 返回值：此实例的一个新 String 等效项，但在位置 startIndex 处插入 value。

【例 6-15】 创建一个控制台应用程序，声明 3 个 string 类型的变量 str1、str2 和 str3。将变量 str1 初始化为“Shp”，然后使用 Insert 方法在字符串 str1 的索引 0 处插入字符串“C”，并赋予字符串 str2，最后在字符串 str2 的索引 3 处插入字符串“ar”，同时赋值给字符串 str3，并输出 str3。代码如下：（实例位置：光盘\MR\源码\第 6 章\6-15）

```
static void Main(string[] args)
{
    string str1 = "Shp";                          //声明字符串变量 str1 并赋值为“Shp”
    Console.WriteLine("原来字符串：" + str1);     //输出原字符串
    string str2;                                  //声明字符串变量 str2
```

```
    str2 = str1.Insert(0, "C");                        //使用 Insert 向字符串 str1 中插入字符串
    string str3 = str2.Insert(3, "ar");                //使用 Insert 方法向字符串 str2 插入字符串
    Console.WriteLine("插入后的新字符串："+str3);      //输出插入后的字符串
    Console.ReadLine();
}
```

程序运行结果如图 6-10 所示。

图 6-10　使用 Insert 方法插入字符串

2. **填充字符串**

PadLeft/PadRigtht 方法用于填充字符串，其中，PadLeft 方法在字符串的左侧进行字符填充，而 PadRigtht 方法在字符串的右侧进行字符填充。PadLeft 方法的语法格式如下：

```
public string PadLeft(int totalWidth,char paddingChar)
```

- ❑ totalWidth：结果字符串中的字符数，等于原始字符数加上任何其他填充字符。
- ❑ paddingChar：填充字符。
- ❑ 返回值：等效于此实例的一个新 String，但它是右对齐的，并在左边用达到 totalWidth 长度所需数目的 paddingChar 字符进行填充。如果 totalWidth 小于此实例的长度，则为与此实例相同的新 String。

PadRigtht 方法的语法格式如下：

```
public string PadRight(int totalWidth,char paddingChar)
```

- ❑ totalWidth：结果字符串中的字符数，等于原始字符数加上任何其他填充字符。
- ❑ paddingChar：填充字符。
- ❑ 返回值：等效于此实例的一个新 String，但它是左对齐的，并在右边用达到 totalWidth 长度所需数目的 paddingChar 字符进行填充。如果 totalWidth 小于此实例的长度，则为与此实例相同的新 String。

【例 6-16】 创建一个控制台应用程序，声明 3 个 string 类型的变量 str1、str2 和 str3。将 str1 初始化为“CSharp”，然后使用 PadLeft 方法在 str1 的左侧填充字符'《'，并赋予字符串 str2，再使用 PadRigtht 方法在字符串 str2 的右侧填充字符'》'，最后得到字符串“《CSharp》”，赋予字符串 str3，并输出字符串 str3。代码如下：（实例位置：光盘\MR\源码\第 6 章\6-16）

```
static void Main(string[] args)
{
    string str1 = "CSharp";                            //声明一个字符串变量 str1
    //声明一个字符串变量 str2，并使用 PadLeft 方法在 str1 的左侧填充字符“《”
    string str2 = str1.PadLeft(str1.Length + 1, '《');
    //声明一个字符串变量 str3，并使用 PadRigh 方法在 str2 右填充字符“》”
    string str3 = str2.PadRight(str2.Length + 1, '》');
    Console.WriteLine("填充字符串之前：" + str1);      //输出字符串 str1
    Console.WriteLine("填充字符串之后：" + str3);      //输出字符串 str2
    Console.ReadLine();
}
```

程序运行结果如图 6-11 所示。

file:///F:/图书文档/...
填充字符串之前：CSharp
填充字符串之后：《CSharp》

图 6-11　填充字符串

6.2.7　复制字符串

string 类提供了 Copy 和 CopyTo 方法，用于将字符串或子字符串复制到另一个字符串或 Char 类型的数组中，下面分别对它们进行详细讲解。

1. Copy 方法

创建一个与指定的字符串具有相同值的字符串的新实例，其语法格式如下：

```
public static string Copy (string str)
```

- str：要复制的字符串。
- 返回值：与 str 具有相同值的字符串。

【例 6-17】 创建一个控制台应用程序，声明一个 string 类型的变量 str1，并初始化为“CSharp”，然后使用 Copy 方法复制字符串 str1，并赋值给字符串 str2，最后输出字符串 str2。代码如下：（实例位置：光盘\MR\源码\第 6 章\6-17）

```
static void Main(string[] args)
{
    string str1 = "CSharp";                    //声明一个字符串变量 str1 并初始化
    string str2;                               //声明一个字符串变量 str2
    //使用 string 类的 Copy 方法，复制字符串 str1 并赋值给 str2
    str2 = string.Copy(str1);
    Console.WriteLine(str2);                   //输出字符串 str2
    Console.ReadLine();
}
```

程序运行结果为“CSharp”。

2. CopyTo 方法

CopyTo 方法的功能与 Copy 方法基本相同，但是 CopyTo 方法可以将字符串的某一部分复制到另一个数组中，其语法格式如下：

```
public void CopyTo(int sourceIndex,char[ ]destination,int destinationIndex,int count);
```

- sourceIndex：需要复制的字符串的起始位置。
- destination：目标字符数组。
- destinationIndex：指定目标数组中的开始存放位置。
- count：指定要复制的字符个数。

【例 6-18】 创建一个控制台应用程序，声明一个 string 类型变量 str，并初始化为“CSharp”，然后声明一个 Char 类型的数组 myChar，使用 CopyTo 方法将 str 字符串中的索引从 1 开始的 5 个字符复制到 myChar 数组中并输出。代码如下：（实例位置：光盘\MR\源码\第 6 章\6-18）

```
static void Main(string[] args)
{
    string str = "CSharp";                     //声明一个字符串变量 str 并初始化
    Console.WriteLine("原字符串: " + str);     //输出原字符串
    char[] myChar = new char[5];               //声明一个字符数组 myChar
    //将字符串 str 从索引 0 开始的 5 个字符串复制到字符数组 myChar 中
    str.CopyTo(1, myChar, 0, 5);
    Console.Write("复制的字符串: ");
    Console.Write(myChar);                     //输出字符数组中的内容
    Console.ReadLine();
}
```

程序运行结果如图 6-12 所示。

图 6-12　使用 CopyTo 方法复制字符串

6.2.8 替换字符串

替换字符串时用到了 string 类提供的 Replace 方法，该方法用于将字符串中的某个字符或字符串替换成其他的字符或字符串，其语法格式如下：

```
public string Replace(char OChar,char NChar)
public string Replace(string OValue,string NValue,)
```

- OChar：待替换的字符。
- NChar：替换后的新字符。
- OValue：待替换的子字符串。
- NValue：替换后的新子字符串。
- 返回值：替换子字符串之后的新字符串。

说明　第一种语法格式主要用于替换字符串中指定的字符，第二种语法格式主要用于替换字符串中指定的字符串。

【例 6-19】创建一个控制台应用程序，声明 4 个 string 类型的变量 strOld、strTemp、strReplace 和 strNew，分别用来记录原字符串、要替换的字符串、替换为的字符串和替换之后的新字符串，然后使用 string 类对象的 Replace 方法替换指定的字符串。代码如下：（实例位置：光盘\MR\源码\第 6 章\6-19）

```
static void Main(string[] args)
{
    Console.WriteLine("请输入一段字符串：");           //提示输入
    string strOld = Console.ReadLine();             //记录输入的整段字符串
    Console.Write("请输入要替换的字符串：");          //提示输入
    string strTemp = Console.ReadLine();            //记录要替换的字符串
    Console.Write("请输入替换为的字符串：");          //提示输入
    string strReplace = Console.ReadLine();         //记录替换为的字符串
    string strNew = strOld.Replace(strTemp, strReplace); //替换字符串
    Console.WriteLine("原字符串：" + strOld);        //输出原字符串
    Console.WriteLine("新字符串："+strNew);          //输出新字符串
    Console.ReadLine();
}
```

程序运行结果如图 6-13 所示。

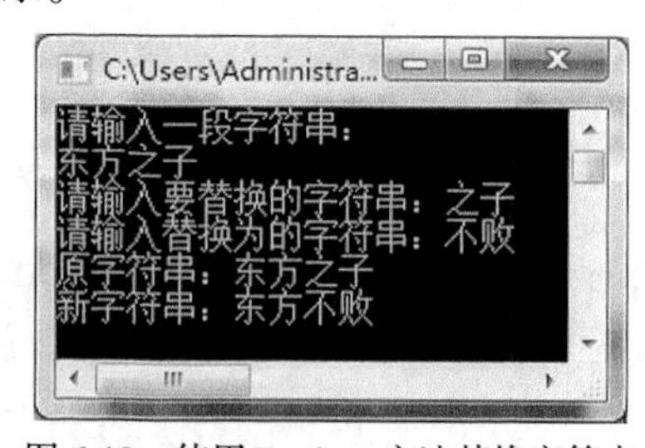

图 6-13　使用 Replace 方法替换字符串

6.2.9 删除字符串

删除字符串时用到了 string 类提供的 Remove 方法，该方法用于从一个字符串的指定位置开

始，删除指定数量的字符，其语法格式如下：

```
public string Remove ( int startIndex);
public string Remove ( int startIndex, int count);
```

- startIndex：用于指定开始删除的位置，索引从 0 开始。
- count：指定删除的字符数量。
- 返回值：一个新的 string 字符串。

第一种语法格式删除字符串中从指定位置到最后位置的所有字符，第二种语法格式从字符串中指定位置开始删除指定数目的字符。

【例 6-20】 创建一个控制台应用程序，声明一个 string 类型的变量 str1，用来记录用户输入的字符串，然后分别使用 Remove 方法的第一种语法格式和第二种语法格式删除从索引 2 后面的所有字符及从字符串 str1 的索引 0 处删除一个字符。代码如下：（实例位置：光盘\MR\源码\第 6 章\6-20）

```
static void Main(string[] args)
{
    while (true)                          //定义一个死循环，以便能够循环输入数据
    {
        Console.Write("请输入一个字符串：");
        string str1 = Console.ReadLine();     //记录输入的字符串
        //声明一个字符串变量 str2，并使用 Remove 方法从字符串 str1 的索引 2 处开始删除
        string str2 = str1.Remove(2);
        Console.WriteLine(str2);              //输出字符串 str2
        //声明一个字符串变量 str3，并使用 Remove 方法从字符串 str1 的索引 0 处删除一个字符
        string str3 = str1.Remove(0, 1);
        Console.WriteLine(str3);              //输出字符串 str3
        Console.ReadLine();
    }
}
```

程序运行结果如图 6-14 所示。

图 6-14　使用 Remove 方法删除字符串

6.2.10　可变字符串

1. 可变字符串的创建

可变字符串在 C#中使用 StringBuilder 类表示，它位于 System.Text 命名空间下，之所以说 StringBuilder 对象的值是可变的，是因为在通过追加、移除、替换或插入字符而创建它后可以对它进行修改。

（1）StringBuilder 的容量是对象在任何给定时间可存储的最大字符数，并且大于或等于对象值的字符串表示形式的长度。容量可通过 Capacity 属性或 EnsureCapacity 方法来增加或减少，但它不能小于 Length 属性的值。

（2）如果在初始化 StringBuilder 的对象时没有指定容量或最大容量，则使用 StringBuilder 对象的默认值。

创建 StringBuilder 对象时，需要使用 StringBuilder 类的构造函数，它有 6 种不同的构造函数，

语法格式分别如下：

```
public StringBuilder()
public StringBuilder(int capacity)
public StringBuilder(string value)
public StringBuilder(int capacity,int maxCapacity)
public StringBuilder(string value,int capacity)
public StringBuilder(string value,int startIndex,int length,int capacity)
```

- capacity：StringBuilder 对象的建议起始大小。
- value：字符串，包含用于初始化 StringBuilder 对象的子字符串。
- maxCapacity：当前字符串可包含的最大字符数。
- startIndex value：中子字符串开始的位置。
- length：子字符串中的字符数。

【例 6-21】 创建一个 StringBuilder 对象，其初始引用的字符串为“Hello World!”。代码如下：

```
StringBuilder myStringBuilder = new StringBuilder("Hello World!");
```

2. 可变字符串的使用

对可变字符串进行操作时，需要用到 StringBuilder 类提供的各种方法，其常用方法及说明如表 6-4 所示。

表 6-4　StringBuilder 类中的常用方法及说明

方　法	说　明
Append	将文本或字符串追加到指定对象的末尾
AppendFormat	自定义变量的格式并将这些值追加到 StringBuilder 对象的末尾
Insert	将字符串或对象添加到当前 StringBuilder 对象中的指定位置
Remove	从当前 StringBuilder 对象中移除指定数量的字符
Replace	用另一个指定的字符来替换 StringBuilder 对象内的字符

【例 6-22】 创建一个控制台应用程序，声明一个 int 类型的变量 Num，并初始化为 368；然后创建一个 StringBuilder 对象 SBuilder，其初始值为“明日科技”，初始大小为 100；之后分别使用 StringBuilder 类的 Append、AppendFormat、Insert、Remove 和 Replace 方法对 StringBuilder 对象进行操作。代码如下：（实例位置：光盘\MR\源码\第 6 章\6-22）

```
static void Main(string[] args)
{
    int Num = 368;                          //声明一个 int 类型变量 Num 并初始化为 368
    //实例化一个 StringBuilder 类，并初始化为“明日科技”
    StringBuilder SBuilder = new StringBuilder("明日科技", 100);
    SBuilder.Append("》C#编程词典");          //使用 Append 方法将字符串追加到 SBuilder 的末尾
    Console.WriteLine(SBuilder);            //输出 SBuilder
    //使用 AppendFormat 方法将字符串按照指定的格式追加到 SBuilder 的末尾
    SBuilder.AppendFormat("{0:C}", Num);
    Console.WriteLine(SBuilder);            //输出 SBuilder
    SBuilder.Insert(0, "软件: ");            //使用 Insert 方法将“软件:”追加到 SBuilder 的开头
    Console.WriteLine(SBuilder);            //输出 SBuilder
    SBuilder.Remove(14, SBuilder.Length - 14);//从 SBuilder 中删除索引 14 以后的字符串
    Console.WriteLine(SBuilder);            //输出 SBuilder
    //使用 Replace 方法将“软件:”替换成“软件工程师必备”
```

```
    SBuilder.Replace("软件", "软件工程师必备");
    Console.WriteLine(SBuilder);          //输出 SBuilder
    Console.ReadLine();
}
```

程序运行结果如图 6-15 所示。

图 6-15　可变字符串的使用

3. string 类与 StringBuilder 类的区别

string 类是不可改变的，每次使用 string 类中的方法时，都要在内存中创建一个新的字符串对象，这就需要为该新对象分配新的空间。在需要对字符串执行重复修改的情况下，与创建新的 string 对象相关的系统开销可能会非常昂贵。如果要修改字符串而不创建新的对象，则可以使用 StringBuilder 类。例如，当在一个循环中将许多字符串连接在一起时，使用 StringBuilder 类可以提升性能。

【例 6-23】 下面通过一个例子来具体看一下 StringBuilder 类与 String 类的区别，首先看下面一段代码：

```
string a="aa"+"bb";
stringbuilder sb=new stringbuilder();
sb.append("aa");
sb.append("bb");
```

上面的代码分别使用 string 类和 StringBuilder 类连接字符串，但这两种方法在内存中的操作是不同的，第一种方法在内存中操作时，有 3 个 string（分别为"aa","bb","aabb"）变量；而第二种方法在内存中操作时只有一个（"aabb"）变量，所以它们的性能是完全不同的。下面通过两个图来形象地看一下 string 类和 StringBuilder 类在连接字符串时的具体过程，其中，图 6-16 表示 string 类示意图，图 6-17 表示 StringBuilder 类示意图。

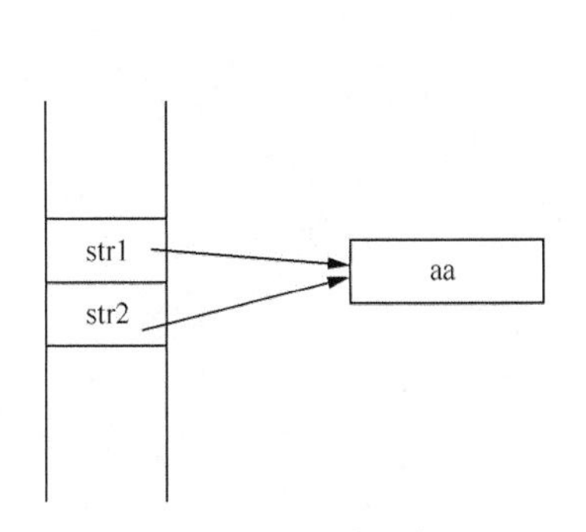

图 6-16　string 类示意图

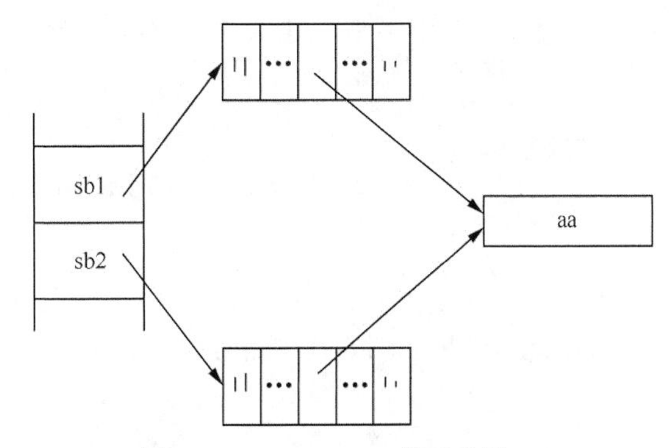

图 6-17　StringBuilder 类示意图

说明：当程序中需要大量的对某个字符串进行操作时，应该考虑应用 StringBuilder 类处理该字符串，其设计目的就是针对大量 string 操作的一种改进办法，避免产生太多的临时对象。当程序中只是对某个字符串进行一次或几次操作时，采用 string 类即可。

6.3 正则表达式

正则表达式是用来检验和操作字符串的强大工具。简单的理解正则表达式可以认为是一种特殊的验证字符串。正则表达式常见运用是验证用户输入信息格式，比如“\w+@\w+\.\w{1,3}”，实际上就是验证邮件地址是否合法。当然，正则表达式不仅仅是用于验证，可以说只要运用字符串的地方都可以使用正则表达式。

C#中主要通过 Regex 类的 IsMatch 方法判断指定的字符串是否符合指定的正则表达式，该方法指示正则表达式使用 pattern 参数中指定的正则表达式是否在输入字符串中找到匹配项，其语法如下：

```
public static bool IsMatch( string input, string pattern )
```

- input：要搜索匹配项的字符串。
- pattern：要匹配的正则表达式模式。
- 返回值：如果正则表达式找到匹配项则为 true，否则为 false。

使用 Regex 类时，首先需要引入命名空间 System.Text.RegularExpressions。

【例 6-24】 创建一个控制台应用程序，使用正则表达式判断用户输入的电子邮件格式是否正确。代码如下：（实例位置：光盘\MR\源码\第 6 章\6-24）

```
static void Main(string[] args)
{
    while (true)                                            //定义一个死循环，以便能够循环输入
    {
        Console.WriteLine("请输入邮件地址：");                //输入提示
        string a = Console.ReadLine();                      //记录输入的邮件地址
        if (Regex.IsMatch(a, @"\w+@\w+\.\w{1,3}"))          //使用正则表达式验证邮件格式
        {
            Console.WriteLine("邮件地址格式正确");
        }
        else
        {
            Console.WriteLine("邮件地址格式错误");
        }
    }
}
```

程序运行结果如图 6-18 所示。

图 6-18　使用正则表达式验证邮件地址格式

下面列举一些 C#中常用的正则表达式。

- 只能输入数字："^[0-9]*$"；
- 只能输入 n 位的数字："^\d{n}$"；
- 只能输入至少 n 位的数字："^\d{n,}$"；
- 只能输入 m ~ n 位的数字："^\d{m,n}$"；
- 只能输入零和非零开头的数字："^(0|[1-9][0-9]*)$"；
- 只能输入有两位小数的正实数："^[0-9]+(.[0-9]{2})?$"；
- 只能输入有 1 ~ 3 位小数的正实数："^[0-9]+(.[0-9]{1,3})?$"；
- 只能输入最大 7 位整数和 2 位小数的正实数：^\d{1,7}(\.\d{1,2})??$；
- 只能输入非零的正整数："^\+?[1-9][0-9]*$"；
- 只能输入非零的负整数："^\-[1-9][]0-9"*$；
- 只能输入长度为 3 的字符："^.{3}$"；
- 只能输入由 26 个英文字母组成的字符串："^[A-Za-z]+$"；
- 只能输入由 26 个大写英文字母组成的字符串："^[A-Z]+$"；
- 只能输入由 26 个小写英文字母组成的字符串："^[a-z]+$"；
- 只能输入由数字和 26 个英文字母组成的字符串："^[A-Za-z0-9]+$"；
- 只能输入由数字、26 个英文字母或者下画线组成的字符串："^\w+$"；
- 验证用户密码："^[a-zA-Z]\w{5,17}$"，正确格式为：以字母开头，长度为 6 ~ 18，只能包含字符、数字和下画线；
- 验证是否含有^%&’,;=?$\"等字符："[^%&’,;=?$\x22]+"；
- 验证 nn-nn-nnn-nnn 格式（n 表示数字，要求每个连接线中间的数字不能全是 0）：(?(([0])\1)a|\d{2})-(?(([0])\1)a|\d{2})-(?(([0])\1\1)a|\d{3})-(?(([0])\1\1)a|\d{3})$；
- 验证 nn 或者 nn-nn 或者 nn-nn-nnn 格式（n 表示数字，要求每个连接线中间的数字不能全是 0）：^(?((?<A1>[0])\k<A1>)a|\d{2})-(?((?<A2>[0])\k<A2>)a|\d{2})-(?((?<A3>[0])\k<A3>\k<A3>)a|\d{3})$|^(?((?<A4>[0])\k<A4>)a|\d{2})-(?((?<A5>[0])\k<A5>)a|\d{2})$|^(?((?<A6>[0])\k<A6>)a|\d{2})$；
- 只能输入汉字："^[\u4e00-\u9fa5]{0,}$"；
- 验证布尔值：^(true|false)|(True|False)$；
- 验证 Email 地址："^\w+([– +.]\w+)*@\w+([– .]\w+)*\.\w+([– .]\w+)*$"；
- 验证 InternetURL："^http://([\w –]+\.)+[\w –]+(/[\w – ./?%&=]*)?$"；
- 验证电话号码："^(\(\d{3,4}-)|\d{3.4}-)?\d{7,8}$"；
- 验证手机号码："^13[0-9]{1}[0-9]{8}|^15[9]{1}[0-9]{8}"；
- 验证身份证号（15 位或 18 位数字）："^\d{15}|\d{18}$"；
- 验证一年的 12 个月："^(0?[1-9]|1[0-2])$"，正确格式为："01" ~ "09"和"1" ~ "12"；
- 验证一个月的 31 天："^((0?[1-9])|((1|2)[0-9])|30|31)$"，正确格式为;"01" ~ "09"和"1" ~ "31"；
- 验证 yyyy-mm-dd 格式：^\d{4}-(0?[1-9]|1[0-2])-((0?[1-9])|((1|2)[0-9])|30|31)$；
- 验证 yyyy-mm-dd_hh:dd:ss 格式：^\d{4}-(0?[1-9]|1[0-2])-((0?[1-9])|((1|2)[0-9])|30|31)_((0?[1-9])|(1?[0-9])|(2?[0-3])):((0?[1-9])|((1|2)[0-9])|((3|4)[0-9])|(5?[0-9])):((0?[1-9])|((1|2)[0-9])|((3|4)[0-9])|(5?[0-9]))$。

6.4 综合实例——根据汉字获得其区位码

区位码是一个4位的十进制数，每个区位码都对应着一个唯一的汉字，区位码的前两位叫做区码，后两位叫做位码。考生在填写高考信息表时会用到汉字区位码，比如，在报考志愿表中需要填写汉字区位码。在程序设计中，可以方便地将汉字转换为区位码，本实例运行效果如图6-19所示。

图6-19 汉字与区位码的转换

程序开发步骤如下。

（1）选择“开始”/“程序”/Microsoft Visual Studio 2010/Microsoft Visual Studio 2010命令，打开Visual Studio 2010。

（2）选择Visual Studio 2010工具栏中的“文件”/“新建”/“项目”命令，打开“新建项目”对话框。

（3）选择“控制台应用程序”选项，命名为ChineseCode，然后单击“确定”按钮，创建一个控制台应用程序。

（4）自定义方法getCode，该方法用来返回某个汉字的区位码，具体代码如下：

```
/// <summary>
/// 返回某个汉字的区位码
/// </summary>
/// <param name="strChinese">汉字字符</param>
/// <returns>返回汉字区位码</returns>
public string getCode(string Chinese)
{
    string P_str_Code = "";
    byte[] P_bt_array = new byte[2];                        //定义一个字节数组，用户存储汉字
    P_bt_array = Encoding.Default.GetBytes(Chinese); //为字节数组赋值
    int front = (short)(P_bt_array[0] - '\0');          //将字节数组的第一位转换成int类型
    int back = (short)(P_bt_array[1] - '\0');           //将字节数组的第二位转换成int类型
    //计算区位码
    P_str_Code = (front - 160).ToString() + (back - 160).ToString();
    return P_str_Code;                                  //返回区位码
}
```

（5）在Main方法中，首先从控制台读取一个汉字，然后调用getCode方法得到该汉字的区位码，并输出到控制台中，具体代码如下：

```
static void Main(string[] args)
{

    Console.Write("请输入一个汉字：");
    string str = Console.ReadLine();                    //读取一个汉字
    if (str != string.Empty)                            //判断输入是否为空
    {
        try
        {
                                                        //得到并输出该汉字的区位码
            Console.Write("该汉字的区位码是：{0}", getCode(str));
```

```
        }
        catch (IndexOutOfRangeException ex)                   //处理异常
        {
                                                              //输出异常信息
            Console.Write(ex.Message + "请输入正确的汉字", "出错! ");
        }
    }
    Console.ReadLine();
}
```

知识点提炼

（1）Char 类在 C#中表示一个 Unicode 字符，正是这些 Unicode 字符构成了字符串。

（2）.NET Framework 中表示字符串的关键字为 string，string 类表示由 Unicode 格式编码的一系列字符所组成的字符串。

（3）使用 string 类时，一旦创建了其对象，就不能够修改。

（4）实际使用 string 类时，表面看来能够修改字符串的所有方法实际上并不能修改，它们实际上返回一个根据所调用的方法修改的新的 string 对象。

（5）比较字符串并非比较字符串长度的大小，而是比较字符串在英文字典中的位置。比较字符串时，按照字典排序的规则，判断两个字符串的大小，在英文字典中，排在前面的单词小于在后面的单词。

（6）可变字符串在 C#中使用 StringBuilder 类表示，它位于 System.Text 命名空间下，之所以说 StringBuilder 对象的值是可变的，是因为在通过追加、移除、替换或插入字符而创建它后可以对它进行修改。

习　题

6-1　C#的转义字符是什么？

6-2　C#中最常见的比较字符串的方法有哪几个？

6-3　论述 String 类与 StringBuilder 类的区别。

6-4　CompareTo 方法与 Compare 方法的区别是什么？

6-5　CopyTo 方法的功能与 Copy 方法有何区别？

6-6　通过哪 3 种方法可以实现插入和填充字符串？

6-7　分割和截取字符串的方法分别是什么？

实验：将字符串中的每个字符颠倒输出

实验目的

（1）读取字符串的长度。

（2）定义字符数组并给其元素赋值。

（3）通过 Reverse 方法反转字符数组中元素的顺序。

实验内容

在控制台中，输入任意一行字符串后回车，然后会在控制台中颠倒输出该行字符串，本实验运行效果如图 6-20 所示。

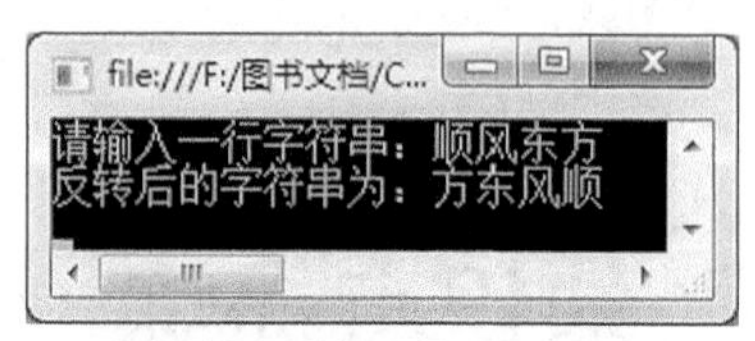

图 6-20　反转字符串的顺序

实验步骤

（1）创建一个控制台应用程序，命名为 ReverseOutPut，并保存到磁盘的指定位置。

（2）打开 Program.cs 文件，在 Main 方法中，首先从控制台读取一行字符串，然后把这个字符串转换成字符数组，最后调用 Reverse 方法将该字符数组中的元素顺序反转并输出，具体代码如下：

```
static void Main(string[] args)
{
    Console.Write("请输入一行字符串：");
    string str = Console.ReadLine();                    //从字符串中得到字节数组
    int n =str.Length;                                  //获得字符串的长度
    char[] P_chr = new char[n];                         //按照字符串的长度创建一个字符数组
    for (int i = 0; i < n; i++)                         //给字符数组中的元素赋值
    {
        P_chr[i] = str[i];
    }
    Array.Reverse(P_chr, 0, str.Length);                //反转字符数组中的元素
    Console.WriteLine("反转后的字符串为：{0}",new StringBuilder().Append(P_chr).ToString());
                                                        //输出反转后的字符
    Console.ReadLine();
}
```

第 7 章 数组和集合

本章要点：

- 一维数组和二维数组的声明与使用
- 通过冒泡法和选择法排序数组
- 添加和删除数组元素
- ArrayList 集合类的概述与应用

程序设计中，为了方便数据的处理，C#提供了一种有序的、能够存储多个相同类型变量的集合，这种集合就是数组。数组是一种指定了类型的数据结构，它可以在内存中连续存放数据，以便能够快速访问其中存储的元素；而集合是一种特殊的数组，C#中使用 ArrayList 类来表示集合。

7.1 一 维 数 组

数组是大部分编程语言中都支持的一种数据类型，无论是 C、C++还是 C#，都支持数组的概念。数组是包含若干相同类型的变量，这些变量都可以通过索引进行访问。数组中的变量称为数组的元素，数组能够容纳元素的数量称为数组的长度。数组中的每个元素都具有唯一的索引与其相对应，数组的索引从零开始。

7.1.1 一维数组的概述

数组是通过指定数组的元素类型、数组的秩（维数）及数组每个维度的上限和下限来定义的，即一个数组的定义需要包含以下几个要素。

- 元素类型。
- 数组的维数。
- 每个维数的上、下限。

数组的组成要素如图 7-1 所示。

数组的元素表示某一种确定的类型，如整数或字符串等。那么数组的确切含义是什么呢？数组类型的值是对象，数组对象被定义为存储数组元素类型值的一系列位置。也就是说，数组是一个存储一系列元素位置的对象。数组中存储位置的数量由数组的秩和边界来确定。

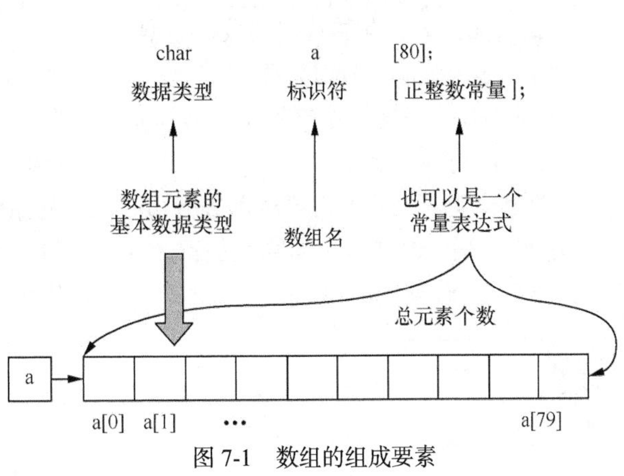

图 7-1 数组的组成要素

数组类型是从抽象基类型 Array 派生的引用类型，通过 new 运算符创建数组并将数组元素初始化为它们的默认值。数组可以分为一维数组、二维数组、多维数组等，图 7-2 中演示了几种基本的数组，包括一维数组、二维数组及 3 维数组。

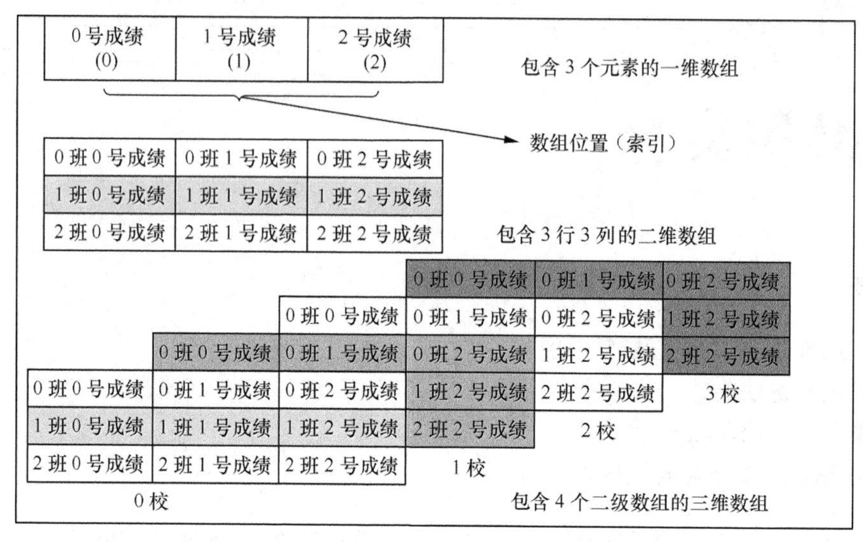

图 7-2　常见的几种数组

多维数组的使用与二维数组类似，实际上，二维数组也是一种简单的多维数组。

7.1.2　一维数组的声明与使用

1. 静态一维数组

静态数组是指数组元素的个数是固定不变的，即它们占用的内存空间大小是固定不变的。

一维数组是具有相同数据类型的一组数据的线性集合，在程序中可以通过一维数组来完成一组相同类型数据的线性处理。

静态一维数组的声明语法如下：

```
type[] arrayName;
```

- ❑ type：数组存储数据的数据类型。
- ❑ arrayName：数组名称。

【例 7-1】 声明一个字符串类型的静态一维数组，代码如下：

```
string[] ArryStr;                    //声明一个字符串类型的一维数组
```

数组声明完之后，需要对其进行初始化，初始化数组有很多形式。

【例 7-2】 通过 new 运算符创建数组并将数组元素初始化为它们的默认值，代码如下：

```
int[] arr =new int[5];               //使用 new 运算符创建数组并初始化
```

以上数组中的每个元素都初始化为 0。

另外，也可以在声明数组时将其初始化，并且初始化的值为用户自定义的值。

【例 7-3】声明一个 int 类型的一维数组，在声明时，直接将数组的值初始化为用户自定义的值，代码如下：

```
int[] arr=new int[5]{1,2,3,4,5};    //声明一个 int 类型的一维数组，并对其初始化
```

数组大小必须与大括号中的元素个数相匹配，否则会产生编辑错误。

除了上面所述的两种方法之外，还可以在声明一个数组时不对其初始化，但在对数组初始化时使用 new 运算符。

【例 7-4】声明一个 str 类型的一维数组，然后在对该一维数组进行初始化时使用 new 运算符，代码如下：

```
string[] arrStr;                        //声明数组
//初始化数组
arrStr=new string[7]{"Sun", "Mon", "Tue", "Wed", "Thu", "Fri", "Sat"};
```

实际上，初始化数组时可以省略 new 运算符和数组的长度，编译器将根据初始值的数量来自动计算数组长度，并创建数组。例如，可以将例 7-4 替换为如下形式：

string[] arrStr={"Sun", "Mon", "Tue", "Wed", "Thu", "Fri", "Sat"};

2. 动态一维数组

动态数组的声明实际上就是将数组的声明部分和初始化部分，分别写在不同的语句中，动态数组的初始化也需要使用 new 关键字为数组元素分配内存空间，并为数组元素赋初值。

动态一维数组的声明语法如下：

```
type[] arrayName;
arrayName = new type[n];
```

或者：

```
type[] arrayName=new type[n];
```

- arrayName：数组名称。
- type：数组存储数据的数据类型。
- n：数组的长度，可以是整数的常量或变量，它们分别表示一维数组的长度，new 关键字仍然以默认值来初始化数组元素。

对动态一维数组声明完之后，可以利用 Length 属性获取数组中元素的总数，并用 for 语句或 foreach 语句对数组进行动态赋值。

【例 7-5】创建一个控制台应用程序，将用户输入的一组数动态存入到数组中；然后使用 foreach 语句遍历数组，并将数组中的元素输出。代码如下：（实例位置：光盘\MR\源码\第 7 章\7-5）

```
static void Main(string[] args)
{
    int[] arr = new int[5];                         //声明一个具有 5 个元素的一维数组
    Console.WriteLine("请输入一组数：");             //输入提示
    for (int i = 0; i < arr.Length; i++)            //循环遍历一维数组的长度
    {
        arr[i] = Convert.ToInt32(Console.ReadLine()); //给一维数组赋值
    }
    Console.WriteLine("显示输入后的数组：");         //输入提示
    foreach (int n in arr)                          //循环遍历赋值后的一维数组
```

```
    {
        Console.Write("{0}", n + ",");
                                              //输出遍历到的一维数组元素
    }
    Console.ReadLine();
}
```

程序运行结果如图 7-3 所示。

图 7-3　一维数组的使用

注意

声明动态数组时需要注意以下几点：

（1）声明动态数组时，数组的类型要与数组中各元素的类型相同；

（2）用单行语句声明动态数组时，不能省略 new 关键字；

（3）在动态初始化数组时，可以把声明与初始化分别在不同的语句中进行，但声明部分必须在初始化部分之前；

（4）在对数组进行赋值时，数组中元素的索引号不得大于数组相应的维数。

7.2　二维数组

二维数组即数组的维数为 2，二维数组类似于矩形网格和非矩形网格。本节将对二维数组的声明和使用方法进行详细讲解。

7.2.1　二维数组的概述

在程序中通常用二维数组来存储二维表中的数据，而二维数组其实就是一个基本的多维数组。图 7-4 举例说明了一个 4 行 3 列的二维数组的存储结构。

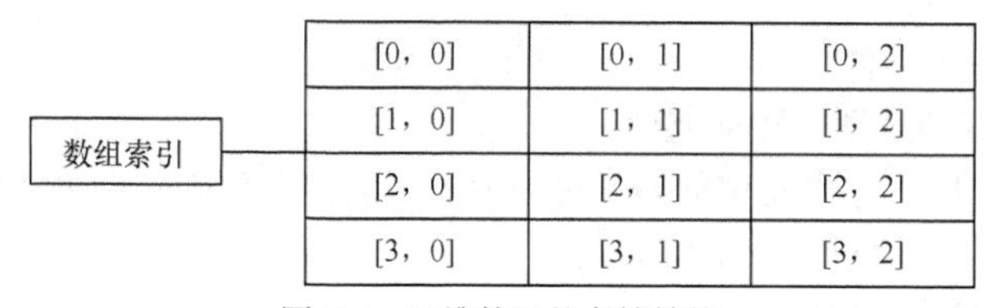

图 7-4　二维数组的存储结构

7.2.2　二维数组的声明与使用

1．静态二维数组

静态二维数组与静态一维数组一样，数组元素的个数是固定不变的，也就是说它们占用的内存空间大小是固定不变的。

静态二维数组的声明语法如下：

```
type[,] arrayName;
```

- type：数组存储数据的数据类型。
- arrayName：数组名称。

【例 7-6】 声明一个 3 行 2 列的整型二维数组，代码如下：

```
int[,] arr=new int[3,2];                    //声明一个 int 类型的二维数组
```

【例 7-7】 声明一个多维数组，代码如下：

```
int[,,] arr=new int[3,3,3];              //声明一个多维数组
```

数组声明完之后，需要对其进行初始化，初始化数组有很多形式。

【例 7-8】 通过 new 运算符创建二维数组并将数组元素初始化为它们的默认值，代码如下：

```
int[,] arr =new int[3,2];                //声明一个二维数组，并对其进行初始化
```

以上二维数组中的每个元素都初始化为 0。在这里要说明一点，定义数值型的数组时，其默认值为 0（这里包括整型、单精度型和双精度型），布尔型数组的默认值为 false，字符型数组的默认值为'\0'，字符串型数组的默认值为 null。

另外，也可以在声明数组时将其初始化，并且初始化的值为用户自定义的值。

【例 7-9】 声明一个 int 类型的二维数组，在声明时，直接将二维数组的值初始化为用户自定义的值。代码如下：

```
int[,] arr=new int[3,2]{{1,2},{3,4},{5,6}}; //声明一个数组，并初始化为用户自定义值
```

数组大小必须与大括号中的元素个数相匹配，否则会产生编辑错误。

除了上面所述的两种方法之外，还可以在声明一个二维数组时不对其初始化，但在对数组初始化时使用 new 运算符。

【例 7-10】 声明一个 bool 类型的二维数组，然后在对该二维数组进行初始化时使用 new 运算符。代码如下：

```
bool[,] arrb;                                          //声明一个 bool 类型的二维数组
arrb=new string[2,2]{{true,true},{false,false}};      //对数组进行初始化
```

如果在声明一个二维数组的同时，对其初始化，可以省略 new 关键字，编译器将根据初始值的数量来自动计算数组长度，并创建二维数组。例如，可以将例 7.10 替换为如下形式：

bool[,] arrb = {{true,true},{false,false}};　//声明二维数组并初始化

2. 动态二维数组

动态二维数组的声明与动态一维数组的声明相同，都是将数组的声明部分和初始化部分写在不同的语句中，其声明语法如下：

```
type[, ] arrayName;
arrayName = new type[n1,n2];
```

或者：

```
type[,] arrayName=new type[n1,n2];
```

- arrayName：数组名称。
- type：数组存储数据的数据类型。
- n1,n2：数组各维的长度，如果是二维数组，n1 表示一维数组的行数，n2 表示列数，在声明时可以是整数的常量或变量。

对动态二维数组声明完之后，可以通过给 Array 类对象的 GetLength 方法传递不同的参数，来获取二维数组的行数和列数，从而获取到二维数组中的每个元素。

获取二维数组中的元素值时，一般使用 for 语句以双重循环的方式获取。

【例 7-11】 创建一个控制台应用程序，其中定义了一个二维数组，并使用数组的 GetLength 方法获取数组的行数和列数，然后通过双重 for 循环遍历数组输出其元素值。代码如下：（实例位置：光盘\MR\源码\第 7 章\7-11）

```
static void Main(string[] args)
{
    //自定义一个二维数组
    int[,] arr = new int[3, 2] { { 38, 98 }, { 368, 698 }, { 2998, 5998 } };
    Console.Write("数组的行数为：");
    Console.Write(arr.GetLength(0));                    //获得二维数组的行数
    Console.Write("\n");
    Console.Write("数组的列数为：");
    Console.Write(arr.GetLength(1));                    //获得二维数组的列数
    Console.Write("\n");
    for (int i = 0; i < arr.GetLength(0); i++)          //循环访问二维数组的行
    {
//定义一个字符串变量，用来记录二维数组中的各个元素
        string str = "";
        for (int j = 0; j < arr.GetLength(1); j++)      //循环访问二维数组的列
        {
            //记录二维数组中的每个元素
            str = str + Convert.ToString(arr[i, j]) + " ";
        }
        Console.Write(str);
                            //输出二维数组中的元素
        Console.Write("\n");
                            //回车
    }
    Console.ReadLine();
}
```

程序运行结果如图 7-5 所示。

```
F:\图书文档\...
数组的行数为：3
数组的列数为：2
38 98
368 698
2998 5998
```

图 7-5　二维数组的使用

7.3　数 组 操 作

C#中的数组是由 System.Array 类派生而来的引用对象，因此可以使用 Array 类中的各种方法对数组进行各种操作。

7.3.1　输入与输出数组

数组的输入与输出指的是对不同维数的数组进行输入和输出的操作。

数组的输入是用 for 语句来实现的，输出可用 for 语句或 foreach 语句来实现。下面将分别讲解一维数组、二维数组的输入与输出。

1. 一维数组的输入与输出

一维数组的输入输出一般用单层循环来实现。

【例 7-12】 创建一个控制台应用程序，首先定义一个 int 类型的一维数组，然后通过 foreach 语句将数组元素值读取出来。代码如下：（实例位置：光盘\MR\源码\第 7 章\7-12）

```
static void Main(string[] args)
{
    //定义一个 int 类型的一维数组
    int[] arr = new int[10] { 0, 1, 2, 3, 4, 5, 6, 7, 8, 9 };
    foreach (int i in arr)              //遍历定义的一维数组
    {
        Console.Write(i + " ");         //输出一维数组元素
    }
    Console.ReadLine();
}
```

使用循环语句显示字符数组时，用(char)0（也可以写为'\0'）判断是否到数组的最后一个元素，'\0'代表 ASCII 码为 0 的字符，它不是一个可以显示的字符，而是一个“空操作符”，即什么也不做，它常作为字符串的结束标记。

2. 二维数组的输入与输出

二维数组的输入输出是用双层循环语句实现的。多维数组的输入输出与二维数组的输入输出相同，只是根据维数来指定循环的层数。下面以动态二维数组的形式对其输入输出进行讲解。

【例 7-13】 创建一个控制台应用程序，以手动方式输入二维数组的行数、列数以及元素值，然后使用双层 for 循环输出二维数组中的各个元素。代码如下：（实例位置：光盘\MR\源码\第 7 章\7-13）

```
static void Main(string[] args)
{
    //定义两个 int 变量，分别用来记录二维数组的行数和列数
    int row = 0, col = 0;
    Console.Write("请输入二维数组的行数：");
    row = Convert.ToInt32((Console.ReadLine()));        //记录二维数组的行数
    Console.Write("请输入二维数组的列数：");
    col = Convert.ToInt32((Console.ReadLine()));        //记录二维数组的列数
    Console.WriteLine("请输入二维数组各元素值：");
    int[,] arr1 = new int[row, col];                    //声明一个二维数组
    for (int i = 0; i < row; i++)                       //遍历二维数组的行数
    {
        for (int j = 0; j < col; j++)                   //遍历二维数组的列数
        {
            arr1[i, j] = Convert.ToInt32((Console.ReadLine()));//为二维数组赋值
        }
    }
    Console.WriteLine("显示输入的二维数组：");
    for (int i = 0; i < row; i++)                       //遍历二维数组的行数
    {
        for (int j = 0; j < col; j++)                   //遍历二维数组的列数
        {
            Console.Write(arr1[i, j] + " ");            //输出二维数组中的元素
        }
        Console.WriteLine();                            //换行
    }
    Console.ReadLine();
}
```

程序运行结果如图 7-6 所示。

图 7-6　二维数组的输入与输出

7.3.2　数组的排序

排序是编程中最常用的算法之一，排序的方法有很多种，实际开发程序时，可以用算法对数组进行排序，也可以用 Array 类的 Sort 方法和 Reverse 方法对数组进行排序。本节将介绍两种常用的排序算法。

1. 冒泡排序法

冒泡排序是一种最常用的排序方法，就像气泡一样越往上走越大，因此被人们形象地称为冒泡排序法。冒泡排序的过程很简单，首先将第 1 个记录的关键字和第 2 个记录的关键字进行比较，若为逆序，则将两个记录交换，然后比较第 2 个记录和第 3 个记录的关键字，依此类推，直至第 n-1 个记录和第 n 个记录的关键字进行过比较为止。上述过程称为第一趟冒泡排序，执行 n-1 次上述过程后，排序即可完成。

【例 7-14】 创建一个控制台应用程序，使用冒泡法对数组中的元素从小到大进行排序。代码如下：（实例位置：光盘\MR\源码\第 7 章\7-14）

```
static void Main(string[] args)
{
    int[] arr = new int[] { 368, 98, 698, 2998, 38, 5998 };//定义一个一维数组，并赋值
    Console.Write("初始数组：");
    foreach (int m in arr)                        //循环遍历定义的一维数组，并输出其中的元素
        Console.Write(m + " ");
    Console.WriteLine();
    //定义两个 int 类型的变量，分别用来表示数组下标和存储新的数组元素
    int i, j;
    int temp = 0;
    bool done = false;
    j = 1;
    while ((j < arr.Length) && (!done))       //判断长度
    {
        done = true;
        for (i = 0; i < arr.Length - j; i++) //遍历数组中的数值
        {
            //如果前一个值大于后一个值
            if (Convert.ToInt32(arr[i]) > Convert.ToInt32(arr[i + 1]))
            {
                done = false;
                temp = arr[i];
                arr[i] = arr[i + 1];              //交换数据
                arr[i + 1] = temp;
            }
        }
        j++;
    }
    Console.Write("排序后的数组：");
    foreach (int n in arr)                        //循环遍历排序后的数组元素并输出
        Console.Write(n + " ");
```

```
    Console.ReadLine();
}
```

程序运行结果如图 7-7 所示。

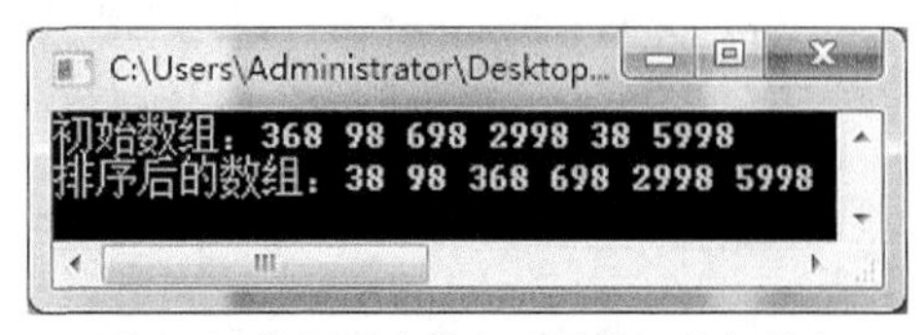

图 7-7　使用冒泡排序法对数组进行排序

2. 选择排序法

选择排序的基本思想是，每一趟在 n 个记录中选取关键字最小的记录作为有序序列的第 I 个记录，并且令 I 从 1 至 n-1，进行 n-1 趟选择操作。

【例 7-15】 创建一个控制台应用程序，使用选择排序法对数组中的元素从小到大进行排序。代码如下：（实例位置：光盘\MR\源码\第 7 章\7-15）

```
static void Main(string[] args)
{
    int[] arr = new int[] { 368, 98, 698, 2998, 38, 5998 };//定义一个一维数组，并赋值
    Console.Write("初始数组：");
    foreach (int n in arr)                          //循环遍历定义的一维数组，并输出其中的元素
        Console.Write("{0}", n + " ");
    Console.WriteLine();
    int min;                                        //定义一个 int 变量，用来存储数组下标
    for (int i = 0; i < arr.Length - 1; i++)        //循环访问数组中的元素值（除最后一个）
    {
        min = i;                                    //为定义的数组下标赋值
        for (int j = i + 1; j < arr.Length; j++)    //循环访问数组中的元素值（除第一个）
        {
            if (arr[j] < arr[min])                  //判断相邻两个元素值的大小
                min = j;
        }
        int t = arr[min];                           //定义 int 变量，用来存储比较大的元素值
        arr[min] = arr[i];                          //将小的数组元素值移动到前一位
        arr[i] = t;                                 //将变量 t 中存储的较大的数组元素值向后移
    }
    Console.Write("排序后的数组：");
    foreach (int n in arr)                          //循环访问排序后的数组元素并输出
        Console.Write("{0}", n + " ");
    Console.ReadLine();
}
```

程序运行结果请参照图 7-7。

7.3.3　添加和删除数组元素

1. 添加数组元素

这里主要介绍向数组中添加一个元素，下面通过一个实例来进行详细介绍。

【例 7-16】 创建一个控制台应用程序，首先自定义一个 AddArray 方法，用来在指定索引号的后面添加元素，并返回新得到的数组；然后在 Main 方法中调用该自定义方法，向指定的一维数组中添加元素。代码如下：（实例位置：光盘\MR\源码\第 7 章\7-16）

```
/// <summary>
/// 增加单个数组元素
/// </summary>
/// <param name="ArrayBorn">要向其中添加元素的一维数组</param>
```

```
/// <param name="Index">添加索引</param>
/// <param name="Value">添加值</param>
/// <returns></returns>
static int[] AddArray(int[] ArrayBorn, int Index, int Value)
{
    if (Index >= (ArrayBorn.Length))                        //判断添加索引是否大于数组的长度
        Index = ArrayBorn.Length - 1;                       //将添加索引设置为数组的最大索引
    int[] TemArray = new int[ArrayBorn.Length + 1];         //声明一个新的数组
    for (int i = 0; i < TemArray.Length; i++)               //遍历新数组的元素
    {
        if (Index >= 0)                                     //判断添加索引是否大于等于 0
        {
            if (i < (Index + 1))                            //若遍历到的索引小于添加的索引加 1
                TemArray[i] = ArrayBorn[i];                 //交换元素值
            else if (i == (Index + 1))                      //若遍历到的索引等于添加的索引加 1
                TemArray[i] = Value;                        //为遍历到的索引设置添加值
            else
                TemArray[i] = ArrayBorn[i - 1];             //交换元素值
        }
        else
        {
            if (i == 0)                                     //判断遍历到的索引是否为 0
                TemArray[i] = Value;                        //为遍历到的索引设置添加值
            else
                TemArray[i] = ArrayBorn[i - 1];             //交换元素值
        }
    }
    return TemArray;                                        //返回插入元素后的新数组
}
static void Main(string[] args)
{
    int[] ArrayInt = new int[] { 0, 1, 2, 3, 4, 6, 7, 8, 9 };//声明一个一维数组
    Console.WriteLine("原数组元素：");
    foreach (int i in ArrayInt)                             //遍历声明的一维数组
        Console.Write(i+" ");                               //输出数组中的元素
    Console.WriteLine();                                    //换行
    ArrayInt = AddArray(ArrayInt, 4, 5);                    //调用自定义方法向数组中插入单个元素
    Console.WriteLine("插入之后的数组元素：");
    foreach (int i in ArrayInt)                             //遍历插入元素后的一维数组
        Console.Write(i+" ");                               //输出数组中的元素
    Console.ReadLine();
}
```

程序运行结果如图 7-8 所示。

图 7-8　向数组中添加元素

2. 删除数组元素

这里主要介绍在删除数组中的指定元素后，根据删除元素的个数 n，使删除后的数组长度减 n。

下面通过一个实例来进行详细介绍。

【例 7-17】 创建一个控制台应用程序，自定义方法 ret_DeleteArray 在删除元素或指定区域的元素后，改变数组的长度。代码如下：（实例位置：光盘\MR\源码\第 7 章\7-17）

```
/// <summary>
/// 删除数组中的元素，并改变数组的长度
/// </summary>
/// <param name="ArrayBorn">要从中删除元素的数组</param>
/// <param name="Index">删除索引</param>
/// <param name="Len">删除的长度</param>
/// <returns>得到的新数组</returns>
static string[] DeleteArray(string[] ArrayBorn, int Index, int Len)
{
    if (Len <= 0)                                   //判断删除长度是否小于等于 0
        return ArrayBorn;                           //返回源数组
    if (Index == 0 && Len >= ArrayBorn.Length)      //判断删除长度是否超出了数组范围
        Len = ArrayBorn.Length;                     //将删除长度设置为数组的长度
    else if ((Index + Len) >= ArrayBorn.Length)     //判断删除索引和长度的和是否超出数组范围
        Len = ArrayBorn.Length - Index - 1;         //设置删除的长度
    string[] temArray = new string[ArrayBorn.Length - Len];   //声明一个新的数组
    for (int i = 0; i < temArray.Length; i++)       //遍历新数组
    {
        if (i >= Index)                             //判断遍历索引是否大于等于删除索引
            temArray[i] = ArrayBorn[i + Len];       //为遍历到的索引元素赋值
        else
            temArray[i] = ArrayBorn[i];             //为遍历到的索引元素赋值
    }
    return temArray;                                //返回得到的新数组
}
static void Main(string[] args)
{
    //声明一个字符串数组
    string[] ArrayStr = new string[] { "m", "r", "s", "o", "f", "t" };
    Console.WriteLine("源数组：");
    foreach (string i in ArrayStr)                  //遍历源数组
        Console.Write(i + " ");                     //输出数组中的元素
    Console.WriteLine();                            //换行
    string[] newArray = DeleteArray(ArrayStr, 0, 1);//删除数组中的元素
    Console.WriteLine("删除元素后的数组：");
    foreach (string i in newArray)                  //遍历删除元素后的数组
        Console.Write(i + " ");                     //输出数组中的元素
    Console.ReadLine();
}
```

程序运行结果如图 7-9 所示。

图 7-9　改变长度删除数组中的元素

7.4 ArrayList 集合类

ArrayList 类位于 System.Collections 命名空间下，它可以动态的添加和删除元素，是一种非泛型集合。ArrayList 类相当于一种高级的动态数组，它是 Array 类的升级版本，但它并不等同于数组。

7.4.1 ArrayList 类概述

与数组相比，ArrayList 类为开发人员提供了以下功能：

- 数组的容量是固定的，而 ArrayList 的容量可以根据需要自动扩充；
- ArrayList 提供添加、删除和插入某一范围元素的方法，但在数组中，只能一次获取或设置一个元素的值；
- ArrayList 提供将只读和固定大小包装返回到集合的方法，而数组不提供；
- ArrayList 只能是一维形式，而数组可以是多维的。

ArrayList 类提供了 3 个构造器，通过这 3 个构造器可以有 3 种声明方式，下面分别介绍。

（1）默认的构造器，将会以默认（16）的大小来初始化内部的数组。构造器格式如下：

```
public ArrayList();
```

通过以上构造器声明 ArrayList 的语法格式如下：

```
ArrayList List = new ArrayList();
```

- List：ArrayList 对象名。

【例 7-18】 声明一个 ArrayList 对象，并给其添加 10 个 int 类型的元素值。代码如下：

```
ArrayList List = new ArrayList();
for (int i = 0; i < 10; i++)            //给 ArrayList 对象添加 10 个 int 元素
List.Add(i);
```

（2）用一个 ICollection 对象来构造，并将该集合的元素添加到 ArrayList 中。构造器格式如下：

```
public ArrayList(ICollection);
```

通过以上构造器声明 ArrayList 的语法格式如下：

```
ArrayList List = new ArrayList(arryName);
```

- List：ArrayList 对象名。
- arryName：要添加集合的数组名。

【例 7-19】 声明一个 int 类型的一维数组，然后声明一个 ArrayList 对象，同时将已经声明的一维数组中的元素添加到该对象中。代码如下：

```
int[] arr = new int[] { 1, 2, 3, 4, 5, 6, 7, 8, 9 };
ArrayList List = new ArrayList(arr);   //将声明的一维数组添加到 ArrayList 集合中
```

（3）用指定的大小初始化内部的数组。构造器格式如下：

```
public ArrayList(int);
```

通过以上构造器声明 ArrayList 的语法格式如下：

```
ArrayList List = new ArrayList(n);
```

- List：ArrayList 对象名。
- n：ArrayList 对象的空间大小。

【例 7-20】 声明一个具有 10 个元素的 ArrayList 对象，并为其赋初始值。代码如下：

```
ArrayList List = new ArrayList(10);
for (int i = 0; i < List.Count; i++)    //给 ArrayList 对象添加 10 个 int 元素
List.Add(i);
```

ArrayList 集合类的常用属性及说明如表 7-1 所示。

表 7-1　　ArrayList 集合类的常用属性及说明

属　性	说　　明
Capacity	获取或设置 ArrayList 可包含的元素数
Count	获取 ArrayList 中实际包含的元素数
IsFixedSize	获取一个值，该值指示 ArrayList 是否具有固定大小
IsReadOnly	获取一个值，该值指示 ArrayList 是否为只读
IsSynchronized	获取一个值，该值指示是否同步对 ArrayList 的访问
Item	获取或设置指定索引处的元素
SyncRoot	获取可用于同步 ArrayList 访问的对象

7.4.2　遍历 ArrayList 集合

ArrayList 集合的遍历与数组类似，都可以使用 foreach 语句，下面通过一个实例说明如何遍历 ArrayList 集合中的元素。

【例 7-21】 创建一个控制台应用程序，首先实例化一个 ArrayList 对象，并使用 Add 方法向 ArrayList 集合中添加了两个元素，然后使用 foreach 语句遍历 ArrayList 集合中的各个元素并输出。代码如下：（实例位置：光盘\MR\源码\第 7 章\7-21）

```
static void Main(string[] args)
{
    ArrayList list = new ArrayList();          //实例化一个 ArrayList 对象
    list.Add("3.1415926");                     //向 ArrayList 集合中添加元素
    list.Add("C#编程语言");
    Console.WriteLine("ArrayList 集合中的元素：");
    foreach (string str in list)               //遍历 ArrayList 集合
    {
        Console.WriteLine(str);                //输出遍历到的元素
    }
    Console.ReadLine();
}
```

程序运行结果如图 7-10 所示。

图 7-10　遍历 ArrayList 集合

程序中使用 ArrayList 类时，需要在命名空间区域添加 using System.Collections;，下面将不再提示。

7.4.3　添加 ArrayList 元素

向 ArrayList 集合中添加元素时，可以使用 ArrayList 类提供的 Add 方法和 Insert 方法，下面对这两个方法进行详细介绍。

1. Add 方法

该方法用来将对象添加到 ArrayList 集合的结尾处，其语法格式如下：

```
public virtual int Add (Object value)
```

- value：要添加到 ArrayList 的末尾处的 Object，该值可以为空引用。
- 返回值：ArrayList 索引，已在此处添加了 value。

【例 7-22】 声明一个包含 6 个元素的一维数组，并使用该数组实例化一个 ArrayList 对象，然后使用 Add 方法为该 ArrayList 对象添加元素。代码如下：

```
int[] arr = new int[] { 1, 2, 3, 4, 5, 6 };       //声明一个一维数组
ArrayList List = new ArrayList(arr);              //使用声明的数组实例化ArrayList集合对象
List.Add(7);                                      //在 ArrayList 集合的尾部添加元素
```

2. Insert 方法

该方法用来将元素插入 ArrayList 集合的指定索引处，其语法格式如下：

```
public virtual void Insert (int index,Object value)
```

- index：从零开始的索引，应在该位置插入 value。
- value：要插入的 Object，该值可以为空引用。

【例 7-23】 声明一个包含 6 个元素的一维数组，并使用该数组实例化一个 ArrayList 对象，然后使用 Insert 方法在该 ArrayList 集合的指定索引处添加一个元素。代码如下：

```
int[] arr = new int[] { 1, 2, 3, 4, 5, 6 };       //声明一个一维数组
ArrayList List = new ArrayList(arr);              //使用声明的数组实例化ArrayList集合对象
List.Insert(3, 7);                                //在 ArrayList 集合的指定索引处添加元素
```

在 ArrayList 集合中插入一个数组时，只需要在例 7-23 的代码中重新声明一个一维数组，并将 List.Insert(3, 7)语句修改为 List.InsertRange(3,一维数组名)即可。

7.4.4 删除 ArrayList 元素

删除 ArrayList 集合中的元素时，可以使用 ArrayList 类提供的 Clear 方法、Remove 方法、RemoveAt 方法和 RemoveRange 方法，下面对这 4 个方法进行详细介绍。

1. Clear 方法

该方法用来从 ArrayList 集合中移除所有元素，其语法格式如下：

```
public virtual void Clear ()
```

【例 7-24】 声明一个包含 6 个元素的一维数组，并使用该数组实例化一个 ArrayList 对象，然后使用 Clear 方法清除 ArrayList 中的所有元素。代码如下：

```
int[] arr = new int[] { 1, 2, 3, 4, 5, 6 };       //声明一个一维数组
ArrayList List = new ArrayList(arr);              //使用声明的数组实例化ArrayList集合对象
List.Clear();                                     //清除 ArrayList 集合的元素
```

2. Remove 方法

该方法用来从 ArrayList 中移除特定对象的第一个匹配项，其语法格式如下：

```
public virtual void Remove (Object obj)
```

- obj：要从 ArrayList 移除的 Object，该值可以为空引用。

【例 7-25】 声明一个包含 6 个元素的一维数组，并使用该数组实例化一个 ArrayList 对象，然后使用 Remove 方法从声明的 ArrayList 对象中移除与“3”匹配的元素。代码如下：

```
int[] arr = new int[] { 1, 2, 3, 4, 5, 6 };       //声明一个一维数组
ArrayList List = new ArrayList(arr);              //使用声明的数组实例化ArrayList集合对象
List.Remove(3);                                   //移除 ArrayList 集合中与 3 匹配的元素
```

3. RemoveAt 方法

该方法用来移除 ArrayList 的指定索引处的元素，其语法格式如下：

```
public virtual void RemoveAt (int index)
```

- index：要移除的元素的从零开始的索引。

【例 7-26】 声明一个包含 6 个元素的一维数组，并使用该数组实例化一个 ArrayList 对象，然后使用 RemoveAt 方法从声明的 ArrayList 对象中移除索引为 3 的元素。代码如下：

```
int[] arr = new int[] { 1, 2, 3, 4, 5, 6 };       //声明一个一维数组
ArrayList List = new ArrayList(arr);              //使用声明的数组实例化ArrayList集合对象
List.RemoveAt(3);                                 //移除 ArrayList 集合中索引为 3 的元素
```

4. RemoveRange 方法

该方法用来从 ArrayList 中移除一定范围的元素，其语法格式如下：

```
public virtual void RemoveRange (int index,int count)
```

- index：要移除的元素的范围从零开始的起始索引。
- count：要移除的元素数。

【例 7-27】 声明一个包含 6 个元素的一维数组，并使用该数组实例化一个 ArrayList 对象，然后在该 ArrayList 对象中使用 RemoveRange 方法从索引 3 处删除两个元素。代码如下：

```
int[] arr = new int[] { 1, 2, 3, 4, 5, 6 };       //声明一个一维数组
ArrayList List = new ArrayList(arr);              //使用声明的数组实例化ArrayList集合对象
List.RemoveRange(3,2);                            //从ArrayList集合的索引 3 处移除两个元素
```

7.5　综合实例——设计一个简单客车售票程序

我们可以形象地把客车座位看成是二维数组，比如，客车的坐位数是 9 行 4 列，那么在控制台中输出的客车售票记录就类似于图 7-11 所示的一样。

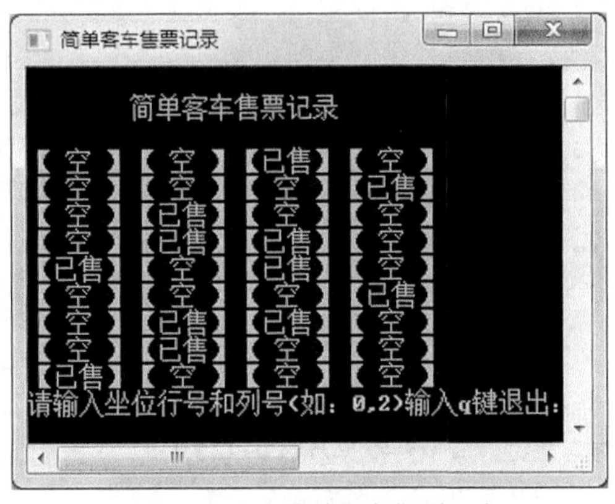

图 7-11　一个简单客车售票程序

程序开发步骤如下。

（1）选择“开始”/“程序”/Microsoft Visual Studio 2010/Microsoft Visual Studio 2010 命令，打开 Visual Studio 2010。

（2）选择 Visual Studio 2010 工具栏中的“文件”/“新建”/“项目”命令，打开“新建项目”对话框。

（3）选择“控制台应用程序”选项，命名为 Ticket，然后单击“确定”按钮，创建一个控制台应用程序。

（4）在 Main 方法中添加如下具体代码：

```
static void Main()                                                  //入口方法
{
    Console.Title = "简单客车售票记录";                               //设置控制台标题
    string[,] zuo = new string[9, 4];                               //定义二维数组
    for (int i = 0; i < 9; i++)                                     //for 循环开始
    {
        for (int j = 0; j < 4; j++)                                 //for 循环开始
        {
            zuo[i, j] = "【 空 】";                                  //初始化二维数组
        }
    }
    string s = string.Empty;                                        //定义字符串变量
    while (true)                                                    //开始售票
    {
        System.Console.Clear();                                     //清空控制台信息
        Console.WriteLine("\n        简单客车售票记录" + "\n");        //输出字符串
        for (int i = 0; i < 9; i++)
        {
            for (int j = 0; j < 4; j++)
            {
                System.Console.Write(zuo[i, j]);                    //输出售票信息
            }
            System.Console.WriteLine();                             //输出换行符
        }
        //提示用户输入信息
        System.Console.Write("请输入坐位行号和列号(如：0,2)输入 q 键退出：");
        s = System.Console.ReadLine();                              //售票信息输入
        if (s == "q") break;                                        //输入字符串"q"退出系统
        string[] ss = s.Split(',');                                 //拆分字符串
        int one = int.Parse(ss[0]);                                 //得到坐位行数
        int two = int.Parse(ss[1]);                                 //得到坐位列数
        zuo[one, two] = "【已售】";                                   //标记售出票状态
    }
}
```

知识点提炼

（1）数组是包含若干相同类型的变量的集合，这些变量都可以通过索引进行访问。

（2）数组中的变量称为数组的元素，数组能够容纳元素的数量称为数组的长度。

（3）数组中的每个元素都具有唯一的索引与其相对应，数组的索引从零开始。

（4）数组是通过指定数组的元素类型、数组的秩（维数）及数组每个维度的上限和下限来定义的。

（5）C#中的数组是由 System.Array 类派生而来的引用对象，因此可以使用 Array 类中的各种

方法对数组进行各种操作。

（6）静态数组是指数组元素的个数是固定不变的，即它们占用的内存空间大小是固定不变的。

（7）动态数组的声明实际上就是将数组的声明部分和初始化部分，分别写在不同的语句中，动态数组的初始化也需要使用 new 关键字为数组元素分配内存空间，并为数组元素赋初值。

（8）一维数组的输入输出一般用单层循环来实现。

（9）二维数组的输入输出是用双层循环语句实现的。多维数组的输入输出与二维数组的输入输出相同，只是根据维数来指定循环的层数。

（10）静态二维数组与静态一维数组一样，数组元素的个数是固定不变的，也就是说它们占用的内存空间大小是固定不变的。

习　　题

7-1　简述冒泡排序法的原理。

7-2　简述选择排序法的原理。

7-3　除了使用算法对数组元素进行排序外，还可以使用 Array 类的哪两种方法？

7-4　ArrayList 类位于哪个命名空间下？

7-5　使用哪两个方法可以实现向 ArrayList 集合中添加元素？

实验：使用数组解决约瑟夫环问题

实验目的

（1）动态数组的声明与初始化。

（2）使用 for 语句遍历数组中的元素。

（3）数组的输入与输出。

实验内容

约瑟夫环问题即设有 *n* 个人坐成一个圈，从某个人开始报数，数到 *m* 的人出列，接着从出列的下一个人开始重新报数，数到 *m* 的人再次出列，如此反复循环，直到所有人都出列为止，最后按出列顺序输出。本实验通过使用数组来解决约瑟夫环问题，程序运行效果如图 7-12 所示。

图 7-12　使用数组解决约瑟夫环问题

实验步骤

（1）创建一个控制台应用程序，命名为 YSFHResult，并保存到磁盘的指定位置。

（2）在程序中，首先自定义一个返回值类型为 int 数组类型的 Jose 方法，用来实现约瑟夫环问题的算法，该方法中有 3 个 int 类型的参数，分别用来表示总人数、开始报数的人和要出列的人。Jose 方法实现代码如下：

```
/// <summary>
/// 约瑟夫环问题算法
/// </summary>
/// <param name="total">总人数</param>
/// <param name="start">开始报数的人</param>
/// <param name="alter">要出列的人</param>
/// <returns>返回一个 int 类型的一维数组</returns>
static int[] Jose(int total, int start, int alter)
{
    int j, k = 0;
    //intCounts 数组存储按出列顺序排列的数据，以作为结果进行返回
    int[] intCounts = new int[total + 1];
    //intPers 数组存储初始数据
    int[] intPers = new int[total + 1];
    //对数组 intPers 赋初值,第一个人序号为 0,第二人为 1，依此下去
    for (int i = 0; i < total; i++)
    {
        intPers[i] = i;
    }
    //按出列次序依次存于数组 intCounts 中
    for (int i = total; i >= 2; i--)
    {
        start = (start + alter - 1) % i;
        if (start == 0)
            start = i;
        intCounts[k] = intPers[start];
        k++;
        for (j = start + 1; j <= i; j++)
            intPers[j - 1] = intPers[j];
    }
    intCounts[k] = intPers[1];
    //结果返回
    return intCounts;
}
```

（3）在 Main 方法中，首先定义一个 int 类型的一维数组，并调用自定义方法 Jose 为其赋值，然后循环输出一维数组中的元素，这样即可解决约瑟夫环问题。Main 方法实现代码如下：

```
static void Main(string[] args)
{
    int[] intPers = Jose(12, 3, 4);                    //调用自定义方法解决约瑟夫环问题
    Console.WriteLine("出列顺序：");
    for (int i = 0; i < intPers.Length; i++)
    {
        Console.Write (intPers[i]+" ");                //输出出列顺序
    }
    Console.ReadLine();
}
```

第 8 章 面向对象程序设计基础

本章要点：

- 面向对象程序设计的基本概念
- 类与对象的使用
- 方法的声明及使用
- 字段、属性和索引器的声明
- 面向对象的 3 个基本特征
- 结构的用途及使用方法

面向对象程序设计是在面向过程程序设计的基础上发展而来的，它将数据和对数据的操作看做是一个不可分割的整体，力求将现实问题简单化，因为这样不仅符合人们的思维习惯，同时也可以提高软件的开发效率，并方便后期的维护。本章将对面向对象程序设计中的基本知识进行详细讲解。

8.1 类与对象

类是一种数据结构，它可以包含常量、域、方法、属性、事件、索引器、运算符、构造函数、析构函数、嵌套类型等成员。它表示对现实生活中一类具有共同特征的事物的抽象，是面向对象编程的基础。

8.1.1 面向对象概述

面向对象编程（Object-Oriented Programming）简称 OOP 技术，是开发应用程序的一种新方法、新思想。过去的面向过程编程常常会导致所有的代码都包含在几个模块中，使程序难以阅读和维护。对软件做一些修改时常常牵一动百，使以后的开发和维护难以为继，而使用 OOP 技术，需要使用许多代码模块，每个模块都只提供特定的功能，它们是彼此独立的，这样就提高了代码重用的几率，更加有利于软件的开发、维护和升级。

在面向对象中，算法与数据结构被看做是一个整体，称作对象，现实世界中任何类的对象都具有一定的属性和操作，也总能用数据结构与算法两者合二为一来描述，所以可以用下面的等式来定义对象和程序。

对象=（算法+数据结构），程序=（对象+对象+……）

从上面的等式可以看出，程序就是许多对象在计算机中相继表现自己，而对象则是一个个程序实体。

面向对象的编程方式具有封装、继承和多态性等特点，介绍如下。

（1）封装。类是属性和方法的集合，为了实现某项功能而定义类后，开发人员并不需要了解类体内每句代码的具体含义，只需通过对象来调用类内某个属性或方法即可实现某项功能，这就是类的封装性。

（2）继承。通过继承可以创建子类（派生类）和父类之间的层次关系，子类（派生类）可以从其父类中继承属性和方法，通过这种关系模型可以简化类的操作。假如已经定义了A类，接下来准备定义B类，而B类中有很多属性和方法与A类相同，那么就可以使B类继承于A类，这样就无须再在B类中定义A类已有的属性和方法，从而可以在很大程度上提高程序的开发效率。

（3）多态性。类的多态性指不同的类进行同一操作可以有不同的行为。例如，定义一个火车类和一个汽车类，火车和汽车都可以移动，说明两者在这方面可以进行相同的操作，然而，火车和汽车移动的行为是截然不同的，因为火车必须在铁轨上行驶，而汽车在公路上行驶，这就是类多态性的形象比喻。

8.1.2 类的概念

类是对象概念在面向对象编程语言中的反映，是相同对象的集合。类描述了一系列在概念上有相同含义的对象，并为这些对象统一定义了编程语言上的属性和方法。例如，水果可以看做是一个类，苹果、梨、葡萄都是该类的子类（派生类），苹果的生产地、名称（如富士苹果）、价格、运输途径相当于该类的属性，苹果的种植方法相当于类方法。简而言之，类是C#中功能最为强大的数据类型，它定义了数据成员（字段、属性等）和行为，程序开发人员可以创建作为此类的实例的对象。

8.1.3 类的声明

C#中，类是使用class关键字来声明，语法如下：

```
类修饰符 class 类名
{
}
```

【例8-1】 下面以鸟为例声明一个类，代码如下：

```
public class Bird
{
    public string color;                    //颜色
    private string tweedle ;                //叫声
}
```

public是类的修饰符，下面介绍常用的几个类修饰符。

- new：仅允许在嵌套类声明时使用，表明类中隐藏了由基类中继承而来的、与基类中同名的成员。
- public：不限制对该类的访问。
- protected：只能从其所在类和所在类的子类（派生类）进行访问。
- internal：只有其所在类才能访问。
- private：只有.NET中的应用程序或库才能访问。
- abstract：抽象类，不允许建立类的实例。
- sealed：密封类，不允许被继承。

类名是一种标识符，必须符合标识符的命名规则，类名应该能体现类的含义和用途，类名通常采用第一个字母大写的名词，也可以是多个词构成的组合词，如果类名由多个词组成，那么每个词的第一个字母都应该大写，在同一个命名空间下，类名是不能重复的。同时，类名不能以数字开头，也不能使用关键字作为类名，如 string 等。

8.1.4　构造函数和析构函数

构造函数和析构函数是类中比较特殊的两种成员函数，主要用来对对象进行初始化和回收对象资源。一般来说，对象的生命周期从构造函数开始，以析构函数结束。如果一个类含有构造函数，在实例化该类的对象时就会调用，如果含有析构函数，则会在销毁对象时调用。构造函数的名字和类名相同，析构函数和构造函数的名字相同，但析构函数要在名字前加一个波浪号（~）。当退出含有该对象的成员时，析构函数将自动释放这个对象所占用的内存空间。本小节将详细介绍如何在程序中使用构造函数和析构函数。

1. 构造函数的概念及使用

构造函数是在创建给定类型的对象时执行的类方法。构造函数具有与类相同的名称，它通常初始化新对象的数据成员。

【例 8-2】 创建一个控制台应用程序，定义一个 Bird 类，在类中声明一个无参的构造函数和一个有参的构造函数，创建该类的两个对象，输出鸟类的心声。运行结果如图 8-1 所示。（实例位置：光盘\MR\源码\第 8 章\8-2）

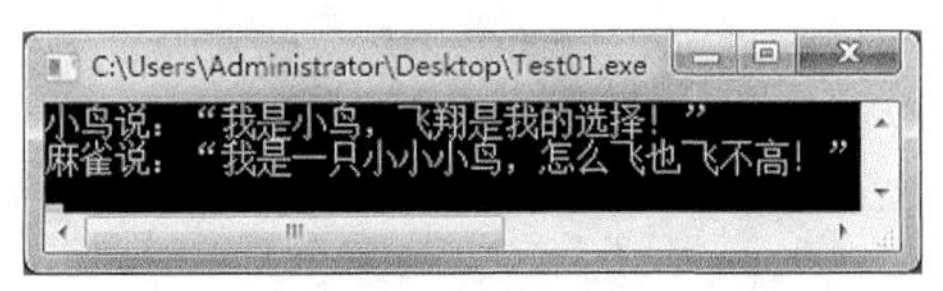

图 8-1　鸟类的心声

代码如下：

```
class Bird
{
    public Bird()                                  //定义构造函数输出所有鸟类的心声
    {
        Console.WriteLine("小鸟说：“我是小鸟，飞翔是我的选择！”");
    }
    public Bird(string name)                       //定义构造函数输出指定鸟类的心声
    {
        Console.WriteLine(name + "说：“我是一只小小小鸟，怎么飞也飞不高！”");
    }
    static void Main(string[] args)
    {
        Bird bird = new Bird();                    //使用无参构造函数实例化类的对象
        Bird sparrow = new Bird("麻雀");            //使用有参构造函数实例化类的对象
        Console.ReadLine();
    }
}
```

一般使用 public 来修饰构造函数，也可以使用 private，此时的构造函数存在于只包含静态成员的类中，用于阻止该类被实例化。

2. 析构函数的概念及使用

析构函数是以类名加~来命名的。.NET Framework 类库有垃圾回收功能，当某个类的实例被认为是不再有效，并符合析构条件时，.NET Framework 类库的垃圾回收功能就会调用该类的析构函数实现垃圾回收。

除特殊情况外，不建议定义类的析构函数，C#中无用的对象会由垃圾收集器回收，如果构造函数中执行较为耗时的操作会影响垃圾收集器的功能。

【例 8-3】 创建一个控制台应用程序，定义一个 Car 类，在类中声明一个构造函数输出品牌汽车的信息，在析构函数中输出字符串提示信息已处理完毕。创建该类的两个对象，输出汽车的信息，运行结果如图 8-2 所示。（实例位置：光盘\MR\源码\第 8 章\8-3）

图 8-2　用析构函数提示信息已处理完毕

代码如下：

```
class Car
{
    public Car(string company, string brand, int total, int sell) //构造函数
    {
        int innage = total - sell;                                 //计算剩余数量
        //输出该公司的品牌汽车信息
        Console.WriteLine(company + brand + "总量为：" + total + "，即将卖出：" + sell +
"辆，剩余" + innage + "辆");
    }
    ~Car()                                                         //析构函数
    {
        Console.WriteLine("信息已处理完毕");                        //输出一个字符串
    }
    static void Main(string[] args)
    {
        Car Benz = new Car("**公司", "奔驰", 20000, 15000);         //实例化类的对象
    }
}
```

8.1.5　对象的声明和实例化

对象是具有数据、行为和标识的编程结构，它是面向对象应用程序的一个组成部分，这个组成部分封装了部分应用程序，这部分程序可以是一个过程、一些数据或一些更抽象的实体。

对象包含变量成员和方法类型，它所包含的变量组成了存储在对象中的数据，而其包含的方法可以访问对象的变量。

C#中的对象是类的实例化，这表示创建类的一个实例，“类的实例”和对象表示相同的含义，但“类”和“对象”是完全不同的概念。

【例 8-4】 创建一个控制台应用程序，定义一个 Student 类，声明构造函数和析构函数，输出

学生的基本信息，运行结果如图 8-3 所示。（实例位置：光盘\MR\源码\第 8 章\8-4）

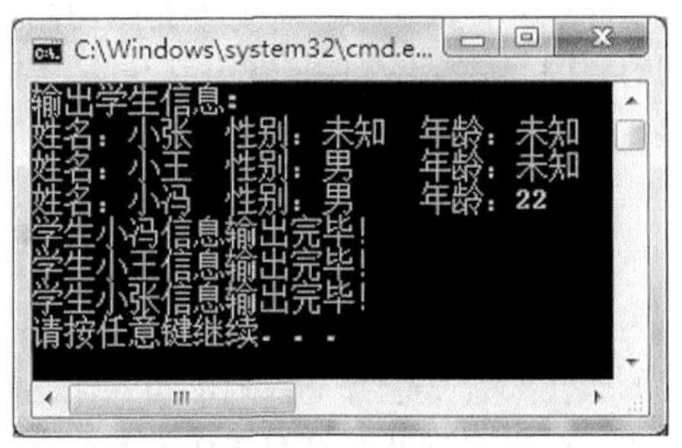

图 8-3　输出学生基本信息

代码如下：

```
class Student
{
    string strname;
    public Student(string name)                                    //一个参数的构造函数
    {
        strname = name;
        Console.WriteLine("姓名：" + name + "  性别：未知  年龄：未知");//输出学生信息
    }
    public Student(string name, string sex)                        //两个参数的构造函数
    {
        strname = name;
        //输出学生信息
        Console.WriteLine("姓名：" + name + "  性别："+sex +"    年龄：未知");
    }
    public Student(string name, string sex, int age)               //3 个参数的构造函数
    {
        strname = name;
        //输出学生信息
        Console.WriteLine("姓名：" + name + "  性别："+sex +"    年龄："+age);
    }
    ~Student()
    {
        //输出操作状态提示信息
        Console.WriteLine("学生"+strname +"信息输出完毕！");
    }
    static void Main(string[] args)
    {
        Console.WriteLine("输出学生信息:");
        Student stu1 = new Student("小张");                         //实例化类的实例
        Student stu2 = new Student("小王", "男");                   //实例化类的实例
        Student stu3=new Student ("小冯","男",22);                 //实例化类的实例
    }
}
```

8.1.6　类与对象的关系

类是一种数据类型，而对象是一个类的实例。例如，将农民设计为一个类，张三和李四就可

以各为一个对象。

类和对象是不同的概念，类定义对象的类型，但它不是对象本身。对象是类的具体实体，也称为类的实例。只有定义类的对象时，才会给对象分配相应的内存空间。

8.2 方　　法

方法是用来定义类可执行的操作，它是包含一系列语句的代码块。本质上讲，方法就是和类相关联的动作，是类的外部界面，可以通过外部界面操作类的所有字段。

8.2.1 方法的声明

方法在类或结构中声明，声明时需要指定访问级别、返回值、方法名称及方法参数，方法参数放在括号中，并用逗号隔开。括号中没有内容表示声明的方法没有参数。

声明方法的基本格式如下：

```
修饰符返回值类型方法名（参数列表）
{
//方法的具体实现;
}
```

其中，访问修饰符可以是 private、public、protected、internal 4 个中的任一个。“返回值类型”指定该方法返回数据的类型，可以是任何有效的类型，如果方法不需要返回一个值，返回值类型必须是 void。“参数列表”是用逗号分隔的类型、标识符，如果方法中没有参数，那么“参数列表”为空。

当然方法声明中，还可以包含 new、static、virtual、override、sealed、abstract、extern 等修饰符。该声明最多包含下列修饰符中的一个：static、virtual 和 override，但这些修饰符应该符合以下要求：

- ❑ 方法声明中最多包含下列修饰符中的一个：new 和 override。
- ❑ 如果该声明包含 abstract 修饰符，则该声明不包含下列任何修饰符：static、virtual、sealed 或 extern。
- ❑ 如果该声明包含 private 修饰符，则该声明不包含下列任何修饰符：virtual、override 或 abstract。
- ❑ 如果该声明包含 sealed 修饰符，则该声明还包含 override 修饰符。

一个方法的名称和形参列表定义了该方法的签名。具体地讲，一个方法的签名由它的名称以及它的形参的个数、修饰符和类型组成。返回类型不是方法签名的组成部分，形参的名称也不是方法签名的组成部分。

方法有 4 种常见的参数类型，分别介绍如下。

（1）值参数：定义值类型参数的方式很简单，只要注明参数类型和参数名即可。当该方法被调用时，便会为每个值类型参数分配一个新的存储空间，然后将对应的表达式运算的值复制到该内存空间。在方法中更改参数的值不会影响到这个方法外的变量。

（2）引用参数：与传递值类型参数不同，引用类型的参数并没有再分配内存空间，实际上传递的是指向原变量的指针，即引用参数和原变量保存在同一地址。

（3）输出参数：在传递参数前加 out 关键字即可将该传递参数当做一个输出参数。

输出参数用来返回一个结果。它和引用参数的区别是不必先初始化变量。

（4）参数数组：参数数组必须用 params 修饰词明确指定。在方法的参数列表中只允许出现一个参数数组，而且在方法同时具有固定参数和参数数组的情况下，参数数组必须放在整个参数列表的最后，并且参数数组只允许是一维数组。不允许将 params 修饰符与 ref 修饰符和 out 修饰符组合起来使用，与参数数组对应的实参可以是同一类型的数组名，也可以是任意多个与该数组的元素属于同一类型的变量，若实参是数组则按引用传递，若实参是变量或表达式则按值传递。

【例 8-5】 创建一个控制台应用程序，定义一个 Cat 类，声明两个方法分别用于输出猫的喜好和动作，运行结果如图 8-4 所示。（实例位置：光盘\MR\源码\第 8 章\8-5）

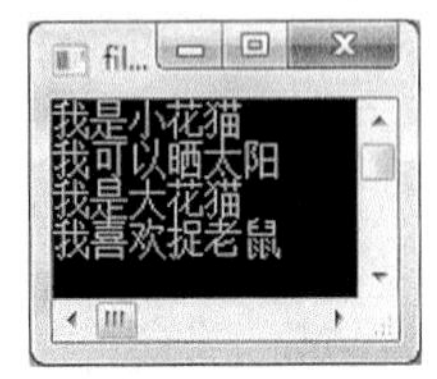

图 8-4 输出猫的喜好和本领

代码如下：

```
class Cat
{
    public Cat(string name)                        //构造函数输出猫的姓名
    {
        Console.WriteLine("我是" + name);
    }
    public void interest()                         //输出猫的喜好的方法
    {
        Console.WriteLine("我可以晒太阳");
    }
    public void action()                           //输出猫的本领
    {
        Console.WriteLine("我喜欢捉老鼠");
    }
    static void Main(string[] args)
    {
        Cat bigcat = new Cat("小花猫");            //实例化一个猫类
        bigcat.interest();                         //输出猫的喜好
        Cat smallcat = new Cat("大花猫");          //实例化一个猫类
        smallcat.action();                         //输出猫的本领
        Console.ReadLine();
    }
}
```

方法的定义必须在某个类中。定义方法时如果没有声明访问修饰符，方法的访问权限为 private。

8.2.2 方法的分类

方法分为静态方法和非静态方法。若一个方法声明中含有 static 修饰符，则称该方法为静态方法。若没有 static 修饰符，则称该方法为非静态方法。下面分别对静态方法和非静态方法进行介绍。

1. 静态方法

静态方法不对特定实例进行操作，在静态方法中引用 this 会导致编译错误。

【例 8-6】 下面创建一个控制台应用程序，定义两个静态方法分别实现两个整形数相加的效果，运行结果如图 8-5 所示。（实例位置：光盘\MR\源码\第 8 章\8-6）

图 8-5　静态方法实现整数相加

代码如下：

```
class Program
{
    public static int Add(int x, int y)        //定义一个静态方法实现整形数相加
    {
        return x + y;
    }
    static void Main(string[] args)
    {
        Console.WriteLine("{0}+{1}={2}", 23, 34, Add(23, 34));//输出两个数相加的结果
        Console.ReadLine();
    }
}
```

2. 非静态方法

非静态方法是对类的某个给定的实例进行操作，而且可以用 this 来访问该方法。

【例 8-7】 下面创建一个控制台应用程序，定义两个实例方法分别实现两个整形数相加的效果，运行结果如图 8-6 所示。（实例位置：光盘\MR\源码\第 8 章\8-7）

图 8-6　实例方法实现整数相加

代码如下：

```
class Program
{
    public int Add(int x, int y)                              //定义实例方法实现整形数相加
    {
        return x + y;
    }
    static void Main(string[] args)
    {
        Program n = new Program();                            //实例化类的对象
        Console.WriteLine("{0}+{1}={2}", 23, 34, n.Add(23, 34));//输出两个数相加的结果
        Console.ReadLine();
    }
}
```

说明

静态方法属于类，非静态方法属于对象，静态方法使用类来引用，非静态方法使用对象来引用。

8.2.3 方法的重载

方法重载是指调用同一方法名，但各方法中参数的数据类型、个数或顺序不同。只要类中有两个以上的同名方法，但是使用的参数类型、个数或顺序不同，调用时，编译器即可判断在哪种情况下调用哪种方法。

【例 8-8】 下面创建一个控制台应用程序，定义重载方法分别实现两个整形数相加和两个字符串连接的效果，运行结果如图 8-7 所示。（实例位置：光盘\MR\源码\第 8 章\8-8）

代码如下：

图 8-7　重载方法的应用

```
class Program
{
    public int Add(int x, int y)    //定义实例方法实现整形数相加
    {
        return x + y;
    }
    public string Add(string a, string b)
                                        //定义实例方法实现字符串连接
    {
        return a + b;
    }
    static void Main(string[] args)
    {
        Program n = new Program();                          //实例化类的对象
        Program str = new Program();
        //输出两个数相加的结果
        Console.WriteLine("{0}+{1}={2}", 23, 34, n.Add(23, 34));
        //输出两个字符串的连接结果
        Console.WriteLine("{0}+{1}={2}", "wel", "com", str.Add("wel", "com"));
        Console.ReadLine();
    }
}
```

8.3　字段、属性和索引器

字段、属性和索引器是类中用于存储数据的重要成员，字段是类内的成员变量，属性提供对类或对象的访问，索引器可以看做是一种特殊的“属性”（通常用来操作数组中的元素）。下面将详细介绍这 3 种类的成员。

8.3.1　字段

字段就是程序开发中常见的常量或者变量，它是类的一个构成部分，它使得类和结构可以封装数据。

【例 8-9】 下面创建一个控制台应用程序，定义一个字段，在构造函数中为其赋值并将其输出，运行结果如图 8-8 所示。（实例位置：光盘\MR\源码\第 8 章\8-9）

图 8-8　用构造函数为字段赋值并输出

代码如下：

```
class Program
{
    string sentence;                                    //定义字符按
    public Program(string strsentence)                  //定义构造函数
```

```
    {
        sentence = strsentence;                          //为变量赋初值
        Console.WriteLine(sentence);                     //输出字段
    }
    static void Main(string[] args)
    {
        //实例化类的实例
        Program english = new Program("English people speak:\"My name is U.K\"");
        Program chinese = new Program("中国人说:“我的名字叫"+"中国!” ");
    }
}
```

如果在定义字段时，在字段的类型前面使用了readonly关键字，那么该字段就被定义为只读字段。如果程序中定义了一个只读字段，那么它只能在以下两个位置被赋值或者传递到方法中被改变：

- ❑ 在定义字段时赋值；
- ❑ 在类的构造函数内被赋值或传递到方法中被改变，而且在构造函数中可以被多次赋值。

【例8-10】下面创建一个控制台应用程序，在类中定义一个只读字段，并在定义时为其赋值。代码如下：

```
class TestClass
{
    readonly string strName = "爱上C#编程";
}
```

从上面的介绍可以看到只读字段的值除了在构造函数中，在程序中的其他位置都是不可以改变的，那么它与常量有何区别呢？只读字段与常量的区别如下：

- ❑ 只读字段可以在定义或构造函数内赋值，它的值不能在编译时确定，而只能是在运行时确定；常量只能在定义时赋值，而且常量的值在编译时已经确定；
- ❑ 只读字段的类型可以是任何类型，而常量的类型只能是下列类型之一：sbyte、byte、short、ushort、int、uint、long、ulong、char、float、double、decimal、bool、string或者枚举类型。

说明

字段属于类级别的变量，未初始化时，C#将其初始化为默认值，而不会为局部变量初始化为默认值。

8.3.2 属性

属性是对现实实体特征的抽象，提供对类或对象的访问。类的属性描述的是状态信息，在类的实例中，属性的值表示对象的状态值。属性不表示具体的存储位置，属性有访问器，这些访问器指定在它们的值被读取或写入时需要执行的语句。所以属性提供了一种机制，把读取和写入对象的某些特性与一些操作关联起来，程序员可以像使用公共数据成员一样使用属性。属性的声明格式如下：

```
【修饰符】【类型】【属性名】
{
    get  {get 访问器体}
    set  {set 访问器体 }
}
```

- ❑ 【修饰符】：指定属性的访问级别。

- 【类型】：指定属性的类型，可以是任何的预定义或自定义类型。
- 【属性名】：一种标识符，命名规则与字段相同，但是，属性名的第一个字母通常都大写。
- get 访问器：相当于一个具有属性类型返回值的无参数方法，它除了作为赋值的目标外，当在表达式中引用属性时，将调用该属性的 get 访问器计算属性的值。get 访问器体必须用 return 语句来返回，并且所有的 return 语句都必须返回一个可隐式转换为属性类型的表达式。
- set 访问器：相当于一个具有单个属性类型值参数和 void 返回类型的方法。set 访问器的隐式参数始终命名为 value。当一个属性作为赋值的目标被引用时就会调用 set 访问器，所传递的参数将提供新值。不允许 set 访问体中的 return 语句指定表达式。由于 set 访问器存在隐式的参数 value，所以 set 访问器中不能自定义使用名称为 value 的局部变量或常量。

根据是否存在 get 和 set 访问器，属性可以分为以下 3 种：

- 可读可写属性：包含 get 和 set 访问器；
- 只读属性：只包含 get 访问器；
- 只写属性：只包含 set 访问器。

属性的主要用途是限制外部类对类中成员的访问权限，定义在类级别上。

【例 8-11】 下面创建一个控制台应用程序，自定义一个 Sentence 属性，要求该属性为可读可写属性，并设置其访问级别为 public。

代码如下：

```
string strsentence = "";                     //定义一个字符串变量
public string Sentence                       //定义 Sentence 属性
{
    get                                      //设置 get 访问器
    {
        return strsentence;
    }
    set                                      //设置 set 访问器
    {
        strsentence = value;
    }
}
```

由于属性的 set 访问器中可以包含大量的语句，因此可以对赋予的值进行检查，如果值不安全或者不符合要求，就可以进行提示，这样就可以避免因为给属性设置了错误的值而导致的错误。

【例 8-12】 下面创建一个控制台应用程序，自定义了一个 People 类，在该类中定义一个 Age 属性，设置访问级别为 public，因为该属性提供了 get 和 set 访问器，因此它是可读可写属性；然后在该属性的 set 访问器中对属性的值进行判断，运行结果如图 8-9 所示。（实例位置：光盘\MR\源码\第 8 章\8-12）

图 8-9　用 set 访问器对年龄进行判断

主要代码如下：

```
private int age;                             //定义字段
```

```
public int Age                                  //定义属性
{
    get                                         //设置 get 访问器
    {
        return age;
        Console.WriteLine("输入正确！\n 字段 age={0}", age);
    }
    set                                         //设置 get 访问器
    {
        if (value > 0 && value < 130)           //如果数据合理将值赋予字段
        {
            age = value;
        }
        else
        {
            Console.WriteLine("输入数据不合理！");//否则输出数据不合理
        }
    }
}
```

通过对上面两个例子的学习，这里对属性做以下说明：

- 属性不能作为 ref 参数或 out 参数传递；
- 如果要在别的类中调用自定义属性，必须将自定义属性的访问级别设置为 public；
- 如果属性为只读属性，则不能在调用时为其赋值，否则产生异常。

8.3.3 索引器

通常可以使用索引器来操作数组中的元素，C#语言支持一种名为索引器的特殊“属性”，能够实现用引用数组元素的方式来引用对象。

索引器的声明方式与属性比较相似，这二者的一个重要区别是索引器在声明时需要定义参数，而属性则不需要定义参数。索引器的声明格式如下：

```
【修饰符】【类型】 this[【参数列表】]
{
    get  {get 访问器体}
        set  {set 访问器体}
}
```

索引器与属性除了在定义参数方面不同之外，它们之间的区别主要还有以下两点：

- 索引器的名称必须是关键字 this，this 后面一定要跟一对方括号（[]），在方括号之间指定索引的参数表，其中至少必须有一个参数；
- 索引器不能被定义为静态的，而只能是非静态的。

索引器的修饰符有 new、public、protected、internal、private、virtual、sealed、override、abstract 和 extern。当索引器声明包含 extern 修饰符时，称为外部索引器。因为外部索引器声明不提供任何实际的实现，所以它的每个访问器声明都由一个分号组成。

索引器的使用方式不同于属性的使用方式，需要使用合格元素访问预算符（[]），并在其中指定参数来进行引用。

【例 8-13】 定义一个类 CollClass，在该类在中声明一个用于操作字符串数组的索引器；然后在 Main 方法中创建 CollClass 类的对象，并通过索引器为数组中的元素赋值；最后使 for 语句并通过索引器取出数组中所有元素的值。（实例位置：光盘\MR\源码\第 8 章\8-13）

```
class CollClass
{
    public const int intMaxNum = 3;                          //表示数组的长度
    private string[] arrStr;                                 //声明数组的引用
    public CollClass()                                       //构造方法
    {
        arrStr = new string[intMaxNum];                      //设置数组的长度
    }
    public string this[int index]                            //定义索引器
    {
        get
        {
            return arrStr[index];                            //通过索引器取值
        }
        set
        {
            arrStr[index] = value;                           //通过索引器赋值
        }
    }
}
class Program
{
    static void Main(string[] args)                          //入口方法
    {
        CollClass cc = new CollClass();                      //创建 CollClass 类的对象
        cc[0] = "CSharp";                                    //通过索引器给数组元素赋值
        cc[1] = "ASP.NET";                                   //通过索引器给数组元素赋值
        cc[2] = "Visual Basic";                              //通过索引器给数组元素赋值
        for (int i = 0; i < CollClass.intMaxNum; i++)        //遍历所有的元素
        {
            Console.WriteLine(cc[i]);                        //通过索引器取值
        }
        Console.Read();
    }
}
```

程序运行结果如图 8-10 所示。

```
CSharp
ASP.NET
Visual Basic
```

图 8-10　声明并使用索引器

8.4　类的面向对象特性

8.4.1　类的封装

C#中可使用类来达到数据封装的效果，这样就可以使数据与方法封装成单一元素，以便于通过方法存取数据。除此之外，还可以控制数据的存取方式。

面向对象编程中，大多数都是以类作为数据封装的基本单位。类将数据和操作数据的方法结合成一个单位。设计类时，不希望直接存取类中的数据，而是希望通过方法来存取数据，这样就可以达到封装数据的目的，方便以后的维护升级，也可以在操作数据时多一层判断。

此外，封装还可以解决数据存取的权限问题，可以使用封装将数据隐藏起来，形成一个封闭的空间，然后可以设置哪些数据只能在这个空间中使用，哪些数据可以在空间外部使用。如果一个类中包含敏感数据，有些人可以访问，有些人不能访问，如果不对这些数据的访问加以限制，后果将会非常严重。所以在编写程序时，要对类的成员使用不同的访问修饰符，从而定义它们的访问级别。

【例 8-14】下面创建一个控制台应用程序，自定义了一个 Computer 类，在该类中定义一个 Open 方法用于控制电脑的启动，在 Program 主程序类中实例化该类的实例；然后调用 Open 方法控制电脑的启动，运行结果如图 8-11 所示。（实例位置：光盘\MR\源码\第 8 章\8-14）

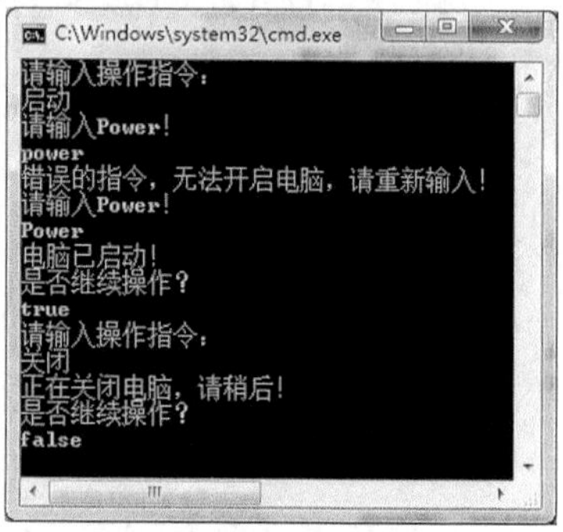

图 8-11 控制电脑的启动

代码如下：

```
class Computer
{
    public void Open(string str)
    {
        if (str == "启动")                 //判断输入指令
        {
            string p;
            while(true)
            {
                Console.WriteLine("请输入 Power! ");
                p = Console.ReadLine();                    //输入指令
                if (p == "Power")                          //如果指令正确启动电脑
                {
                    Console.WriteLine("电脑已启动! ");
                    break;
                }
                else
                {
                    //重新输入指令
                    Console.WriteLine("错误的指令，无法开启电脑，请重新输入! ");
                }
            }
        }
        else
        {
            Console.WriteLine("正在关闭电脑，请稍后! ");  //如果指令为关闭则关闭电脑
        }
    }
}
class Program
{
    static void Main(string[] args)
    {
        Computer mingri = new Computer();                  //实例化类 Computer 的实例
        again:
        Console.WriteLine("请输入操作指令: ");
        string str = Console.ReadLine();                   //输入操作指令
        mingri.Open(str);                                  //对电脑的启动进行控制
```

```
            Console.WriteLine("是否继续操作? ");
            string isoperate = Console.ReadLine();              //判断是否对电脑进行继续操作
            if (isoperate=="true" )                             //如果是继续操作
                goto again;
            Console.ReadLine();
        }
    }
```

8.4.2 类的继承

继承是面向对象编程最重要的特性之一。任何类都可以从另外一个类继承，这就是说，这个类拥有它继承的类的所有成员。在面向对象编程中，被继承的类称为父类或基类。C#中提供了类的继承机制，但只支持单继承，而不支持多重继承，即在 C#中一次只允许继承一个类，不能同时继承多个类。

利用类的继承机制，用户可以通过增加、修改或替换类中的方法对这个类进行扩充，以适应不同的应用要求。利用继承，程序开发人员可以在已有类的基础上构造新类，这一性质使得类支持分类的概念。在日常生活中很多东西都很有条理，那是因为它们有着很好的层次分类，如果不用层次分类，则需要对每个对象都定义其所有的性质。使用继承后，每个对象就可以只定义自己的特殊性质，每一层的对象只需定义本身的性质，其他性质可以从上一层继承下来。

继承一个类时，类成员的可访问性是一个重要的问题。子类（派生类）不能访问基类的私有成员，但是可以访问其公共成员。这就是说，只要使用 public 声明类成员，就可以让一个类成员被基类和子类（派生类）同时访问，同时也可以被外部的代码访问。

为了解决基类成员访问问题，C#还提供了另外一种可访问性：protected，只有子类（派生类）才能访问 protected 成员，外部代码不能访问 protected 成员。

除了成员的保护级别外，还可以为成员定义其继承行为。基类的成员可以是虚拟的，成员可以由继承它的类重写。子类（派生类）可以提供成员的其他执行代码，这种执行代码不会删除原来的代码，仍可以在类中访问原来的代码，但外部代码不能访问它们。如果没有提供其他执行方式，外部代码就直接访问基类中成员的执行代码。

扩子类（派生类）不能继承基类中所定义的 private 成员，只能继承基类的 public 成员和 protected 成员。

【例 8-15】 下面创建一个控制台应用程序，其中自定义了一个 Fruit 类；然后自定义 Apple 类、Grape 类、Strawberry 类和 Pear 类。这些类都继承自 Fruit 类，分别在这些类中定义属性和方法，用于输出水果的信息，运行结果如图 8-12 所示。（实例位置：光盘\MR\源码\第 8 章\8-15）

图 8-12　输出水果的信息

主要代码如下：

```
class Fruit
{
    string name;                                  //定义字段
    string color;                                 //定义字段
    public Fruit(string str)                      //定义构造函数为 name 字段赋值
    {
        name = str;
    }
    public string Color                           //定义属性为 color 字段赋值
```

```
    {
        set { color = value; }
    }
    public void Information()                    //输出水果信息
    {
        Console.WriteLine("{0}  颜色: {1}",name, color);
    }
}
class Apple : Fruit
{
    string name;                                 //定义字段
    string color;                                //定义字段
    public Apple(string str):base(str)           //定义构造函数为 name 字段赋值
    {
        name = str;
    }
}
class Program
{
    static void Main(string[] args)
    {
        Fruit fruit = new Fruit("水果");          //实例化 Fruit 类的实例
        Apple apple = new Apple("苹果");          //实例化 Apple 类的实例
        fruit.Color = "无";                       //设置水果的颜色值
        apple.Color = "绿色";                     //设置苹果的颜色值
        fruit.Information();                     //输出水果的信息
        apple.Information();                     //输出苹果的信息
    }
}
```

8.4.3 类的多态

多态使得子类（派生类）的实例可以直接赋予基类的对象（这里不需要进行强制类型转换），然后直接就可以通过这个对象调用子类（派生类）的方法。

在派生于同一个类的不同对象上执行任务时，多态是一种极为有效的技巧，使用的代码最少。可以把一组对象放到一个数组中然后调用它们的方法，在这种情况下多态的作用就体现出来了，这些对象不必是相同类型的对象。当然，如果它们都继承自某个类，可以把这些子类（派生类）都放到一个数组中。如果这些对象都有同名方法，就可以调用每个对象的同名方法。

C#中，类的多态性是通过在子类（派生类）中重载基类的虚方法或函数成员来实现的。

说明

多态的实现方式有多种，可以通过继承实现多态，通过抽象类实现多态和通过接口实现多态。

【例 8-16】 下面创建一个控制台应用程序，其中自定义了一个 Vehicle 类；然后自定义 Train 类和 Car 类，这些类都继承自 Vehicle 类。在 Vehicle 类中定义虚拟方法，在其子类中重写该方法，输出个交通工具的形态，运行结果如图 8-13 所示。（实例位置：光盘\MR\源码\第 8 章\8-16）

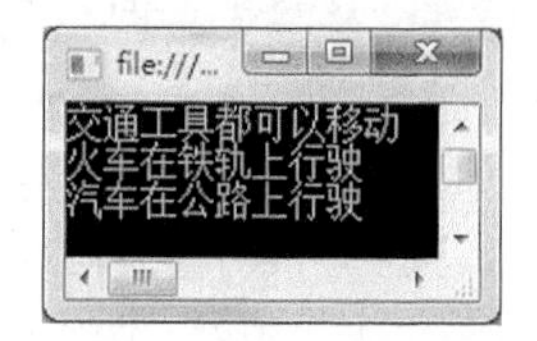

图 8-13 交通工具的形态

代码如下：

```
class Vehicle
{
```

```
        string name;                                  //定义字段
        public string Name                            //定义属性为字段赋值
        {
            set { name = value; }
        }
        public virtual void Move()                    //定义方法输出交通工具的形态
        {
            Console.WriteLine("{0}都可以移动", this.Name);
        }
    }
    class Train : Vehicle
    {
        string name;                                  //定义字段
        public override void Move()                   //重写方法输出交通工具形态
    {
        Console.WriteLine("{0}在铁轨上行驶",,this .Name);
    }
    }
    class Car : Vehicle
    {
        string name;                                  //定义字段
        public override void Move()                   //重写方法输出交通工具形态
    {
        Console.WriteLine("{0}在公路上行驶",,this .Name);
    }
    }
    class Program
    {
        static void Main(string[] args)
        {
            Vehicle vehicle = new Vehicle();          //实例化 Vehicle 类的实例
            Train train = new Train();                //实例化 Train 类的实例
            Car car = new Car();                      //实例化 Car 类的实例
            vehicle.Name = "交通工具";                //设置交通工具的名字
            train.Name = "火车";                      //设置交通工具的名字
            car.Name = "汽车";                        //设置交通工具的名字
            vehicle.Move();                           //输出交通工具的形态
            train.Move();                             //输出交通工具的形态
            car.Move();                               //输出交通工具的形态
            Console.ReadLine();
        }
    }
```

8.5　结　　构

结构就是几个数据组成的数据结构，它与类共享几乎所有相同的语法，但结构比类受到的限制更多。本节将对结构进行详细讲解。

8.5.1　结构概述

结构是一种值类型，通常用来封装一组相关的变量，结构中可以包括构造函数、常量、字段、方法、属性、运算符、事件、嵌套类型等，但如果要同时包括上述几种成员，则应该考虑使用类。

结构实际是将多个相关的变量包装成为一个整体使用。在结构体中的变量，可以是相同、部分相同或完全不同的数据类型。结构具有以下特点。

- 结构是值类型。
- 向方法传递结构时，结构是通过传值方式传递的，而不是作为引用传递的。
- 结构的实例化可以不使用 new 运算符。
- 结构可以声明构造函数，但它们必须带参数。
- 一个结构不能从另一个结构或类继承。所有结构都直接继承自 System.ValueType，后者继承自 System.Object。
- 结构可以实现接口。
- 在结构中初始化实例字段是错误的。

C#中使用 struct 关键字来声明结构，语法格式如下：

```
结构修饰符 struct 结构名
{
}
```

8.5.2 结构的使用

结构通常用于较小的数据类型，下面通过一个实例说明如何在程序中使用结构。

【例 8-17】该结构中定义了职工的信息，并自定义了一个 Employee 方法，用来输出职工的信息，声明两个结构类型的变量输出职工的信息，如图 8-14 所示。（实例位置：光盘\MR\源码\第 8 章\8-17）

图 8-14 输出职工信息

代码如下：

```
public struct Employee               //定义一个职工结构
{
    public string name;              //职工的姓名
    public string sex;               //职工的性别
    public int age;                  //职工的年龄
    public string duty;              //职工的职务
    public Employee(string n, string s, string a, string d)//职工信息
    {
        name = n;                    //设置职工的姓名
        sex = s;                     //设置职工的性别
        age =Convert .ToInt16 ( a); //设置职工的年龄
        duty = d;                    //设置职工的职务
    }
    public void Information()        //输出职工的信息
    {
        Console.WriteLine("{0}  {1}  {2}  {3}", name, sex, age, duty);
    }
}
static void Main(string[] args)
{
    //使用构造函数实例化职工结构
    Employee employee1 = new Employee("小张", "女", "25", "测试员");
    employee1.Information();         //输出职工信息
    Employee employee2 ;             //实例化职工结构
```

```
    employee2.name = "小叶";          //职工的姓名
    employee2.sex = "男";             //职工的性别
    employee2.age = 26;               //职工的年龄
    employee2.duty = "程序员";        //职工的职务
    employee2.Information();          //职工的信息
    Console.ReadLine();
}
```

8.6　综合实例——定义商品库存结构

商品的库存信息有很多种类，如商品型号、商品名称、商品库存量等。在面向对象的编程中，这些商品的信息可以存储到属性中，然后当需要使用这些信息时，再从对应的属性中读取出来。本实例中输出了商品的型号、名称和库存数量，运行效果如图 8-15 所示。

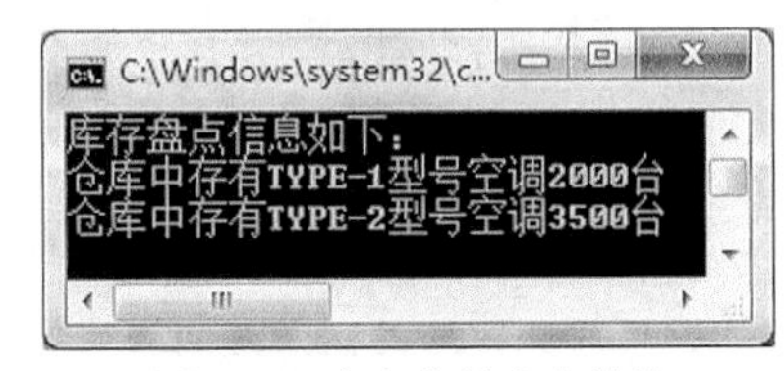

图 8-15　定义商品库存结构

程序开发步骤如下。

（1）创建一个控制台应用程序，命名为定义 GoodsStruct，然后单击“确定”按钮，从而创建一个控制台应用程序。

（2）打开 Program.cs 文件，在其中编写 cStockInfo 类，用来作为商品的库存信息结构，具体代码如下：

```
public class cStockInfo
{
    private string tradecode = "";
    private string fullname = "";
    private string tradetpye = "";
    private string standard = "";
    private string tradeunit = "";
    private string produce = "";
    private float qty = 0;
    private float price = 0;
    private float averageprice = 0;
    private float saleprice = 0;
    private float check = 0;
    private float upperlimit = 0;
    private float lowerlimit = 0;
    public string TradeCode                 // 商品编号
    {
        get { return tradecode; }
        set { tradecode = value; }
    }
    public string FullName                  //单位全称
    {
        get { return fullname; }
        set { fullname = value; }
    }
    public string TradeType                 //商品型号
    {
        get { return tradetpye; }
        set { tradetpye = value; }
    }
    public string Standard                  //商品规格
```

```
    {
        get { return standard; }
        set { standard = value; }
    }
    public string Unit                          //商品单位
    {
        get { return tradeunit; }
        set { tradeunit = value; }
    }
    public string Produce                       //商品产地
    {
        get { return produce; }
        set { produce = value; }
    }
    public float Qty                            //库存数量
    {
        get { return qty; }
        set { qty = value; }
    }
    public float Price                          //进货时最后一次价格
    {
        get { return price; }
        set { price = value; }
    }
    public float AveragePrice                   //加权平均价格
    {
        get { return averageprice; }
        set { averageprice = value; }
    }
    public float SalePrice                      //销售时的最后一次销价

    {
        get { return saleprice; }
        set { saleprice = value; }
    }
    public float Check                          //盘点数量

    {
        get { return check; }
        set { check = value; }
    }
    public float UpperLimit                     //库存报警上限
    {
        get { return upperlimit; }
        set { upperlimit = value; }
    }
    public float LowerLimit                     //库存报警下限
    {
        get { return lowerlimit; }
        set { lowerlimit = value; }
    }
}
```

（3）在 Main 方法中，创建 cStockInfo 类的两个实例，并对其中的部分属性赋值，然后在控制台中再输出这些属性值（即商品信息），具体代码如下：

```
static void Main(string[] args)
{
    Console.WriteLine("库存盘点信息如下：");
    cStockInfo csi1 = new cStockInfo();       //实例化 cStockInfo 类
```

```
        csi1.FullName = "空调";                      //设置商品名称
        csi1.TradeType = "TYPE-1";                   //设置商品型号
        csi1.Qty = 2000;                             //设置库存数量
        Console.WriteLine("仓库中存有{0}型号{1}{2}台", csi1.TradeType, csi1.FullName,
csi1.Qty);                                           //输出商品信息
        cStockInfo csi2 = new cStockInfo();          //实例化cStockInfo类
        csi2.FullName = "空调";                      //设置商品名称
        csi2.TradeType = "TYPE-2";                   //设置商品型号
        csi2.Qty = 3500;                             //设置库存数量
        Console.WriteLine("仓库中存有{0}型号{1}{2}台", csi2.TradeType, csi2.FullName,
csi2.Qty);                                           //输出商品信息
        Console.ReadLine();
    }
```

知识点提炼

（1）类是一种数据结构，它可以包含数据成员（常量和域）、函数成员（方法、属性、事件、索引器、运算符、构造函数和析构函数）和嵌套类型。

（2）面向对象编程（Object-Oriented Programming）简称 OOP 技术，是开发应用程序的一种新方法、新思想。

（3）类是对象概念在面向对象编程语言中的反映，是相同对象的集合。类描述了一系列在概念上有相同含义的对象，并为这些对象统一定义了编程语言上的属性和方法。

（4）对象是具有数据、行为和标识的编程结构，它是面向对象应用程序的一个组成部分，这个组成部分封装了部分应用程序，这部分程序可以是一个过程、一些数据或一些更抽象的实体。

（5）字段、属性和索引器是类中用于存储数据的重要成员，字段是类内的成员变量、属性提供对类或对象性质的访问、索引器可以看做是一种特殊的“属性”（通常用来操作数组中的元素）。

习　　题

8-1　面向对象的 3 大特性是什么？

8-2　简述构造函数和析构函数的功能。

8-3　通常方法分为哪两种类型？分别简述其特点。

8-4　普通属性与索引器的区别是什么？

8-5　怎样理解面向对象的多态性？

8-6　结构有哪些特点？

实验：通过重载方法计算图形周长

实验目的

（1）实例化一个类。

（2）声明并使用重载方法。

（3）通过指定字符分隔字符串。

（4）把字符或字符串转换为数值型。

实验内容

定义两个重载方法，其中一个方法只有一个参数，作为计算圆形周长的半径；另外一个方法有两个参数，分别作为矩形的长和宽，然后从控制台中读取矩形的长、宽和圆形的半径，最后编译器根据传入参数个数的不同，来识别并调用这两个重载方法，本例运行效果如图 8-16 所示。

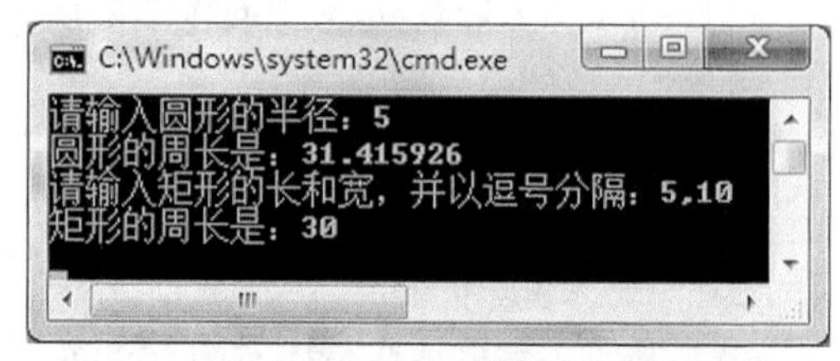

图 8-16　通过重载方法计算圆形或矩形的周长

实验步骤

（1）创建一个控制台应用程序，命名为 GetGirth，并保存到磁盘的指定位置。

（2）打开 Program.cs 文件，在 Program 类中定义两个重载方法 GetGirth。具体代码如下：

```
const double PI = 3.1415926;                              //声明常量
double GetGirth(double r)                                 //定义方法，计算圆形周长
{
    return 2 * PI * r;
}
double GetGirth(double width, double height)              //定义方法计算矩形周长
{
    return 2 * (width + height);
}
```

（3）在 Main 方法中，从控制台中读取矩形的长、宽和圆形的半径，然后分别调用对应的 GetGirth 方法，并输出矩形和圆形的周长。具体代码如下：

```
static void Main(string[] args)
{
    //创建 Program 类的实例
    Program pro = new Program();
    Console.Write("请输入圆形的半径：");
    try
    {
        //读取圆形的半径
        double dec_r = Convert.ToDouble(Console.ReadLine());
        //计算圆形的周长
        Console.WriteLine("圆形的周长是：" + pro.GetGirth(dec_r));
        Console.Write("请输入矩形的长和宽，并以逗号分隔：");
        String strRecValue = Console.ReadLine(); //读取矩形的长和宽
        //分隔长和宽的数字
        string[] strValues = strRecValue.Split(new char[] { ',' });
        //得到长度值
        double decLength = Convert.ToDouble(strValues[0]);
        //得到宽度值
        double decWidth = Convert.ToDouble(strValues[1]);
        //计算矩形周长
        Console.WriteLine("矩形的周长是：" + pro.GetGirth(decWidth, decLength));
    }
    catch (Exception ex)
    {
        Console.WriteLine(ex.Message);
    }
    Console.ReadLine();
}
```

第 9 章 异常处理与调试

本章要点：

- 常用的公共异常类
- T…catch 语句的功能及用法
- throw 语句的功能及用法
- try…atch…finally 语句的功能及用法
- 如何开始、中断和停止调试
- 如何在代码中插入断点

开发应用程序的代码必须安全、准确。但是在编写的过程中，不可避免地会出现错误，而有的错误不容易被发觉，从而导致程序运行错误。为了排除这些非常隐蔽的错误，对编写好的代码要进行程序调试，这样才能确保应用程序能够成功运行。

9.1 异常处理概述

在编写程序时，不仅要关心程序的正常操作，还应该检查代码错误及可能发生的各类不可预期的事件。在现代编程语言中，异常处理是解决这些问题的主要方法。异常处理是一种功能强大的机制，用于处理应用程序可能产生的错误或是其他可以中断程序执行的异常情况。异常处理可以捕捉程序执行所发生的错误，通过异常处理可以有效、快速地构建各种用来处理程序异常情况的程序代码。

在.NET 类库中，提供了针对各种异常情形所设计的异常类，这些类包含了异常的相关信息。配合异常处理语句，应用程序能够轻易地避免程序执行时可能中断应用程序的各种错误。.NET 框架中公共异常类如表 9-1 所示，这些异常类都是 System.Exception 的直接或间接子类。

表 9-1 公共异常类及说明

异 常 类	说 明
System.ArithmeticException	在算术运算期间发生的异常
System.ArrayTypeMismatchException	当存储一个数组时，如果由于被存储的元素的实际类型与数组的实际类型不兼容而导致存储失败，就会引发此异常
System.DivideByZeroException	在试图用零除整数值时引发
System.IndexOutOfRangeException	在试图使用小于零或超出数组界限的下标索引数组时引发
System.InvalidCastException	当从基类型或接口到派生类型的显示转换在运行时失败，就会引发此异常

续表

异 常 类	说 明
System.NullReferenceException	在需要使用引用对象的场合，如果使用 null 引用，就会引发此异常
System.OutOfMemoryException	在分配内存的尝试失败时引发
System.OverflowException	在选中的上下文中所进行的算术运算、类型转换或转换操作导致溢出时引发的异常
System.StackOverflowException	挂起的方法调用过多而导致执行堆栈溢出时引发的异常
System.TypeInitializationException	在静态构造函数引发异常并且没有可以捕捉到它的 catch 子句时引发

9.2 异常处理语句

C#程序中，可以使用异常处理语句处理异常，主要的异常处理语句有 throw 语句、try…catch 语句和 try…catch…finally 语句，通过这 3 个异常处理语句，可以对可能产生异常的程序代码进行监控。下面将对这 3 个异常处理语句进行详细讲解。

9.2.1 try…catch 语句

try…catch 语句允许在 try 后面的大括号{}中放置可能发生异常情况的程序代码，对这些程序代码进行监控。在 catch 后面的大括号{}中则放置处理错误的程序代码，以处理程序发生的异常。try…catch 语句的基本格式如下：

```
try
{
    被监控的代码
}
catch(异常类名  异常变量名)
{
    异常处理
}
```

在 catch 子句中，异常类名必须为 System.Exception 或从 System.Exception 派生的类型。当 catch 子句指定了异常类名和异常变量名后，就相当于声明了一个具有给定名称和类型的异常变量，此异常变量表示当前正在处理的异常。

说明

只捕捉能够合法处理的异常，而不要在 catch 子句中创建特殊异常的列表。

【例 9-1】 创建一个控制台应用程序，声明一个 object 类型的变量 obj，其初始值为 null；然后将 obj 强制转换成 int 类型赋给 int 类型变量 N，使用 try…catch 语句捕获异常。代码如下：（实例位置：光盘\MR\源码\第 9 章\9-1）

```
static void Main(string[] args)
{
    try                                         //使用 try…catch 语句
    {
        object obj = null;                      //声明一个 object 变量，初始值为 null
        int N = (int)obj;                       //将 object 类型强制转换成 int 类型
```

```
    }
    catch (Exception ex)                        //捕获异常
    {
        Console.WriteLine("捕获异常: "+ex);      //输出异常
    }
    Console.ReadLine();
}
```

程序运行结果如图 9-1 所示。

```
C:\Windows\system32\cmd.exe
捕获异常: System.NullReferenceException: 未将对象引用设置到对象的实例。
   在 Test01.Program.Main(String[] args) 位置 F:\图书文档\C#程序设计教材\源码\第
9章\9-1\Test01\Test01\Program.cs:行号 15
```

图 9-1　捕获异常

查看运行结果，抛出了异常。因为声明的 object 变量 obj 被初始化为 null，然后又将 obj 强制转换成 int 类型，这样就产生了异常。由于使用了 try…catch 语句，所以将这个异常捕获，并将异常输出。

上述实例是直接使用 System.Exception 类捕获异常，下面以 System.OverflowException 类为例介绍如何使用其他异常类捕获异常。

【例 9-2】 创建一个控制台应用程序，声明 3 个 int 类型的变量 Inum1、Inum2 和 Num，并将变量 Inum1 和 Inum2 分别初始化为 6000000；然后使 Num 等于 Inum1 和 Inum2 的乘积，最后引发 System.OverflowException 类异常。代码如下。（实例位置：光盘\MR\源码\第 9 章\9-2）

```
static void Main(string[] args)
{
    try                                         //使用 try...catch 语句
    {
        checked                                 //使用 checked 关键字
        {
            int Inum1;                          //声明一个 int 类型变量 Inum1
            int Inum2;                          //声明一个 int 类型变量 Inum2
            int Num;                            //声明一个 int 类型变量 Num
            Inum1 = 6000000;                    //将 Inum1 赋值为 6000000
            Inum2 = 6000000;                    //将 Inum2 赋值为 6000000
            Num = Inum1 * Inum2;                //使 Num 的值等于 Inum1 与 Inum2 的乘积
        }
    }
    catch (OverflowException)                       //捕获异常
    {
        Console.WriteLine("引发 OverflowException 异常");
    }
    Console.ReadLine();
}
```

程序运行结果为：引发 OverflowException 异常

9.2.2　throw 语句

throw 语句用于主动引发一个异常，使用 throw 语句可以在特定的情形下，自行抛出异常。throw

语句的基本格式如下：

```
throw  ExObject
```

参数 ExObject 表示所要抛出的异常对象，这个异常对象是派生自 System.Exception 类的类对象。

通常 throw 语句与 try-catch 或 try-finally 语句一起使用。当引发异常时，程序查找处理此异常的 catch 语句。也可以用 throw 语句重新引发已捕获的异常。

【例 9-3】创建一个控制台应用程序，创建一个 int 类型的方法 MyInt，此方法有两个 string 类型的参数 a 和 b。在这个方法中，使 a 做分子、b 做分母，如果分母的值是 0，则通过 throw 语句抛出 DivideByZeroException 异常，这个异常被此方法中的 catch 子句捕获并输出。代码如下：（实例位置：光盘\MR\源码\第 9 章\9-3）

```
class Program
{
    class test                                          //创建一个类
    {
        public int MyInt(string a, string b)            //创建一个 int 类型的方法,参数分别是 a 和 b
        {
            int int1;                                   //声明一个 int 类型的变量 int1
            int int2;                                   //声明一个 int 类型的变量 int2
            int num;                                    //声明一个 int 类型的变量 num
            try                                         //使用 try…catch 语句
            {
                int1 = int.Parse(a);                    //将参数 a 强制转换成 int 类型后赋给 int1
                int2 = int.Parse(b);                    //将参数 b 强制转换成 int 类型后赋给 int2
                if (int2 == 0)                          //判断 int2 是否等于 0，若等于 0，抛出异常
                {
                    throw new DivideByZeroException();//抛出 DivideByZeroException 异常
                }
                num = int1 / int2;                      //计算 int1 除以 int2 的值
                return num;                             //返回计算结果
            }
            catch (DivideByZeroException de)            //捕获异常
            {
                Console.WriteLine("用零除整数引发异常！");
                Console.WriteLine(de.Message);
                return 0;
            }
        }
    }
    static void Main(string[] args)
    {
        try                                             //使用 try...catch 语句
        {
            Console.WriteLine("请输入分子：");           //提示输入分子
            string str1 = Console.ReadLine();           //获取键盘输入的值
            Console.WriteLine("请输入分母：");           //提示输入分母
            string str2 = Console.ReadLine();           //获取键盘输入的值
```

```
        test tt = new test();                    //创建 test 对象
        //调用 test 类中的 MyInt 方法，获取键盘输入的分子与分母相除得到的值
        Console.WriteLine("分子除以分母的值："+tt.MyInt(str1,str2));
    }
    catch(FormatException)                      //捕获异常
    {
        Console.WriteLine("请输入数值格式数据");  //输出提示
    }
    Console.ReadLine();
  }
}
```

程序运行结果如图 9-2 所示。

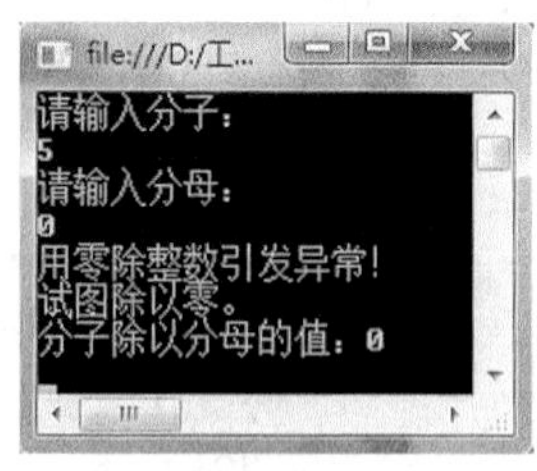

图 9-2　分母为 0 抛出异常

9.2.3　try…catch…finally 语句

将 finally 语句与 try…catch 语句结合，形成 try…catch…finally 语句。finally 语句同样以区块的方式存在，它被放在所有 try…catch 语句的最后面，程序执行完毕，最后都会跳到 finally 语句区块，执行其中的代码。无论程序是否产生异常，最后都会执行 finally 语句区块中的程序代码，其基本格式如下：

```
try
{
    被监控的代码
}
catch(异常类名　异常变量名)
{
    异常处理
}
…
finally
{
    程序代码
}
```

对于 try…catch…finally 语句的理解并不复杂，它只是比 try…catch 语句多了一个 finally 语句，如果程序中有一些在任何情形中都必须执行的代码，那么就可以将它们放在 finally 语句的区块中。

说明

使用 catch 子句是为了允许处理异常。无论是否引发了异常，使用 finally 子句即可执行清理代码。如果分配了昂贵或有限的资源（如数据库连接或流），则应将释放这些资源的代码放置在 finally 块中。

【例 9-4】 创建一个控制台应用程序，声明一个 string 类型变量 str，并初始化为“用一生下载你”；然后声明一个 object 变量 obj，将 str 赋给 obj；最后声明一个 int 类型的变量 i，将 obj 强制转换成 int 类型后赋给变量 i，这样必然会导致转换错误，抛出异常。然后在 finally 语句中输出“程序执行完毕…”，这样，无论程序是否抛出异常，都会执行 finally 语句中的代码。代码如下。（实例位置：光盘\MR\源码\第 9 章\9-4）

```
static void Main(string[] args)
{
    string str = "用一生下载你";                //声明一个 string 类型的变量 str
    object obj = str;                           //声明一个 object 类型的变量 obj
    try                                         //使用 try…catch 语句
```

```
    {
        int i = (int)obj;                         //将 obj 强制转换成 int 类型
    }
    catch(Exception ex)                           //获取异常
    {
        Console.WriteLine(ex.Message);            //输出异常信息
    }
    finally                                       //finally 语句
    {
        Console.WriteLine("程序执行完毕...");      //输出“程序执行完毕…”
    }
    Console.ReadLine();
}
```

程序的运行结果为：

```
指定的转换无效。
程序执行完毕...
```

9.3 程序调试概述

程序调试是在程序中查找错误的过程，在开发过程中，程序调试是检查代码并验证它能够正常运行的有效方法。另外，在开发时，如果发现程序不能正常工作，就必须找出并解决有关问题。

在测试期间进行程序调试是很有用的，因为它对希望产生的代码结果提供了另外一级的验证。发布程序之后，程序调试提供了重新创建和检测程序错误的方法，程序调试可以帮助查找代码中的错误。

程序调试就相当于组装完一辆汽车后对其进行测式，监测一下油门、制动、离合器、转向盘是否工作正常，如果发生异常，则对其进行修改。

9.4 常用的程序调试操作

为了保证代码能够正常运行，要对代码进行程序调试。常用的程序调试包括断点操作、开始、中断和停止程序的执行、单步执行程序以及使程序运行到指定的位置。下面将对这几种常用的程序调试操作进行详细介绍。

9.4.1 断点操作

断点是一个信号，它通知调试器在某个特定点上暂时将程序执行挂起。当执行在某个断点处挂起时，称程序处于中断模式。进入中断模式并不会终止或结束程序的执行。执行可以在任何时候继续。断点提供了一种强大的工具，能够在需要的时间和位置挂起执行。与逐句或逐条指令地检查代码不同的是，可以让程序一直执行，直到遇到断点，然后开始调试。这大大地加快了调试过程。没有这个功能，调试大的程序几乎是不可能的。

（1）插入断点的方法大体上可以分为 3 种，分别介绍如下。

- 在要设置断点的行旁边的灰色空白处单击，如图 9-3 所示。

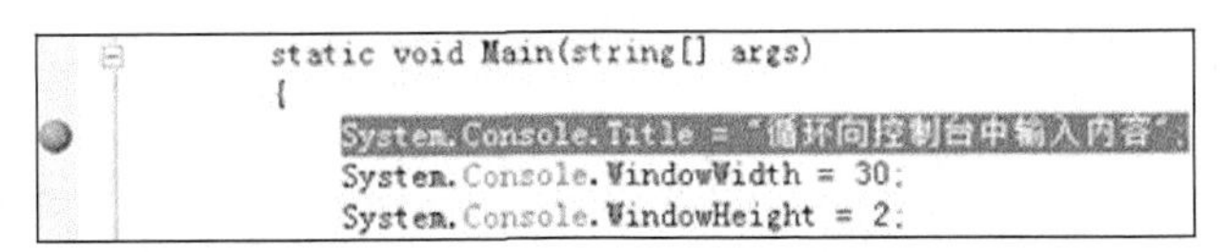

图 9-3　在代码行旁边的灰色空白处单击

- ❑ 选择某行代码，单击鼠标右键，在弹出的快捷菜单中选择“断点”/“插入断点”命令，如图 9-4 示。
- ❑ 选中要设置断点的代码行，选择菜单中的“调试”/“切换断点”命令，如图 9-5 所示。

（2）删除断点的方法大体可以分为 3 种，分别介绍如下。

- ❑ 可以单击设置了断点的代码行左侧的红色圆点。
- ❑ 在设置了断点的代码行左侧的红色圆点上单击鼠标右键，在弹出的快捷菜单中选择“删除断点”命令。
- ❑ 在设置了断点的代码行上单击鼠标右键，在弹出的快捷菜单中选择“断点”/“删除断点”命令，如图 9-6 所示。

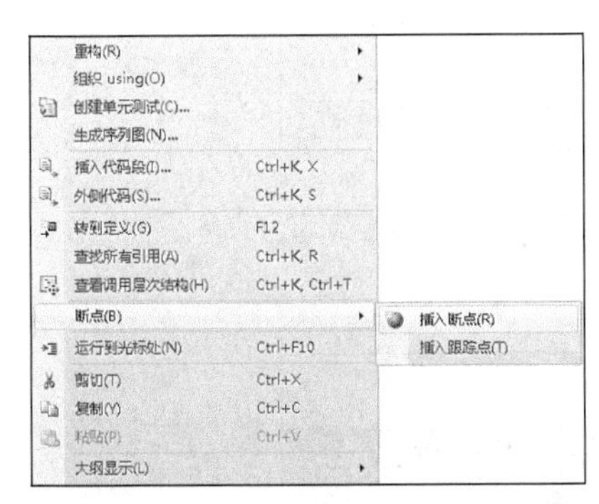

图 9-4　右键插入断点

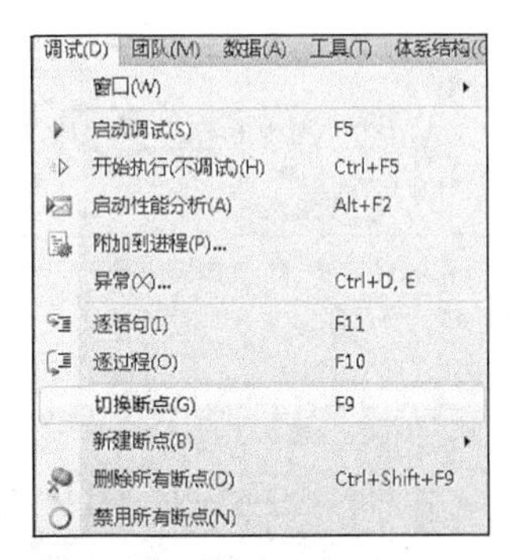

图 9-5　菜单栏插入断点

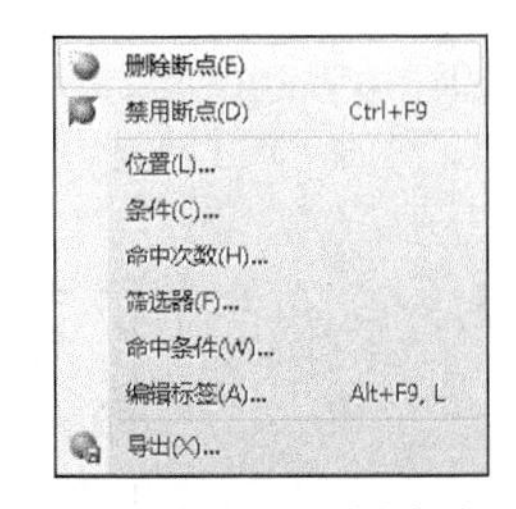

图 9-6　右键删除断点

如果在程序中可能有两处隐藏的错误，并且这两处错误执行的相隔距离过长，可以设置两个断点，当运行程序后，将会执行第一个断点，如果没错误，可以单击“启动调试”项，这时将会直接切换到第二个断点处。

9.4.2　开始、中断和停止程序的执行

当程序编写完毕，需要对程序代码进行调试。可以使用开始、中断和停止操作控制代码运行的状态，下面对 3 种操作进行详细介绍。

1．开始执行

开始执行是最基本的调试功能之一，从“调试”菜单（见图 9-7）中选择“启动调试”命令或在源窗口中右击，可执行代码中的某行，然后从弹出的快捷菜单中选择“运行到光标处”命令，如图 9-8 所示。

除了使用上述的方法开始执行外，还可以直接单击工具栏中的▶按钮启动调试，如图 9-9 所示。

如果选择“启动调试”命令，则应用程序启动并一直运行到断点。可以在任何时刻中断执行，以检查值、修改变量或检查程序状态，如图 9-10 所示。

如果选择“运行到光标处”命令，则应用程序启动并一直运行到断点或光标位置，具体要看是断点在前还是光标在前，可以在源窗口中设置光标位置。如果光标在断点的前面，则代码首先运行到光标处，如图 9-11 所示。

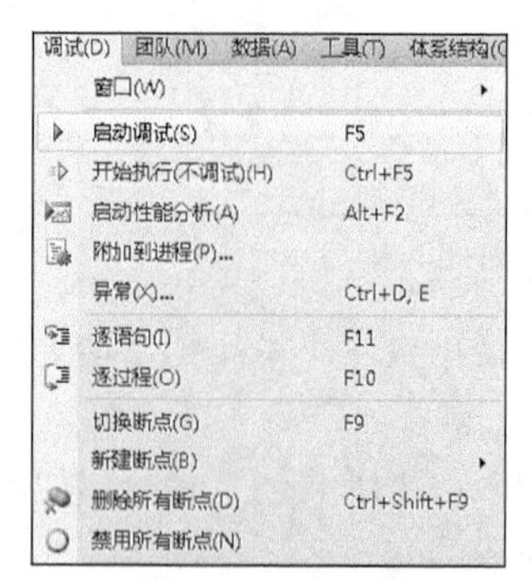

图 9-7 “调试”菜单

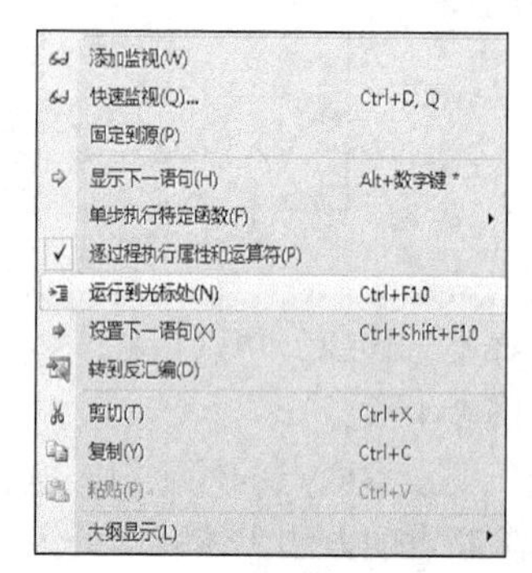

图 9-8 某行代码的右键菜单

图 9-9 工具栏中的启动调试按钮

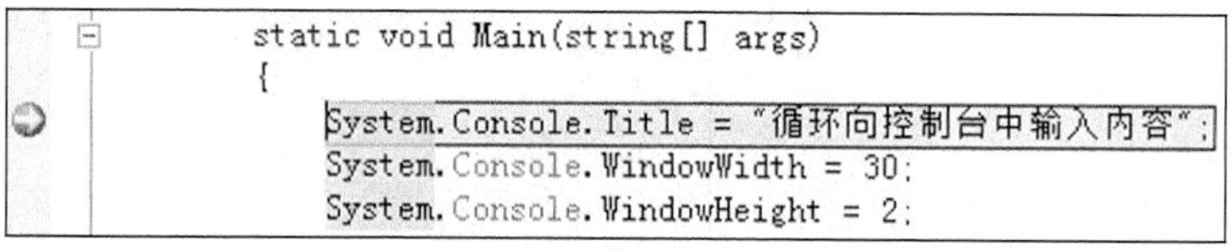

```
static void Main(string[] args)
{
    System.Console.Title = "循环向控制台中输入内容";
    System.Console.WindowWidth = 30;
    System.Console.WindowHeight = 2;
```

图 9-10 选择“启动调试”命令后的运行结果

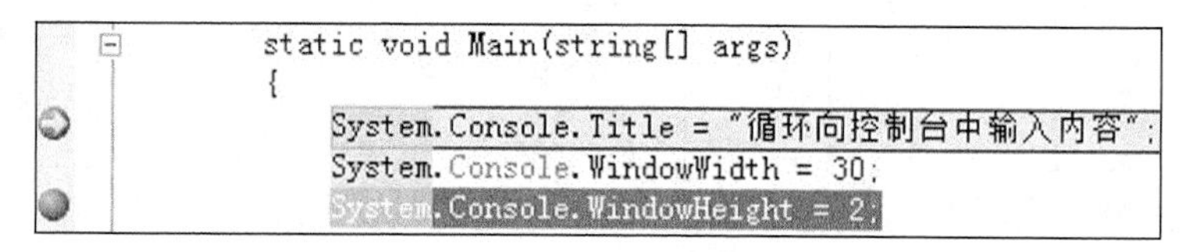

图 9-11 如果光标在断点前，则只运行到光标处

2. 中断执行

当执行到达一个断点或发生异常，调试器将中断程序的执行。选择“调试”/“全部中断”命令后，调试器将停止所有在调试器下运行的程序的执行。程序并不退出，可以随时恢复执行。调试器和应用程序现在处于中断模式。“调试”菜单中“全部中断”命令如图 9-12 所示。

除了通过选择“调试”/“全部中断”命令中断执行外，也可以单击工具栏中的⏸按钮中断执行，如图 9-13 所示。

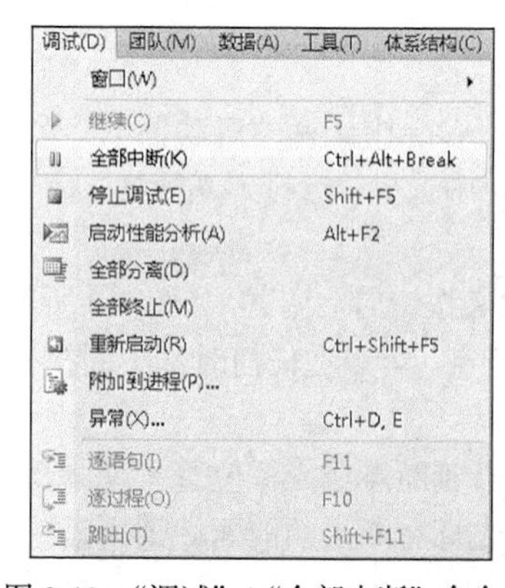

图 9-12 “调试”/“全部中断”命令

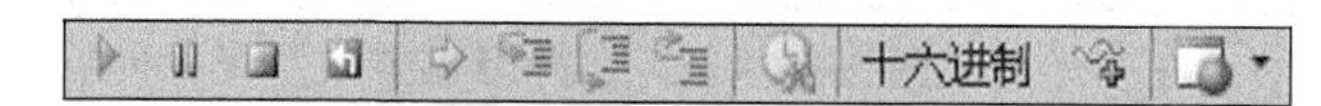

图 9-13 工具栏中的中断执行按钮

3. 停止执行

停止执行意味着终止正在调试的进程并结束调试会话，可以通过选择菜单中的“调试”/“停止调试”命令来结束运行和调试，也可以选择工具栏中的■按钮停止执行。

9.4.3　单步执行

通过单步执行，调试器每次只执行一行代码。单步执行主要是通过逐语句、逐过程和跳出这 3 种命令实现的。“逐语句”和“逐过程”的主要区别是当某一行包含函数调用时，“逐语句”仅执行调用本身，然后在函数内的第一个代码行处停止。而“逐过程”执行整个函数，然后在函数外的第一行处停止。如果位于函数调用的内部并想返回到调用函数时，应使用“跳出”，“跳出”将一直执行代码，直到函数返回，然后在调用函数中的返回点处中断。

当启动调试后，可以单击工具栏中的按钮执行“逐语句”操作，单击按钮执行“逐过程”操作，单击按钮执行“跳出”操作，如图 9-14 所示。

图 9-14　单步执行的 3 种命令

除了在工具栏中单击这 3 个按钮外，还可以通过快捷键执行这 3 种操作，启动调试后，按<F11>键执行“逐语句”操作，按<F10>键执行“逐过程”操作，按<Shift>+<F10>组合键执行“跳出”操作。

9.4.4　运行到指定位置

如果希望程序运行到指定的位置，可以通过在指定代码行上单击鼠示右键，在弹出的快捷菜单中选择“运行到光标处”命令。这样，当程序运行到光标处时，会自动暂停。也可以在指定的位置插入断点，同样可以使程序运行到插入断点的代码行。关于如何插入断点和选择“运行到光标处”命令本章已经做过介绍，此处不再赘述。

9.5　综合实例——捕获数组越界异常

通常在数组中存储类型相同的若干个元素，然后可以通过元素的索引来获取元素。本实例是一个控制台应用程序，运行程序后，在控制台中输入索引号，然后程序根据指定的索引号获取元素值，若输入的索引号不在当前的数组中，则程序会捕获这个异常，并输出异常信息，本实例运行效果如图 9-15 所示。

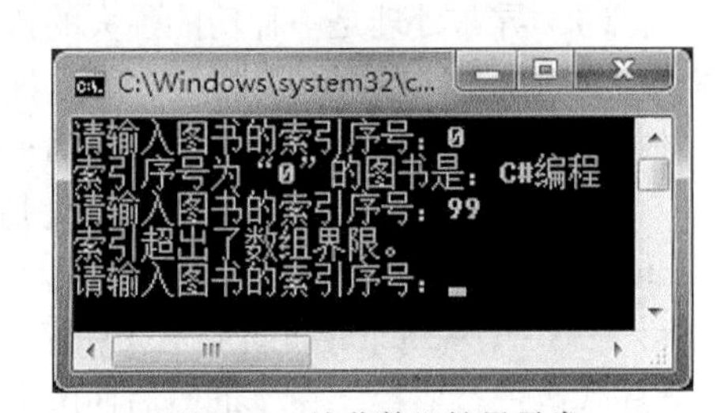

图 9-15　捕获数组越界异常

程序开发步骤如下。

（1）选择“开始”/“程序”/Microsoft Visual Studio 2010/Microsoft Visual Studio 2010 命令，打开 Visual Studio 2010。

（2）选择 Visual Studio 2010 工具栏中的“文件”/“新建”/“项目”命令，打开“新建项目”对话框。

（3）选择“控制台应用程序”选项，命名为 ArrayIndexOut，然后单击“确定”按钮，从而创建一个控制台应用程序。

（4）在 Main 方法，首先定义一个字符串数组，并使用图书名称进行初始化，然后从控制台中读取一个图书索引号，若该索引号在数组中有效，则程序将在控制台中输出图书的相关信息；若该索引号超出了数组中元素的有效索引范围，则程序会在控制台中输出异常信息。具体代码如下：

```
static void Main(string[] args)
{
    //循环读取用户的控制台输入信息
    while (true)
    {
        //try 语句用于捕获数组越界的异常信息
        try
        {
            //定义字符串数组
            string[] arrBooks = { "C#编程", "ASP.NET 编程", "VB 编程" };
            Console.Write("请输入图书的索引序号：");
            int intIndex = Convert.ToInt32(Console.ReadLine());
            //读取图书索引号
            string strBook = arrBooks[intIndex];
            //输出图书信息
            Console.WriteLine("索引序号为“" + intIndex.ToString() + "”的图书是：" +
strBook);
        }
        //处理捕获到的异常
        catch (IndexOutOfRangeException ex)
        {
            //在控制台中输出异常信息
            Console.WriteLine(ex.Message);
        }
    }
}
```

知识点提炼

（1）异常处理是一种功能强大的机制，用于处理应用程序可能产生的错误或是其他可以中断程序执行的异常情况。异常处理可以捕捉程序执行所发生的错误，通过异常处理可以有效、快速地构建各种用来处理程序异常情况的程序代码。

（2）C#程序中，可以使用异常处理语句处理异常，主要的异常处理语句有 throw 语句、try…catch 语句和 try…catch…finally 语句。

（3）try…catch 语句允许在 try 后面的大括号{}中放置可能发生异常情况的程序代码，对这些程序代码进行监控。在 catch 后面的大括号{}中则放置处理错误的程序代码，以处理程序发生的异常。

（4）throw 语句用于主动引发一个异常，使用 throw 语句可以在特定的情形下，自行抛出异常。

（5）程序调试是在程序中查找错误的过程，在开发过程中，程序调试是检查代码并验证它能够正常运行的有效方法。

（6）断点是一个信号，它通知调试器在某个特定点上暂时将程序执行挂起。当执行在某个断点处挂起时，称程序处于中断模式。进入中断模式并不会终止或结束程序的执行。

习　　题

9-1　通常我们使用的系统异常类型都是直接或间接继承自哪个类？

9-2　若发生空（null）引用，通常会引发哪个类型的异常？

9-3　简述 finally 语句在异常处理结构中的存放位置及其作用。

9-4　插入断点通常有哪 3 种方法？

9-5　删除断点通常有哪 3 种方法？

9-6　论述逐语句和逐过程的区别。

实验：自定义异常输出信息

实验目的

（1）自定义异常。

（2）捕获异常。

（3）处理异常。

实验内容

System.Exception 类型是 CLR 中所有异常的基类，它提供了大量十分重要的方法和属性。例如，其 Message 属性用来提供异常信息，该属性是只读的，但是我们可以通过在创建异常对象时向构造器中传入自定义信息来改变 Message 属性的默认值；HelpLink 属性用来获取或设置与异常相关联的帮助文件的链接。这样通过创建异常对象及设置异常对象的相关属性值，可以达到自定义异常输出信息的目的。本程序运行效果如图 9-16 所示。

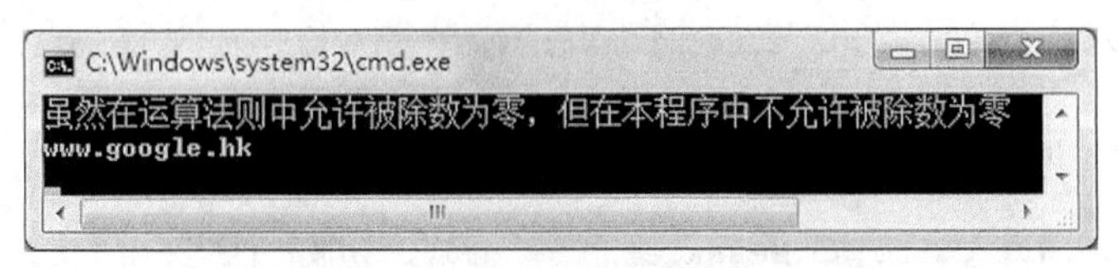

图 9-16　自定义异常输出信息

实验步骤

（1）创建一个控制台应用程序，命名为 CustomOutInfo，并保存到磁盘的指定位置。

（2）打开 Program.cs 文件，在 Program 类中定义 Divide 方法，在该方法中通过向构造器传入参数来实例化 ArithmeticException 类型和 DivideByZeroException 类型，然后分别设置这两个实例的 HelpLink 属性。具体代码如下：

```
private double Divide(int x, int y)
{
    if (x == 0)                                         //若被除数等于零
    {
        ArithmeticException ae = new ArithmeticException("虽然在运算法则中允许被除数为零，
但在本程序中不允许被除数为零");                          //创建异常实例，并向构造器传入参数
```

```
            ae.HelpLink = "www.google.hk";              //自定义属性值
            throw ae;
        }
        if (y == 0)                                     //若除数等于零
        {
          DivideByZeroException dbze = new DivideByZeroException("在数学运算法则中规定，除数
是不允许为零的！");                                      //创建异常实例，并向构造器传入参数
          dbze.HelpLink = "www.google.cn";              //自定义属性值
          throw dbze;
        }
        return x / y;
    }
```

上面代码中，向异常类型的构造器中传入的自定义实参将作为该异常类型的 Message 属性值。

（3）接着再定义 MyFun 方法，在该方法调用 Divide 方法，同时可以捕获和处理在调用 Divide 方法过程中产生的异常；在 catch 异常处理代码块中输出自定义的 Message 属性值和 HelpLink 属性值。代码如下：

```
    private void MyFun()
    {
        try
        {
            int x = 0;                                  //定义一个整型变量初始为 0
            int y = 3;                                  //定义一个整型变量初始为 3
            double z = Divide(x, y);                    //计算这个的商
            Console.WriteLine("{0}/{1}={2}", x, y, z);
        }
        catch (System.DivideByZeroException dbze)
        {
            Console.WriteLine(dbze.Message);            //输出自定义 Message 属性值
            Console.WriteLine(dbze.HelpLink);           //输出自定义 HelpLink 属性值
        }
        catch (System.ArithmeticException ae)
        {
            Console.WriteLine(ae.Message);              //输出自定义 Message 属性值
            Console.WriteLine(ae.HelpLink);             //输出自定义 HelpLink 属性值
        }
        catch (System.Exception ex)
        {
            Console.WriteLine(ex.Message);              //输出非自定义的其他异常信息
        }
    }
```

（4）在应用程序的 Main 方法中，调用 MyFun 方法，并输出自定义异常信息。具体代码如下：

```
    static void Main(string[] args)
    {
        Program pro = new Program();                    //实例化 Program 类
        pro.MyFun();                                    //调用 MyFun 方法，并处理可能出现的异常
        Console.Read();
    }
```

第 10 章 Windows 窗体及控件

本章要点：

- Windows 窗体的常用属性、事件和方法
- 如何调用 Windows 窗体
- 常用 6 种基本控件
- 创建菜单、工具栏和状态栏
- 高级控件和组件的应用

Windows 环境中主流的应用程序都是窗体应用程序，Windows 窗体应用程序比命令行应用程序要复杂得多，理解其结构的基础是理解窗体，所以深刻认识 Windows 窗体变得尤为重要。而控件是开发 Windows 应用程序最基本的部分，每一个 Windows 应用程序的操作窗体都是由各种控件组合而成的，因此，熟练掌握控件是合理、有效地进行 Windows 应用程序开发的重要前提。本章将对 Windows 窗体及控件进行详细讲解。

10.1 Windows 窗体介绍

在 Windows 窗体应用程序中，窗体是向用户显示信息的可视界面，它是 Windows 窗体应用程序的基本单元。

10.1.1 设置窗体属性

窗体都具有自己的特征，开发人员可以通过编程来进行设置。窗体也是对象，窗体类定义了生成窗体的模板，每实例化一个窗体类，就产生了一个窗体，.NET 框架类库的 System.Windows.Forms 命名空间中定义的 Form 类是所有窗体类的基类。编写窗体应用程序时，首先需要设计窗体的外观和在窗体中添加控件或组件，虽然可以通过编写代码来实现，但是却不直观、也不方便，而且很难精确的控制界面。如果要编写窗体应用程序，推荐使用 Visual Studio 2010，Visual Studio 2010 提供了一个图形化的可视化窗体设计器，可以实现所见即所得的设计效果，以便快速开发窗体应用程序。

Visual Studio 2010 开发环境中的默认窗体（Form1）如图 10-1 所示。

新创建的 Windows 窗体中包含一些基本的组成要素，如图标、标题、位置、背景等，设置这些要素可以通过窗体的属性面板进行设置，也可以通过代码实现。但是为了快速开发 Windows 窗体应用程序，通常都是通过属性面板进行设置，下面详细介绍 Windows 窗体的常用属性设置。

图 10-1　默认 Windows 窗体

1. 更换窗体的图标

添加一个新的窗体后，窗体的图标是系统默认的图标。如果想更换窗体的图标，可以在属性面板中设置窗体的 Icon 属性，窗体的默认图标和更换后的图标分别如图 10-2 和图 10-3 所示。

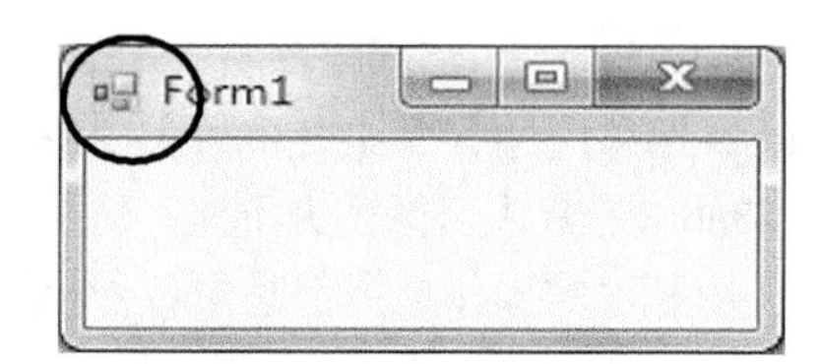

图 10-2　窗体默认图标

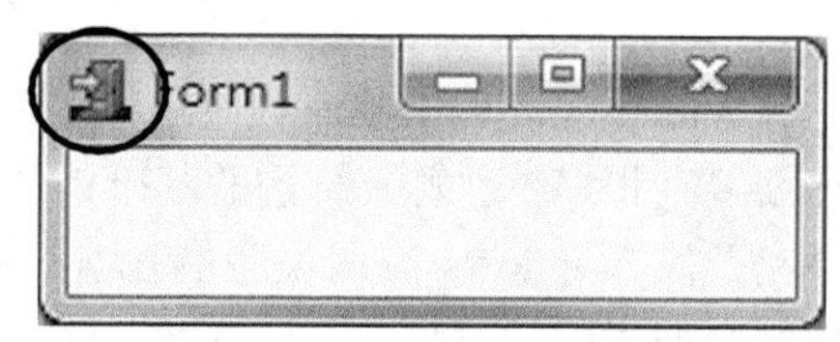

图 10-3　更换后的窗体图标

更换窗体图标的过程非常简单，其具体步骤如下。

（1）选中窗体，然后在窗体的属性面板中选中 Icon 属性，会出现 按钮，如图 10-4 所示。

（2）单击 按钮，打开选择图标文件的对话框，在其中选择新的窗体图标文件，单击“打开”按钮，即可完成窗体图标的更换。

图 10-4　窗体的 Icon 属性

2. 隐藏窗体的标题栏

在有些情况下需要隐藏窗体的标题栏，例如，软件的加载窗体大多数都采用无标题栏的窗体。开发人员可以通过设置窗体的 FormBorderStyle 属性为 None，实现隐藏窗体标题栏功能。FormBorderStyle 属性有 7 个属性值，其属性值及说明如表 10-1 所示。

表 10-1　FormBorderStyle 属性的属性值及说明

属 性 值	说　明
Fixed3D	固定的三维边框
FixedDialog	固定的对话框样式的粗边框
FixedSingle	固定的单行边框
FixedToolWindow	不可调整大小的工具窗口边框

续表

属 性 值	说　　明
None	无边框
Sizable	可调整大小的边框
SizableToolWindow	可调整大小的工具窗口边框

3. 控制窗体的显示位置

设置窗体的显示位置时，可以通过设置窗体的 StartPosition 属性来实现。StartPosition 属性有 5 个属性值，其属性值及说明如表 10-2 所示。

表 10-2　　StartPosition 属性的属性值及说明

属 性 值	说　　明
CenterParent	窗体在其父窗体中居中
CenterScreen	窗体在当前显示窗口中居中，其尺寸在窗体大小中指定
Manual	窗体的位置由 Location 属性确定
WindowsDefaultBounds	窗体定位在 Windows 默认位置，其边界也由 Windows 默认决定
WindowsDefaultLocation	窗体定位在 Windows 默认位置，其尺寸在窗体大小中指定

设置窗体的显示位置时，只需根据不同的需要选择属性值即可。

4. 修改窗体的大小

在窗体的属性中，通过 Size 属性可以设置窗体的大小。双击窗体属性面板中的 Size 属性，可以看到其下拉菜单中有 Width 和 Height 两个属性，分别用于设置窗体的宽和高。修改窗体的大小，只需更改 Width 和 Height 属性的值即可。窗体的 Size 属性如图 10-5 所示。

图 10-5　窗体的 Size 属性

5. 设置窗体背景图片

为使窗体设计更加美观，通常会设置窗体的背景，开发人员可以设置窗体的背景颜色，也可以设置窗体的背景图片。设置窗体的背景图片时可以通过设置窗体的 BackgroundImage 属性实现，其具体步骤如下。

（1）选中窗体属性面板中的 BackgroundImage 属性，会出现[...]按钮，如图 10-6 所示。

（2）单击[...]按钮，打开“选择资源”对话框，如图 10-7 所示。

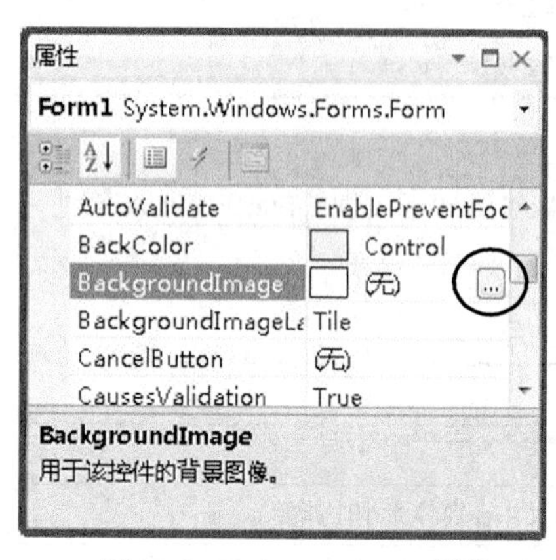

图 10-6 BackgroundImage 属性

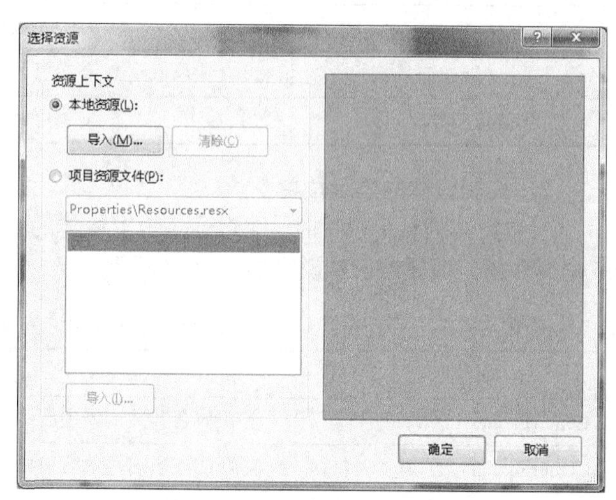

图 10-7 “选择资源”对话框

（3）在“选择资源”对话框中有两个选项，一个是“本地资源”，另一个是“项目资源文件”，其差别是选择“本地资源”后，直接选择图片，保存的是图片的路径；而选择“项目资源文件”后，会将选择的图片保存到项目资源文件 Resources.resx 中。无论选择哪种方式，都需要单击“导入”按钮选择背景图片，选择完成后单击“确定”按钮完成窗体背景图片的设置，Form1 窗体背景图片设置前后对比如图 10-8 和图 10-9 所示。

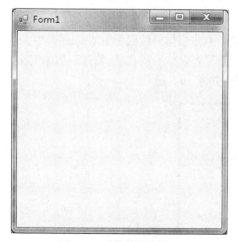

图 10-8 窗体默认背景

图 10-9 设置背景后的窗体

说明

设置窗体背景图片时，窗体还提供了一个 BackgroundImageLayout 属性，该属性主要用来控制背景图片的布局，开发人员需要将该属性的属性值设置为 Stretch，以便能够使图片自动适应窗体的大小。

6. 控制窗体的最大化和最小化

Windows 窗体提供了“最大化”按钮和“最小化”按钮，开发人员可以根据需要设置这两个按钮可用或不可用，该功能主要通过设置 Windows 窗体的 MaximizeBox 属性和 MinimizeBox 属性实现，其中 MaximizeBox 属性用来设置窗体的“最大化”按钮是否可用，MinimizeBox 属性用来设置窗体的“最小化”按钮是否可用。

另外，开发人员还可以设置窗体启动时，默认是最大化还是最小化，该功能主要通过设置窗体的 WindowState 属性来实现。WindowState 属性有 3 个属性值，其属性值及说明如表 10-3 所示。

表 10-3　　WindowState 属性的属性值及说明

属 性 值	说　明
Normal	还原窗口
Minimized	最小化窗口
Maximized	最大化窗口

7. 控制窗体总在最前

Windows 桌面上允许多个窗体同时显示，但有时候根据实际情况，可能需要将某一个窗体总显示在桌面的最前面。在 C#中可以通过设置窗体的 TopMost 属性来实现，该属性主要用来获取或设置一个值，这个值指示窗体是否显示为最顶层窗体。窗体总在最前效果如图 10-10 所示。

图 10-10　窗体总在最前

说明　图 10-10 中，鼠标焦点在“我的电脑”上，但 Form1 还是显示在最前面，这里就设置了它的 TopMost 属性为 True。

8. 设置窗体的透明度

实际应用中，为了给窗体增加一些特殊的效果，常常需要使窗体半透明，这时可以通过设置窗体的 Opacity 属性来实现，该属性主要用来获取或设置窗体的不透明度，其默认值为 100%。

例如，将窗体的 Opacity 属性设置为 50%，其效果如图 10-11 所示。

图 10-11　窗体的半透明效果

10.1.2　调用窗体方法

1. 使用 Show 方法显示窗体

Show 方法用来显示窗体，它有两种重载形式，分别如下：

```
public void Show()
public void Show(IWin32Window owner)
```

- owner：任何实现 IWin32Window 并表示将拥有此窗体的顶级窗口的对象。

【例 10-1】 通过使用 Show 方法显示 Form1 窗体，代码如下：

```
Form1 frm = new Form1();                  //实例化窗体对象
frm.Show();                               //调用 Show 方法显示窗体
```

由于 Show 方法为非静态方法，所以需要使用窗体对象进行调用。下面将要介绍到的 Hide 方法和 Close 方法也是非静态方法，所以在使用它们时，也需要首先实例化窗体对象。

2. 使用 Hide 方法隐藏窗体

Hide 方法用来隐藏窗体，语法如下：

```
public void Hide()
```

【例 10-2】 通过使用 Hide 方法隐藏 Form1 窗体，代码如下：

```
Form1 frm = new Form1();                  //实例化窗体对象
frm.Hide();                               //调用 Hide 方法隐藏窗体
```

使用 Hide 方法隐藏窗体之后，窗体所占用的资源并没有从内存中释放掉，而是继续存储在内存中，开发人员可以随时调用 Show 方法来显示隐藏的窗体。

3. 使用 Close 方法关闭窗体

Close 方法用来关闭窗体，语法如下：

```
public void Close()
```

【例 10-3】 通过使用 Close 方法关闭 Form1 窗体，代码如下：

```
Form1 frm = new Form1();                  //实例化窗体对象
frm.Close();                              //调用 Close 方法关闭窗体
```

关闭当前窗体时，也可以直接使用 this 关键字调用 Close 方法来实现。

10.1.3 触发窗体事件

Windows 是事件驱动的操作系统，对 Form 类的任何交互都是基于事件来实现的。Form 类提供了大量的事件用于响应执行窗体的各种操作，下面对窗体的几种常用事件进行介绍。

选择窗体事件时，可以通过选中控件，然后单击其“属性”窗口中的⚡图标来实现。

1. Activated 事件

当使用代码激活或用户激活窗体时触发 Activated 事件，其语法格式如下：

```
public event EventHandler Activated
```

【例 10-4】 在窗体每次激活时都弹出一个“窗体已激活”对话框，代码如下：

```
private void Form1_Activated(object sender, EventArgs e)       //触发窗体的激活事件
{
    MessageBox.Show("窗体已激活！");                              //弹出信息提示框
}
```

说明

开发数据库管理系统时，为了能够使数据表格控件中显示最新的数据，在子窗体中添加或修改记录之后，关闭子窗体，重新激活主窗体，这时可以在主窗体的 Activated 事件中对数据表格控件进行一下重新绑定。

2. Load 事件

窗体加载时，将触发窗体的 Load 事件，该事件是窗体的默认事件，其语法格式如下：

```
public event EventHandler Load
```

【例 10-5】 当窗体加载时，弹出对话框，询问是否查看窗体，单击“是”按钮，查看窗体。代码如下：

```
private void Form1_Load(object sender, EventArgs e) //窗体的 Load 事件
{
    if  (MessageBox.Show(" 是 否 查 看 窗 体 ！ ",  "",MessageBoxButtons.YesNo,
MessageBoxIcon.Information) == DialogResult.OK)          //使用 if 判断是否单击了“是”按钮
    {
    }
}
```

3. FormClosing 事件

窗体关闭时，触发窗体的 FormClosing 事件，其语法格式如下：

```
public event FormClosingEventHandler FormClosing
```

【例 10-6】 创建一个 Windows 窗体应用程序，实现当关闭窗体之前，弹出提示框，询问是否关闭当前窗体，单击“是”按钮，关闭窗体；单击“否”按钮，取消窗体的关闭。代码如下：（实例位置：光盘\MR\源码\第 10 章\10.6）

```
private void Form1_FormClosing(object sender, FormClosingEventArgs e)
{
    DialogResult dr = MessageBox.Show("是否关闭窗体", "提示", MessageBoxButtons.YesNo,
MessageBoxIcon.Warning);                         //弹出提示框
    if (dr == DialogResult.Yes)                  //使用 if 语句判断是否单击“是”按钮
    {
        e.Cancel = false;                        //如果单击“是”按钮则关闭窗体
    }
    else
    {
        e.Cancel = true;                         //不执行操作
    }
}
```

程序运行结果如图 10-12 所示。

图 10-12 是否关闭窗体

开发网络程序或多线程程序时，可以在窗体的 FormClosing 事件中关闭网络连接或多线程，以便释放网络连接或多线程所占用的系统资源。

10.2 Windows 窗体的调用

窗体是用户设计程序外观的操作界面，根据不同的需求，可以使用不同类型的 Windows 窗体。根据 Windows 窗体的显示状态，可以分为模式窗体和非模式窗体。

10.2.1 调用模式窗体

模式窗体就是使用 ShowDialog 方法显示的窗体，它在显示时，如果作为激活窗体，则其他窗体不可用，只有在将模式窗体关闭之后，其他窗体才能恢复可用状态。如图 10-13 所示，如果是以模式窗体显示，则只有在关闭上层的“SQL 数据库技术词典”窗体之后，用户才可以编辑“C#编程词典”窗体。

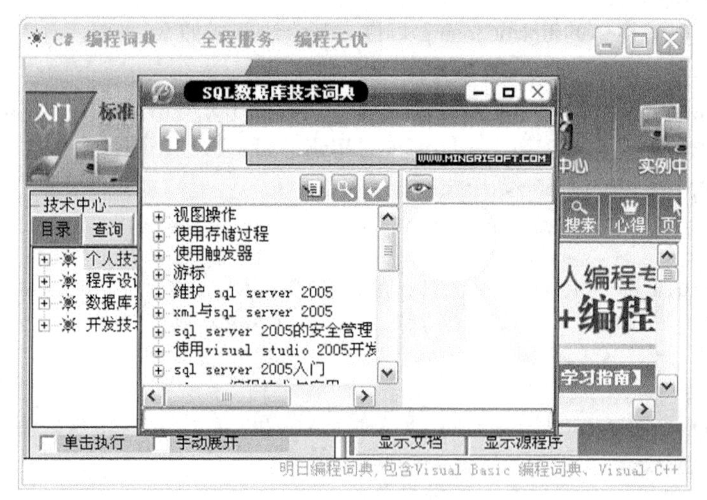

图 10-13 模式窗体

模式窗体和非模式窗体只有在实际使用时，才能体验到存在差别，它们在呈现给用户时并没有明显差别。

【例 10-7】 使用窗体对象的 ShowDialog 方法以模式窗体显示 Form2，代码如下：

```
Form2 frm = new Form2();                    //实例化窗体对象
frm.ShowDialog();                           //以模式窗体显示 Form2
```

10.2.2 调用非模式窗体

非模式窗体就是使用 Show 方法显示的窗体，一般的窗体都是非模式窗体。非模式窗体在显示时，如果有多个窗体，用户可以单击任何一个窗体，单击的窗体将立即成为激活窗体并显示在屏幕的最前面。例如，图 10-13 中的窗体如果是以非模式窗体显示，则用户可以在任何时候编辑“SQL 数据库技术词典”和“C#编程词典”两个窗体。

【例 10-8】 使用窗体对象的 Show 方法以非模式窗体显示 Form2，代码如下：

```
Form2 frm = new Form2();                //实例化窗体对象
frm.Show();                             //以非模式窗体显示 Form2
```

10.3　基本 Windows 控件

在 Windows 应用程序开发中，有一些使用频率比较高的控件，通常我们称之为基本控件，如如按钮、文本框、文本标签等，本节将对最常用到的 6 种基本控件进行详细讲解。

10.3.1　Label 控件

Label 控件又称为标签控件，它主要用于显示用户不能编辑的文本，标识窗体上的对象（例如，给文本框、列表框添加描述信息等），另外，也可以通过编写代码来设置要显示的文本信息。图 10-14 所示为 Label 控件，其拖放到窗体中的效果如图 10-15 所示。

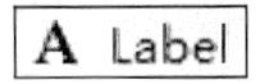

图 10-14　Label 控件

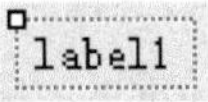

label1

图 10-15　Label 控件在窗体中的效果

下面通过一个例子看一下如何使用 Label 控件。

【例 10-9】 创建一个 Windows 应用程序，在默认窗体中添加两个 Label 控件，分别用来使用不同的字体和颜色显示文字，代码如下：（实例位置：光盘\MR\源码\第 10 章\10-9）

```
private void Form1_Load(object sender, EventArgs e)
{
    label1.Font = new Font("楷体", 12);             //设置 label1 控件的字体
    label1.Text = "明日科技";                        //设置 label1 控件显示的文字
    label2.ForeColor = Color.Red;                   //设置 label2 控件的字体颜色
    label2.Text = "C#编程词典";                      //设置 label2 控件显示的文字
}
```

程序运行结果如图 10-16 所示。

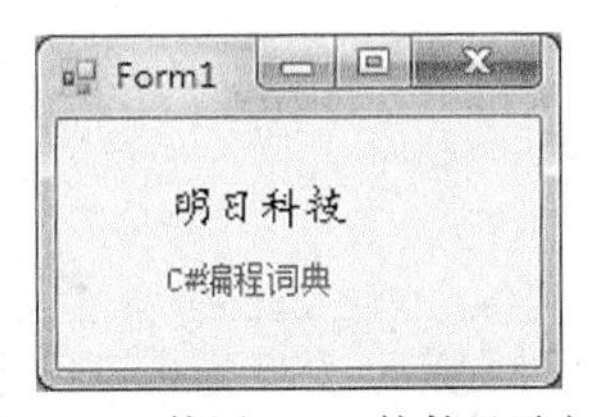

图 10-16　使用 Label 控件显示文字

10.3.2　TextBox 控件

TextBox 控件又称为文本框控件，它主要用于获取用户输入的数据或者显示文本，它通常用于可编辑文本，也可以使其成为只读控件。文本框可以显示多行，开发人员可以使文本换行以便符合控件的大小。图 10-17 所示为 TextBox 控件，其拖放到窗体中的效果如图 10-18 所示。

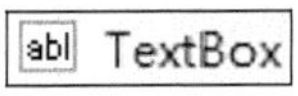

abl TextBox

图 10-17　TextBox 控件

图 10-18　TextBox 控件在窗体中的效果

下面对 TextBox 控件的一些常用属性及事件的使用进行详细介绍。

1. ReadOnly 属性

获取或设置一个值，该值指示文本框中的文本是否为只读，其语法格式如下：

```
public bool ReadOnly { get; set; }
```

❑ 属性值：如果文本框是只读的，则为 true，否则为 false。默认值为 false。

【例 10-10】 将 textBox1 文本框设置为只读，代码如下：

```
textBox1.ReadOnly = true;                    //将文本框设置为只读
```

2. PasswordChar 属性和 UseSystemPasswordChar 属性

这两个属性都用来将文本框设置为密码文本框，其中 PasswordChar 属性用来获取或设置字符，该字符用于屏蔽单行 TextBox 控件中的密码字符；而 UseSystemPasswordChar 属性则用来获取或设置一个值，该值指示 TextBox 控件中的文本是否应该以默认的密码字符显示。

PasswordChar 属性语法格式如下：

```
public char PasswordChar { get; set; }
```

❑ 属性值：用于屏蔽在单行 TextBox 控件中输入的字符。如果不想让控件在字符键入时将它们屏蔽，请将此属性值设置为 0（字符值）。默认值等于 0（字符值）。

UseSystemPasswordChar 属性语法格式如下：

```
public bool UseSystemPasswordChar { get; set; }
```

❑ 属性值：如果 TextBox 控件中的文本应该以默认的密码字符显示，则为 true；否则为 false。

说明

UseSystemPasswordChar 属性的优先级高于 PasswordChar 属性。每当 UseSystemPasswordChar 属性设置为 true 时，将使用默认系统密码字符，并忽略由 PasswordChar 属性设置的任何字符。

【例 10-11】 创建一个 Windows 应用程序，使用 PasswordChar 属性将密码文本框中字符自定义显示为“@”，同时将 UseSystemPasswordChar 属性设置为 True，使第二个密码文本框中的字符显示为“*”。代码如下：（实例位置：光盘\MR\源码\第 10 章\10-11）

```
private void Form1_Load(object sender, EventArgs e)
{
    textBox1.PasswordChar = '@';      //设置文本框的 PasswordChar 属性为字符@
    //设置文本框的 UseSystemPasswordChar 属性设置为 True
    textBox2.UseSystemPasswordChar = true;
}
```

程序运行结果如图 10-19 所示。

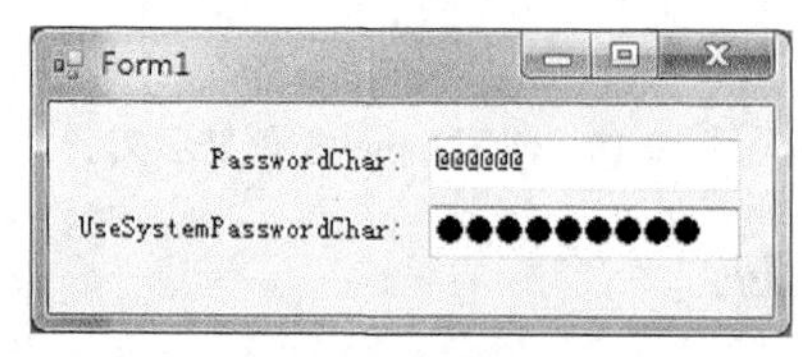

图 10-19　设置密码文本框

3. Multiline 属性

获取或设置一个值，该值指示此控件是否为多行 TextBox 控件，其语法格式如下：

```
public override bool Multiline { get; set; }
```

❑ 属性值：如果该控件是多行 TextBox 控件，则为 true；否则为 false。默认为 false。

【例 10-12】 将文本框的 Multiline 属性设置为 true，使其成为多行文本框。代码如下：

```
textBox1.Multiline = true;                     //设置文本框的Multiline属性使其多行显示
```

多行文本框效果如图 10-20 所示。

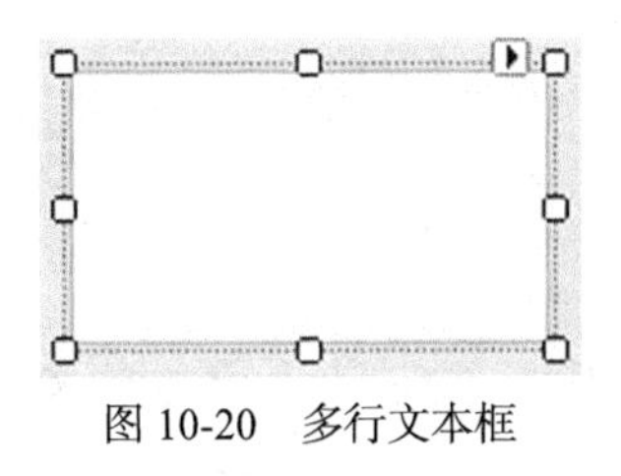

图 10-20　多行文本框

多行文本框的大小并不固定，从图 10-20 可以看出，多行文本框的 4 周都可以拖动，开发人员可以自行确定它的大小。

10.3.3　RichTextBox 控件

RichTextBox 控件又称为有格式文本框控件，它主要用于显示、输入和操作带有格式的文本，比如它可以实现显示字体、颜色、链接、从文件加载文本及嵌入的图像、撤销和重复编辑操作以及查找指定的字符等功能。图 10-21 所示为 RichTextBox 控件，其拖放到窗体中的效果如图 10-22 所示。

图 10-21　RichTextBox 控件　　　　图 10-22　RichTextBox 控件在窗体中的效果

下面通过一个例子看一下如何使用 RichTextBox 控件。

【例 10-13】 创建一个 Windows 应用程序，在默认窗体中添加两个 Button 控件和一个 RichTextBox 控件，其中 Button 控件用来执行打开文件、插入图片操作，RichTextBox 控件用来显示文件和图片。代码如下：（实例位置：光盘\MR\源码\第 10 章\10-13）

```
private void Form1_Load(object sender, EventArgs e)
{
    richTextBox1.BorderStyle = BorderStyle.Fixed3D;       //设置边框样式
    richTextBox1.DetectUrls = true;                       //设置自动识别超链接
    richTextBox1.ScrollBars = RichTextBoxScrollBars.Both; //设置滚动条
}
//打开文件
private void button1_Click(object sender, EventArgs e)
{
    OpenFileDialog openfile = new OpenFileDialog();       //实例化打开文件对话框对象
    openfile.Filter = "rtf 文件(*.rtf)|*.rtf";            //设置文件筛选器
    if (openfile.ShowDialog() == DialogResult.OK)         //判断是否选择了文件
    {
        richTextBox1.Clear();                             //清空文本框
        //加载文件
```

```
            richTextBox1.LoadFile(openfile.FileName,RichTextBoxStreamType.RichText);
        }
    }
    //插入图片
    private void button2_Click(object sender, EventArgs e)
    {
        OpenFileDialog openpic = new OpenFileDialog()          ;//实例化打开文件对话框对象
        //设置文件筛选器
        openpic.Filter = "bmp 文件（*.bmp）|*.bmp|jpg 文件（*.jpg）|*.jpg|ico 文件（*.ico）
|*.ico";
        openpic.Title = "打开图片";                            //设置对话框标题
        if (openpic.ShowDialog() == DialogResult.OK)           //判断是否选择了图片
        {
            Bitmap bmp = new Bitmap(openpic.FileName);         //使用选择图片实例化 Bitmap
            Clipboard.SetDataObject(bmp, false);               //将图像置于系统剪贴板中
            //判断 richTextBox1 控件是否可以粘贴图片信息
            if (richTextBox1.CanPaste(DataFormats.GetFormat(DataFormats.Bitmap)))
                richTextBox1.Paste();                          //粘贴图片
        }
    }
```

程序运行结果如图 10-23 所示。

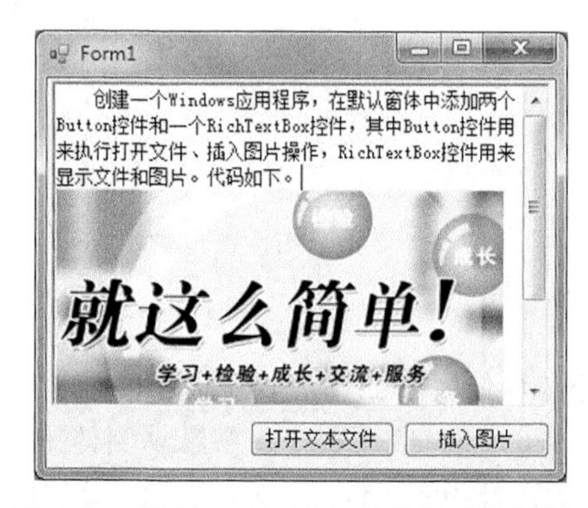

图 10-23　使用 RichTextBox 控件显示图文数据

10.3.4　Button 控件

Button 控件又称为按钮控件，它允许用户通过单击来执行操作。Button 控件既可以显示文本，也可以显示图像，当该控件被单击时，它看起来像是被按下，然后被释放。图 10-24 所示为 Button 控件，其拖放到窗体中的效果如图 10-25 所示。

ab Button

图 10-24　Button 控件

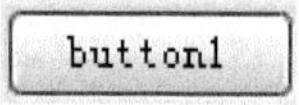

button1

图 10-25　Button 控件在窗体中的效果

下面通过一个例子看一下如何使用 Button 控件。

【例 10-14】创建一个 Windows 应用程序，在默认窗体中添加 4 个 Button 控件，然后通过设置这 4 个 Button 控件的样式来制作 4 种不同的按钮。代码如下：（实例位置：光盘\MR\源码\第 10 章\10-14）

```
private void Form1_Load(object sender, EventArgs e)
{
    button1.BackgroundImage = Properties.Resources.j_1;  //设置 button1 的背景
    button1.BackgroundImageLayout = ImageLayout.Stretch; //设置 button1 背景布局方式
    button2.Image = Properties.Resources.j_1;            //设置 button2 显示图像
    button2.ImageAlign = ContentAlignment.MiddleLeft;    //设置图像对齐方式
    button2.Text = "解锁";                                //设置 button2 的文本
    button3.FlatStyle = FlatStyle.Flat;                  //设置 button3 的外观样式
    button3.Text = "确定";                                //设置 button3 的文本
    button4.TextAlign = ContentAlignment.MiddleRight;    //设置文本对齐方式
    button4.Text = "确定";                                //设置 button4 的文本
}
```

程序运行结果如图 10-26 所示。

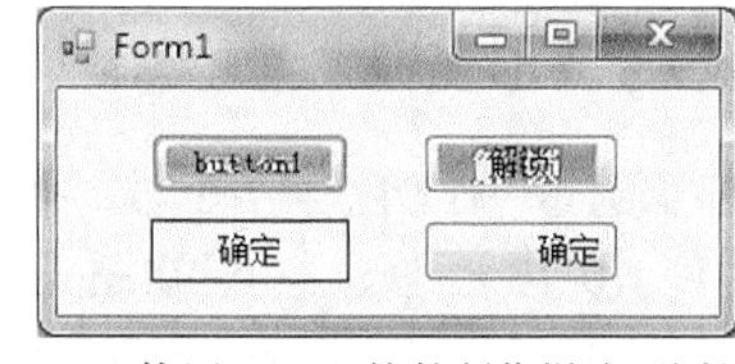

图 10-26　使用 Button 控件制作样式不同的按钮

10.3.5　GroupBox 控件

GroupBox 控件又称为分组框控件，它主要为其他控件提供分组，并且按照控件的分组来细分窗体的功能，其在所包含的控件集周围总是显示边框，而且可以显示标题，但是没有滚动条。图 10-27 所示为 GroupBox 控件，其拖放到窗体中的效果如图 10-28 所示。

GroupBox

图 10-27　GroupBox 控件

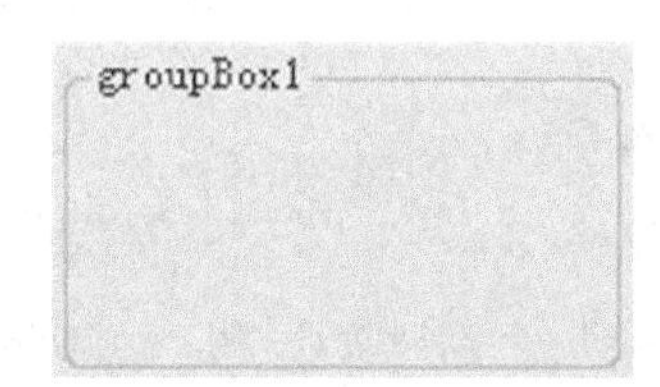

图 10-28　GroupBox 控件在窗体中的效果

下面通过一个例子看一下如何使用 GroupBox 控件。

【例 10-15】 创建一个 Windows 应用程序，在默认窗体中添加两个 GroupBox 控件，用来将窗体中的控件分为两组，然后在窗体加载事件中分别设置两个 GroupBox 控件的分组标题。代码如下：（实例位置：光盘\MR\源码\第 10 章\10-15）

```
private void Form1_Load(object sender, EventArgs e)
{
    groupBox1.Text = "员工基本信息";          //设置 groupBox1 控件的标题
    groupBox2.Text = "基本操作";              //设置 groupBox2 控件的标题
}
```

程序运行结果如图 10-29 所示。

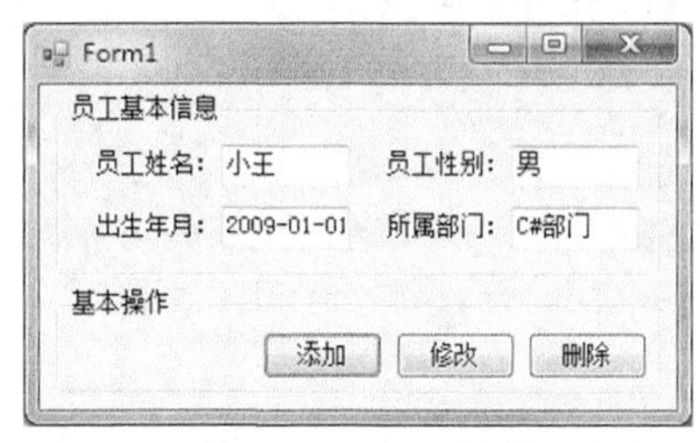

图 10-29　使用 GroupBox 控件进行分组

10.3.6 TabControl 控件

TabControl 控件又称为选项卡控件，它可以添加多个选项卡，然后可以在选项卡上添加子控件，这样就可以把窗体设计成多页，并且使窗体的功能划分为多个部分。选项卡控件的选项卡中可以包含图片或其他控件。图 10-30 所示为 TabControl 控件，其拖放到窗体中的效果如图 10-31 所示。

图 10-30 TabControl 控件

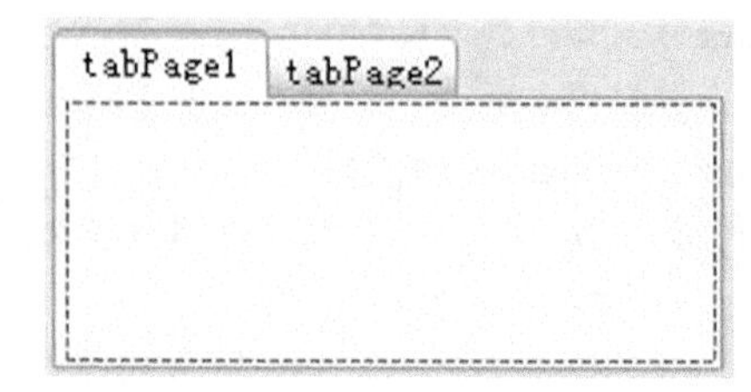

图 10-31 TabControl 控件在窗体中的效果

下面通过一个例子看一下如何使用 TabControl 控件。

【例 10-16】 创建一个 Windows 应用程序，在默认窗体中添加一个 TabControl 控件和两个 Button 控件，其中 TabControl 控件用来作为选项卡控件，Button 控件分别用来执行添加和删除选项卡操作。代码如下：（实例位置：光盘\MR\源码\第 10 章\10-16）

```
private void Form1_Load(object sender, EventArgs e)
{
    tabControl1.Appearance = TabAppearance.Normal;          //设置选项卡的外观样式
}
//添加选项卡
private void button1_Click(object sender, EventArgs e)
{
    //声明一个字符串变量，用于生成新增选项卡的名称
    string Title = "新增选项卡 " + (tabControl1.TabCount + 1).ToString();
    TabPage MyTabPage = new TabPage(Title);                 //实例化 TabPage
    //使用 TabControl 控件的 TabPages 属性的 Add 方法添加新的选项卡
    tabControl1.TabPages.Add(MyTabPage);
    //获取选项卡个数
    MessageBox.Show("现有" + tabControl1.TabCount + "个选项卡");
}
//移除选项卡
private void button2_Click(object sender, EventArgs e)
{
    if (tabControl1.SelectedIndex == 0)                     //判断是否选择了要移除的选项卡
    {
        MessageBox.Show("请选择要移除的选项卡");              //如果没有选择，弹出提示
    }
    else
    {
        //使用 TabControl 控件的 TabPages 属性的 Remove 方法移除指定的选项卡
        tabControl1.TabPages.Remove(tabControl1.SelectedTab);
    }
}
```

程序运行结果如图 10-32 所示。

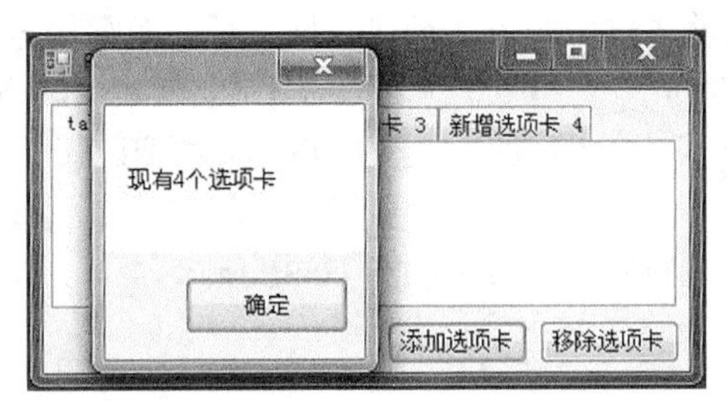

图 10-32　使用 TabControl 控件创建多面板

10.4　菜单、工具栏与状态栏

除了上面介绍的常用基本控件之外，在开发应用程序时，还少不了菜单控件（MenuStrip 控件）、工具栏控件（ToolStrip 控件）和状态栏控件（StatusStrip 控件），本节将对这 3 种控件进行详细讲解。

10.4.1　MenuStrip 控件

菜单控件使用 MenuStrip 控件来表示，它主要用来设计程序的菜单栏，C#中的 MenuStrip 控件支持多文档界面、菜单合并、工具提示和溢出等功能，开发人员可以通过添加访问键、快捷键、选中标记、图像和分隔条来增强菜单的可用性和可读性。图 10-33 所示为 MenuStrip 控件，其拖放到窗体中的效果如图 10-34 所示。

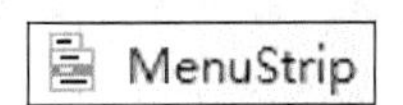

图 10-33　MenuStrip 控件

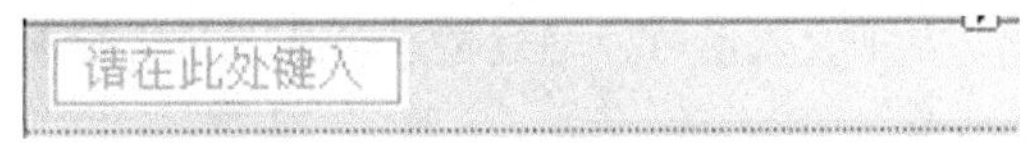

图 10-34　MenuStrip 控件在窗体中的效果

下面通过一个例子看一下如何使用 MenuStrip 控件。

【例 10-17】 创建一个 Windows 应用程序，演示如何使用 MenuStrip 控件设计菜单栏，具体步骤如下。（实例位置：光盘\MR\源码\第 10 章\10-17）

（1）从工具箱中将 MenuStrip 控件拖曳到窗体中，如图 10-35 所示。

（2）在输入菜单名称时，系统会自动产生输入下一个菜单名称的提示，如图 10-36 所示。

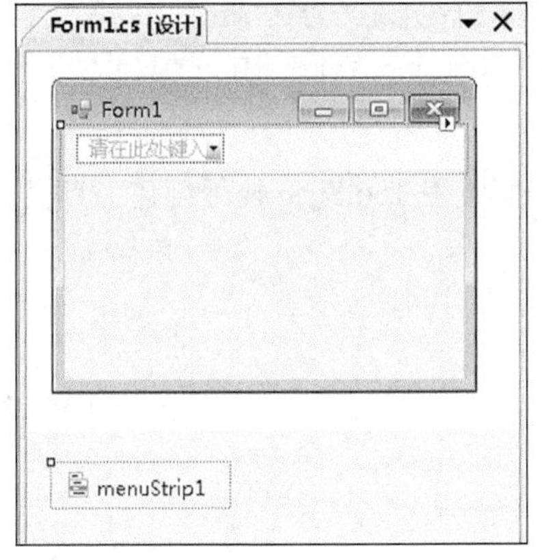

图 10-35　将 MenuStrip 控件拖曳到窗体中

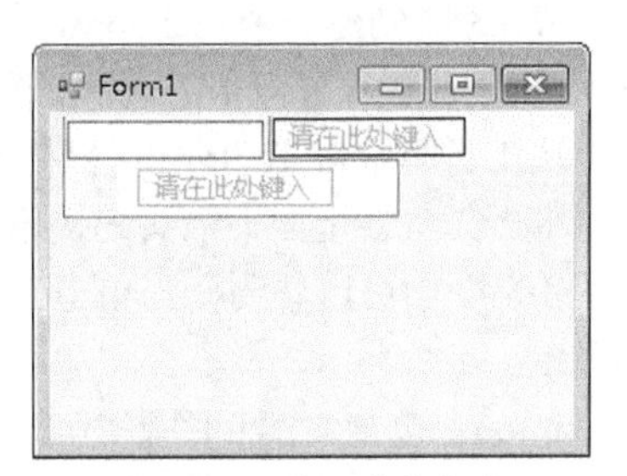

图 10-36　输入菜单名称

（3）在图 10-36 所示的输入框中输入“新建(&N)”后，菜单中会自动显示“新建(N)”，在此处，“&”被识别为确认热键的字符，例如，“新建(N)”菜单就可以通过键盘上的〈Alt+N〉组合键打开。同样，在“新建(N)”菜单下创建“打开(O)”、“关闭(C)”、“保存(S)”等子菜单，如图 10-37 所示。

（4）菜单设置完成后，运行程序，效果如图 10-38 所示。

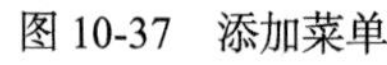
图 10-37　添加菜单

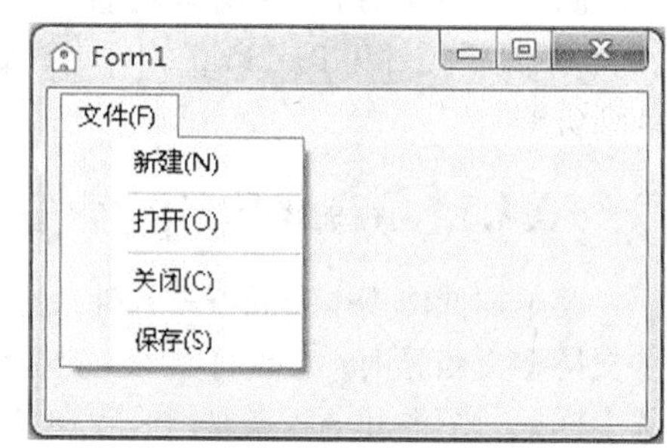

图 10-38　运行后菜单示意图

说明　开发人员可以通过菜单控件上的右键菜单为菜单项设置菜单，或者添加其他的菜单对象。

10.4.2　ToolStrip 控件

工具栏控件使用 ToolStrip 控件来表示，使用该控件可以创建具有 Windows XP、Office、Internet Explorer 或自定义的外观和行为的工具栏及其他用户界面元素，这些元素支持溢出及运行时项重新排序。图 10-39 所示为 ToolStrip 控件，其拖放到窗体中的效果如图 10-40 所示。

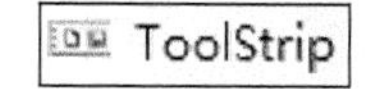

图 10-39　ToolStrip 控件

图 10-40　ToolStrip 控件在窗体中的效果

下面通过一个例子看一下如何使用 ToolStrip 控件。

【例 10-18】 创建一个 Windows 应用程序，演示如何使用 ToolStrip 控件创建工具栏，具体步骤如下。（实例位置：光盘\MR\源码\第 10 章\10-18）

（1）从工具箱中将 ToolStrip 控件拖曳到窗体中，如图 10-41 所示。

（2）单击工具栏上向下箭头的提示图标，如图 10-42 所示。

从图 10-42 中可以看到，当单击工具栏中向下的箭头，在下拉菜单中有 8 种不同的类型，下面分别介绍。

- Button：包含文本和图像中可让用户选择的项。
- Label：包含文本和图像的项，不可以让用户选择，可以显示超链接。

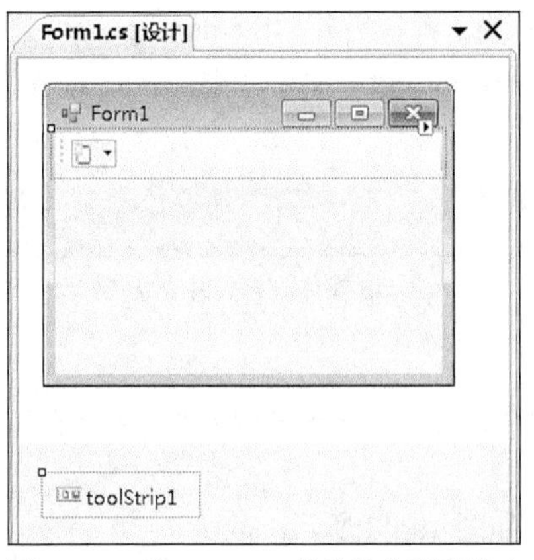

图 10-41　将 ToolStrip 控件拖曳到窗体中

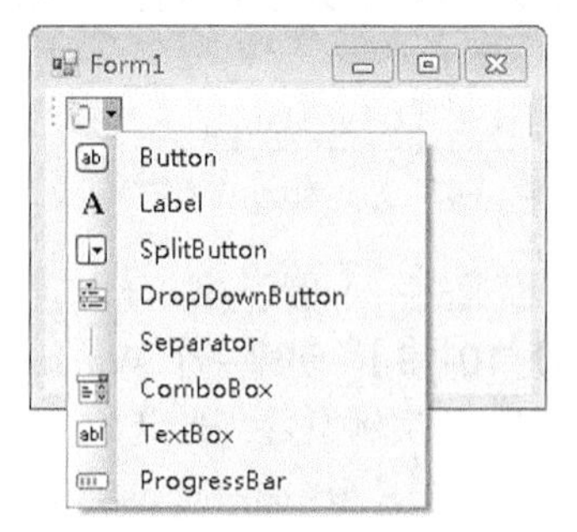

图 10-42　添加工具栏项目

- SplitButton：在 Button 的基础上增加了一个下拉菜单。
- DropDownButton：用于下拉菜单选择项。
- Separator：分隔符。
- ComboBox：显示一个 ComboBox 的项。
- TextBox：显示一个 TextBox 的项。
- ProgressBar：显示一个 ProgressBar 的项。

（3）添加相应的工具栏按钮后，可以设置其要显示的图像，具体方法是：选中要设置图像的工具栏按钮，单击鼠标右键，在弹出的快捷菜单中选择“设置图像”选项，如图 10-43 所示。

（4）工具栏中的按钮默认只显示图像，如果要以其他方式（比如只显示文本、同时显示图像和文本等）显示工具栏按钮，可以选中工具栏按钮，单击鼠标右键，在弹出的快捷菜单中选择“DisplayStyle”菜单项下面的各个子菜单项。

（5）工具栏设计完成后运行程序，效果如图 10-44 所示。

图 10-43　设置按钮图像

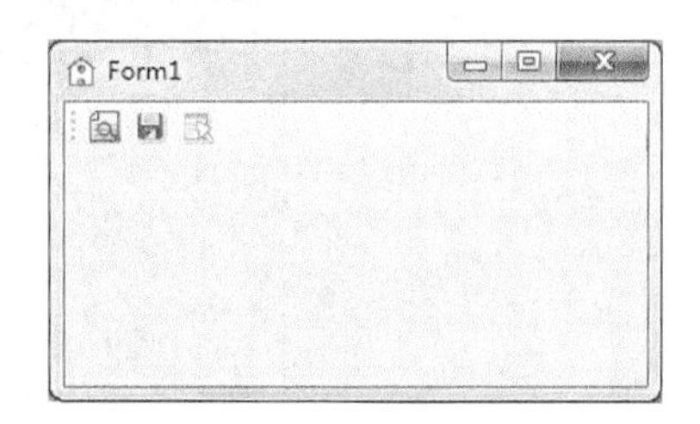

图 10-44　程序运行结果

10.4.3　StatusStrip 控件

状态栏控件使用 StatusStrip 控件来表示，它通常放置在窗体的最底部，用于显示窗体上一些对象的相关信息，或者可以显示应用程序的信息。StatusStrip 控件由 ToolStripStatusLabel 对象组成，每个这样的对象都可以显示文本、图像或同时显示这二者，另外，StatusStrip 控件还可以包含 ToolStripDropDownButton、ToolStripSplitButton、ToolStripProgressBar 等控件。图 10-45 所示为 StatusStrip 控件，其拖放到窗体中的效果如图 10-46 所示。

图 10-45　StatusStrip 控件

图 10-46　StatusStrip 控件在窗体中的效果

下面通过一个例子看一下如何使用 StatusStrip 控件。

【例 10-19】 创建一个 Windows 应用程序，演示如何使用 StatusStrip 控件创建状态栏。具体步骤如下。（实例位置：光盘\MR\源码\第 10 章\10-19）

（1）从工具箱中将 StatusStrip 控件拖曳到窗体中，如图 10-47 所示。

（2）单击状态栏上向下箭头的提示图标，选择“插入”菜单项，弹出子菜单，如图 10-48 所示。

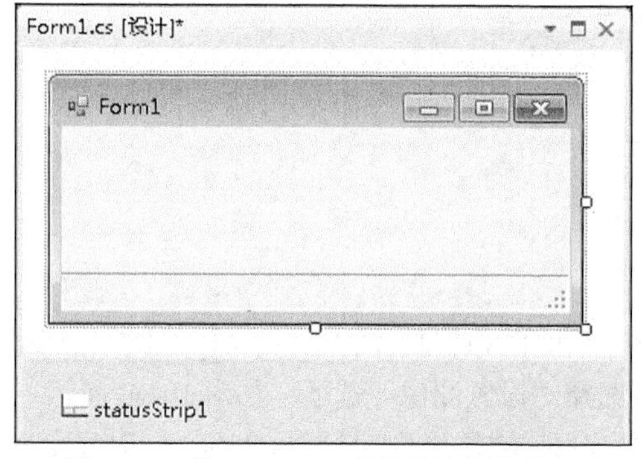

图 10-47　将 StatusStrip 控件拖曳到窗体中

图 10-48　添加状态栏项目

从图 10-48 中可以看到，当单击“插入”菜单项时，在下拉子菜单中有 4 种不同的类型，下面分别介绍。

- StatusLabel：包含文本和图像的项，不可以让用户选择，可以显示超链接。
- ProgressBar：进度条显示。
- DropDownButton：用于下拉菜单选择项。
- SplitButton：在 Button 的基础上增加了一个下拉菜单。

（3）在图 10-48 中选择需要的项添加到状态栏中，然后可以在其“属性”对话框中通过设置 Text 属性来确定要显示的文本，状态栏设计效果如图 10-49 所示。

图 10-49　状态栏设计效果

（4）窗体加载时，在状态栏中显示当前日期，代码如下：

```
private void Form1_Load(object sender, EventArgs e)
{
    //在状态栏上显示系统的当前时间
```

```
    toolStripStatusLabel1.Text = "当前时间：" + DateTime.Now.ToLongTimeString();
}
```

程序运行结果如图 10-50 所示。

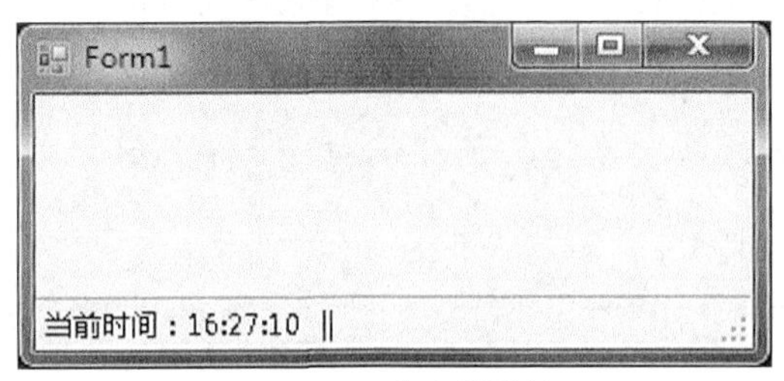

图 10-50　状态栏效果

10.5　高级控件与组件

除了上面小节中介绍的基本控件之外，Windows 应用程序还有一些高级控件和组件，熟练地掌握这些高级控件和组件，在开发应用程序过程中可以快速地实现一些复杂的功能。与控件不同，组件是一种非可视化的类，在编写程序时，“组件”这个术语通常用于可重复使用并且可以和其他对象进行交互的对象。

10.5.1　列表选择控件

列表选择控件主要包括列表控件（ListBox 控件），下拉组合框控件（ComboBox 控件）、列表视图控件和树控件（TreeView 控件）。通过对本节的学习，可以掌握列表选择控件的基本用法。

1. ListBox 控件

ListBox 控件又称为列表控件，它主要用于显示一个列表，用户可以从中选择一项或多项，如果选项总数超出可以显示的项数，则控件会自动添加滚动条。图 10-51 所示为 ListBox 控件，其拖放到窗体中的效果如图 10-52 所示。

图 10-51　ListBox 控件　　　图 10-52　ListBox 控件在窗体中的效果

下面通过一个例子看一下如何使用 ListBox 控件。

【例 10-20】创建一个 Windows 应用程序，在默认窗体中添加一个 TextBox 控件、一个 Button 控件、一个 ListBox 控件和两个 Label 控件，其中 TextBox 控件用来显示选择的文件夹，Button 控件用来选择文件夹并获取其中的文件列表，ListBox 控件用来显示获取到的文件列表，Label 控件分别用来显示文件列表总数和选中的文件夹或文件名称。代码如下：（实例位置：光盘\MR\源码\第 10 章\10-20）

```
private void Form1_Load(object sender, EventArgs e)
{
    //HorizontalScrollbar 属性设置为 true，使其能显示水平方向的滚动条
    listBox1.HorizontalScrollbar = true;
```

```
        //和 ScrollAlwaysVisible 属性设置为 true，使其能显示垂直方向的滚动条
        listBox1.ScrollAlwaysVisible = true;
        //SelectionMode 属性值为 SelectionMode 枚举成员 MultiExtended，实现在控件中可以选择多项
        listBox1.SelectionMode = SelectionMode.MultiExtended;
    }
    //获取文件列表
    private void button1_Click(object sender, EventArgs e)
    {
        //实例化浏览文件夹对话框
        FolderBrowserDialog folderbrowser = new FolderBrowserDialog();
        if (folderbrowser.ShowDialog() == DialogResult.OK)    //判断是否选择了要浏览的文件夹
        {
            textBox1.Text = folderbrowser.SelectedPath;        //获取选择的文件夹路径
            //使用获取的文件夹路径实例化 DirectoryInfo 类对象
            DirectoryInfo dinfo = new DirectoryInfo(textBox1.Text);
            //获取指定文件夹下的所有子文件夹及文件
            FileSystemInfo[] finfo = dinfo.GetFileSystemInfos();
            //将获取到的子文件夹及文件添加到 ListBox 控件中
            listBox1.Items.AddRange(finfo);
            label3.Text = "(" + listBox1.Items.Count + "项)"; //获取 ListBox 控件中的项数
        }
    }
    //获取选择项
    private void listBox1_SelectedIndexChanged(object sender, EventArgs e)
    {
        label4.Text = "您选择的是：";
        for (int i = 0; i < listBox1.SelectedItems.Count; i++)//循环遍历选择的多项
        {
            label4.Text += listBox1.SelectedItems[i]+"、";      //获取选择项
        }
    }
```

本实例中由于需要对文件夹及文件进行操作，所以首先需要添加 System.IO 命名空间。

程序运行结果如图 10-53 所示。

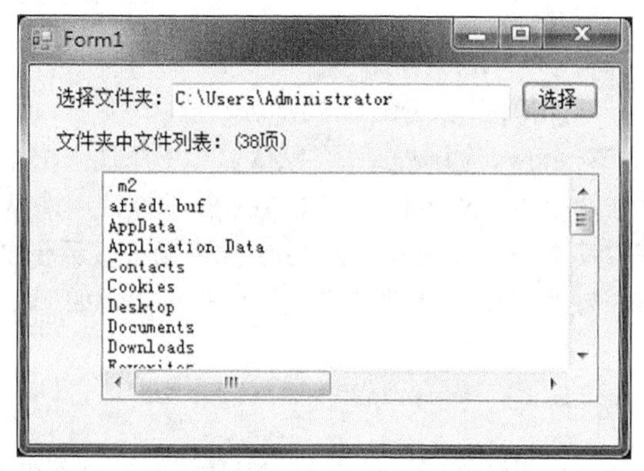

图 10-53 通过 ListBox 控件显示文件夹中文件列表

2. ComboBox 控件

ComboBox 控件又称为下拉组合框控件，它主要用于在下拉组合框中显示数据，该控件主要由两部分组成，其中，第一部分是一个允许用户输入列表项的文本框；第二部分是一个列表框，它显示一个选项列表，用户可以从中选择项。图 10-54 所示为 ComboBox 控件，其拖放到窗体中的效果如图 10-55 所示。

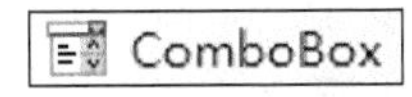

图 10-54　ComboBox 控件

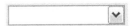

图 10-55　ComboBox 控件在窗体中的效果

下面通过一个例子看一下如何使用ComboBox控件。

【例 10-21】 创建一个 Windows 应用程序，在默认窗体中添加一个 ComboBox 控件和一个 Label 控件，其中 ComboBox 控件用来显示并选择职位，Label 控件用来显示选择的职位。代码如下：（实例位置：光盘\MR\源码\第 10 章\10-21）

```
private void Form1_Load(object sender, EventArgs e)
{
    comboBox1.DropDownStyle = ComboBoxStyle.DropDownList;//设置 comboBox1 的下拉框样式
    string[] str = new string[] { "总经理", "副总经理", "人事部经理", "财务部经理", "部门
经理", "普通员工" };                                          //定义职位数组
    comboBox1.DataSource = str;                            //指定 comboBox1 控件的数据源
    comboBox1.SelectedIndex = 0;                           //指定默认选择第一项
}
//触发 comboBox1 控件的选择项更改事件
private void comboBox1_SelectedIndexChanged(object sender, EventArgs e)
{
    label2.Text = "您选择的职位为：" + comboBox1.SelectedItem;//获取 comboBox1 中的选中项
}
```

程序运行结果如图 10-56 所示。

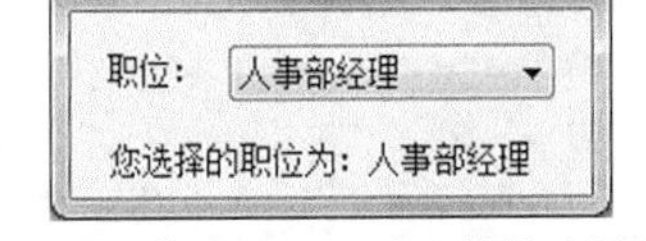

图 10-56　使用 ComboBox 控件选择职位

10.5.2　视图控件

视图控件通常以数据并配有图标的方式来向用户展示信息，常用的视图控件有 ListView 控件和 TreeView 控件，下面将对这两种控件进行详细讲解。

1. ListView 控件

ListView 控件又称为列表视图控件，它主要用于显示带图标的项列表，其中可以显示大图标、小图标和数据。使用 ListView 控件可以创建类似 Windows 资源管理器右边窗口的用户界面。图 10-57 所示为 ListView 控件，其拖放到窗体中的效果如图 10-58 所示。

ListView

图 10-57　ListView 控件

图 10-58　ListView 控件在窗体中的效果

下面通过一个例子看一下如何使用 ListView 控件。

【例 10-22】 创建一个 Windows 应用程序，将 ListView 控件的 View 属性设置为 SmallIcon，然后使用 Groups 集合的 Add 方法创建两个分组，标题分别为“名称”和“类别”，排列方式为左

对齐，最后向 ListView 控件中添加 6 项，然后设置每项的 Group 属性，将控件中的项进行分组；最后通过 3 个 Button 控件，分别实现向 ListView 控件添加、移除和清空项的功能。代码如下：（实例位置：光盘\MR\源码\第 10 章\10-22）

```
private void Form1_Load(object sender, EventArgs e)
{
    listView1.View = View.SmallIcon;    //设置 listView1 控件的 View 属性，设置样式
    //为 listView1 建立两个组
    listView1.Groups.Add(new ListViewGroup("名称", HorizontalAlignment.Left));
    listView1.Groups.Add(new ListViewGroup("类别", HorizontalAlignment.Left));
    //向控件中添加项目
    listView1.Items.Add("明日科技");
    listView1.Items.Add("C#编程词典");
    listView1.Items.Add("视频学 C#编程");
    listView1.Items.Add("公司");
    listView1.Items.Add("软件");
    listView1.Items.Add("图书");
    //将 listView1 控件中索引是 0、1 和 2 的项添加到第一个分组
    listView1.Items[0].Group = listView1.Groups[0];
    listView1.Items[1].Group = listView1.Groups[0];
    listView1.Items[2].Group = listView1.Groups[0];
    //将 listView1 控件中索引是 3、4 和 5 的项添加到第二个分组
    listView1.Items[3].Group = listView1.Groups[1];
    listView1.Items[4].Group = listView1.Groups[1];
    listView1.Items[5].Group = listView1.Groups[1];
}
//添加项
private void button1_Click(object sender, EventArgs e)
{
    if (textBox1.Text == "")                        //判断文本框中是否输入数据
    {
        MessageBox.Show("项目不能为空");            //如果没有输入数据则弹出提示
    }
    else
    {
        listView1.Items.Add(textBox1.Text.Trim());//使用 Add 方法向控件中添加数据
    }
}
//移除项
private void button2_Click(object sender, EventArgs e)
{
    if (listView1.SelectedItems.Count == 0)        //判断是否选择了要删除的项
    {
        MessageBox.Show("请选择要删除的项");        //如果没有选择弹出提示
    }
    else
    {
        //使用 RemoveAt 方法移除选择的项目
        listView1.Items.RemoveAt(listView1.SelectedItems[0].Index);
        listView1.SelectedItems.Clear();            //取消控件的选择
```

```
        }
    }
    //清空项
    private void button3_Click(object sender, EventArgs e)
    {
        if (listView1.Items.Count == 0)                  //判断控件中是否存在项目
        {
            MessageBox.Show("项目中已经没有项目");         //如果没有项目弹出提示
        }
        else
        {
            listView1.Items.Clear();                     //使用 Clear 方法移除所有项目
        }
    }
```

程序运行结果如图 10-59 所示。

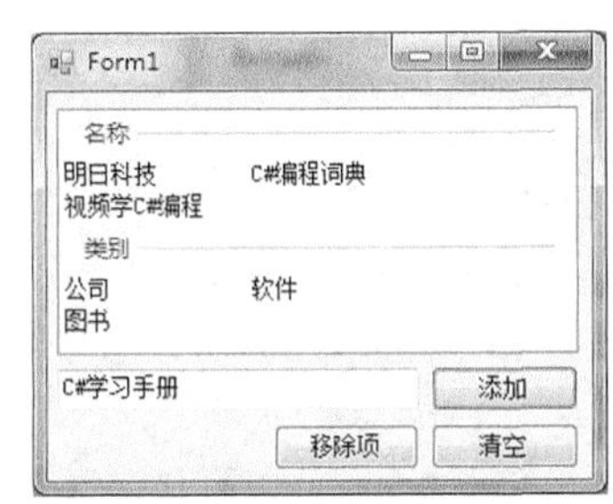

图 10-59　对 ListView 控件中的列表项进行分组

说明　ListView 是一种列表控件，在实现诸如显示文件详细信息这样的功能时，推荐使用该控件；另外，由于 ListView 有多种显示样式，因此在实现类似 Windows 系统的"缩略图"、"平铺"、"图标"、"列表"、"详细信息"等功能时，经常需要使用 ListView 控件。

2. TreeView 控件

TreeView 控件又称为树控件，它可以为用户显示节点层次结构，而每个节点又可以包含子节点，包含子节点的节点叫父节点，其效果就像在 Windows 操作系统的 Windows 资源管理器功能的左窗口中显示文件和文件夹一样。图 10-60 所示为 TreeView 控件，其拖放到窗体中的效果如图 10-61 所示。

TreeView

图 10-60　TreeView 控件

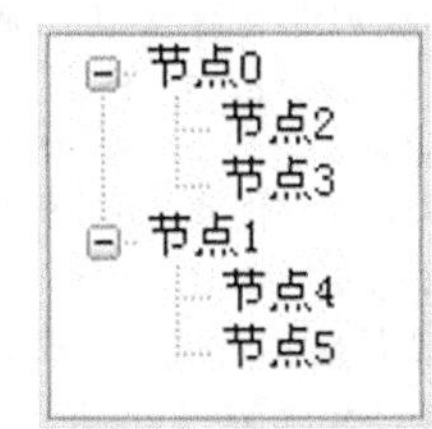

图 10-61　TreeView 控件在窗体中的效果

说明　TreeView 控件经常用来设计 Windows 窗体的左侧导航菜单。

下面通过一个例子看一下如何使用 TreeView 控件。

【例 10-23】 创建一个 Windows 应用程序，在默认窗体中添加一个 TreeView 控件、一个

ImageList 控件和一个 ContextMenuStrip 控件。其中，TreeView 控件用来显示部门结构，ImageList 控件用来存储 TreeView 控件中用到的图片文件，ContextMenuStrip 控件用来作为 TreeView 控件的快捷菜单。代码如下：（实例位置：光盘\MR\源码\第 10 章\10-23）

```
private void Form1_Load(object sender, EventArgs e)
{
    treeView1.ContextMenuStrip = contextMenuStrip1;        //设置树控件的快捷菜单
    TreeNode TopNode = treeView1.Nodes.Add("公司");        //建立一个顶级节点
    //建立 4 个基础节点，分别表示 4 个大的部门
    TreeNode ParentNode1 = new TreeNode("人事部");
    TreeNode ParentNode2 = new TreeNode("财务部");
    TreeNode ParentNode3 = new TreeNode("基础部");
    TreeNode ParentNode4 = new TreeNode("软件开发部");
    //将 4 个基础节点添加到顶级节点中
    TopNode.Nodes.Add(ParentNode1);
    TopNode.Nodes.Add(ParentNode2);
    TopNode.Nodes.Add(ParentNode3);
    TopNode.Nodes.Add(ParentNode4);
    //建立 6 个子节点，分别表示 6 个部门
    TreeNode ChildNode1 = new TreeNode("C#部门");
    TreeNode ChildNode2 = new TreeNode("ASP.NET 部门");
    TreeNode ChildNode3 = new TreeNode("VB 部门");
    TreeNode ChildNode4 = new TreeNode("VC 部门");
    TreeNode ChildNode5 = new TreeNode("JAVA 部门");
    TreeNode ChildNode6 = new TreeNode("PHP 部门");
    //将 6 个子节点添加到对应的基础节点中
    ParentNode4.Nodes.Add(ChildNode1);
    ParentNode4.Nodes.Add(ChildNode2);
    ParentNode4.Nodes.Add(ChildNode3);
    ParentNode4.Nodes.Add(ChildNode4);
    ParentNode4.Nodes.Add(ChildNode5);
    ParentNode4.Nodes.Add(ChildNode6);
    //设置 imageList1 控件中显示的图像
    imageList1.Images.Add(Image.FromFile("1.png"));
    imageList1.Images.Add(Image.FromFile("2.png"));
    //设置 treeView1 的 ImageList 属性为 imageList1
    treeView1.ImageList = imageList1;
    imageList1.ImageSize = new Size(16, 16);
    //设置 treeView1 控件节点的图标在 imageList1 控件中的索引是 0
    treeView1.ImageIndex = 0;
    //选择某个节点后显示的图标在 imageList1 控件中的索引是 1
    treeView1.SelectedImageIndex = 1;
}
private void treeView1_AfterSelect(object sender, TreeViewEventArgs e)
{
    //在 AfterSelect 事件中获取控件中选中节点显示的文本
    label1.Text = "选择的部门：" + e.Node.Text;
}
private void 全部展开 ToolStripMenuItem_Click(object sender, EventArgs e)
{
```

```
    treeView1.ExpandAll();                          //展开所有树节点
}
private void 全部折叠ToolStripMenuItem_Click(object sender, EventArgs e)
{
    treeView1.CollapseAll();                        //折叠所有树节点
}
```

程序运行结果如图 10-62 所示。

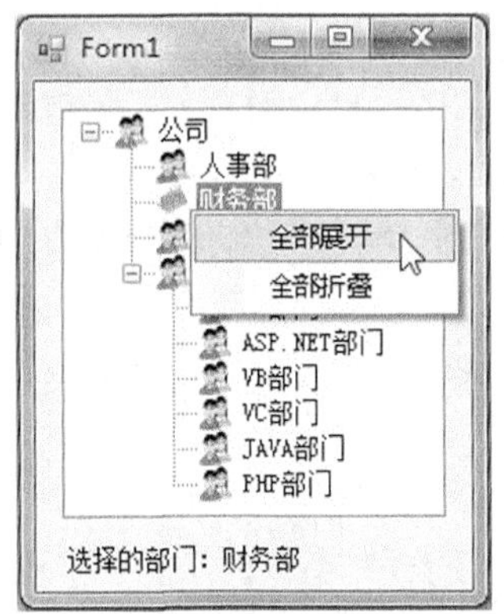

图 10-62　使用 TreeView 控件显示部门结构

10.5.3　ImageList 组件

ImageList 组件又称为图片存储组件，它主要用于存储图片资源，然后在控件上显示出来，这样就简化了对图片的管理。ImageList 组件的主要属性是 Images，它包含关联控件将要使用的图片。每个单独的图片可以通过其索引值或键值来访问；另外，ImageList 组件中的所有图片都将以同样的大小显示，该大小由其 ImageSize 属性设置，较大的图片将缩小至适当的尺寸。图 10-63 所示为 ImageList 组件。

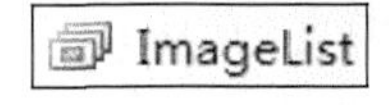

图 10-63　ImageList 组件

ImageList 组件的常用属性及说明如表 10-4 所示。

表 10-4　ImageList 组件的常用属性及说明

属　性	说　明
ColorDepth	获取图像列表的颜色深度
Images	获取此图像列表的 ImageList.ImageCollection
ImageSize	获取或设置图像列表中的图像大小
ImageStream	获取与此图像列表关联的 ImageListStreamer

下面通过一个例子看一下如何使用 ImageList 组件。

【例 10-24】 创建一个 Windows 应用程序，在默认窗体中添加 1 个 PictureBox 控件、3 个 Button 控件和 1 个 ImageList 组件，其中 PictureBox 控件用来显示图像，Button 控件用来执行加载图像一、图像二和移除图像功能，ImageList 组件用来存储图像集合。代码如下：（实例位置：光盘\MR\源码\第 10 章\10-24）

```
private void Form1_Load(object sender, EventArgs e)
```

```
{
    imageList1.ColorDepth = ColorDepth.Depth32Bit;    //设置图像的颜色深度
}
private void button1_Click(object sender, EventArgs e)
{
    imageList1.Images.Clear();                        //清除图像
    string Path = "01.jpg";                           //设置要加载的第一张图片的路径
    Image img = Image.FromFile(Path, true);           //创建一个 Image 对象
    //使用 Images 属性的 Add 方法向控件中添加图像
    imageList1.Images.Add(img);
    imageList1.ImageSize = new Size(215, 135);        //设置显示图片的大小
    //设置 pictureBox1 的图像索引是 imageList1 控件索引为 0 的图片
    pictureBox1.Image = imageList1.Images[0];
}
private void button2_Click(object sender, EventArgs e)
{
    imageList1.Images.Clear();                        //清除图像
    string Path = "02.jpg";                           //设置要加载的第二张图片的路径
    Image img = Image.FromFile(Path, true);           //创建一个 Image 对象
    imageList1.Images.Add(img);                       //使用 Add 方法向控件中添加图像
    imageList1.ImageSize = new Size(215, 135);        //设置显示图片的大小
    //设置 pictureBox1 的图像索引是 imageList1 控件索引为 1 的图片
    pictureBox1.Image = imageList1.Images[0];
}
private void button3_Click(object sender, EventArgs e)
{
    imageList1.Images.RemoveAt(0);                    //使用 RemoveAt 方法移除图像
    pictureBox1.Image = null;                         //清空图像
}
```

程序运行结果如图 10-64、图 10-65 和图 10-66 所示。

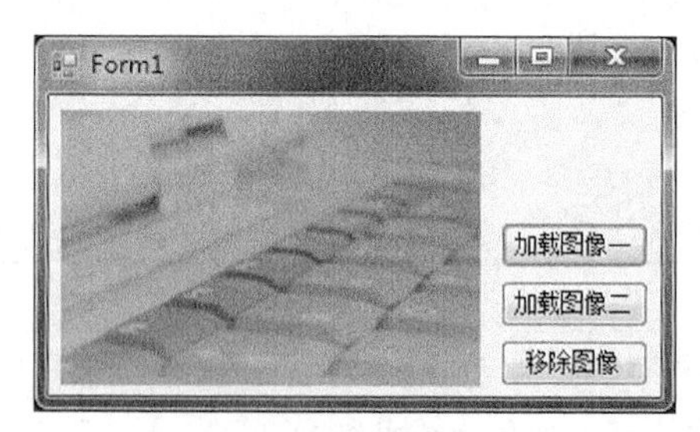

图 10-64　加载图像一

图 10-65　加载图像二

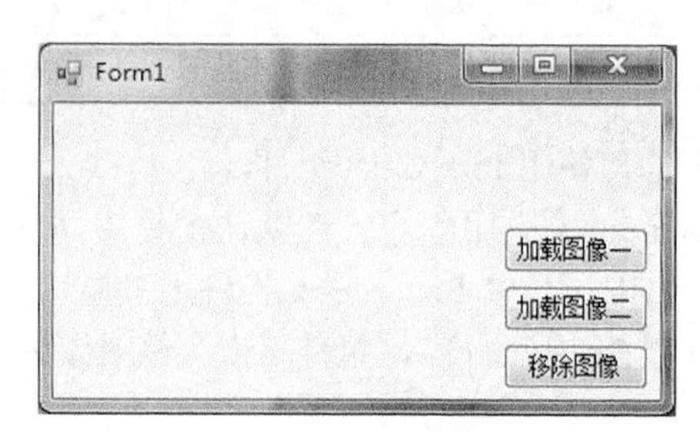

图 10-66　移除图像

说明

对于一些经常用到图片或图标的控件，经常与 ImageList 组件一起使用。例如，在使用工具栏控件、树控件、列表控件等时，经常使用 ImageList 组件存储它们需要用到的一些图片或图标，然后在程序中通过 ImageList 组件的索引项来方便地获取需要的图片或图标。

10.5.4 Timer 组件

Timer 组件又称为计时器组件，它可以定期引发事件，时间间隔的长度由其 Interval 属性定义，其属性值以毫秒为单位。若启用了该组件，则每个时间间隔引发一次 Tick 事件，开发人员可以在 Tick 事件中添加要执行操作的代码。图 10-67 所示为 Timer 组件。

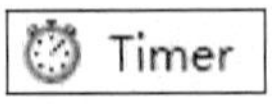

Timer

图 10-67 Timer 组件

Timer 组件的常用属性及说明如表 10-5 所示。

表 10-5 Timer 组件的常用属性及说明

属　性	说　明
Enabled	获取或设置计时器是否正在运行
Interval	获取或设置在相对于上一次发生的 Tick 事件引发 Tick 事件之前的时间（以毫秒为单位）

Timer 组件的常用方法及说明如表 10-6 所示。

表 10-6 Timer 组件的常用方法及说明

方　法	说　明
Start	启动计时器
Stop	停止计时器

Timer 组件的常用事件及说明如表 10-7 所示。

表 10-7 Timer 组件的常用事件及说明

事　件	说　明
Tick	当指定的计时器间隔已过去而且计时器处于启用状态时发生

下面通过一个例子看一下如何使用 Timer 组件实现一个简单的倒计时程序。

【例 10-25】 创建 1 个 Windows 应用程序，在默认窗体中添加 2 个 Label 控件、3 个 NumericUpDown 控件、1 个 Button 控件和 2 个 Timer 组件，其中 Label 控件用来显示系统当前时间和倒计时，NumericUpDown 控件用来选择时、分、秒，Button 控件用来设置倒计时，Timer 组件用来控制实时显示系统当前时间和实时显示倒计时。代码如下：（实例位置：光盘\MR\源码\第 10 章\10-25）

```
//定义两个 DateTime 类型的变量，分别用来记录当前时间和设置的到期时间
DateTime dtNow, dtSet;
private void Form1_Load(object sender, EventArgs e)
{
    //设置 timer1 计时器的执行时间间隔
    timer1.Interval = 1000;
    timer1.Enabled = true;                                    //启动 timer1 计时器
    numericUpDown1.Value = DateTime.Now.Hour;                 //显示当前时
    numericUpDown2.Value = DateTime.Now.Minute;               //显示当前分
    numericUpDown3.Value = DateTime.Now.Second;               //显示当前秒
```

```
    }
    private void button1_Click(object sender, EventArgs e)
    {
        if (button1.Text == "设置")                                //判断文本是否为“设置”
        {
            button1.Text = "停止";                                 //设置按钮的文本为停止
            timer2.Start();                                        /启动 timer2 计时器
        }
        else if (button1.Text == "停止")                           //判断文本是否为停止
        {
            button1.Text = "设置";                                 //设置按钮的文本为设置
            timer2.Stop();                                         //停止 timer2 计时器
            label3.Text = "倒计时已取消";
        }
    }
    private void timer1_Tick(object sender, EventArgs e)
    {
        label7.Text = DateTime.Now.ToLongTimeString();             //显示系统时间
        dtNow = Convert.ToDateTime(label7.Text);                   //记录系统时间
    }
    private void timer2_Tick(object sender, EventArgs e)
    {
        //记录设置的到期时间
        dtSet = Convert.ToDateTime(numericUpDown1.Value + ":" + numericUpDown2.Value + ":"
+ numericUpDown3.Value);
        //计算倒计时
        long countdown = DateAndTime.DateDiff(DateInterval.Second, dtNow, dtSet,
FirstDayOfWeek.Monday, FirstWeekOfYear.FirstFourDays);
        if (countdown > 0)                                         //判断倒计时时间是否大于 0
            label3.Text = "倒计时已设置，剩余" + countdown + "秒";     //显示倒计时
        else
            label3.Text = "倒计时已到";
    }
```

由于本程序中用到 DateAndTime 类，所以首先需要添加 Microsoft.VisualBasic 命名空间。这里需要注意的是，在添加 Microsoft.VisualBasic 命名空间之前，首先需要在“添加引用”对话框中的“.NET”选项卡中添加 Microsoft.VisualBasic 组件引用，因为 Microsoft.VisualBasic 命名空间位于 Microsoft.VisualBasic 组件中。

程序运行结果如图 10-68 所示。

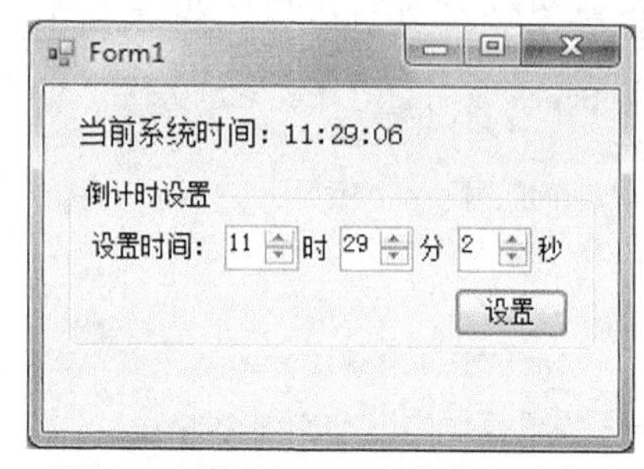

图 10-68　使用 Timer 组件实现倒计时

10.6　综合实例——进销存管理系统登录窗口

在第 4 章中，我们讲解了使用控制台来实现模拟系统登录，但那种方式极少用到，通常都使用 Windows 窗体来实现系统登录控制。本实例将制作一个 Windows 登录窗口（即进销存管理系统登录窗口），其运行效果如图 10-69 所示。

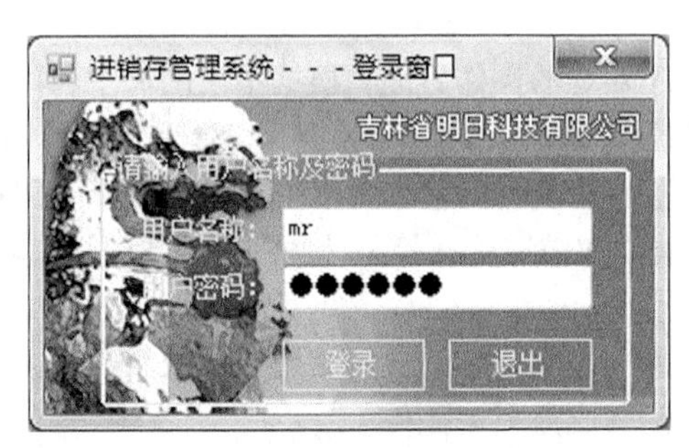

图 10-69　进销存管理系统登录窗口

程序开发步骤如下。

（1）创建一个 Windows 窗体应用程序，项目命名为 LoginForm。

（2）把默认窗体 Form1 更名为 frmLogin，该窗体用来实现用户的登录校验功能，然后在其上面添加一个 GroupBox 控件，接着在该控件中添加两个 TextBox 控件、两个 Label 控件和两个 Button 控件，分别用来输入登录信息（用户名和密码）、标注信息（提示用户名和密码）和功能操作（登录和退出操作）。

（3）另外，在 LoginForm 项目中，再添加一个窗体，并命名为 frmMain，用来作为登录成功后所显示的系统主窗体。

（4）在 frmLogin 窗体中，单击“登录”按钮，程序首先判断用户名是否为空，若不为空，则再判断用户名和密码是否正确，其中主要代码如下：

```
private void btnLogin_Click(object sender, EventArgs e)  //单击“登录”按钮
{
    if (txtUserName.Text == string.Empty)                 //若用户名为空
    {
        MessageBox.Show("用户名称不能为空！", "错误提示", MessageBoxButtons.OK, 
MessageBoxIcon.Error);                                    //提示不许用户名为空
        return;
    }
    //判断用户名和密码是否正确
    if (txtUserName.Text == "mr" && txtUserPwd.Text == "mrsoft")
    {
        frmMain main = new frmMain();                     //实例化主窗体
        main.Show();                                      //显示主窗体
        this.Visible = false;                             //隐藏登录窗体
    }
    Else                                                  //若用户名或密码错误
    {
        MessageBox.Show("用户名称或密码不正确！", "错误提示", MessageBoxButtons.OK,
```

```
MessageBoxIcon.Error);                                //提示用户名或密码错误
        }
    }
```

知识点提炼

（1）在 Windows 窗体应用程序中，窗体是向用户显示信息的可视界面，它是 Windows 窗体应用程序的基本单元。

（2）窗体是用户设计程序外观的操作界面，根据不用的需求，可以使用不用类型的 Windows 窗体。根据 Windows 窗体的显示状态，可以分为模式窗体和非模式窗体。

（3）Label 控件，又称为标签控件，它主要用于显示用户不能编辑的文本，标识窗体上的对象（例如，给文本框、列表框添加描述信息等），另外，也可以通过编写代码来设置要显示的文本信息。

（4）TextBox 控件又称为文本框控件，它主要用于获取用户输入的数据或者显示文本，它通常用于可编辑文本，也可以使其成为只读控件。

（5）Button 控件又称为按钮控件，它表允许用户通过单击来执行操作。

（6）状态栏控件使用 StatusStrip 控件来表示，它通常放置在窗体的最底部，用于显示窗体上一些对象的相关信息，或者可以显示应用程序的信息。

（7）组件是一种非可视化的类，在编写程序时，“组件”这个术语通常用于可重复使用并且可以和其他对象进行交互的对象。

（8）Timer 组件又称为计时器组件，它可以定期引发事件，时间间隔的长度由其 Interval 属性定义，其属性值以毫秒为单位。

习　　题

10-1　控制窗体的显示位置，需要设置哪个属性？
10-2　怎样设置窗体的背景图？
10-3　如何设置窗体总在最前面？
10-4　隐藏窗体，需要调用哪个方法？
10-5　简述如何取消窗体的关闭操作。
10-6　输入密码数据，通常使用哪个控件？
10-7　状态栏的功能是什么？
10-8　ImageList 控件通过哪个属性来管理图像？

实验：在窗体中的滚动字幕

实验目的

（1）应用 Timer 组件产生动画效果。
（2）控制 Label 控件在窗体中的相对位置。

实验内容

普通窗体中的文字位置都是固定的，但在一些窗体中需要让文字动起来，如一些广告性较强的界面中需要做一些滚动的字幕。本实例实现了一个具有滚动字幕效果的窗体，运行本实例，单击“演示”按钮，看到窗口中的文字开始滚动；单击“暂停”按钮，可以使字幕停止滚动。本实例运行效果如图 10-70 所示。

图 10-70　窗体中的滚动字幕

实验步骤

（1）打开 Visual Studio 2010 开发环境，新建一个 Windows 窗体应用程序，命名为 MoveFontInForm。

（2）更改默认窗体 Form1 的 Name 属性为 Frm_Main，在该窗体中添加一个 Label 控件，用来显示要滚动的文字信息；添加 3 个 Button 控件，分别用来执行开始滚动、停止滚动和关闭窗体操作；添加一个 Timer 组件，用来控制字幕的滚动。

（3）程序主要代码如下：

```
private void timer1_Tick(object sender, EventArgs e)      //用 Timer 来控制字幕的滚动
{
    label1.Left -= 2;                //设置 label1 左边缘与其容器的工作区左边缘之间的距离
    if (label1.Right < 0)            //当 label1 右边缘与其容器的工作区左边缘之间的距离小于 0 时
    {
        //设置 label1 左边缘与其容器的工作区左边缘之间的距离为该窗体的宽度
        label1.Left = this.Width;
    }
}
private void button1_Click(object sender, EventArgs e)
{
    timer1.Enabled = true;       //开始滚动
}
private void button2_Click(object sender, EventArgs e)
{
    timer1.Enabled = false;      //停止滚动
}
```

第 11 章 ADO.NET 操作数据库

本章要点：

- ADO.NET 的基本概念及组成
- 使用 Connection 对象连接 SQL Server 数据库
- 应用 Command 命令对象操作数据库
- 应用 DataSet 对象与 DataReader 对象操作数据
- BindingSource 组件和 DataGridView 控件的应用

开发 Windows 应用程序时，为了使客户端能够访问服务器中的数据库，经常需要用到对数据库的各种操作，而这其中，ADO.NET 技术是一种最常用的数据库操作技术。ADO.NET 技术是一组向.NET 程序员公开数据访问服务的类，它为创建分布式数据共享应用程序提供了一组丰富的组件。

11.1 ADO.NET 概述

数据库应用在日常的生活和工作中可以说是无处不在，无论是一个小型的企业办公自动化系统，还是像中国移动那样的大型运营系统，似乎都离不开数据库。对于大多数应用程序来说，不管它们是 Windows 桌面应用程序，还是 Web 应用程序，存储和检索数据都是其核心功能，所以针对数据库的开发已经成为软件开发的一种必备技能。

ADO.NET 是微软公司新一代.NET 数据库的访问架构，它是数据库应用程序和数据源之间沟通的桥梁，主要提供一个面向对象的数据访问架构，用来开发数据库应用程序。为了更好地理解 ADO.NET 架构模型的各个组成部分，这里对 ADO.NET 中的相关对象进行图示理解，如图 11-1 所示为 ADO.NET 对象模型。

ADO.NET 技术主要包括 Connection、Command、DataReader、DataAdapter、DataSet 和 DataTable 6 个对象，下面分别进行介绍。

（1）Connection 对象主要提供与数据库的连接功能。

（2）Command 对象用于返回数据、修改数据、运行存储过程以及发送或检索参数信息的数据库命令。

（3）DataReader 对象通过 Command 对象提供从数据库检索信息的功能，它以一种只读的、向前的和快速的方式访问数据库。

（4）DataAdapter 对象提供连接 DataSet 对象和数据源的桥梁，它主要使用 Command 对象在数据源中执行 SQL 命令，以便将数据加载到 DataSet 数据集中，并确保 DataSet 数据集中数据的更改与数

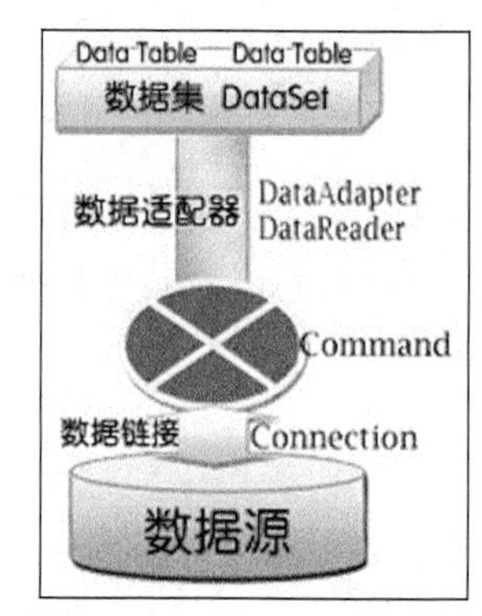

图 11-1 ADO.NET 对象模型

据源保持一致。

（5）DataSet 对象是 ADO.NET 的核心概念，它是支持 ADO.NET 断开式、分布式数据方案的核心对象。DataSet 对象是一个数据库容器，可以把它当做存在于内存中的数据库，无论数据源是什么，它都会提供一致的关系编程模型。

（6）DataTable 对象表示内存中数据的一个表。

这里可以用趣味形象化的方式理解 ADO.NET 对象模型的各个部分，如图 11-2 所示，对比图 11-1 所示的 ADO.NET 对象模型，可以用对比的方法来形象地理解 ADO.NET 中每个对象的作用。

在图 11-2 中，可以将其中的各个部分与 ADO.NET 对象作如下对比。

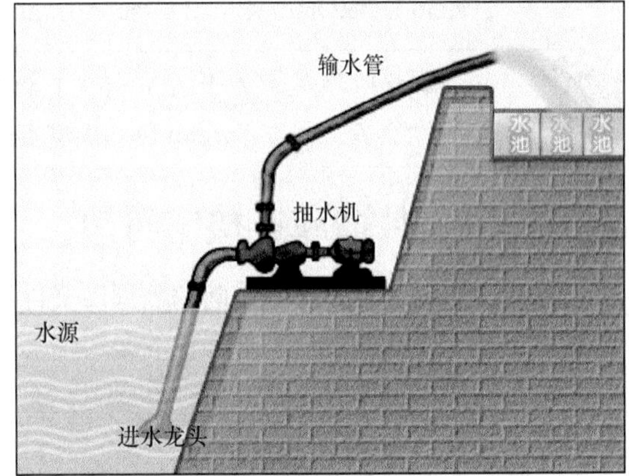

图 11-2　趣味理解 ADO.NET 对象模型

（1）数据库好比水源，存储了大量的数据。

（2）Connection 对象好比伸入水中的进水龙头，保持与水的接触，只有它与水进行了“连接”，其他对象才可以抽到水。

（3）Command 对象则像抽水机，为抽水提供动力和执行方法，通过“水龙头”，然后把水返给上面的“水管”。

（4）DataAdapter、DataReader 对象就像输水管，担任着水的传输任务，并起着桥梁的作用。DataAdapter 对象像一根输水管，通过发动机，把水从水源输送到水库里进行保存；而 DataReader 对象也是一种水管，和 DataAdapter 对象不同的是，它不把水输送到水库里面，而是单向地直接把水送到需要水的用户那里或田地里，所以要比在水库中转一下（速度）更快。

（5）DataSet 对象则是一个大水库，把抽上来的水按一定关系的池子进行存放。即使撤掉“抽水装置”（断开连接，离线状态），也可以保持“水”的存在。这也正是 ADO.NET 的核心。

（6）DataTable 对象则像水库中的每个独立的水池子，分别存放不同种类的水。一个大水库由一个或多个这样的水池子组成。

11.2　Connection 数据连接对象

所有对数据库的访问操作都是从建立数据库连接开始的。在打开数据库之前，必须先设置好连接字符串（ConnectionString），然后再调用 Open 方法打开连接，此时便可对数据库进行访问，最后调用 Close 方法关闭连接。

11.2.1　熟悉 Connection 对象

Connection 对象用于连接到数据库和管理对数据库的事务，它的一些属性描述数据源和用户身份验证。Connection 对象还提供一些方法允许程序员与数据源建立连接或者断开连接，并且微软公司提供了 4 种数据提供程序的连接对象，分别为：

- SQL Server .NET 数据提供程序的 SqlConnection 连接对象，命名空间 System.Data.SqlClient.SqlConnection；
- OLE DB .NET 数据提供程序的 OleDbConnection 连接对象，命名空间 System.Data.OleDb.OleDbConnection；

- ❑ ODBC .NET 数据提供程序的 OdbcConnection 连接对象，命名空间 System.Data.Odbc.OdbcConnection；
- ❑ Oracle .NET 数据提供程序的 OracleConnection 连接对象，命名空间 System.Data.OracleClient.OracleConnection。

本章所涉及的关于 ADO.NET 相关技术的所有实例都将以 SQL Server 数据库为例，引入的命名空间即 System.Data.SqlClient。

11.2.2 数据库连接字符串

为了让连接对象知道要访问的数据库文件在哪里，用户必须将这些信息用一个字符串加以描述。数据库连接字符串中需要提供的必要信息包括服务器的位置、数据库的名称和数据库的身份验证方式（Windows 集成身份验证或 SQL Server 身份验证），另外，还可以指定其他信息（诸如连接超时等）。

数据库连接字符串常用的参数及说明如表 11-1 所示。

表 11-1 数据库连接字符串常用的参数及说明

参数	说明
Provider	该参数用于设置或返回连接提供程序的名称，仅用于 OleDbConnection 对象
Connection Timeout	在终止尝试并产生异常前，等待连接到服务器的连接时间长度（以秒为单位）。默认值是 15s
Initial Catalog 或 Database	数据库的名称
Data Source 或 Server	连接打开时使用的 SQL Server 名称，或者是 Microsoft Access 数据库的文件名
Password 或 pwd	SQL Server 账户的登录密码
User ID 或 uid	SQL Server 登录账户
Integrated Security	此参数决定连接是否是安全连接。可能的值有 True、False 和 SSPI（SSPI 是 True 的同义词）

下面分别以连接 SQL Server 2000/2005/2008 数据库和 Access 数据库为例介绍如何书写数据库连接字符串。

❑ 连接 SQL Server 2000/2005/2008 数据库

语法格式如下：

```
string connectionString="Server=服务器名;User Id=用户;Pwd=密码;DataBase=数据库名称"
```

【例 11-1】 通过 ADO.NET 技术连接本地 SQL Server 2008 中的 master 数据库，代码如下：

```
//创建连接数据库的字符串
string SqlStr = "Server= mrwxk\\mrwxk;User Id=sa;Pwd=;DataBase=master";
```

连接 SQL Server 2005/2008 数据库时，Server 参数需要指定服务器所在的机器名称（IP 地址）和数据库服务器的实例名称。例如上述代码中，前一个 mrwxk 为计算机名称，后一个 mrwxk 为数据库服务器的实例名称。

❑ 连接 Access 数据库

语法格式如下：

```
string connectionString= “provide=提供者; Data Source=Access 文件路径”;
```

【例 11-2】 连接 C 盘根目录下的 db_access.mdb 数据库，代码如下：

```
String connectionStirng="provide=Microsoft.Jet.OLEDB.4.0;"+@"Data Source=C:\
db_access.mdb";
```

11.2.3　应用 SqlConnection 对象连接数据库

调用 Connection 对象的 Open 方法或 Close 方法可以打开或关闭数据库连接，而且必须在设置好数据库连接字符串后才能调用 Open 方法，否则 Connection 对象不知道要与哪一个数据库建立连接。

数据库联机资源是有限的，因此在需要的时候才打开连接，且一旦使用完就应该尽早地关闭连接，把资源归还给系统。

下面通过一个例子看一下如何使用 SqlConnection 对象连接 SQL Server 2008 数据库。

【例 11-3】 创建一个 Windows 应用程序，在默认窗体中添加两个 Label 控件，分别用来显示数据库连接的打开和关闭状态，然后在窗体的加载事件中，通过 SqlConnection 对象的 State 属性来判断数据库的连接状态。代码如下：（实例位置：光盘\MR\源码\第 11 章\11-3）

```
private void Form1_Load(object sender, EventArgs e)
{
    //创建数据库连接字符串
    string SqlStr = "Server=MRKJ_ZHD\\EAST;User Id=sa;Pwd=111;DataBase=db_CSharp";
    SqlConnection con = new SqlConnection(SqlStr);    //创建数据库连接对象
    con.Open();                                        //打开数据库连接
    if (con.State == ConnectionState.Open)             //判断连接是否打开
    {
        label1.Text = "SQL Server 数据库连接开启！";
        con.Close();                                   //关闭数据库连接
    }
    if (con.State == ConnectionState.Closed)           //判断连接是否关闭
    {
        label2.Text = "SQL Server 数据库连接关闭！";
    }
}
```

上面的程序中由于用到 SqlConnection 类，所以首先需要添加 System.Data.SqlClient 命名空间，下面遇到这种情况时将不再说明。

程序运行结果如图 11-3 所示。

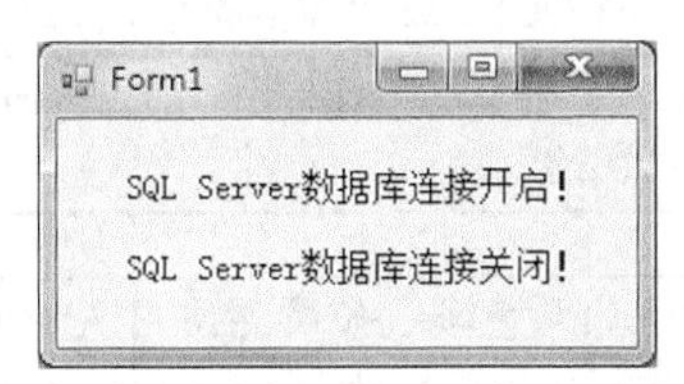

图 11-3　使用 SqlConnection 对象连接数据库

11.3　Command 命令执行对象

11.3.1　熟悉 Command 对象

使用 Connection 对象与数据源建立连接后，可以使用 Command 对象对数据源执行查询、添加、删除、修改等各种操作，操作实现的方式可以是使用 SQL 语句，也可以是使用存储过程。根据.NET Framework 数据提供程序的不同，Command 对象也可以分成 4 种，分别是 SqlCommand、OleDbCommand、OdbcCommand 和 OracleCommand，在实际的编程过程中应该根据访问的数据源不同，选择相对应的 Command 对象。

Command 对象的常用属性及说明如表 11-2 所示。

表 11-2　　Command 对象的常用属性及说明

属　　性	说　　明
CommandType	获取或设置 Command 对象要执行命令的类型
CommandText	获取或设置要对数据源执行的 SQL 语句或存储过程名或表名
CommandTimeOut	获取或设置在终止对执行命令的尝试并生成错误之前的等待时间
Connection	获取或设置 Command 对象使用的 Connection 对象的名称
Parameters	获取 Command 对象需要使用的参数集合

【例 11-4】 使用 SqlCommand 对象对 SQL Server 数据库执行查询操作，代码如下：

```
//创建数据库连接对象
SqlConnection conn = new SqlConnection("Server=MRKJ_ZHD\\EAST;User Id=sa;Pwd=111;DataBase=db_CSharp");
SqlCommand comm = new SqlCommand();                 //实例化对象 SqlCommand
comm.Connection = conn;                             //指定数据库连接对象
comm.CommandType = CommandType.Text;                //设置要执行命令类型
comm.CommandText = "select * from tb_Employee"; //设置要执行的 SQL 语句
```

Command 对象的常用方法及说明如表 11-3 所示。

表 11-3　　Command 对象的常用方法及说明

方　　法	说　　明
ExecuteNonQuery	用于执行非 SELECT 命令，比如 INSERT、DELETE 或者 UPDATE 命令，并返回 3 个命令所影响的数据行数；另外也可以用来执行一些数据定义命令，比如新建、更新、删除数据库对象（如表、索引等）
ExecuteScalar	用于执行 SELECT 查询命令，返回数据中第一行第一列的值，该方法通常用来执行那些用到 COUNT 或 SUM 函数的 SELECT 命令
ExecuteReader	执行 SELECT 命令，并返回一个 DataReader 对象，这个 DataReader 对象是一个只读向前的数据集

表 11-3 中这 3 种方法非常重要，如果要使用 ADO.NET 完成某种数据库操作，一定会用到上面这些方法，这 3 种方法没有任何的优劣之分，只是使用的场合不同罢了，所以一定要弄清楚它们的返回值类型以及使用方法，以便适当地使用它们。

11.3.2 应用 Command 对象添加数据

以操作 SQL Server 数据库为例，向数据库中添加记录时，首先要创建 SqlConnection 对象连接数据库，然后定义添加数据的 SQL 字符串，最后调用 SqlCommand 对象的 ExecuteNonQuery 方法执行数据的添加操作。

【例 11-5】 创建一个 Windows 应用程序，在默认窗体中添加两个 TextBox 控件、一个 Label 控件和一个 Button 控件，其中，TextBox 控件用来输入要添加的信息，Label 控件用来显示添加成

功或失败信息，Button 控件用来执行数据添加操作。代码如下：（实例位置：光盘\MR\源码\第 11 章\11-5）

```
private void button1_Click(object sender, EventArgs e)
{
    //实例化数据库连接对象
    SqlConnection conn = new SqlConnection("Server=MRKJ_ZHD\\EAST;User Id=sa;Pwd=111;DataBase=db_CSharp");
    //定义添加数据的 SQL 语句
    string strsql = "insert into tb_PDic(Name,Money) values('" + textBox1.Text + "'," + Convert.ToDecimal(textBox2.Text) + ")";
    SqlCommand comm = new SqlCommand(strsql, conn);      //实例化 SqlCommand 对象
    if (conn.State == ConnectionState.Closed)            //判断连接是否关闭
    {
        conn.Open();                                     //打开数据库连接
    }
    //判断 ExecuteNonQuery 方法返回的参数是否大于 0，大于 0 表示添加成功
    if (Convert.ToInt32(comm.ExecuteNonQuery()) > 0)
    {
        label3.Text = "添加成功！";
    }
    else
    {
        label3.Text = "添加失败！";
    }
    conn.Close();                          //关闭数据库连接
}
```

程序运行结果如图 11-4 所示。

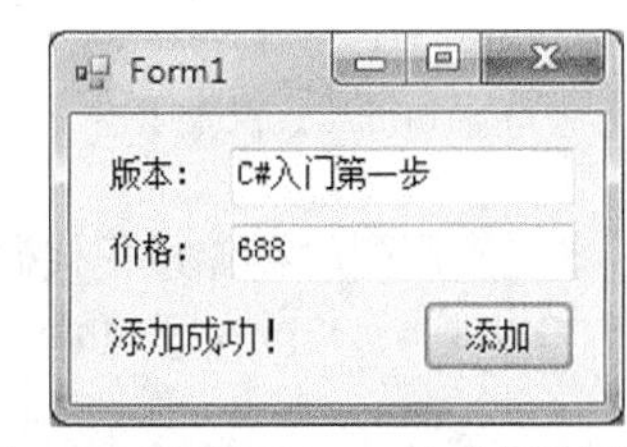

图 11-4 使用 Command 对象添加数据

程序运行之后，读者可以在本实例所使用的 SQL Server 2008 数据库的“企业管理器”中查看是否真正向 db_CSharp 数据库的 tb_PDic 数据表中添加了一条数据，如图 11-5 所示。

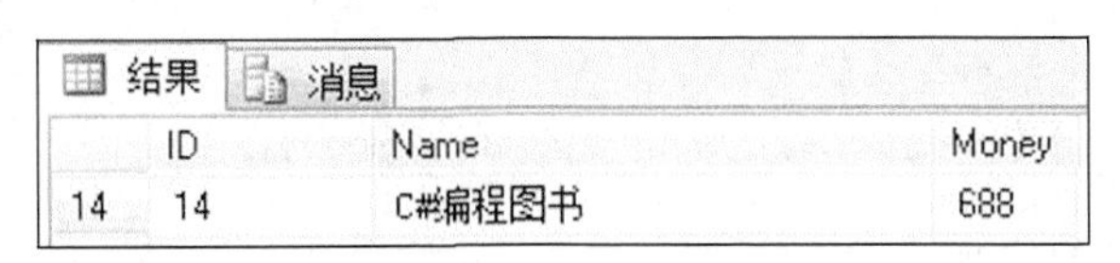

图 11-5 新增一条数据

11.3.3 应用 Command 对象调用存储过程

存储过程可以使管理数据库、显示数据库信息等操作变得非常容易，它是 SQL 语句和可选控制流语句的预编译集合，它存储在数据库内，在程序中可以通过 Command 对象来调用，其执行速度比 SQL 语句快，同时还保证了数据的安全性和完整性。

【例 11-6】 创建一个 Windows 应用程序，在默认窗体中添加两个 TextBox 控件、一个 Label 控件和一个 Button 控件，其中，TextBox 控件用来输入要添加的信息，Label 控件用来显示添加成功或失败信息，Button 控件用来调用存储过程执行数据添加操作。代码如下：（实例位置：光盘\MR\源码\第 11 章\11-6）

```
private void button1_Click(object sender, EventArgs e)
{
    //实例化数据库连接对象
```

```
        SqlConnection   sqlcon   =   new   SqlConnection("Server=MRKJ_ZHD\\EAST;User
Id=sa;Pwd=111;DataBase=db_CSharp");
        SqlCommand sqlcmd = new SqlCommand();              //实例化SqlCommand对象
        sqlcmd.Connection = sqlcon;                        //指定数据库连接对象
        sqlcmd.CommandType = CommandType.StoredProcedure;//指定执行对象为存储过程
        sqlcmd.CommandText = "proc_AddData";               //指定要执行的存储过程名称
        //为@name参数赋值
        sqlcmd.Parameters.Add("@name", SqlDbType.VarChar, 20).Value = textBox1.Text;
        //为@money参数赋值
        sqlcmd.Parameters.Add("@money",         SqlDbType.Decimal).Value         =
Convert.ToDecimal(textBox2.Text);
        if (sqlcon.State == ConnectionState.Closed)       //判断连接是否关闭
        {
            sqlcon.Open();                                  //打开数据库连接
        }
        //判断ExecuteNonQuery方法返回的参数是否大于0，大于0表示添加成功
        if (Convert.ToInt32(sqlcmd.ExecuteNonQuery()) > 0)
        {
            label3.Text = "添加成功！";
        }
        else
        {
            label3.Text = "添加失败！";
        }
        sqlcon.Close();                                     //关闭数据库连接
    }
```

本实例用到的存储过程代码如下：

```
CREATE proc proc_AddData
(
@name varchar(20),
@money decimal
)
as
insert into tb_PDic(Name,Money) values(@name,@money)
GO
```

程序运行结果如图11-6所示。

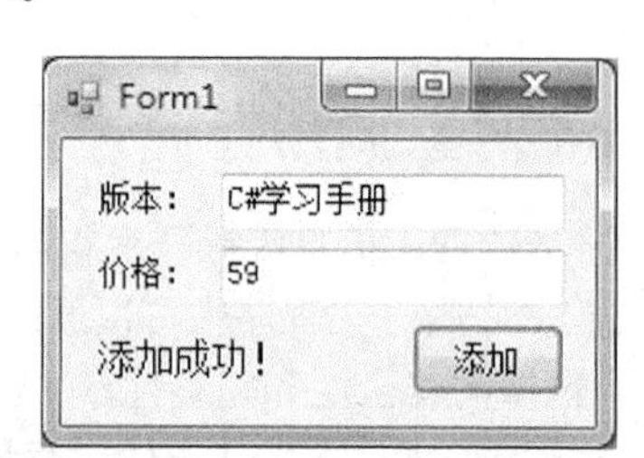

图11-6　使用Command对象调用存储过程添加数据

proc_AddData存储过程中使用了以@符号开头的两个参数：@name和@money，对于存储过程参数名称的定义，通常会参考数据表中的列的名称（本实例用到的数据表tb_PDic中的列分别为Name和Money），这样可以比较方便知道这个参数是套用在哪个列的。当然，参数名称可以自定义，但一般都参考数据表中的列进行定义。

11.4 DataReader 数据读取对象

11.4.1 理解 DataReader 对象

DataReader 对象是一个简单的数据集，它主要用于从数据源中读取只读的数据集，其常用于检索大量数据。根据.NET Framework 数据提供程序的不同，DataReader 对象也可以分为 SqlDataReader、OleDbDataReader、OdbcDataReader 和 OracleDataReader 4 大类。

由于 DataReader 对象每次只能在内存中保留一行，所以使用它的系统开销非常小。

使用 DataReader 对象读取数据时，必须一直保持与数据库的连接，所以也被称为连线模式，其架构如图 11-7 所示（这里以 SqlDataReader 为例）。

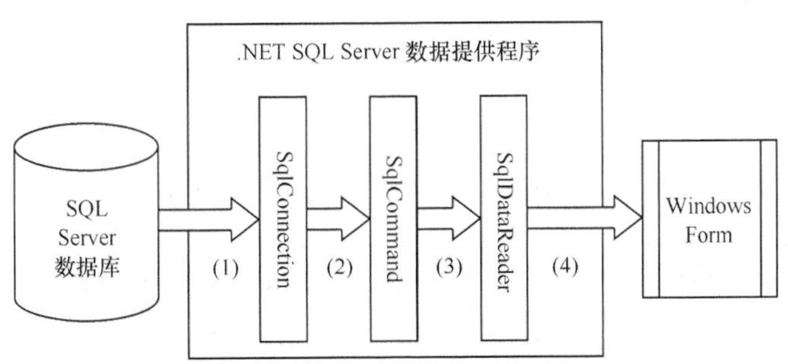

图 11-7 使用 SqlDataReader 对象读取数据

DataReader 对象是一个轻量级的数据对象，如果只需要将数据读出并显示，那么它是最合适的工具，因为它的读取速度比稍后要讲解到的 DataSet 对象要快，占用的资源也更少；但是，一定要铭记：DataReader 对象在读取数据时，要求数据库一直保持在连接状态，只有在读取完数据之后才能断开连接。

开发人员可以通过 Command 对象的 ExecuteReader 方法从数据源中检索数据来创建 DataReader 对象，DataReader 对象常用属性及说明如表 11-4 所示。

表 11-4 DataReader 对象常用属性及说明

属 性	说 明
HasRows	判断数据库中是否有数据
FieldCount	获取当前行的列数
RecordsAffected	获取执行 SQL 语句所更改、添加或删除的行数

DataReader 对象常用方法及说明如表 11-5 所示。

表 11-5 DataReader 对象常用方法及说明

方 法	说 明
Read	使 DataReader 对象前进到下一条记录
Close	关闭 DataReader 对象
Get	用来读取数据集的当前行的某一列的数据

11.4.2 应用 DataReader 对象读取数据

使用 DataReader 对象读取数据时，首先需要使用其 HasRows 属性判断是否有数据可供读取，如果有数据，返回 True，否则返回 False；然后再使用 DataReader 对象的 Read 方法来循环读取数据表中的数据；最后通过访问 DataReader 对象的列索引来获取读取到的值，如 sqldr["ID"]用来获取数据表中 ID 列的值。

【例 11-7】创建一个 Windows 应用程序，在默认窗体中添加一个 RichTextBox 控件，用来显示使用 SqlDataReader 对象读取到的数据表中的数据。代码如下：（实例位置：光盘\MR\源码\第 11 章\11-7）

```
private void Form1_Load(object sender, EventArgs e)
{
    SqlConnection    sqlcon    =    new    SqlConnection("Server=MRKJ_ZHD\\EAST;User
Id=sa;Pwd=111;DataBase=db_CSharp");                    //实例化数据库连接对象
    //实例化 SqlCommand 对象
    SqlCommand sqlcmd = new SqlCommand("select * from tb_PDic order by ID asc",sqlcon);
    if (sqlcon.State == ConnectionState.Closed)        //判断连接是否关闭
    {
        sqlcon.Open();                                 //打开数据库连接
    }
    //使用 ExecuteReader 方法的返回值实例化 SqlDataReader 对象
    SqlDataReader sqldr = sqlcmd.ExecuteReader();
    richTextBox1.Text = "编号      版本        价格\n"; //为文本框赋初始值
    try
    {
        if (sqldr.HasRows)                             //判断 SqlDataReader 中是否有数据
        {
            while (sqldr.Read())                       //循环读取 SqlDataReader 中的数据
            {
                richTextBox1.Text += "" + sqldr["ID"] + "    " + sqldr["Name"] + "    "
+ sqldr["Money"] + "\n";                               //显示读取的详细信息
            }
        }
    }
    catch (SqlException ex)                            //捕获数据库异常
    {
        MessageBox.Show(ex.ToString());                //输出异常信息
    }
    finally
    {
        sqldr.Close();                                 //关闭 SqlDataReader 对象
        sqlcon.Close();                                //关闭数据库连接
    }
}
```

程序运行结果如图 11-8 所示。

图 11-8 使用 DataReader 对象读取数据

使用 DataReader 对象读取数据之后，务必将其关闭，否则如果 DataReader 对象未关闭，则其所使用的 Connection 对象将无法再执行其他的操作。

11.5　DataSet 和 DataAdapter 数据操作对象

11.5.1　熟悉 DataSet 对象和 DataAdapter 对象

1．掌握 DataSet 对象

DataSet 对象是 ADO.NET 的核心成员，它是支持 ADO.NET 断开式、分布式数据方案的核心对象，也是实现基于非连接的数据查询的核心组件。DataSet 对象是创建在内存中的集合对象，它可以包含任意数量的数据表以及所有表的约束、索引、关系等，它实质上相当于在内存中的一个小型关系数据库。一个 DataSet 对象包含一组 DataTable 对象和 DataRelation 对象，其中每个 DataTable 对象都由 DataColumn、DataRow 和 Constraint 集合对象组成，如图 11-9 所示。

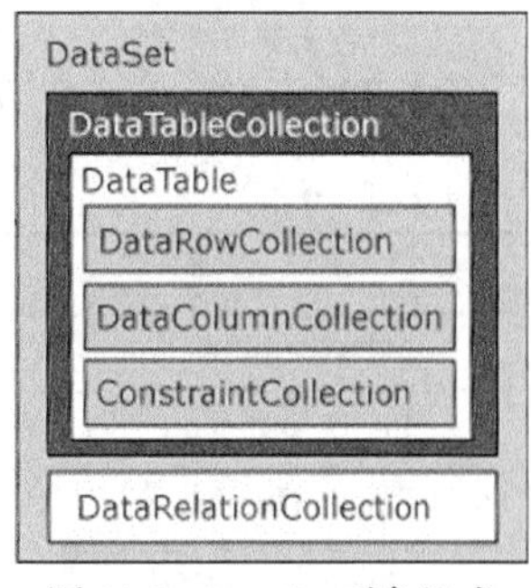

图 11-9　DataSet 对象组成

对于 DataSet 对象，可以将其看做是一个数据库容器，它将数据库中的数据复制了一份放在了用户本地的内存中，供用户在不连接数据库的情况下读取数据，以便充分利用客户端资源，降低数据库服务器的压力。这就像 11.1 节中将 DataSet 对象比喻成一个大水库一样，把抽上来的水按一定关系的池子进行存放之后，即使撤掉“抽水装置”（断开连接，离线状态），也可以保持“水”的存在，而这也正是 ADO.NET 技术的核心。

如图 11-10 所示，当把 SQL Server 数据库的数据通过起“桥梁”作用的 SqlDataAdapter 对象填充到 DataSet 数据集中后，就可以对数据库进行一个断开连接、离线状态的操作，所以图 11-10 中的“标记④”这一步骤就可以忽略不使用。

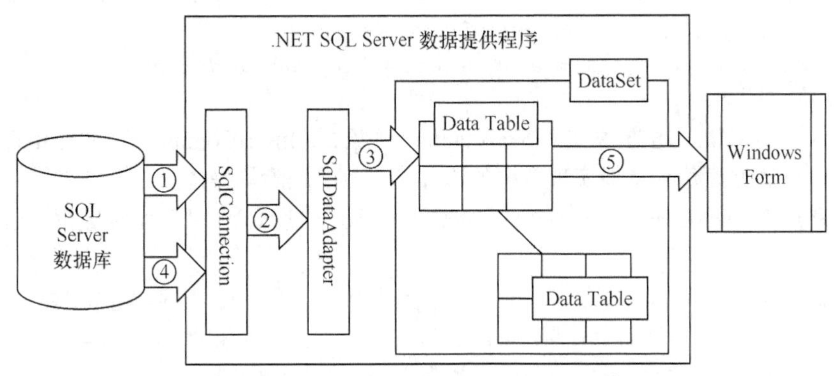

图 11-10　离线模式访问 SQL Server 数据库

DataSet 对象的用法主要有以下几种，这些用法可以单独使用，也可以综合使用。

- 以编程方式在 DataSet 中创建 DataTable、DataRelation 和 Constraint，并使用数据填充表。
- 通过 DataAdapter 对象用现有关系数据源中的数据表填充 DataSet。
- 使用 XML 文件加载和保持 DataSet 内容。

2. 理解 DataAdapter 对象

DataAdapter 对象（即数据适配器）是一种用来充当 DataSet 对象与实际数据源之间桥梁的对象，可以说只要有 DataSet 对象的地方就有 DataAdapter 对象，它也是专门为 DataSet 对象服务的。DataAdapter 对象的工作步骤一般有两种：一种是通过 Command 对象执行 SQL 语句，从而从数据源中检索数据，并将检索到的结果集填充到 DataSet 对象中；另一种是把用户对 DataSet 对象做出的更改写入数据源中。

在.NET Framework 中使用 4 种 DataAdapter 对象，即 OleDbDataAdapter、SqlDataAdapter、ODBCDataAdapter 和 OracleDataAdapter。其中，OleDbDataAdapter 对象适用于 OLEDB 数据源；SqlDataAdapter 对象适用于 SQL Server 7.0 或更高版本的数据源；ODBCDataAdapter 对象适用于 ODBC 数据源；OracleDataAdapter 对象适用于 Oracle 数据源。

DataAdapter 对象常用属性及说明如表 11-6 所示。

表 11-6　　DataAdapter 对象常用属性及说明

属　性	说　明
SelectCommand	获取或设置用于在数据源中选择记录的命令
InsertCommand	获取或设置用于将新记录插入到数据源中的命令
UpdateCommand	获取或设置用于更新数据源中记录的命令
DeleteCommand	获取或设置用于从数据集中删除记录的命令

由于 DataSet 对象是一个非连接的对象，它与数据源无关，也就是说该对象并不能直接跟数据源产生联系，而 DataAdapter 对象则正好负责填充它并把它的数据提交给一个特定的数据源，它与 DataSet 对象配合使用来执行数据查询、添加、修改、删除等操作。

【例 11-8】 对 DataAdapter 对象的 SelectCommand 属性赋值，从而实现数据的查询操作。代码如下：

```
SqlConnection con=new SqlConnection(strCon);            //创建数据库连接对象
SqlDataAdapter ada = new SqlDataAdapter();              //创建 SqlDataAdapter 对象
//给 SqlDataAdapter 的 SelectCommand 赋值
ada.SelectCommand=new SqlCommand("select * from authors",con);
……//省略后继代码
```

同样，可以使用上述方法给 DataAdapter 对象的 InsertCommand、UpdateCommand 和 DeleteCommand 属性赋值，从而实现数据的添加、修改、删除等操作。

【例 11-9】 对 DataAdapter 对象的 UpdateCommand 属性赋值，从而实现数据的修改操作。代码如下：

```
SqlConnection con=new SqlConnection(strCon);            //创建数据库连接对象
SqlDataAdapter da = new SqlDataAdapter();               //创建 SqlDataAdapter 对象
//给 SqlDataAdapter 的 UpdateCommand 属性赋值，指定执行修改操作的 SQL 语句
da.UpdateCommand = new SqlCommand("update tb_PDic set Name = @name where ID=@id", con);
da.UpdateCommand.Parameters.Add("@name",     SqlDbType.VarChar,     20).Value     =
textBox1.Text;                                          //为@name 参数赋值
da.UpdateCommand.Parameters.Add("@id",          SqlDbType.Int).Value          =
Convert.ToInt32(comboBox1.Text);                        //为@id 参数赋值
……//省略后继代码
```

DataAdapter 对象常用方法及说明如表 11-7 所示。

表 11-7　　DataAdapter 对象常用方法及说明

方　法	说　明
Fill	从数据源中提取数据以填充数据集
Update	更新数据源

使用 DataAdapter 对象的 Fill 方法填充 DataSet 数据集时，其中的表名称可以自定义，而并不是必须与原数据库中的表名称相同。

11.5.2　应用 DataAdapter 对象填充 DataSet 数据集

使用 DataAdapter 对象填充 DataSet 数据集时，需要用到其 Fill 方法，该方法最常用的 3 种重载形式如下。

- int Fill(DataSet dataset)：添加或更新参数所指定的 DataSet 数据集，返回值是影响的行数。
- int Fill(DataTable datatable)：将数据填充到一个数据表中。
- int Fill(DataSet dataset，String tableName)：填充指定的 DataSet 数据集中的指定表。

【例 11-10】 创建一个 Windows 应用程序，在默认窗体中添加一个 DataGridView 控件，用来显示使用 DataAdapter 对象填充后的 DataSet 数据集中的数据。代码如下：（实例位置：光盘\MR\源码\第 11 章\11-10）

```
private void Form1_Load(object sender, EventArgs e)
{
    //定义数据库连接字符串
    string strCon = "Server=MRKJ_ZHD\\EAST;User Id=sa;Pwd=111;DataBase=db_CSharp";
    SqlConnection sqlcon = new SqlConnection(strCon);     //实例化数据库连接对象
    //实例化数据库桥接器对象
    SqlDataAdapter sqlda = new SqlDataAdapter("select * from tb_PDic",sqlcon);
    DataSet myds = new DataSet();                         //实例化数据集对象
    sqlda.Fill(myds,"tabName");                           //填充数据集中的指定表
    dataGridView1.DataSource = myds.Tables["tabName"];    //为 dataGridView1 指定数据源
}
```

程序运行结果如图 11-11 所示。

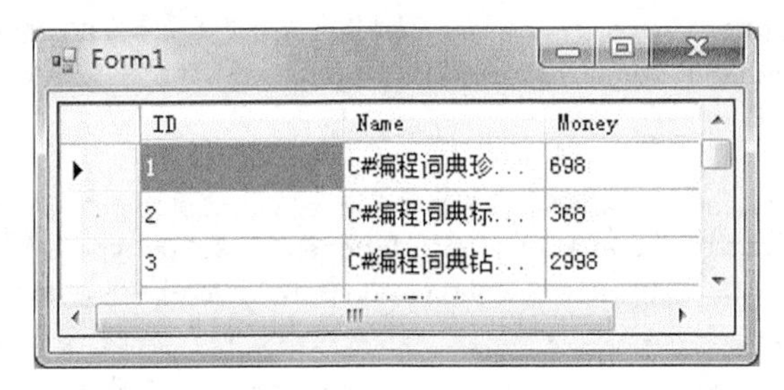

图 11-11　使用 DataAdapter 对象填充 DataSet 数据集

上面的实例中用到了 DataGridView 控件，该控件的使用将在 11.6.1 节进行详细介绍。

11.5.3 应用 DataAdapter 对象更新数据库中的数据

使用 DataAdapter 对象更新数据库中的数据时，需要用到其 Update 方法，该方法最常用的 3 种重载形式如下。

- Update(DataSet)：根据指定的数据集中的数据表更新数据源。
- Update(DataTable)：根据指定的数据表更新数据源。
- Update(dataRows)：根据指定的数据行数组更新数据源。

下面通过一个实例来讲解如何通过 UpdateCommand 属性及 Update 方法实现批量更新数据。

【例 11-11】创建一个 Windows 应用程序，在默认窗体中添加一个 DataGridView 控件和一个 Button 控件。其中，DataGridView 控件用来显示和编辑数据表中的数据，Button 控件用来使用 SqlDataAdapter 对象的 UpdateCommand 属性，并结合其 Update 方法对数据表中的数据进行批量更新。代码如下：（实例位置：光盘\MR\源码\第 11 章\11-11）

```
string strCon = "Server=MRKJ_ZHD\\EAST;User Id=sa;Pwd=111;DataBase=db_CSharp";//定义数据库连接字符串
SqlConnection sqlcon;                                       //声明数据库连接对象
SqlDataAdapter sqlda;                                       //声明数据库桥接器对象
DataSet myds;                                               //声明数据集对象
private void Form1_Load(object sender, EventArgs e)
{
   sqlcon = new SqlConnection(strCon);                      //实例化数据库连接对象
   //实例化数据库桥接器对象
   sqlda = new SqlDataAdapter("select * from tb_PDic", sqlcon);
   myds = new DataSet();                                    //实例化数据集
   sqlda.Fill(myds);                                        //填充数据集
   dataGridView1.DataSource = myds.Tables[0];               //对 DataGridView 控件进行数据绑定
}
//执行批量更新操作
private void button1_Click(object sender, EventArgs e)
{
   myds.Tables.Clear();                                     //清空数据集
   sqlcon = new SqlConnection(strCon);                      //实例化数据库连接对象
   //实例化数据库桥接器对象
   sqlda = new SqlDataAdapter("select * from tb_PDic", sqlcon);
   //给 SqlDataAdapter 的 UpdateCommand 属性指定执行更新操作的 SQL 语句
   sqlda.UpdateCommand = new SqlCommand("update tb_PDic set Name=@name,Money=@money where ID=@id", sqlcon);
   //添加参数并赋值
   sqlda.UpdateCommand.Parameters.Add("@name", SqlDbType.VarChar, 20, "Name");
   sqlda.UpdateCommand.Parameters.Add("@money", SqlDbType.VarChar,9, "Money");
   SqlParameter prams_ID = sqlda.UpdateCommand.Parameters.Add("@id", SqlDbType.Int);
   prams_ID.SourceColumn = "id";                            //设置@id 参数的原始列
   prams_ID.SourceVersion = DataRowVersion.Original;//设置@id 参数的原始值
   sqlda.Fill(myds);                                        //填充数据集
   //使用一个 for 循环更改数据集 myds 中的表中的值
   for (int i = 0; i < myds.Tables[0].Rows.Count; i++)
   {
```

```
            myds.Tables[0].Rows[i]["Name"]                                              =
dataGridView1.Rows[i].Cells[1].Value.ToString();
            myds.Tables[0].Rows[i]["Money"]                                             =
Convert.ToDecimal(dataGridView1.Rows[i].Cells[2].Value);
        }
        //调用 Update 方法提交更新后的数据集 myds,并同步更新数据库数据
        sqlda.Update(myds);
        dataGridView1.DataSource = myds.Tables[0];          //对 DataGridView 控件进行数据绑定
    }
```

程序运行结果如图 11-12 和图 11-13 所示。

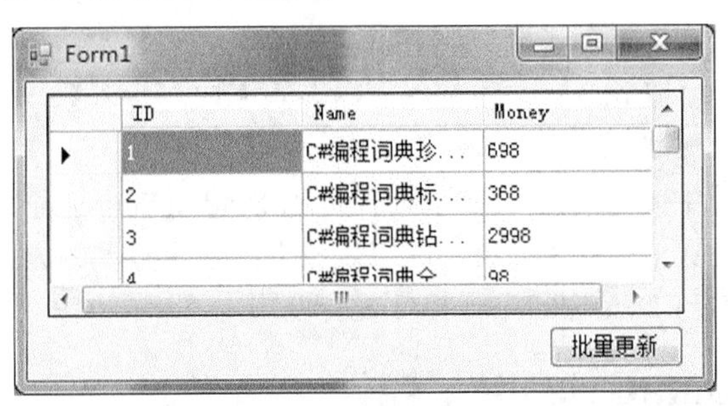

图 11-12　批量更新前

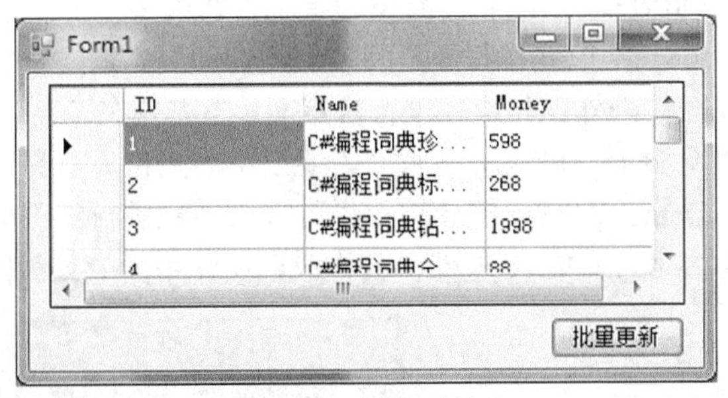

图 11-13　批量更新后

使用 DataAdapter 对象的 Update 方法更新数据时，有时会遇到如图 11-14 所示的异常信息："将截断字符串或二进制数据，语句已终止"。出现这样的异常主要是由于要保存的数据太大而数据库中设置的字段长度不够造成的。例如，本实例中将数据表中的 Name 字段设置为 Varchar 类型，长度为 20，那么在存储比较长的字符串时，就会出现如图 11-14 所示的异常信息。

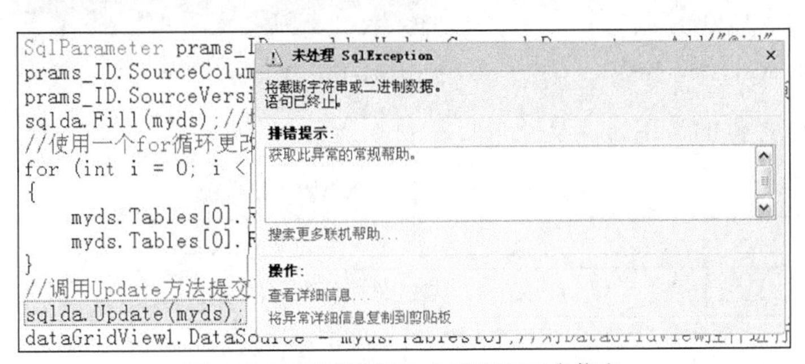

图 11-14　保存数据太大出现的异常信息

解决上述异常的方法一般是在数据库中增加对应字段的长度，而最好的解决方法是在数据库中把对应字段的数据类型设置为 Nvarchar 类型，因为这种数据类型会根据要保存的字符串长度自动伸缩数据库中的字段长度。

11.5.4 区别 DataSet 对象与 DataReader 对象

ADO.NET 中提供了两个对象用于检索关系数据：DataSet 对象与 DataReader 对象。其中，DataSet 对象是将用户需要的数据从数据库中“复制”下来存储在内存中，用户是对内存中的数据直接操作；而 DataReader 对象则像一根管道，连接到数据库上，“抽”出用户需要的数据后，管道断开，所以用户在使用 DataReader 对象读取数据时，一定要保证数据库的连接状态是开启的，而使用 DataSet 对象时就没有这个必要。

11.6 数据操作控件

常用的数据操作控件主要有 DataGridView 控件和 BindingSource 组件。DataGridView 控件又称为数据表格控件，它提供一种强大而灵活的以表格形式显示数据的方式；BindingSource 组件主要用来管理数据源，通常与 DataGridView 控件配合使用。

11.6.1 应用 DataGridView 控件

将数据绑定到 DataGridView 控件非常简单和直观，在大多数情况下，只需设置 DataSource 属性即可。另外，DataGridView 控件具有极高的可配置性和可扩展性，它提供有大量的属性、方法和事件，可以用来对该控件的外观和行为进行自定义。当需要在 Windows 窗体应用程序中显示表格数据时，首先考虑使用 DataGridView 控件。若要以小型网格显示只读值或者使用户能够编辑具有数百万条记录的表，DataGridView 控件将提供可以方便地进行编程以及有效地利用内存的解决方案。图 11-15 所示为 DataGridView 控件，其拖放到窗体中的效果如图 11-16 所示。

DataGridView

图 11-15 DataGridView 控件

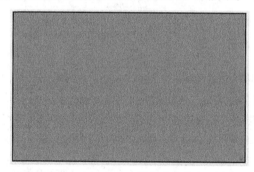

图 11-16 DataGridView 控件在窗体中的效果

DataGridView 控件的常用属性及说明如表 11-8 所示。

表 11-8 DataGridView 控件的常用属性及说明

属　性	说　明
Columns	获取一个包含控件中所有列的集合
CurrentCell	获取或设置当前处于活动状态的单元格
CurrentRow	获取包含当前单元格的行
DataSource	获取或设置 DataGridView 所显示数据的数据源
RowCount	获取或设置 DataGridView 中显示的行数
Rows	获取一个集合，该集合包含 DataGridView 控件中的所有行

DataGridView 控件的常用事件及说明如表 11-9 所示。

表 11-9　　DataGridView 控件的常用事件及说明

事　件	说　明
CellClick	在单元格的任何部分被单击时发生
CellDoubleClick	在用户双击单元格中的任何位置时发生

下面通过一个例子看一下如何使用 DataGridView 控件，该实例主要实现的功能有：禁止在 DataGridView 控件中添加/删除行、禁用 DataGridView 控件的自动排序、使 DataGridView 控件隔行显示不同的颜色、使 DataGridView 控件的选中行呈现不同的颜色和选中 DataGridView 控件控件中的某行时，将其详细信息显示在 TextBox 文本框中。

【例 11-12】 创建一个 Windows 应用程序，在默认窗体中添加两个 TextBox 控件和一个 DataGridView 控件，其中，TextBox 控件分别用来显示选中记录的版本和价格信息，DataGridView 控件用来显示数据表中的数据。代码如下：（实例位置：光盘\MR\源码\第 11 章\11-12）

```
string strCon = "Server=MRKJ_ZHD\\EAST;User Id=sa;Pwd=111;DataBase=db_CSharp";
//定义数据库连接字符串
SqlConnection sqlcon;                                        //声明数据库连接对象
SqlDataAdapter sqlda;                                        //声明数据库桥接器对象
DataSet myds;                                                //声明数据集对象
private void Form1_Load(object sender, EventArgs e)
{
    dataGridView1.AllowUserToAddRows = false;                //禁止添加行
    dataGridView1.AllowUserToDeleteRows = false;             //禁止删除行
    sqlcon = new SqlConnection(strCon);                      //实例化数据库连接对象
    //实例化数据库桥接器对象
    sqlda = new SqlDataAdapter("select * from tb_PDic", sqlcon);
    myds = new DataSet();                                    //实例化数据集对象
    sqlda.Fill(myds);                                        //填充数据集
    dataGridView1.DataSource = myds.Tables[0];               //为 dataGridView1 指定数据源
    //禁用 DataGridView 控件的排序功能
    for (int i = 0; i < dataGridView1.Columns.Count; i++)
        dataGridView1.Columns[i].SortMode = DataGridViewColumnSortMode.NotSortable;
    //设置 SelectionMode 属性为 FullRowSelect 使控件能够整行选择
    dataGridView1.SelectionMode = DataGridViewSelectionMode.FullRowSelect;
    //设置 DataGridView 控件中的数据以各行换色的形式显示
    foreach (DataGridViewRow dgvRow in dataGridView1.Rows)//遍历所有行
    {
        if (dgvRow.Index % 2 == 0)                           //判断是否是偶数行
        {
            //设置偶数行颜色
            dataGridView1.Rows[dgvRow.Index].DefaultCellStyle.BackColor =
Color.LightSalmon;
        }
        else                                                 //奇数行
        {
            //设置奇数行颜色
            dataGridView1.Rows[dgvRow.Index].DefaultCellStyle.BackColor =
```

```
Color.LightPink;
            }
        }
        //设置 dataGridView1 控件的 ReadOnly 属性，使其为只读
        dataGridView1.ReadOnly = true;
        //设置 dataGridView1 控件的 DefaultCellStyle.SelectionBackColor 属性，使选中行颜色变色
        dataGridView1.DefaultCellStyle.SelectionBackColor = Color.LightSkyBlue;
    }
    private void dataGridView1_CellClick(object sender, DataGridViewCellEventArgs e)
    {
        if (e.RowIndex > 0)                                    //判断选中行的索引是否大于 0
        {
            //记录选中的 ID 号
            int intID = (int)dataGridView1.Rows[e.RowIndex].Cells[0].Value;
            sqlcon = new SqlConnection(strCon);                //实例化数据库连接对象
            //实例化数据库桥接器对象
            sqlda = new SqlDataAdapter("select * from tb_PDic where ID=" + intID + "", sqlcon);
            myds = new DataSet();                              //实例化数据集对象
            sqlda.Fill(myds);                                  //填充数据集中
            if (myds.Tables[0].Rows.Count > 0)                 //判断数据集中是否有记录
            {
                textBox1.Text = myds.Tables[0].Rows[0][1].ToString();   //显示版本
                textBox2.Text = myds.Tables[0].Rows[0][2].ToString();   //显示价格
            }
        }
    }
```

程序运行结果如图 11-17 所示。

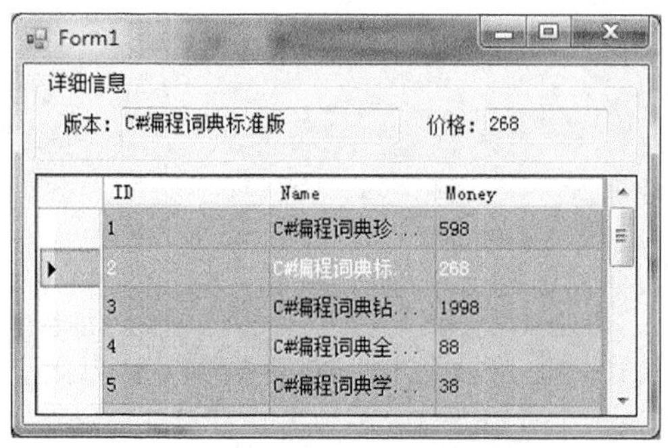

图 11-17　DataGridView 控件的使用

11.6.2　应用 BindingSource 组件

BindingSource 组件又称为数据源绑定组件，它主要用于封装和管理窗体中的数据源。图 11-18 所示为 BindingSource 组件。

BindingSource

图 11-18　BindingSource 组件

由于 BindingSource 是一个组件，因此它拖放到窗体中之后没有具体的可视化效果。

BindingSource 组件的常用属性及说明如表 11-10 所示。

表 11-10　　BindingSource 控件的常用属性及说明

属　性	说　明
Count	获取基础列表中的总项数
Current	获取列表中的当前项
DataMember	获取或设置连接器当前绑定到的数据源中的特定列表
DataSource	获取或设置连接器绑定到的数据源

下面通过一个例子看一下如何使用 BindingSource 组件实现对数据表中数据的分条查看。

【例 11-13】 创建一个 Windows 应用程序，其默认窗体中用到的控件及说明如表 11-11 所示。（实例位置：光盘\MR\源码\第 11 章\11-13）

表 11-11　　Form1 窗体中用到的控件及说明

控件类型	控件 ID	主要属性设置	用　途
A Label	label2	Font:Size 属性设置为 10，Font:Bold 属性设置为 True，ForeColor 属性设置为 Red	显示浏览到的记录编号
abl TextBox	textBox1	ReadOnly 属性设置为 True	显示浏览到的版本
	textBox2	ReadOnly 属性设置为 True	显示浏览到的价格
ab Button	button1	Text 属性设置为“第一条”	浏览第一条记录
	button2	Text 属性设置为“上一条”	浏览上一条记录
	button3	Text 属性设置为“下一条”	浏览下一条记录
	button4	Text 属性设置为“最后一条”	浏览最后一条记录
BindingSource	bindingSource1	无	绑定数据源
StatusStrip	statusStrip1	Items 属性中添加 toolStripStatusLabel1、toolStripStatusLabel2 和 toolStripStatus Label3 子控件项，它们的 Text 属性分别设置为空、“||”和空	作为窗体的状态栏，显示总记录条数和当前浏览到的记录条数

实现代码如下：

```
private void Form1_Load(object sender, EventArgs e)
{
    //定义数据库连接字符串
    string strCon = "Server=MRKJ_ZHD\\EAST;User Id=sa;Pwd=111;DataBase=db_CSharp";
    SqlConnection sqlcon = new SqlConnection(strCon);//实例化数据库连接对象
    //实例化数据库桥接器对象
    SqlDataAdapter sqlda = new SqlDataAdapter("select * from tb_PDic", sqlcon);
    DataSet myds = new DataSet();                    //实例化数据集对象
    sqlda.Fill(myds);                                //填充数据集
    bindingSource1.DataSource = myds.Tables[0];  //为 BindingSource 设置数据源
    bindingSource1.Sort = "ID";                      //设置 BindingSource 的排序列
    //获取总记录条数
    toolStripStatusLabel1.Text = "总记录条数: " + bindingSource1.Count;
    ShowInfo();                                      //显示信息
}
```

```
//第一条
private void button1_Click(object sender, EventArgs e)
{
    bindingSource1.MoveFirst();                      //转到第一条记录
    ShowInfo();                                      //显示信息
}
//上一条
private void button2_Click(object sender, EventArgs e)
{
    bindingSource1.MovePrevious();                   //转到上一条记录
    ShowInfo();                                      //显示信息
}
//下一条
private void button3_Click(object sender, EventArgs e)
{
    bindingSource1.MoveNext();                       //转到下一条记录
    ShowInfo();                                      //显示信息
}
//最后一条
private void button4_Click(object sender, EventArgs e)
{
    bindingSource1.MoveLast();                       //转到最后一条记录
    ShowInfo();                                      //显示信息
}
/// <summary>
/// 显示浏览到的记录的详细信息
/// </summary>
private void ShowInfo()
{
    int index = bindingSource1.Position;            //获取 BindingSource 数据源的当前索引
    //获取 BindingSource 数据源的当前行
    DataRowView DRView = (DataRowView)bindingSource1[index];
    label2.Text = DRView[0].ToString();             //显示编号
    textBox1.Text = DRView[1].ToString();           //显示版本
    textBox2.Text = DRView[2].ToString();           //显示价格
    //显示当前记录
    toolStripStatusLabel3.Text = "当前记录是第" + (index + 1) + "条";
}
```

程序运行结果如图 11-19 所示。

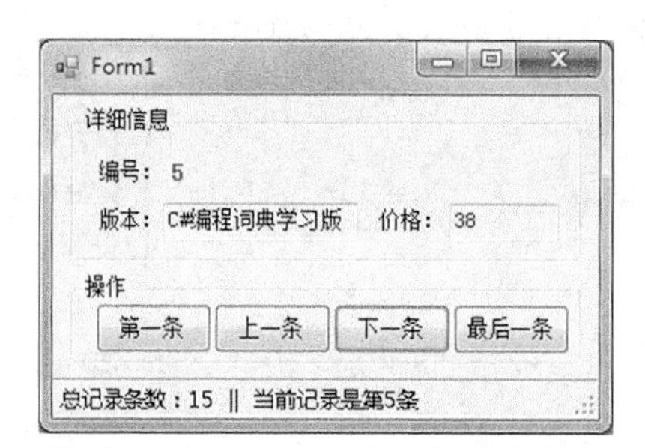

图 11-19 使用 BindingSource 组件分条查看数据表中的数据

BindingSource 组件常常与 DataGridView 控件一起组合使用。

11.7　综合实例——商品月销售统计表

在进销存软件中，用户经常需要对某个月份的商品销售情况进行统计（包括统计产品名称、销售数量和销售金额等信息），所以月销售统计表在进销存软件中必不可少。本实例制作了一个商品月销售统计表，运行效果如图 11-20 所示。

月销售统计 - - - 销售管理

往来单位：　经手人：　2011年 6月21日　2012年 6月21日　567　详细统计　统计所有

商品编号	商品名称	销售数量	销售金额
T1002	C#编程词典	11	4048
T1005	C#从基础到项目实战	20	1580
T1003	电脑	3	9000
T1004	明日软件	3	1500
T1001	三星手机	9	10800
T1008	手机	1	0

图 11-20　商品月销售统计表

程序开发步骤如下。

（1）创建一个“Windows 窗体应用程序”，命名为 SaleReportInMonth。

（2）在当前项目中添加一个类文件 DataBase.cs，在该文件中编写 DataBase 类，主要用于连接和操作数据库。主要代码如下：

```
class DataBase:IDisposable
{
    private SqlConnection con;                              //创建连接对象
    private void Open()                                     //创建并打开数据库连接
    {
        if (con == null)                                    //判断连接对象是否为空
        {
            con = new SqlConnection("Data
Source=MRKJ_ZHD\\EAST;DataBase=db_CSharp;User ID=sa;PWD=111");    //创建数据库连接对象
        }
        if (con.State == System.Data.ConnectionState.Closed)  //判断数据库连接是否关闭
            con.Open();                                     //打开数据库连接
    }
    public SqlParameter MakeInParam(string ParamName, SqlDbType DbType, int Size,
object Value)                                               //返回 SQL 参数对象
    {
        //返回 SQL 参数对象
        return MakeParam(ParamName, DbType, Size, ParameterDirection.Input, Value);
    }
    public SqlParameter MakeParam(string ParamName, SqlDbType DbType, Int32 Size,
ParameterDirection Direction, object Value)                 //创建并返回 SQL 参数对象
    {
```

```
        SqlParameter param;                                      //声明 SQL 参数对象
        if (Size > 0)                                            //判断参数字段是否大于 0
            param = new SqlParameter(ParamName, DbType, Size); //根据类型和大小创建参数
        else
            param = new SqlParameter(ParamName, DbType);       //根据指定的类型创建参数
        param.Direction = Direction;                             //设置 SQL 参数的方向类型
        //判断是否为输出参数
        if (!(Direction == ParameterDirection.Output && Value == null))
            param.Value = Value;                                 //设置参数返回值
        return param;                                            //返回 SQL 参数对象
    }
    //执行查询命令文本，并且返回 DataSet 数据集
    public DataSet RunProcReturn(string procName, SqlParameter[] prams,string tbName)
    {
        SqlDataAdapter dap = CreateDataAdaper(procName, prams);//创建桥接器对象
        DataSet ds = new DataSet();                              //创建数据集对象
        dap.Fill(ds, tbName);                                    //填充数据集
        this.Close();                                            //关闭数据库连接
        return ds;                                               //返回数据集
    }
......//其他代码省略
}
```

（3）在当前项目下再添加第二个类文件 BaseInfo.cs，在该文件中编写 BaseInfo 类和 cBillInfo 类，分别用于获得销售统计数据和定义数据表的实体结构。主要代码如下：

```
//封装了商品销售数据信息
class BaseInfo
{
    DataBase data = new DataBase();                      //创建 DataBase 类的对象
    public DataSet SellStockSumDetailed(cBillInfo billinfo, string tbName, DateTime
starDateTime, DateTime endDateTime)                      //统计商品销售明细数据
    {
        SqlParameter[] prams = {
            data.MakeInParam("@units",  SqlDbType.VarChar, 30,"%"+
billinfo.Units+"%"),                                     //初始化 Sql 参数数组中的第一个元素
            data.MakeInParam("@handle",          SqlDbType.VarChar,        10,"%"+
billinfo.Handle+"%"),                                    //初始化 Sql 参数数组中的第二个元素
           };
        return (data.RunProcReturn("SELECT b.tradecode AS 商品编号, b.fullname AS 商品
名称, SUM(b.qty) AS 销售数量,SUM(b.tsum) AS 销售金额 FROM tb_sell_main a INNER JOIN (SELECT
billcode, tradecode, fullname, SUM(qty) AS qty, SUM(tsum) AS tsum FROM tb_sell_detailed
GROUP BY tradecode, billcode, fullname) b ON a.billcode = b.billcode AND a.units LIKE @units
AND a.handle LIKE @units WHERE (a.billdate BETWEEN '" + starDateTime + "' AND '" + endDateTime
+ "') GROUP BY b.tradecode, b.fullname", prams, tbName));//返回包含销售明细表数据的 DataSet
    }
    public DataSet SellStockSum(string tbName)           //统计所有的商品销售数据
    {
        return (data.RunProcReturn("select tradecode as 商品编号,fullname as 商品名
称,sum(qty) as 销售数量,sum(tsum) as 销售金额 from tb_sell_detailed group by tradecode,
fullname", tbName));//返回包含所有的商品销售数据的 DataSet
```

```
        }
    }
    //定义商品销售数据表的实体结构
    public class cBillInfo
    {
        //主表结构
        private DateTime billdate=DateTime.Now;
        private string billcode = "";
        private string units = "";
        private string handle = "";
        private string summary = "";
        private float fullpayment = 0;
        private float payment = 0;
    ……  //其他字段的定义省略掉
            public DateTime BillDate                      //定义单据录入日期属性
            {
                get { return billdate; }
                set { billdate = value; }
            }
            public string BillCode                        //定义单据号属性
            {
                get { return billcode; }
                set { billcode = value; }
            }
            public string Units                           //定义供货单位属性
            {
                get { return units; }
                set { units = value; }
            }
    ……  //其他属性的定义省略掉
    }
```

（4）将默认的 Form1 窗体更名为 frmSellStockSum.cs，然后在其上面添加一个 ToolStrip 控件和一个 DataGridView 控件，分别用来制作工具栏和显示销售数据。该窗体主要代码如下：

```
    public partial class frmSellStockSum : Form
     {
        BaseInfo baseinfo = new BaseInfo();           //获取商品销售信息
        cBillInfo billinfo = new cBillInfo();         //获取商品实体信息
        public frmSellStockSum()
        {
            InitializeComponent();
        }
        //单击“详细统计”按钮，统计销售数据
        private void tlbtnSumDetailed_Click(object sender, EventArgs e)
        {
            DataSet ds = null;                        //声明 DataSet 的引用
            billinfo.Handle = tltxtHandle.Text;       //获得经手人
            billinfo.Units = tltxtUnits.Text;         //获得供货单位
            ds  =  baseinfo.SellStockSumDetailed(billinfo,  "tb_SellStockSumDetailed",
dtpStar.Value, dtpEnd.Value);                         //获得商品销售明细
            dgvStockList.DataSource = ds.Tables[0].DefaultView;  //显示商品销售数据
        }
```

```
    //单击“统计所有”按钮，统计销售数据
    private void tlbtnSum_Click(object sender, EventArgs e)
    {
        DataSet ds = null;                                          //声明 DataSet 的引用
        ds = baseinfo.SellStockSum("tb_SellStock");  //获得所有商品的销售数据
        dgvStockList.DataSource = ds.Tables[0].DefaultView;   //显示商品销售数据
    }
}
```

知识点提炼

（1）ADO.NET 是微软公司新一代.NET 数据库的访问架构，它是数据库应用程序和数据源之间沟通的桥梁，主要提供一个面向对象的数据访问架构，用来开发数据库应用程序。

（2）所有对数据库的访问操作都是从建立数据库连接开始的。在打开数据库之前，必须先设置好连接字符串（ConnectionString），然后再调用 Open 方法打开连接，此时便可对数据库进行访问，最后调用 Close 方法关闭连接。

（3）DataReader 对象通过 Command 对象提供从数据库检索信息的功能，它以一种只读的、向前的、快速的方式访问数据库。

（4）DataAdapter 对象提供连接 DataSet 对象和数据源的桥梁，它主要使用 Command 对象在数据源中执行 SQL 命令，以便将数据加载到 DataSet 数据集中，并确保 DataSet 数据集中数据的更改与数据源保持一致。

（5）DataSet 对象是 ADO.NET 的核心概念，它是支持 ADO.NET 断开式、分布式数据方案的核心对象。DataSet 对象是一个数据库容器，可以把它当做是存在于内存中的数据库，无论数据源是什么，它都会提供一致的关系编程模型。

习　　题

11-1　ADO.NET 技术主要包括哪 6 个对象？

11-2　Connection 对象的功能是什么？

11-3　Command 对象的功能是什么？

11-4　简述使用 DataReader 对象读取数据的过程。

11-5　简述 DataGridView 控件和 BindingSource 组件的功能。

实验：使用二进制存取用户头像

实验目的

（1）如何把图像文件转换成二进制数据。

（2）把二进制数据存储到数据库。

（3）通过 DataGridView 控件显示数据。

实验内容

数据库应用程序开发中，经常需要向数据库中存放图像信息，例如用户头像等信息，本实例使用 C#实现向数据库中存放图像的功能。在应用程序窗体中，用户可以在文本框中输入用户名称，当用户单击“选择”按钮后，会将用户选择的头像显示在窗体中，当用户单击“添加”按钮时，会将用户信息添加到数据库中（包括图像文件）。本实例运行效果如图 11-21 所示。

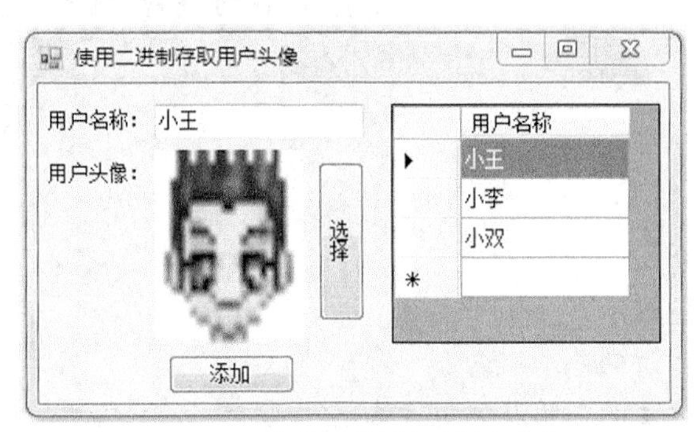

图 11-21　使用二进制存取用户头像

实验步骤

（1）打开 Visual Studio 2010 开发环境，新建一个 Windows 窗体应用程序，命名为 SaveBinary。

（2）更改默认窗体 Form1 的 Name 属性为 Frm_Main，向窗体中添加一个 TextBox 控件，此控件用于填写用户名称；向窗体中添加一个 PictureBox 控件，此控件用于显示用户头像；向窗体中添加两个 Button 按钮，分别用于选择和添加用户头像信息；向窗体中添加一个 DataGridView 控件，此控件用于显示用户信息。

（3）在 Frm_Main 窗体的后台代码中添加一个 AddInfo 方法，该方法主要实现将图像文件（如 jpg、jpeg、bmp 等文件）转换成二进制数据并把二进制数据存储到数据库中。程序主要代码如下：

```
private bool AddInfo(string strName, string strImage)
{
    sqlcon = new SqlConnection(strCon);                    //创建数据库连接对象
    FileStream FStream = new FileStream(                   //创建文件流对象
        strImage, FileMode.Open, FileAccess.Read);
    BinaryReader BReader = new BinaryReader(FStream);      //创建二进制流对象
    byte[] byteImage = BReader.ReadBytes((int)FStream.Length);//得到字节数组
    SqlCommand sqlcmd = new SqlCommand(                    //创建命令对象
        "insert into tb_Image(name,photo) values(@name,@photo)", sqlcon);
    sqlcmd.Parameters.Add("@name",                         //添加参数并赋值
        SqlDbType.VarChar, 50).Value = strName;
    sqlcmd.Parameters.Add("@photo",                        //添加参数并赋值
        SqlDbType.Image).Value = byteImage;
    sqlcon.Open();                                         //打开数据库连接
    sqlcmd.ExecuteNonQuery();                              //执行 SQL 语句
    sqlcon.Close();                                        //关闭数据库连接
    return true;                                           //方法返回布尔值
}
```

第 12 章 面向对象高级技术

本章要点：

- 接口的基本概念
- 实现接口的多重继承
- 抽象类及抽象方法的基本概念
- 抽象类及抽象方法的声明及使用方法
- 密封类及密封方法的基本概念
- 迭代器和分部类的使用
- 泛型的定义及使用方法

本章将介绍面向对象技术中的几种比较高级的技术，主要包括接口、抽象类与抽象方法、密封类和密封方法、迭代器、分部类、泛型等，这些内容相对于前面章节中所讲的内容更复杂，但为了能够使开发人员开发出结构良好、组织严密、扩展性好及运行稳定的程序，它们又是必不可少的。

12.1 接　　口

由于 C#中的类不支持多重继承，但是客观世界出现多重继承的情况又比较多。为了避免传统的多重继承给程序带来的复杂性等问题，同时保证多重继承带给程序员的诸多好处，提出了接口概念，通过接口可以实现多重继承的功能。本节将对接口进行详细讲解。

12.1.1 接口的概念及声明

接口提出了一种契约（或者说规范），让使用接口的程序设计人员必须严格遵守接口提出的约定。举个例子来说，在组装计算机时，主板与机箱之间就存在一种事先约定。不管什么型号或品牌的机箱，什么种类或品牌的主板，都必须遵照一定的标准来设计制造。所以在组装机时，计算机的零配件都可以安装在现今的大多数机箱上，接口就可以看做是这种标准。这种标准要求计算机配件和机箱的生产厂家强制执行，否则你的产品无法使用。其实接口也一样，它强制性地要求“实现子类”（即完全实现某个接口的派生类）必须实现接口约定的规范，以保证子类必须拥有某些特性。

接口可以包含方法、属性、索引器和事件作为成员，但是并不能设置这些成员的具体值，也就是说，只能定义，不能给它里面定义的东西赋值。

接口可以继承其他接口，类可以通过其继承的基类（或接口）多次继承同一个接口。

接口具有以下特征。

- 接口类似于抽象基类：继承接口的任何非抽象类型都必须实现接口的所有成员。
- 不能直接实例化接口。
- 接口可以包含事件、索引器、方法和属性。
- 接口不包含方法的实现。
- 类和结构可从多个接口继承。
- 接口自身可从多个接口继承。

C#中声明接口时，使用 interface 关键字，其语法格式如下：

```
修饰符 interface 接口名称 ：继承的接口列表
{
    接口内容;
}
```

【例 12-1】下面使用 interface 关键字定义一个描述学生信息的接口，在该接口中声明 StudentCode 和 StudentName 两个属性，分别用来存储学生编号和学生名称。另外，还声明了一个用于输出学生信息的 ShowInfoOfStudent 方法。具体代码如下：

```
interface IStudent
{
    string StudentCode                                      //编号（可读可写）
    {
        get;
        set;
    }
    string StudentName                                      //姓名（可读可写）
    {
        get;
        set;
    }
    void ShowInfoOfStudent ();                              //显示定义的编号和姓名
}
```

12.1.2　接口的实现与继承

接口的实现通过类继承来实现，一个类虽然只能继承一个基类，但可以继承任意多个接口。声明实现接口的类时，需要在基类列表中包含类所实现的接口的名称。

【例 12-2】创建一个控制台应用程序，该程序在例 12-1 的基础上实现，Program 类继承自接口 IStudent，并实现了该接口中的所有属性和方法；然后在 Main 方法中实例化 Program 类的一个对象，并使用该对象实例化 IStudent 接口；最后通过实例化的接口对象访问派生类中的属性和方法。程序代码如下：（实例位置：光盘\MR\源码\第 12 章\12-2）

```
interface IStudent
{
    string StudentCode                                          //声明编号（可读可写）
    {
        get;
        set;
    }
    string StudentName                                          //声明姓名（可读可写）
    {
```

```
        get;
        set;
    }
    void ShowInfoOfStudent();                                //声明显示编号和姓名的方法
}
class Program:IStudent                                       //实现接口
{
    string strId = "";
    string strName = "";
    public string StudentCode                                //实现编号
    {
        get
        {
            return strId;
        }
        set
        {
            strId = value;
        }
    }
    public string StudentName                                //实现姓名
    {
        get
        {
            return strName;
        }
        set
        {
            strName = value;
        }
    }
    public void ShowInfoOfStudent()                          //显示定义的编号和姓名
    {
        Console.WriteLine("编号\t 姓名");
        Console.WriteLine(StudentCode + "\t " + StudentName);
    }
    static void Main(string[] args)                          //应用程序的主程序
    {
        Program pro = new Program();                         //实例化 Program 类对象
        IStudent iStu = pro;                                 //使用派生类对象实例化接口
        iStu.StudentCode = "TM";                             //为派生类中的 ID 属性赋值
        iStu.StudentName = "东方";                           //为派生类中的 Name 属性赋值
        iStu.ShowInfoOfStudent();                            //调用派生类中方法显示属性值
    }
}
```

按<Ctrl>+<F5>组合键查看运行结果，如图 12-1 所示。

图 12-1 实现 IStudent 接口

上面的实例中只继承了一个接口，接口还可以多重继承，使用多重继承时，要继承的接口之间用逗号（,）分割。

【例 12-3】 创建一个控制台应用程序，其中声明了 3 个接口 IPeople、ITeacher 和 IStudent，ITeacher 和 IStudent 继承自 IPeople；

然后使用 Program 类继承这 3 个接口，并分别实现这 3 个接口中的属性和方法。程序代码如下：（实例位置：光盘\MR\源码\第 12 章\12-3）

```
interface IPeople
{
    string Name                                        //姓名
    {
        get;
        set;
}
    string Sex                                         //性别
    {
        get;
        set;
    }
}
interface ITeacher:IPeople                             //继承公共接口
{
    void teach();                                      //教学方法
}
interface IStudent:IPeople                             //继承公共接口
{
    void study();                                      //学习方法
}
class Program:IPeople,ITeacher,IStudent                //多接口继承
{
    string name = "";
    string sex = "";
    public string Name                                 //姓名
    {
        get
        {
            return name;
        }
        set
        {
            name = value;
        }
    }
    public string Sex                                  //性别
    {
        get
        {
            return sex;
        }
        set
        {
            sex = value;
        }
    }
    public void teach()                                //教学方法
    {
        Console.WriteLine(Name + " " + Sex + " 教师");
```

```
        }
        public void study()                                   //学习方法
        {
            Console.WriteLine(Name + " " + Sex + " 学生");
        }
        static void Main(string[] args)
        {
            Program program = new Program();                  //实例化类对象
            ITeacher iteacher = program;                      //使用派生类对象实例化接口 ITeacher
            iteacher.Name = "TM";
            iteacher.Sex = "男";
            iteacher.teach();
            IStudent istudent = program;                      //使用派生类对象实例化接口 IStudent
            istudent.Name = "C#";
            istudent.Sex = "男";
            istudent.study();
        }
    }
```

按<Ctrl>+<F5>组合键查看运行结果，如图 12-2 所示。

图 12-2　实现 IPeople 等多个接口

12.1.3　显式接口成员实现

如果类实现两个接口，并且这两个接口包含具有相同签名的成员，那么在类中实现该成员将导致两个接口都使用该成员作为它们的实现。然而，如果两个接口成员实现不同的功能，那么这可能会导致其中一个接口的实现不正确或两个接口的实现都不正确，这时可以显式地实现接口成员，即创建一个仅通过该接口调用并且特定于该接口的类成员。显式接口成员实现是使用接口名称和一个句点命名该类成员来实现的。

【例 12-4】 创建一个控制台应用程序，其中声明了两个接口 ICalculate1 和 ICalculate2，在这两个接口中声明了一个同名方法 Add，然后定义一个类 Compute，该类继承自己已经声明的两个接口。在 Compute 类中实现接口中的方法时，由于 ICalculate1 和 ICalculate2 接口中声明的方法名相同，这里使用了显式接口成员实现，最后在主程序类 Program 的 Main 方法中使用接口对象调用接口中定义的方法。程序代码如下：（实例位置：光盘\MR\源码\第 12 章\12-4）

```
interface ICalculate1
{
    int Add();                                            //求和方法，加法运算的和
}
interface ICalculate2
{
    int Add();                                            //求和方法，加法运算的和
}
class Compute : ICalculate1, ICalculate2                  //继承接口
{
    int ICalculate1.Add()                                 //显式接口成员实现
    {
        int x = 10;
        int y = 40;
        return x + y;
    }
    int ICalculate2.Add()                                 //显式接口成员实现
```

```
    {
        int x = 10;
        int y = 40;
        int z = 50;
        return x + y + z;
    }
}
class Program
{
    static void Main(string[] args)
    {
        Compute compute = new Compute();                //实例化接口继承类的对象
        ICalculate1 Cal1 = compute;                     //使用接口继承类的对象实例化接口
        Console.WriteLine(Cal1.Add());                  //使用接口对象调用接口中的方法
        ICalculate2 Cal2 = compute;                     //使用接口继承类的对象实例化接口
        Console.WriteLine(Cal2.Add());                  //使用接口对象调用接口中的方法
    }
}
```

程序运行结果如图 12-3 所示。

图 12-3　显示实现接口

显式接口成员实现中不能包含访问修饰符、abstract、virtual、override 或 static 修饰符。

12.2　抽象类与抽象方法

如果一个类不与具体的事物相联系，而只是表达一种抽象的概念或行为，仅仅是作为其派生类的一个基类，这样的类就可以声明为抽象类。在抽象类中声明方法时，如果加上 abstract 关键字，则为抽象方法。举个例来说：去商场买衣服，这句话描述的就是一个抽象的行为。到底去哪个商场买衣服，买什么样的衣服，是短衫、裙子，还是其他的什么衣服？在“去商场买衣服”这句话中，并没有对“买衣服”这个抽象行为指明一个确定的信息。如果要将“去商场买衣服”这个动作封装为一个行为类，那么这个类就应该是一个抽象类。本节将对抽象类及抽象方法进行详细介绍。

在 C#中规定，类中只要有一个方法声明为抽象方法，这个类也必须被声明为抽象类。

12.2.1　抽象类概述及声明

抽象类主要用来提供多个派生类可共享的基类的公共定义，它与非抽象类的主要区别如下。

- ❑ 抽象类不能直接实例化。
- ❑ 抽象类中可以包含抽象成员，但非抽象类中不可以。
- ❑ 抽象类不能被密封。

C#中声明抽象类时需要使用 abstract 关键字，具体语法格式如下：

```
访问修饰符 abstract class 类名 : 基类或接口
{
    //类成员
}
```

声明抽象类时，除 abstract 关键字、class 关键字和类名外，其他的都是可选项。

【例 12-5】 下面代码声明一个抽象类，该抽象类中包含一个 int 类型的变量和一个无返回值类型方法。实现代码如下：

```
public abstract class TestClass                           //声明抽象类
{
    public int i;                                         //声明整型变量
    public void method()                                  //声明一个方法
    { }
}
```

12.2.2 抽象方法概述及声明

抽象方法就是在声明方法时，加上 abstract 关键字，声明抽象方法时需要注意以下两点。

- ❑ 抽象方法必须声明在抽象类中。
- ❑ 声明抽象方法时，不能使用 virtual、static 和 private 修饰符。

抽象方法声明引入了一个新方法，但不提供该方法的实现，由于抽象方法不提供任何实际实现，因此抽象方法的方法体只包含一个分号。

当从抽象类派生一个非抽象类时，需要在非抽象类中重写抽象方法，以提供具体的实现，重写抽象方法时使用 override 关键字。

【例 12-6】 下面代码声明一个抽象类，该抽象类中声明一个抽象方法。实现代码如下：

```
public abstract class TestClass
{
    public abstract void AbsMethod();                     //抽象方法
}
```

12.2.3 抽象类与抽象方法的使用

本节通过一个实例介绍如何在程序中使用抽象类与抽象方法。

【例 12-7】 创建一个控制台应用程序，其中声明一个抽象类 Employee，该抽象类中声明了两个属性和一个方法，其中，为两个属性提供了具体实现，方法为抽象方法；然后声明一个派生类 MREmployee，该类继承自 Employee，在 MREmployee 派生类中重写 Employee 抽象类中的抽象方法，并提供具体的实现；最后在主程序类 Program 的 Main 方法中实例化 MREmployee 派生类的一个对象，使用该对象实例化抽象类，并使用抽象类对象访问抽象类中的属性和派生类中重写的方法。程序代码如下：（实例位置：光盘\MR\源码\第 12 章\12-7）

```
public abstract class Employee
```

```
{
    private string strCode = "";
    private string strName = "";
    public string Code                                //编号属性及实现
    {
        get
        {
            return strCode;
        }
        set
        {
            strCode = value;
        }
    }
    public string Name                                //姓名属性及实现
    {
        get
        {
            return strName;
        }
        set
        {
            strName = value;
        }
    }
    public abstract void ShowInfoOfEmployee();    //抽象方法，用来输出信息
}
public class MREmployee : Employee                   //继承抽象类
{
    public override void ShowInfoOfEmployee()     //重写抽象类中输出信息的方法
    {
        Console.WriteLine("明日员工信息：\n"+Code + "  " + Name);
    }
}
class Program
{
    static void Main(string[] args)
    {
        MREmployee mr = new MREmployee();            //实例化派生类
        Employee emp = mr;                          //使用派生类对象实例化抽象类
        emp.Code = "MR1023";                        //使用抽象类对象访问抽象类中的编号属性
        emp.Name = "MRKJ_ZHD";                      //使用抽象类对象访问抽象类中的姓名属性
        emp.ShowInfoOfEmployee();                   //使用抽象类对象调用派生类中的方法
    }
}
```

程序运行结果如图 12-4 所示。

图 12-4　实现 Employee 抽象类

12.2.4 抽象类与接口

抽象类和接口都包含可以由派生类继承的成员，它们都不能直接实例化，但可以声明它们的变量。如果这样做，就可以使用多态性把继承这两种类型的对象指定给它们的变量。接着通过这些变量来使用这些类型的成员，但不能直接访问派生类中的其他成员。

抽象类和接口的区别主要有以下几点。

- 它们的派生类只能继承一个基类，即只能直接继承一个抽象类，但可以继承任意多个接口。
- 抽象类中可以定义成员的实现，但接口中不可以。
- 抽象类中可以包含字段、构造函数、析构函数、静态成员或常量等，但接口中不可以。
- 抽象类中的成员可以是私有的（只要它们不是抽象的）、受保护的、内部的或受保护的内部成员（受保护的内部成员只能在应用程序的代码或派生类中访问），但接口中的成员必须是公共的。

12.3 密封类与密封方法

如果所有的类都可以被继承，那么很容易导致继承的滥用，进而使类的层次结构体系变得十分复杂，这样使得开发人员对类的理解和使用变得十分困难。为了避免滥用继承，C#中提出了密封类的概念。本节将对类和方法的密封进行详细介绍。

12.3.1 密封类概述及声明

密封类可以用来限制扩展性，如果密封了某个类，则其他类不能从该类继承；如果密封了某个成员，则派生类不能重写该成员的实现。默认情况下，不应密封类型和成员。密封可以防止对库的类型和成员进行自定义，但也会影响某些开发人员对可用性的认识。密封类语法格式如下：

```
访问修饰符 sealed class 类名:基类或接口
{
    //密封类的成员
}
```

【例 12-8】 下面代码声明一个密封类，该密封类中包含一个 int 类型的变量和一个无返回值类型方法，它们只能通过实例化密封类的对象来访问，而不能被继承。实现代码如下：

```
public sealed class SealedTest                              //声明密封类
{
    public int = 0;                                         //声明整型变量
    public void SealedMethod()                              //定义一个无返回值且无参的方法
    {
        Console.WriteLine("这是一个密封类！");
    }
}
```

12.3.2 密封方法概述及声明

并不是每个方法都可以声明为密封方法，密封方法只能用于对基类的虚方法进行实现，并提供具体的实现，所以，声明密封方法时，sealed 修饰符总是和 override 修饰符同时使用。

【例 12-9】 下面代码声明一个类 BaseTest，该类中声明一个虚方法 MyMethod；然后声明一个密封类 DeriveTest，该类继承自 BaseTest 类，在密封类 DeriveTest 中密封并重写 BaseTest 类中的虚方法 MyMethod。实现代码如下：

```
public class BaseTest                                   //定义一个基类
{
    public virtual void MyMethod()                      //定义一个虚方法
    {
        Console.WriteLine("这是基类中的虚方法");          //输出信息
    }
}
public sealed class DeriveTest: BaseTest                //从基类派生一个密封的子类
{
    public sealed override void MyMethod ()             //密封并重写基类中的虚方法 MyMethod
    {
        base. MyMethod ();                              //调用基类的虚方法
        Console.WriteLine("这是密封类中重写后的方法");    //输出信息
    }
}
```

上面代码中，密封并重写基类中的虚方法 Method 时，用到了 base.Method();语句，该语句表示调用基类中 Method 方法。base 关键字主要是为派生类调用基类成员提供一种简写的方法。

12.3.3　密封类与密封方法的使用

密封类除了不能被继承外，与非密封类的用法大致相同，而密封方法则必须通过重写基类中的虚方法来实现。下面通过一个实例讲解如何在程序中使用密封类和密封方法。

【例 12-10】创建一个控制台应用程序，其中声明一个类 People，该类中声明了一个虚方法 ShowInfoOfPeople，用来显示信息；声明一个密封类 Student，继承自 People 类，在 Student 密封类中声明两个公共属性，分别用来表示学生编号和名称，然后密封并重写 Student 基类中的虚方法 ShowInfoOfPeople，并提供具体的实现；最后在主程序类 Program 的 Main 方法中实例化 Student 密封类的一个对象，然后使用该对象访问 Student 密封类中的公共属性和密封方法。程序代码如下：（实例位置：光盘\MR\源码\第 12 章\12-10）

```
public class People
{
    public virtual void ShowInfoOfPeople()              //虚方法，用来显示信息
    {
    }
}
public sealed class Student : People                    //密封类，继承自 People
{
    private string strCode = "";                        //string 类型变量，用来记录编号
    private string strName = "";                        //string 类型变量，用来记录名称
    public string Code                                  //编号属性
    {
        get
        {
            return strCode;
        }
```

```
            set
            {
                strCode = value;
            }
        }
        public string Name                                          //名称属性
        {
            get
            {
                return strName;
            }
            set
            {
                strName = value;
            }
        }
        //密封并重写基类中的 ShowInfoOfPeople 方法
        public sealed override void ShowInfoOfPeople()
        {
            Console.WriteLine("这个学生的信息：\n"+Code + " " + Name);
        }
    }
    class Program
    {
        static void Main(string[] args)
        {
            Student stu = new Student();                            //实例化密封类对象
            stu.Code = "MR1023";                                    //为密封类中的编号属性赋值
            stu.Name = "MRKJ_ZHD";                                  //为密封类中的名称属性赋值
            stu.ShowInfoOfPeople();                                 //调用密封类中的密封方法
        }
    }
```

程序运行结果如图 12-5 所示。

图 12-5　使用密封类封装学生信息

12.4　迭　代　器

在使用 foreach 语句遍历集合或数组时，该语句能够逐一列举出集合或数组中的元素，这正是迭代功能的体现，本节将讲解什么是迭代器，以及如何创建和使用迭代器。

12.4.1　迭代器概述

迭代器是可以返回相同类型的值的有序序列的一段代码，可用作方法、运算符或 get 访问器的代码体。迭代器代码使用 yield return 语句依次返回每个元素，yield break 语句将终止迭代。可以在类中实现多个迭代器，每个迭代器都必须像任何类成员一样有唯一的名称，并且可以在 foreach 语句中被客户端代码调用。迭代器的返回类型必须为 IEnumerable 或 IEnumerator 中的任意一种。

用一个形象的例子说明一下迭代器，当士兵排好队时，都必须从头到尾进行报数，缺一不可。如图 12-6 所示。

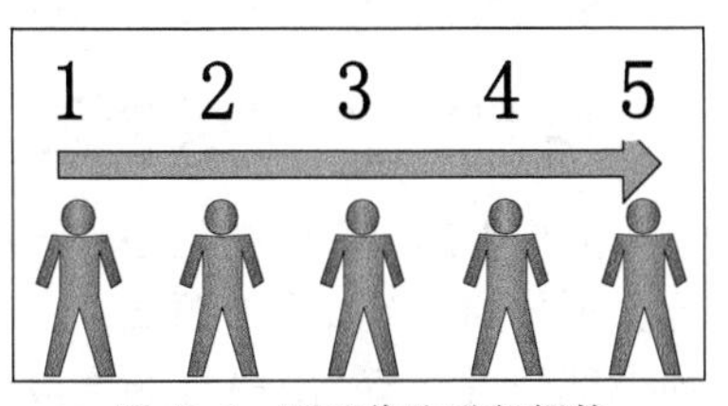

图 12-6　用迭代法进行报数

12.4.2　迭代器的使用

创建迭代器最常用的方法是对 IEnumerator 接口实现 GetEnumerator 方法，下面通过一个实例演示如何使用迭代器。

【例 12-11】 创建一个 Windows 应用程序，向窗体中添加一个 RichTextBox 控件。创建一个名为 Banks 的类，其继承 IEnumerable 接口，该接口公开枚举数，该枚举数支持在非泛型集合上进行简单迭代；然后对 IEnumerator 接口实现 GetEnumerator 方法创建迭代器；最后在窗体的 Load 事件中使用 foreach 语句遍历 Banks 类的实例中的元素并输出。代码如下：（实例位置：光盘\MR\源码\第 12 章\12-11）

```
public class Banks : IEnumerable                    //声明一个 Banks，派生自 IEnumerable 接口
{
    //创建一个 string 类型的数组，用于存储银行名称
    string[] strArray ={ "中国银行","工商银行","农业银行","建设银行"};
    //通过实现 IEnumerable 接口的 GetEnumerator 方法来创建迭代器
    public IEnumerator GetEnumerator()
    {
        for (int i = 0; i < strArray.Length; i++)//使用 for 语句循环数组
        {
            yield return strArray[i];           //使用 yield return 语句依次返回每个元素
        }
    }
}
private void Form1_Load(object sender, EventArgs e)
{
    Banks banks = new Banks();                  //创建 Banks 类的实例
    foreach (string str in banks)               //使用 foreach 语句遍历 banks 实例中的元素
    {
        richTextBox1.Text += str + "\n";        //把元素显示在 TichTextBox 中
    }
}
```

程序的运行结果如图 12-7 所示。

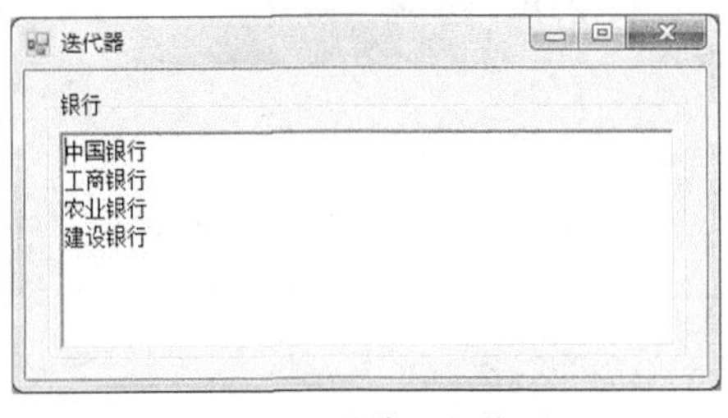

图 12-7　迭代器的使用

12.5　分　部　类

在编写类时，为了实现一些特殊的要求，比如，无须重新创建源文件即可将代码添加到类中、

尽可能地提高开发人员之间的合作效率等，C#提出了分部类的概念，本节将详细讲解分部类。

12.5.1 分部类概述

分部类的出现使得程序的结构更加合理，代码的组织更加紧密。分部类将类、结构或接口的定义拆分到两个或多个源文件中。每个源文件包含类定义的一部分，编译应用程序时编译器会把所有部分组合起来，这样的类被称为分部类。分部类主要应用在以下两个方面。

- 当项目比较庞大时，使用分部类可以拆分一个类至几个文件中。这样的处理可以使得不同的开发人员同时进行工作，避免了效率的低下。
- 使用自动生成的源时，无须重新创建源文件即可将代码添加到类中。Visual Studio 在创建 Windows 窗体和 Web 服务包装代码等时都使用此方法。开发人员无须编辑 Visual Studio 所创建的文件，即可创建使用这些类的代码。

分部类就相当于将一个会计部门（类、结构或接口）分成两个部门，这两个部门可以单独对公司各部门的账目进行审核，也可以在繁忙时期，相互调动人员（这里的人员相当于类中的方法、属性、变量等），或是合成一个整体进行工作。

12.5.2 分部类的使用

定义分部类时需要使用 partial 关键字，分部类的每个部分都必须包含一个 partial 关键字，并且其声明必须与其他部分位于同一命名空间。

【例 12-12】 创建一个 Windows 应用程序，向窗体中添加 3 个 TextBox 控件，分别用于输入要进行算术运算的值以及显示运算后的结果；再向窗体中添加一个 ComboBox 控件和一个 Button 控件，分别用于选择执行哪种运算和执行运算；通过分部类创建 4 个方法分别用于执行加、减、乘、除运算，并将返回运算后的结果。代码如下：（实例位置：光盘\MR\源码\第 12 章\12-12）

```
partial class account                                       //分部类第一部分
{
    public int addition(int a, int b)                       //创建一个整型方法
    {
        return a + b;                                       //方法中的加法运算
    }
}
partial class account                                       //分部类第二部分
{
    public int multiplication(int a, int b)                 //创建一个整型方法
    {
        return a * b;                                       //方法中的乘法运算
    }
}
partial class account                                       //分部类第三部分
{
    public int subtration(int a,int b)                      //创建一个整型方法
    {
        return a-b;                                         //方法中的减法运算
    }
}
partial class account                                       //分部类第四部分
{
    public int division(int a, int b)                       //创建一个整型方法
```

```
        {
            return a / b;                                   //方法中的除法运算
        }
    }
    private void Form1_Load(object sender, EventArgs e)
    {
        comboBox1.SelectedIndex = 0;                        //comboBox1 选择第一项
        //设置 comboBox1 控件的 DropDownStyle 属性使其显示为下拉列表的样式
        comboBox1.DropDownStyle = ComboBoxStyle.DropDownList;
    }
    private void button1_Click(object sender, EventArgs e)
    {
        try
        {
            account at = new account();                     //实例化分部类
            int M = int.Parse(txtNo1.Text.Trim());          //获取第一个文本框中的值
            int N = int.Parse(txtNo2.Text.Trim());          //获取第二个文本框中的值
            string str = comboBox1.Text;                    //获取 comboBox1 选择的值
            switch (str)                                    //使用 switch 语句
            {
                //调用分部类中的加法运算
                case "加": txtResult.Text = at.addition(M, N).ToString(); break;
                //调用分部类中的减法运算
                case "减": txtResult.Text = at.subtration(M, N).ToString(); break;
                //调用分部类中的乘法运算
                case "乘": txtResult.Text = at.multiplication(M, N).ToString(); break;
                //调用分部类中的除法运算
                case "除": txtResult.Text = at.division(M, N).ToString(); break;
            }
        }
        catch (Exception ex)
        {
            MessageBox.Show(ex.Message);
        }
    }
```

程序运行结果如图 12-8 所示。

图 12-8　使用分部实现算术运算

12.6　泛型概述

泛型是用于处理算法、数据结构的一种编程方法。泛型的目标是采用广泛适用和可交互性的形式来表示算法和数据结构，以使它们能够直接用于软件构造。泛型类、结构、接口、委托和方法可以根据它们存储和操作的数据的类型来进行参数化。泛型能在编译时，提供强大的类型检查，减少数据类型之间的显示转换、装箱操作和运行时的类型检查。泛型类和泛型方法同时具备可重用性、类型安全、效率高等特性，这是非泛型类和非泛型方法无法具备的。泛型通常用在集合和在集合上运行的方法中。

泛型主要是提高了代码的重用性，比如，可以将泛型看成是一个可以回收的包装箱 A，如果在包装箱 A 上贴上苹果标签，就可以在包装箱 A 里装上苹果进行发送，如果在包装箱 A 上贴上地瓜标签，就可以在包装箱 A 里装上地瓜进行发送。

12.7 泛型的使用

在以下内容中将会详细介绍泛型的类型参数 T，以及如何创建泛型接口和泛型方法，并且通过实例演示泛型接口和泛型方法在程序中的应用。

12.7.1 类型参数 T

泛型的类型参数 T 可以看做是一个占位符，它不是一种类型，它仅代表了某种可能的类型。在定义泛型时 T 出现的位置可以在使用时用任何类型来代替。类型参数 T 的命名准则如下。

- 使用描述性名称命名泛型类型参数，除非单个字母名称完全可以让人了解它表示的含义，而描述性名称不会有更多的意义。

【例 12-13】 使用代表一定意义的单词作为类型参数 T 的名称，代码如下：

```
public interface IStudent<TStudent>
public delegate void ShowInfo<TKey, TValue>
```

- 将 T 作为描述性类型参数名的前缀。

【例 12-14】 使用 T 作为类型参数名的前缀，代码如下：

```
public interface IStudent<T>
{
   T Sex { get; }
}
```

12.7.2 泛型接口

泛型接口的声明形式如下：

```
interface 【接口名】<T>
{
      【接口体】
}
```

声明泛型接口时，与声明一般接口的唯一区别是增加了一个<T>。一般来说，声明泛型接口与声明非泛型接口遵循相同的规则。泛型类型声明所实现的接口必须对所有可能的构造类型都保持唯一，否则就无法确定该为某些构造类型调用哪个方法。

【例 12-15】创建一个控制台应用程序，首先定义一个泛型接口 ITest<T>，在这个泛型接口中声明 CreateIObject 方法；然后定义实现 ITest<T>接口的派生子类 Test<T, TI>，并在此类中实现接口的 CreateIObject 方法；最后在 Main 方法中创建泛型类 Test<T, TI>的对象，并将该对象赋值给泛型接口 ITest<T>的引用。实现代码如下：（实例位置：光盘\MR\源码\第 12 章\12-15）

```
public interface ITest<T>                                   //创建一个泛型接口
{
   T CreateIObject();                                       //接口中调用 CreateIObject 方法
}
//实现上面泛型接口的泛型类
//派生约束 where T : TI（T 要继承自 TI）
//构造函数约束 where T : new()（T 可以实例化）
```

```
    public class Test<T, TI> : ITest<TI> where T : TI, new()
    {
        public TI CreateIObject()                    //创建一个公共方法 CreateIObject
        {
            return new T();                          //返回 T 类型的对象
        }
    }
    class Program
    {
        static void Main(string[] args)
        {
            ITest<System.ComponentModel.IListSource>itest=new
Test<System.Data.DataTable,
    System.ComponentModel.IListSource>();            //声明接口的引用，并引用其实现类的对象
            //输出指定泛型的类型
            Console.WriteLine("数据类型为:
\n"+itest.CreateIObject().GetType().ToString());
            Console.ReadLine();
        }
    }
```

程序运行结果如图 12-9 所示。

图 12-9　使用泛型接口输出类型

12.7.3　泛型方法

泛型方法的声明形式如下：

```
【修饰符】 Void 【方法名】<类型型参 T>
{
    【方法体】
}
```

泛型方法是在声明中包括了类型参数 T 的方法。泛型方法可以在类、结构或接口声明中声明，这些类、结构或接口本身可以是泛型或非泛型。如果在泛型类型声明中声明泛型方法，则方法体可以同时引用该方法的类型参数 T 和包含该方法的声明的类型参数 T。

泛型方法可以使用多类型参数进行重载。

【例 12-16】 创建一个控制台应用程序，通过定义一个泛型方法，查找数组中某个数字的位置。代码如下：（实例位置：光盘\MR\源码\第 12 章\12-16）

```
public class FindHelper                                      //建立一个公共类 FindHelper
{
    public static int Find<T>(T[] items, T item)             //创建泛型方法
    {
        for (int i = 0; i < items.Length; i++)               //调用 for 循环
        {
            if (items[i].Equals(item))                       //调用 Equals 方法比较两个数
            {
                return i;                                    //返回相等数在数组中的位置
            }
```

```
            }
            return -1;                                            //如果不存在指定的数，则返回-1
        }
    }
    class Program
    {
        static void Main(string[] args)
        {
            //调用泛型方法，并定义数组指定数字
            int i = FindHelper.Find<int>(new int[] { 25, 29, 30, 18, 14, 9, 7, 13 }, 30);
            //输出中数字在数组中的位置
            Console.WriteLine("30 在数组中的索引位置是：" + i.ToString());
            Console.ReadLine();
        }
    }
```

程序运行结果如图 12-10 所示。

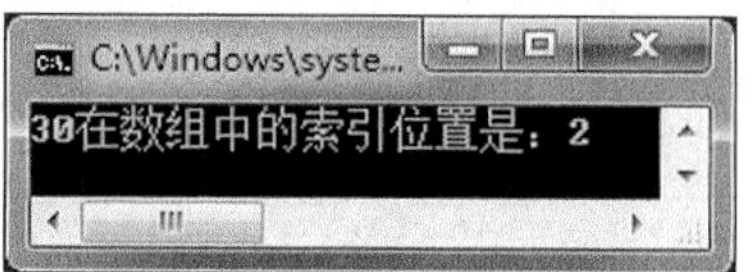

图 12-10　使用泛型方法查找数字

12.8　综合实例——利用接口实现选择不同语言

当人们面前站着两个人，分别是中国人和美国人时，如果想和这两个人交流，那么要对中国人说汉语，对美国人说英语。因此，在程序中可以建立一个接口，该接口定义一个方法用于对话，而对话这个方法是在类中实现的。分别创建一个中国人的类和一个美国人的类，这两个类都继承自接口，在中国人的类中说汉语，在美国人的类中说英语，当和不同国家的人交流时，实例化接口，并调用相应类中的方法即可。本实例运行效果如图 12-11 和图 12-12 所示。

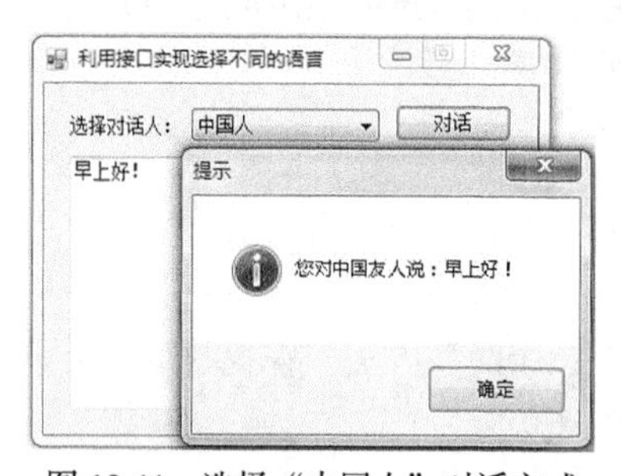

图 12-11　选择“中国人”对话方式

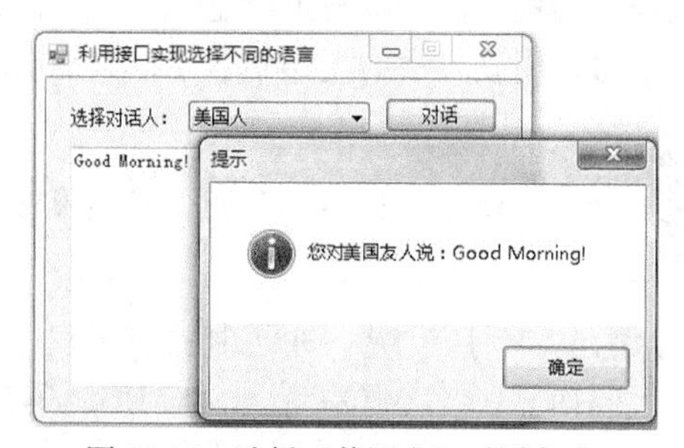

图 12-12　选择“美国人”对话方式

程序开发步骤如下。

（1）打开 Visual Studio 2010 开发环境，新建一个 Windows 窗体应用程序，命名为 AppInterface。

（2）在默认窗体 Form1 中添加一个 ComboBox 控件，用来选择对话方式；添加一个 TextBox 控件，并将其 Multiline 属性设置为 True，用来输入对话内容；添加一个 Button 控件，用来执行对话操作。

（3）Form1 窗体的主要后台代码如下：

```
//声明一个接口，用于定义 Seak 方法，而具体 Speak 方法功能的实现是在类中进行的
interface ISelectLanguage
```

```
    {
        void Speak(string str);
    }
    //如果跟中国人对话，则说汉语
    class C_SpeakChinese : ISelectLanguage
    {
        public void Speak(string str)
        {
            MessageBox.Show("您对中国友人说：" + str, "提示", MessageBoxButtons.OK,
MessageBoxIcon.Information);
        }
    }
    //如果跟美国人对话，则说英语
    class C_SpeakEnglish : ISelectLanguage
    {
        public void Speak(string str)
        {
            MessageBox.Show("您对美国友人说：" +str, "提示", MessageBoxButtons.OK,
MessageBoxIcon.Information);
        }
    }
```

知识点提炼

（1）接口提出了一种契约（或者说规范），让使用接口的程序设计人员必须严格遵守接口提出的约定。

（2）接口的实现通过类继承来实现，一个类虽然只能继承一个基类，但可以继承任意接口。声明实现接口的类时，需要在基类列表中包含类所实现的接口的名称。

（3）如果类实现两个接口，并且这两个接口包含具有相同签名的成员，那么在类中实现该成员将导致两个接口都使用该成员作为它们的实现。然而，如果两个接口成员实现不同的功能，那么这可能会导致其中一个接口的实现不正确或两个接口的实现都不正确，这时可以显式地实现接口成员，即创建一个仅通过该接口调用并且特定于该接口的类成员。显式接口成员实现是使用接口名称和一个句点命名该类成员来实现的。

（4）抽象方法声明引入了一个新方法，但不提供该方法的实现，由于抽象方法不提供任何实际实现，因此抽象方法的方法体只包含一个分号。当从抽象类派生一个非抽象类时，需要在非抽象类中重写抽象方法，以提供具体的实现，重写抽象方法时使用 override 关键字。

（5）并不是每个方法都可以声明为密封方法，密封方法只能用于对基类的虚方法进行实现，并提供具体的实现，所以，声明密封方法时，sealed 修饰符总是和 override 修饰符同时使用。

（6）密封类除了不能被继承外，与非密封类的用法大致相同，而密封方法则必须通过重写基类中的虚方法来实现。

（7）迭代器是可以返回相同类型的值的有序序列的一段代码，可用作方法、运算符或 get 访问器的代码体。迭代器代码使用 yield return 语句依次返回每个元素，yield break 语句将终止迭代。

习　题

12-1　接口中可以包含的成员有哪些?

12-2　阐述抽象类和抽象方法的概念。

12-3　抽象类与非抽象类的区别是什么？
12-4　论述抽象类与接口的区别。
12-5　创建迭代器的常用方法是什么？
12-6　分部类主要应用在哪两个方面？
12-7　概述泛型的特点有哪些？

实验：通过重写抽象方法实现多态性

实验目的

（1）声明和应用抽象类。
（2）声明和应用抽象方法。
（3）面向对象多态性的应用。

实验内容

在本实验中，创建一个描述动物叫声和行为的抽象类Animal，然后通过该抽象类派生出两个实现子类（Cat类和Dog类），最后通过面向对象的多态性实现输出某一种动物的相关行为信息。程序运行效果如图12-13所示。

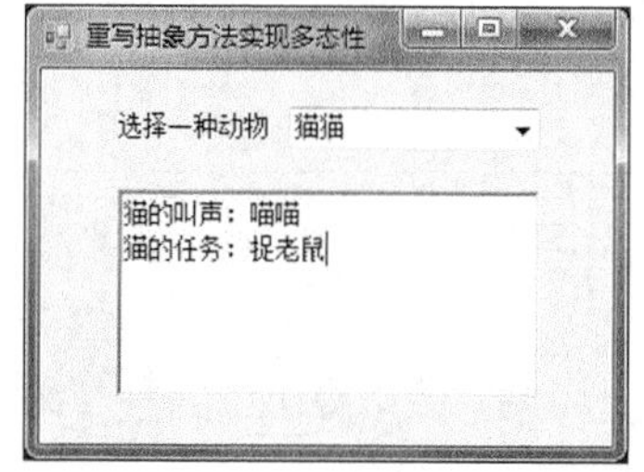

图12-13　使用多态性输出动物行为

实验步骤

（1）打开 Visual Studio 2010 开发环境，新建一个 Windows 窗体应用程序，命名为UsePolymorphism。

（2）更改默认窗体Form1的Name属性值为Frm_Main，在该窗体中主要添加一个ComboBox控件和一个RichTextBox控件，分别用来选择一种具体的动物和显示该种动物的行为信息。

（3）在UsePolymorphism项目名称下，添加一个AnimalClass.cs类文件，在该类文件中定义了4个类，分别是Animal类（描述动物叫声和行为的抽象类）、AnimalClass类（输出动物行为信息的静态类）、Dog（实现了Animal抽象类的派生子类）和Cat（实现了Animal抽象类的派生子类），具体代码如下：

```
//该类中通过多态性输出动物的相关行为信息
public static class AnimalClass
{
    ///输出动物的叫声，该方法体现了多态性
    /// <param name="an"> Animal类或其派生子类的引用</param>
    public static string AnimalCry(Animal an)//
    {
       return an.Cry();                                  //调用抽象类Animal的Cry方法
    }
    ///输出动物的特殊行为，该方法体现了多态性
    /// <param name="an"> Animal类或其派生子类的引用</param>
    public static string AnimalWork(Animal an)
    {
        return an.Work();                                //调用抽象类Animal的Work方法
    }
}
```

```
//该抽象类描述了动物具有的相关信息，包括叫声和特殊行为
public abstract class Animal
{
    public string Run()                                  //定义 Run 方法，输出跑的动作
    {
        return "动物都会跑!";                            //输出动物都会跑动的信息
    }
    public abstract string Cry();                        //声明抽象方法，描述动物发叫声
    public abstract string Work();                       //声明抽象方法，描述动物行为
}
//定义 Dog 类，实现抽象类 Animal
public class Dog : Animal
{
    public override string Cry()                         //重写基类的 Cry 方法
    {
      return"汪汪";
    }
    public override string Work()                        //重写基类的 Work 方法
    {
        return"看家护院";
    }
}
//定义 Cat 类，实现抽象类 Animal
public class Cat : Animal
{
    public override string Cry()                         //重写基类的 Cry 方法
    {
        return "喵喵";
    }
    public override string Work()                        //重写基类的 Work 方法
    {
        return"捉老鼠";
    }
}
```

（4）在 Frm_Main 窗体上方的 ComboBox 控件中选择一种动物，然后会在窗体下方的 RichTextBox 控件中显示出该种动物的相关行为信息。具体代码如下。

```
//选择 ComboBox 项，触发该控件的 SelectedIndexChanged 事件
private void comboBox1_SelectedIndexChanged(object sender, EventArgs e)
{
    if (comboBox1.Text == "狗狗")                         //若选择“狗狗”项
    {
        Dog dog = new Dog();                             //创建 Dog 类的实例
        richTextBox1.Text = "狗的叫声：" + AnimalClass.AnimalCry(dog) +
Environment.NewLine;                                     //显示狗的叫声
        richTextBox1.Text += "狗的任务：" + AnimalClass.AnimalWork(dog);//狗的特殊行为
    }
    else                                                 //若选择“猫猫”项
    {
        Cat cat = new Cat();                             //创建 Cat 类的实例
        richTextBox1.Text = "猫的叫声：" + AnimalClass.AnimalCry(cat) +
Environment.NewLine;                                     //显示猫的叫声
        richTextBox1.Text += "猫的任务：" + AnimalClass.AnimalWork(cat);//猫的特殊行为
    }
}
```

第 13 章 委托与事件

本章要点：

- 委托的概念及应用
- 匿名方法的概念及应用
- 委托的发布和订阅
- 事件的发布和订阅
- Windows 事件概述

通常我们将数据对象（或其引用）作为方法的参数进行传递，而使用委托可以实现将方法本身作为参数进行传递。当对象在运行过程中遇到一些特定事情，通常需要使用事件来进行处理，事件可以使用.NET 框架自身提供的，也可以实现用户自定义，本章将对这些内容进行详细讲解。

13.1 委　托

为了实现方法的参数化，提出了委托的概念，委托是一种引用方法的类型，即委托是方法的引用，一旦为委托分配了方法，委托将与该方法具有完全相同的行为。

13.1.1 委托的概述

C#中的委托（Delegate）是一种引用类型。该引用类型与其他引用类型有所不同，在委托对象的引用中存放的不是对数据的引用，而是存放对方法的引用，即在委托的内部包含一个指向某个方法的指针。通过使用委托把方法的引用封装在委托对象中，然后将委托对象传递给调用引用方法的代码。委托类型的声明语法格式如下：

```
【修饰符】 delegate 【返回类型】 【委托名称】 (【参数列表】)
```

其中,【修饰符】是可选项;【返回类型】、关键字 delegate 和【委托名称】是必需项;【参数列表】用来指定委托所匹配的方法的参数列表，所以是可选项。

一个与委托类型相匹配的方法必需满足以下两个条件。

- 这二者具有相同的签名，即具有相同的参数数目，并且类型相同，顺序相同，参数的修饰符也相同。
- 这二者具有相同的返回值类型。

委托是方法的类型安全的引用，之所以说委托是安全的，是因为委托和其他所有的 C#成员一样，是一种数据类型，并且任何委托对象都是 System.Delegate 的某个派生类的一个对象，委托的类结构如图 13-1 所示。

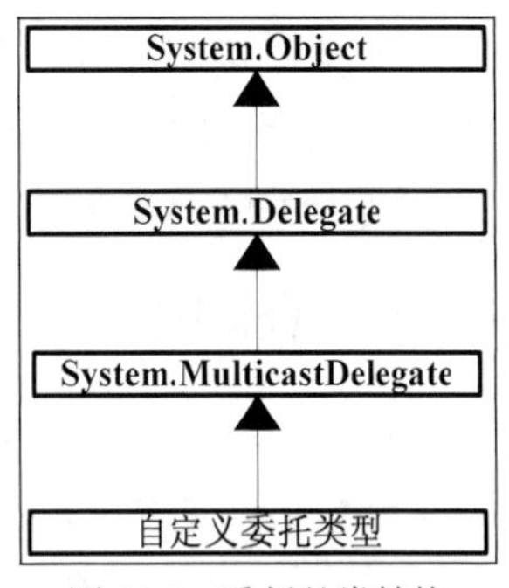

图 13-1　委托的类结构

13.1.2　委托的应用

从图 13-1 所示的结构图中可以看出，任何自定义委托类型都继承自 System.Delegate 类型，并且该类型封装了许多委托的特性和方法。下面通过一个具体的例子来说明委托的定义及应用。

【例 13-1】 创建一个控制台应用程序，首先定义一个实例方法 Add，该方法将作为自定义委托类型 MyDelegate 的匹配方法；然后在控制台应用程序的默认类 Program 中定义一个委托类型 MyDelegate，接着在应用程序的入口方法 Main 中创建该委托类型的实例 md，并绑定到 Add 方法。代码如下：（实例位置：光盘\MR\源码\第 13 章\13-1）

```
public class TestClass
{
    public int Add(int x,int y)
    {
        return x+y;
    }
}
class Program
{
    public delegate int MyDelegate(int x, int y);//定义一个委托类型
    static void Main(string[] args)
    {
        TestClass tc = new TestClass();
        MyDelegate md = tc.Add;                    //创建委托类型的实例 md,并绑定到 Add 方法
        int intSum = md(2, 3);                     //委托的调用
        Console.WriteLine("运算结果是: "+intSum.ToString());
        Console.Read();
    }
}
```

上面代码中的 MyDelegate 自定义委托类型继承自 System.MulticastDelegate，并且该自定义委托类型包一个名为 Invoke 的方法，该方法接受两个整型参数并返回一个整数值，由此可见 Invoke 方法的参数及返回值类型与 Add 方法完全相同。实际上程序在进行委托调用时就是调用了 Invoke 方法，所以上面的委托调用完全可以写成下面的形式：

```
int intSum = md.Invoke(2, 3);                     //委托的调用
```

其实，上面的这种形式更有利于初学者的理解，本实例的运行结果为“运算结果是：5”。

13.2　匿 名 方 法

为了简化委托的可操作性，在 C#语言中，提出了匿名方法的概念，它在一定程度上降低了代码量，并简化了委托引用方法的过程。

13.2.1　匿名方法概述

匿名方法允许一个与委托关联的代码被内联地写入使用委托的位置，这使得代码对于委托的实例很直接。除了这种便利之外，匿名方法还共享了对本地语句包含的函数成员的访问。

使用匿名方法，不必创建单独的方法，这样就减少了实例化委托所需的编码系统开销。简言

之，原来是委托绑定一个方法，现在可以直接将方法的代码块作为参数传给委托而不必调用方法。匿名方法的语法格式如下：

```
delegate(【参数列表】)
{
    【代码块】
}
```

【例 13-2】声明一个无返回值且参数为整数的委托类型 Del，然后使用匿名方法 delegate (int h) {}来创建委托类型的对象 d。代码如下：

```
//定义一个委托类型
delegate void Del(int y);
//用匿名方法来创建委托
Del d = delegate(int h) { /* 直接写委托所调用的方法的代码*/ };
```

13.2.2 匿名方法的应用

下面通过实例来介绍如何在程序中声明和使用匿名方法。

【例 13-3】创建一个控制台应用程序，首先定义一个无返回值其参数为字符串的委托类型 DelOutput；然后在控制台应用程序的默认类 Program 中定义一个静态方法 NamedMethod，并且该方法与委托类型 DelOutput 相匹配；接下来在 Main 方法中定义一个匿名方法 delegate(string j){}，并创建委托类型 DelOutput 的对象 del；最后通过委托对象 del 调用匿名方法和命名方法（NamedMethod）。代码如下：（实例位置：光盘\MR\源码\第 13 章\13-3）

```
delegate void DelOutput(string s);          //自定义委托类型
class Program
{
    static void NamedMethod(string k)       //与委托匹配的命名方法
    {
        Console.WriteLine(k);
    }
    static void Main(string[] args)
    {
        //委托的引用指向匿名方法 delegate(string j){}
        DelOutput del = delegate(string j)
        {
            Console.WriteLine(j);
        };
        del.Invoke("匿名方法被调用");              //委托对象 del 调用匿名方法
        //del("匿名方法被调用");                   //委托也可使用这种方式调用匿名方法
        Console.Write("\n");
        del = NamedMethod;                      //委托绑定到命名方法 NamedMethod
        del("命名方法被调用");                     //委托对象 del 调用命名方法
        //del.Invoke("命名方法被调用");             //委托也可使用这种方式调用命名方法
        Console.ReadLine();
    }
}
```

实例运行结果如图 13-2 所示。

图 13-2 匿名方法的使用

13.3　事　　件

C#中的事件是指某个类的对象在运行过程中遇到的一些特定事情，而这些特定的事情有必要通知给这个对象的使用者。当发生与某个对象相关的事件时，类会使用事件将这一对象通知给用户，这种通知即称为“引发事件”。引发事件的对象称为事件的源或发送者。对象引发事件的原因很多，响应对象数据的更改、长时间运行的进程完成或服务中断等。

对于事件的相关理论和实现技术细节，本节将从委托的发布和订阅、事件的发布和委托及原型委托 EventHandler 这 3 个方面逐步进行讲解。

13.3.1　委托的发布和订阅

由于委托能够引用方法，而且能够链接和删除其他委托对象，因而就能够通过委托来实现事件的“发布和订阅”这两个必要的过程。通过委托来实现事件处理的过程，通常需要以下 4 个步骤：

（1）定义委托类型，并在发布者类中定义一个该类型的公有成员；

（2）在订阅者类中定义委托处理方法；

（3）订阅者对象将其事件处理方法链接到发布者对象的委托成员（一个委托类型的引用）上；

（4）发布者对象在特定的情况下“激发”委托操作，从而自动调用订阅者对象的委托处理方法。

下面以学校铃声为例。通常，学生会对上、下课铃声做出相应的动作响应，比如：打上课铃，同学们开始学习；打下课铃，同学们开始休息。下面就通过委托的发布和订阅来实现这个功能。

【例 13-4】 创建一个控制台应用程序，通过委托来实现学生们对铃声所做出的响应，具体步骤如下。（实例位置：光盘\MR\源码\第 13 章\13-4）

（1）定义一个委托类型 RingEvent，其整型参数 ringKind 表示铃声种类（1：表示上课铃声；2 表示下课铃声），具体代码如下：

```
public delegate void RingEvent(int ringKind);    //声明一个委托类型
```

（2）定义委托发布者类 SchoolRing，并在该类中定义一个 RingEvent 类型的公有成员（即委托成员，用来进行委托发布），然后再定义一个成员方法 Jow，用来实现激发委托操作，代码如下：

```
public class SchoolRing                              //定义发布者类
{
    public RingEvent OnBellSound;                    //委托发布
    public void Jow(int ringKind)                    //实现打铃操作
    {
        if (ringKind == 1 || ringKind == 2)          //判断打铃参数是否合法
        {
            Console.Write(ringKind == 1 ? "上课铃声响了，" : "下课铃声响了，");
            if (OnBellSound != null)                 //不等于空，说明它已经订阅了具体的方法
            {
                OnBellSound(ringKind);               //回调 OnBellSound 委托所订阅的具体方法
            }
        }
        else
        {
            Console.WriteLine("这个铃声参数不正确！");
        }
    }
}
```

（3）由于学生会对铃声做出相应的动作相应，所以这里定义一个 Students 类，然后在该类中定义一个铃声事件的处理方法 SchoolJow，并在某个激发时刻或状态下链接到 SchoolRing 对象的 OnBellSound 委托上。另外，在订阅完毕之后，还可以通过 CancelSubscribe 方法删除订阅。具体代码如下：

```
public class Students//定义订阅者类
{
    public void SubscribeToRing(SchoolRing schoolRing)    //学生们订阅铃声这个委托事件
    {
        schoolRing.OnBellSound += SchoolJow;              //通过委托的链接操作进行订阅
    }
    public void SchoolJow(int ringKind)                   //事件的处理方法
    {
        if (ringKind == 2)                                //打下课铃
        {
            Console.WriteLine("同学们开始课间休息！");
        }
        else if (ringKind == 1)                           //打上课铃
        {
            Console.WriteLine("同学们开始认真学习！");
        }
    }
    public void CancelSubscribe(SchoolRing schoolRing)    //取消订阅铃声动作
    {
        schoolRing.OnBellSound -= SchoolJow;
    }
}
```

（4）当发布者 SchoolRing 类的对象调用其 Jow 方法进行打铃时，就会自动调用 Students 对象的 SchoolJow 这个事件处理方法。具体代码如下：

```
class Program
{
    static void Main(string[] args)
    {
        SchoolRing sr = new SchoolRing();                 //创建一个事件发布者实例
        Students student = new Students();                //创建一个事件订阅者实例
        student.SubscribeToRing(sr);                      //学生订阅学校铃声
        Console.Write("请输入打铃参数（1：表示打上课铃；2：表示打下课铃）：");
        sr.Jow(Convert.ToInt32(Console.ReadLine()));      //开始打铃动作
        Console.ReadLine();
    }
}
```

本例运行结果如图 13-3 所示。

图 13-3　发布和订阅铃声事件

从上面的这个实例可以看出，通过委托来发布和订阅事件，首先要通过发布者来发布这个委托，然后定义一个事件触发器，在这个触发器被激发后（比如执行这个触发器方法），会调用这个委托，然后委托根据自身的订阅情况，再进行回调委托（事件）的处理方法，因为委托已经通过“+=”符号链接到该处理方法上。

13.3.2　事件的发布和订阅

委托可以进行发布和订阅，从而使不同的对象对特定的情况作出反应。但这种机制存在一个问题，即外部对象可以任意修改已发布的委托（因为这个委托仅是一个普通的类级公有成员），这也会影响到其他对象对委托的订阅（使委托丢掉了其它的订阅），比如，在进行委托订阅时候，使用“=”符号，而不是“+=”，或者在订阅时，设置委托指向一个空引用，这些都对委托的安全性造成严重的威胁，如下面的示例代码所示：

【例 13-5】 使用“=”运算符进行委托的订阅，或者设置委托指向一个空引用。代码如下：

```
public void SubscribeToRing(SchoolRing schoolRing)    //学生们订阅铃声这个委托事件
{
    //通过赋值运算符进行订阅，使委托 OnBellSound 丢掉了其他的订阅
    schoolRing.OnBellSound = SchoolJow;
}
```

或

```
public void SubscribeToRing(SchoolRing schoolRing)    //学生们订阅铃声这个委托事件
{
    schoolRing.OnBellSound = null;                    //取消委托订阅的所有内容
}
```

为了解决这个问题，C#提供了专门的事件处理机制，以保证事件订阅的可靠性，其做法是在发布委托的定义中加上 event 关键字，其他代码不变。例如：

```
public event RingEvent OnBellSound;                   //事件发布
```

经过这个简单的修改后，其他类型再使用 OnBellSound 委托时，就只能将其放在复合赋值运算符“+=”或“-=”的左侧，而直接使用“=”运算符，编译系统会报错。例如，下面的代码都是错误的：

```
schoolRing.OnBellSound = SchoolJow;                   //系统会报错的
schoolRing.OnBellSound = null;                        //系统会报错的
```

这样就解决了上面出现的安全隐患，通过这个分析可以看出，事件是一种特殊的类型，发布者在发布一个事件之后，订阅者对它只能进行自身的订阅或取消，而不能干涉其他订阅者。

事件也是类的一种特殊成员：即使是公有事件，除了其所属类型之外，其他类型只能对其进行订阅或取消，别的任何操作都是不允许的，因此事件具有特殊的封装性。和一般委托成员不同，某个类型的事件只能由自身触发。例如，在 Students 的成员方法中，使用如下代码来直接调用 SchoolRing 对象的 OnBellSound 事件是不允许的。比如，“schoolRing.OnBellSound(2)”这个代码是错误的，因为 OnBellSound 这个委托只能在包含其自身定义的发布者类中被调用。

13.3.3　EventHandler 类

在事件发布和订阅的过程中，定义事件的类型（即委托类型）是一件重复性的工作。为此，.NET 类库中定义了一个 EventHandler 委托类型，并建议尽量使用该类型作为事件的委托类型。该委托类型的定义为：

```
public delegate void EventHandle(object sender,EventArgs e);
```

其中 object 类型的参数 sender 表示引发事件的对象，由于事件成员只能由类型本身（即事件的发布者）触发，因此在触发时传递给该参数的值通常为 this。例如，可将 SchoolRing 类的

OnBellSound 事件定义为 EventHandler 委托类型，那么触发该事件的代码就是“OnBellSound(this,null);”。

事件的订阅者可以通过 sender 参数来了解是哪个对象触发的事件（这里当然是事件的发布者），不过在访问对象时通常要进行强制类型转换。例如，Students 类对 OnBellSound 事件的处理方法则需修改为：

```
public void SchoolJow(object sender , EventArgs e)
{
    if (((RingEventArgs)e).RingKind == 2)          //e 强制转化内 RingEventArgs 类型
    {
        Console.WriteLine("同学们开始课间休息！");
    }
    else if (((RingEventArgs)e).RingKind==1)       //e 强制转化内 RingEventArgs 类型
    {
        Console.WriteLine("同学们开始认真学习！");
    }
}
public void CancelSubscribe(SchoolRing schoolRing)  //取消订阅铃声动作
{
    schoolRing.OnBellSound -= SchoolJow;
}
```

EventHandler 委托的第二个参数 e 表示事件中包含的数据。如果发布者还要向订阅者传递额外的事件数据，那么就需要定义 EventArgs 类型的派生类。例如，由于需要把打铃参数（1 或 2）传入到事件中，则可以定义如下的 RingEventArgs 类：

```
public class RingEventArgs : EventArgs
 {
     private int ringKind;                         //描述铃声种类的字段
     public int RingKind
     {
         get { return ringKind; }                  //获取打铃参数
     }

     public RingEventArgs(int ringKind)
     {
         this.ringKind = ringKind;                 //在构造器中初始化铃声参数
     }
 }
```

而 SchoolRing 的实例在触发 OnBellSound 事件时，就可以将该类型（即 RingEventArgs）的对象作为参数传递给 EventHandler 委托，下面来看激发 OnBellSound 事件的主要代码：

```
public event EventHandler OnBellSound;             //委托发布
public void Jow(int ringKind)                      //打铃方法
{
    if (ringKind == 1 || ringKind == 2)
    {
        Console.Write(ringKind == 1 ? "上课铃声响了，" : "下课铃声响了，");
        if (OnBellSound != null)                   //不等于空，说明它已经订阅具体的方法
        {
            //为了安全，事件成员只能由类型本身触发（this），
            OnBellSound(this,new RingEventArgs(ringKind));//回调委托所订阅的方法
```

```
            }
        }
        else
        {
            Console.WriteLine("这个铃声参数不正确！");
        }
    }
```

由于 EventHandler 原始定义中的参数类型是 EventArgs，那么订阅者在读取参数内容时同样需要进行强制类型转换，例如：

```
public void SchoolJow(object sender,EventArgs e)
{
    if (((RingEventArgs)e).RingKind == 2)           //打了下课铃
    {
        Console.WriteLine("同学们开始课间休息！");
    }
    else if (((RingEventArgs)e).RingKind==1)        //打了上课铃
    {
        Console.WriteLine("同学们开始认真学习！");
    }
}
```

13.4　Windows 事件概述

事件在 Windows 这样的图形界面程序中有着极其广泛的应用，事件响应是程序与用户交互的基础。用户的绝大多数操作，如移动鼠标、单击鼠标、改变光标位置、选择菜单命令等，都可以触发相关的控件事件。以 Button 控件为例，其成员 Click 就是一个 EventHandler 类型的事件：

```
public event EventHandler Click;
```

用户单击按钮时，Button 对象就会调用其保护成员方法 OnClick（它包含了激发 Click 事件的代码），并通过它来触发 Click 事件：

```
Protected virtual void OnClick(EventArgs e)
{
  If(Click!=null)
  Click(this,e);
}
```

此时，如果在程序中定义了响应事件的处理方法，那么单击按钮就能够执行其中的代码。

【例 13-6】 在 Form1 窗体包含一个名为 button1 的按钮，那么可以在窗体的构造方法中关联事件处理方法，并在方法代码中执行所需要的功能。代码如下：

```
public Form1()
{
  InitializeComponent();
  button1.Click+= new EventHandler(button1_Click);          //关联事件处理方法
}
private void button1_Click(object sender,EventArgs e)
{
  this.Close();
}
```

【例 13-7】 在 Windows 窗体中包含了 3 个按钮控件和 1 个文本框控件，3 个按钮的 Click 事

件共用一个事件处理方法 button_Click。代码如下：（实例位置：光盘\MR\源码\第 13 章\13-7）

```
public partial class Form1 : Form
{
    public Form1()
    {
        InitializeComponent();
        this.button1.Click += new EventHandler(button_Click); //关联事件处理方法
        this.button2.Click += new EventHandler(button_Click); //关联事件处理方法
        this.button3.Click += new EventHandler(button_Click); //关联事件处理方法
    }
    void button_Click(object sender, EventArgs e)              //事件处理方法
    {
        textBox1.Text = "您按下了" + ((Button)sender).Text;
        //输出信息
    }
}
```

其中，TextBox 控件和 Button 控件的 Text 属性分别表示文本框和按钮上显示的文字，当用户在窗体上单击某个按钮后，文本框中就会显示。例如，按下“button2”按钮，程序运行效果如图 13-4 所示。

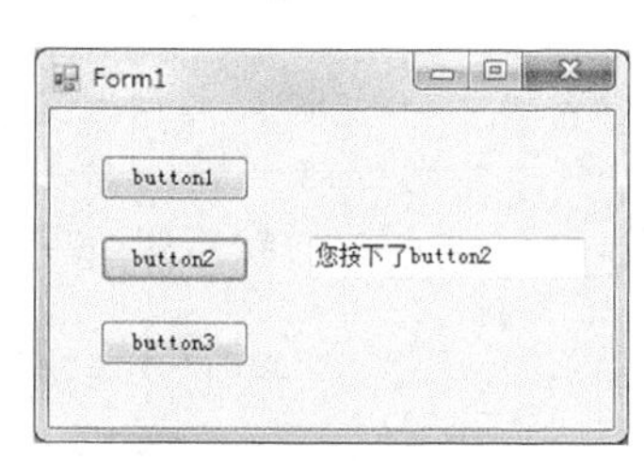

图 13-4　Button 的 Click 事件

13.5　综合实例——运用委托实现两个数的四则运算

本实例运用委托实现两个数的四则运算，其中 Sum 方法用来实现加法运算，Subtract 方法用来实现减法运算，Multiply 方法用来实现乘法运算，Divide 方法用来实现除法运算。程序运行结果如图 13-5 所示。

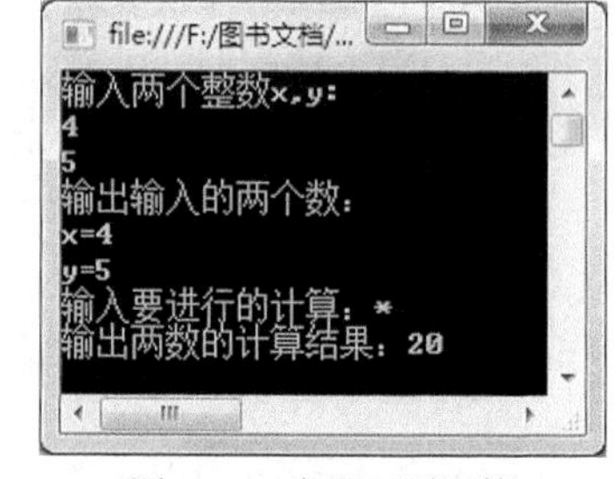

图 13-5　实现四则运算

程序开发步骤如下。

（1）创建一个控制台应用程序，命名为 DelegateApplication，并存放到磁盘的指定位置。

（2）在程序中，首先定义一个返回值类型为 int 的委托类型 DelegateApplication，并设置两个整型参数，这两个参数用来参与四则运算；然后再定义 4 个方法，分别用来实现加、减、乘、除运算的功能；最后在 Main 方法中创建委托实例，并引用某个具体的方法。代码如下：

```
namespace DelegateApplication
{
    class Program
    {
        //定义一个委托对象
        public delegate int DelegateApplication(int param1,int param2);
        public static int Sum(int param1, int param2)     //自定义计算两个数之和的方法
        {
            return param1 + param2;                       //返回两个数的和
        }
```

```
        public static int Subtract(int param1, int param2)//自定义计算两个数之差的方法
        {
            return Math.Abs(param1 - param2);          //返回两个数的差
        }
        public static int Multiply(int param1, int param2)//自定义计算两个数之积的方法
        {
            return param1 * param2;                    //返回两个数的积
        }
        public static int Divide(int param1, int param2) //自定义计算两个数之商的方法
        {
            return param1 / param2;                    //返回两个数的商
        }
        static void Main(string[] args)
        {
            DelegateApplication Operate;               //声明一个委托对象
            Console.Write("输入两个整数 x,y:\n");       //输出提示性信息
            int x = int.Parse(Console.ReadLine());     //输入一个整数 x
            int y = int.Parse(Console.ReadLine());     //输入一个整数 y
            Console.WriteLine("输出输入的两个数: ");     //输出提示性信息
            Console.WriteLine("x={0}\ny={1}", x, y);   //输出 x, y 的值
            Console.Write("输入要进行的计算: ");         //输出提示性信息
            string operate = Console.ReadLine();       //从键盘输入将进行的计算类型
            if (operate == "+")                        //当输入的为加法运算式时
            {
                Operate = new DelegateApplication(Sum);   //实例化一个委托对象
                Console.WriteLine("输出两数的计算结果: {0}", Operate(x, y));
            }
            else if (operate == "-")                   //当输入的为减法运算式时
            {
                Operate = new DelegateApplication(Subtract);//实例化一个委托对象
                Console.WriteLine("输出两数的计算结果: {0}", Operate(x, y));
            }
            else if (operate == "*")                   //当输入的为乘法运算式时
            {
                Operate = new DelegateApplication(Multiply);//实例化一个委托对象
                Console.WriteLine("输出两数的计算结果: {0}", Operate(x, y));
            }
            else if (operate == "/")                   //当输入的为除法运算式时
            {
                Operate = new DelegateApplication(Divide); //实例化一个委托对象
                Console.WriteLine("输出两数的计算结果: {0}", Operate(x, y));
            }
            else                                       //当为其他输入情况时
            {
                Console.WriteLine("对不起，请确认你的输入参数，谢谢合作");//输入提示性信息
            }
            Console.ReadLine();                        //从标准输入流读取下一行字符
        }
    }
}
```

知识点提炼

（1）委托是一种引用方法的类型，即委托是方法的引用，一旦为委托分配了方法，委托将与该方法具有完全相同的行为。

（2）C#中的委托(Delegate)是一种引用类型。该引用类型与其他引用类型有所不同，在委托对象的引用中存放的不是对数据的引用，而是存放对方法的引用，即在委托的内部包含一个指向某个方法的指针。通过使用委托把方法的引用封装在委托对象中，然后将委托对象传递给调用引用方法的代码。

（3）任何自定义委托类型都继承自 System.Delegate 类型，并且该类型封装了许多委托的特性和方法。

（4）匿名方法允许一个与委托关联的代码被内联地写入使用委托的位置，这使得代码对于委托的实例很直接。除了这种便利之外，匿名方法还共享了对本地语句包含的函数成员的访问。

（5）使用匿名方法，不必创建单独的方法，这样就减少了实例化委托所需的编码系统开销。简言之原来是委托绑定一个方法，现在可以直接将方法的代码块作为参数传给委托而不必调用方法。

习　　题

13-1　一个与委托类型相匹配的方法必需满足哪两个条件？

13-2　通过委托来实现事件处理的过程是什么？

13-3　定义事件需要使用的关键字是什么？

13-4　.NET 建议使用哪种委托类型来定义事件？

13-5　对 Windows 事件进行简单的概述。

实验：向指定事件中添加自定义内容

实验目的

（1）自定义委托。

（2）通过自定义委托发布事件。

（3）订阅事件。

实验内容

本实验主要实现向 Timer 组件的 Elapsed 事件中添加自定义的内容，程序运行结果如图 13-6 所示。

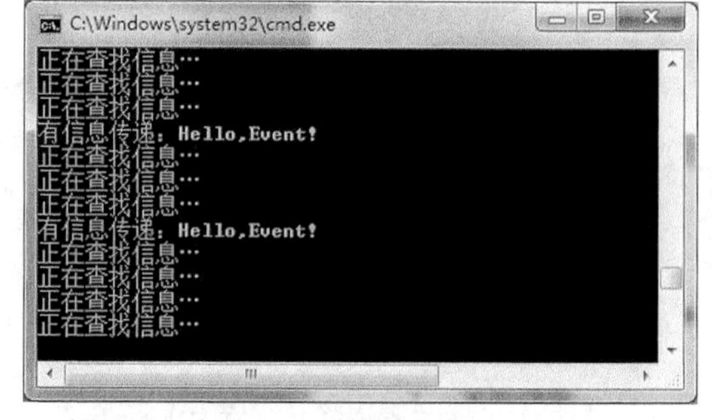

图 13-6　向 Elapsed 事件中添加自定义的内容

实验步骤

（1）创建一个控制台应用程序，命名为 User-DefinedAffair，并保存到磁盘的指定位置。

（2）打开 Program.cs 文件，在其中定义 Connection 类和 Display 类。在类 Connection 中定义

了一个事件 MessageArrived，该事件当有满足条件的消息传递时发生；在类 Display 中定义了一个 DisplayMessage 方法用来显示信息。其主要代码如下：

```
using System.Timers;                                    //添加该命名空间
namespace User_DefinedAffair
{
    class Program
    {
        public delegate void MessageHandler(string MessageContent);//自定义事件的委托
        static void Main(string[] args)
        {
            Connection UsConnection = new Connection();    //实例化类 Connection 的对象
            Display display = new Display();               //实例化一个类 Display 的对象
            //添加自定义事件
            UsConnection.MessageArrived += new MessageHandler(display.DisplayMessage);
            UsConnection.Connect();                        //调用连接信息
            Console.ReadKey();                             //获取用户按下的一个字符
        }
        public class Connection
        {
            public event MessageHandler MessageArrived;    //声明一个自定义事件
            private Timer timer;                           //声明一个 Timer 类的实例
            public Connection()                            //类 Connection 的构造方法
            {
             timer = new Timer(100);                       //实例化 timer 对象
             //向 timer 的事件 Elapsed 中添加内容
             timer.Elapsed += new ElapsedEventHandler(timer_Elapsed);
            }
            private static Random random = new Random();   //创建一个随机对象
            void timer_Elapsed(object sender, ElapsedEventArgs e)   //新创建的事件方法
            {
             Console.WriteLine("正在查找信息…");           //输出提示性信息
             //当随机数等于 9 且事件的内容不为空时
             if (random.Next(9) == 0 && (MessageArrived != null))
             {
                MessageArrived("Hello,Event!");            //输出“Hello, Event!”
             }
            }
            public void Connect()                          //用于连接的方法
            {
             timer.Start();                                //启动计时器
            }
            public void DisConnect()                       //用于断开连接的方法
            {
             timer.Stop();                                 //停止计时器
            }
        }
        public class Display                               //Display 类用于显示信息
        {
            public void DisplayMessage(string message)     //自定义一个显示信息的方法
            {
               Console.WriteLine("有信息传递：{0}", message);//输出信息
            }
        }
    }
}
```

第 14 章 文件与流

本章要点：

- 文件的基本操作
- 文件夹基本操作
- 数据流基础
- 流读写文件

文件操作是操作系统的一种重要组成部分，.NET 框架提供了一个 System.IO 命名空间，其中包含了多种用于对文件、文件夹和数据流进行操作的类，这些类既支持同步操作，也支持异步操作，本章将对文件基本操作、文件夹基本操作和流的常规操作进行讲解。

14.1 System.IO 命名空间

System.IO 命名空间是 C#中对文件和流进行操作时必须要引用的一个命名空间，该命名空间中有很多的类，用于进行数据文件和流的读写操作，这些操作可以同步进行也可以异步进行。

System.IO 命名空间中常用的类及说明如表 14-1 所示。

表 14-1　System.IO 命名空间中常用的类及说明

类	说　明
BinaryReader	用特定的编码将基元数据类型读作二进制值
BinaryWriter	以二进制形式将基元类型写入流，并支持用特定的编码写入字符串
BufferedStream	给另一流上的读写操作添加一个缓冲层。无法继承此类
Directory	公开用于创建、移动和枚举通过目录和子目录的静态方法。无法继承此类
DirectoryInfo	公开用于创建、移动和枚举目录和子目录的实例方法。无法继承此类
File	提供用于创建、复制、删除、移动和打开文件的静态方法，并协助创建 Filestream 对象
FileInfo	提供创建、复制、删除、移动和打开文件的实例方法，并且帮助创建 FileStream 对象
FileStream	公开以文件为主的 Stream，既支持同步读写操作，也支持异步读写操作
IOException	发生 I/O 错误时引发的异常
MemoryStream	创建其支持存储区为内存的流
Stream	提供字节序列的一般视图
StreamReader	实现一个 TextReader，使其以一种特定的编码从字节流中读取字符

续表

类	说　明
StreamWriter	实现一个 TextWriter，使其以一种特定的编码向流中写入字符
StringReader	实现从字符串进行读取的 TextReader
StringWriter	实现一个用于将信息写入字符串的 TextWriter。该信息存储在基础 StringBuilder 中
TextReader	表示可读取连续字符系列的读取器
TextWriter	表示可以编写一个有序字符系列的编写器。该类为抽象类

14.2 文件基本操作

File 类和 FileInfo 类都可以对文件进行创建、复制、删除、移动、打开、读取以及获取文件的基本信息等操作，下面对这两个类和文件的基本操作进行介绍。

14.2.1 文件操作类

1. File 类

File 类支持对文件的基本操作，包括提供用于创建、复制、删除、移动和打开文件的静态方法，并协助创建 FileStream 对象。由于所有的 File 类的方法都是静态的，所以如果只想执行一个操作，那么使用 File 方法的效率比使用相应的 FileInfo 实例方法可能更高。File 类可以被实例化，但不能被其他类继承。

File 类的常用方法及说明如表 14-2 所示。

表 14-2　File 类的常用方法及说明

方　法	说　明
Create	在指定路径中创建文件
Copy	将现有文件复制到新文件
Exists	确定指定的文件是否存在
GetCreationTime	返回指定文件或目录的创建日期和时间
GetLastAccessTime	返回上次访问指定文件或目录的日期和时间
GetLastWriteTime	返回上次写入指定文件或目录的日期和时间
Move	将指定文件移到新位置，并提供指定新文件名的选项
Open	打开指定路径上的 FileStream
OpenRead	打开现有文件以进行读取
OpenText	打开现有 UTF-8 编码文本文件以进行读取
OpenWrite	打开现有文件以进行写入

2. FileInfo 类

FileInfo 类和 File 类之间许多方法调用都是相同的，但是 FileInfo 类没有静态方法，仅可以用于实例化对象。File 类是静态类，所以它的调用需要字符串参数为每一个方法调用规定文件位置，因此如果要在对象上进行单一方法调用，则可以使用静态 File 类，反之则使用 FileInfo 类。

FileInfo 类的常用属性及说明如表 14-3 所示。

表 14-3　　FileInfo 类的常用属性及说明

属　性	说　明
CreationTime	获取或设置当前 FileSystemInfo 对象的创建时间
DirectoryName	获取表示目录的完整路径的字符串
Exists	获取指示文件是否存在的值
Extension	获取表示文件扩展名部分的字符串
FullName	获取目录或文件的完整目录
Length	获取当前文件的大小
Name	获取文件名

FileInfo 类所使用的相关方法请参见表 14-2。

14.2.2　创建文件

用户在创建文件时，有两种格式的文件：一是 UTF-8 编码文本的文件，二是非 UTF-8 编码文本的文件。开发人员可以使用 File 类和 FileInfo 类实现文件的创建操作，本小节主要以 File 类为例进行讲解。

1. 通过 Create 方法创建非 UTF-8 编码文本

Create 方法用于在指定路径中创建或覆盖文件，其语法格式如下：

```
public static FileStream Create(string path,int bufferSize,FileOptions options)
```

- path：要创建的文件的路径及名称。
- bufferSize：用于读取和写入文件的已放入缓冲区的字节数。
- options：FileOptions 值之一，它描述如何创建或覆盖该文件。FileOptions 值的成员及说明如表 14-4 所示。

表 14-4　　FileOptions 值的成员及说明

成　员	说　明
None	指示无其他参数
WriteThrough	指示系统应通过任何中间缓存、直接写入磁盘
Asynchronous	指示文件可用于异步读取和写入
RandomAccess	指示随机访问文件。系统可将此选项用作优化文件缓存的提示
DeleteOnClose	指示当不再使用某个文件时，自动删除该文件
Encrypted	指示文件是加密的，只能通过用于加密的同一用户账户来解密

- 返回值：Filestream 对象，它提供对 path 中指定的文件的读/写访问。

【例 14-1】 在 D 盘下创建一个纯文本格式的文本文件，如果有同名文件则覆盖。代码如下：

```
FileStream fs = File.Create("D:\\test.txt");
```

【例 14-2】 创建一个具有指定缓冲区大小的文件，并向该文件中写入文本。代码如下：

```
string path = "test.txt";
using (FileStream fs = File.Create(path, 1024))
{
```

```
    Byte[] info = new UTF8Encoding(true).GetBytes("This is some text in the file.");
    //将字符串转换成字节
    fs.Write(info, 0, info.Length);                    //将字节写入文本文件中
}
```

【例 14-3】 创建一个可异步读取和写入的文本文件，代码如下：

```
File.Create("test.txt", 1024,FileOptions.Asynchronous);
```

2. 通过 CreateText 方法创建 UTF-8 编码的文本

CreateText 方法用于创建或打开一个文件，以便写入 UTF-8 编码的文本，其语法格式如下：

```
public static StreamWriter CreateText(string path)
```

- path：要创建的文件的路径及名称。
- 返回值：StreamWriter 对象，它使用 UTF-8 编码写入指定的文件。

【例 14-4】 创建一个 XML 文件，并向该文件中写入文本。代码如下：

```
string path = @"D:\MyTest.xml";                        //设置 XML 文件的路径
using (StreamWriter sw = File.CreateText(path))        //创建一个可写入的 XML 文件
{                                                      //向 XML 文件中写入内容
    sw.WriteLine("<!-- Display special characters that require special encoding: < >
& " -->");
    sw.WriteLine("<TextBlock>");
    sw.WriteLine("&lt;    <!-- 小于号 -->");
    sw.WriteLine("&gt;    <!-- 大于号 -->");
    sw.WriteLine("&amp;   <!-- "and" 符 -->");
    sw.WriteLine("&quot;  <!-- 双引号 -->");
    sw.WriteLine("</TextBlock>");
}
```

【例 14-5】 创建一个位图文件，代码如下：

```
string path = @"D:\MyTest.bmp";                        //设置一个位图文件的路径
File.CreateText(path);                                 //创建一个位图文件
```

14.2.3　打开文件

用户在打开文件时可以有 3 种方式：一是以读/写方式打开文件；二是以只读方式打开文件；三是以写入方式打开文件。可以用 File 类和 FileInfo 类实现文件的读取操作，本小节主要以 File 类为例进行讲解。

1. 以读/写方式打开文件

以读/写方式打开文件是用 File 类的 Open 方法实现的，该方法用于打开指定路径上的 FileStream 对象，并具有读/写访问权限，其语法格式如下：

```
public static FileStream Open(string path,FileMode mode)
```

- path：string，要打开的文件路径。
- mode：FileMode 值，用于指定在文件不存在时是否创建该文件，并确定是保留还是覆盖现有文件的内容。FileMode 值的成员及说明如表 14-5 所示。

表 14-5　　FileMode 枚举值的成员及说明

成　员	说　明
CreateNew	指定操作系统应创建新文件
Create	指定操作系统应创建新文件。如果文件已存在，它将被覆盖

续表

成　员	说　明
Open	指定操作系统应打开现有文件
OpenOrCreate	指定操作系统应打开文件（如果文件存在）；否则，应创建新文件
Truncate	指定操作系统应打开现有文件。文件一旦打开，就将被截断为零字节大小
Append	打开现有文件并查找到文件尾，或创建新文件

- 返回值：FileStream 类，以指定模式打开的指定路径上的 FileStream，具有读/写访问权限并且不共享。

【例 14-6】 打开一个可读写的文件，代码如下：

```
FileStream fs = File.Open(path, FileMode.Open);              //path 变量为打开文件的路径
```

【例 14-7】 在打开一个不存在的文件时，以读写的方式创建文件并打开。代码如下：

```
FileStream fs = File.Open(path, FileMode. OpenOrCreate);
```

【例 14-8】 在打开文件时，清空文件中的内容，然后进行读写操作。代码如下：

```
FileStream fs = File.Open(path, FileMode.Truncate);
```

【例 14-9】 打开文件后将光标移动到文件尾，然后在文件尾进行读写操作。代码如下：

```
FileStream fs = File.Open(path, FileMode.Append);
```

说明

在打开文件时，也可以使用 FileInfo 类实现，其调用的方法基本相同，下面用 FileInfo 类对文件进行写入操作，代码如下：

```
FileInfo fileInfo = new FileInfo("test.txt");
using (Stream stream = fileInfo.Open(FileMode.Open))    //以读写方式打开文件
{
    //以字符编码 UTF8 设置文本格式
    Byte[] info = new UTF8Encoding(true).GetBytes("民以食为天");
    stream.Write(info, 0, info.Length);                 //写入文本
}
```

【例 14-10】 创建一个 Windows 应用程序，使用 File 类的 Open 方法以不同的方式打开文件，其中包含“读写方式打开”、“追加方式打开”、“清空后打开”和“覆盖方式打开”，然后对其进行写入和读取的操作。在默认窗体中添加 2 个 TextBox 控件、4 个 RadioButton 控件和 1 个 Button 控件，其中，TextBox 控件用来输入文件路径和要添加的内容，RadionButton 控件用来选择文件的打开方式，Button 控件用来执行文件读写操作。代码如下：（实例位置：光盘\MR\源码\第 14 章\14-10）

```
FileMode fileM = FileMode.Open;                                 //用来记录要打开的方式
//执行读写操作
private void button1_Click(object sender, EventArgs e)
{
    string path = textBox1.Text;                                //获取打开文件的路径
    try
    {
        using (FileStream fs = File.Open(path, fileM))          //以指定的方式打开文件
        {
            if (fileM != FileMode.Truncate)                     //如果在打开文件后不清空文件
            {
```

```
                //将要添加的内容转换成字节
                Byte[] info = new UTF8Encoding(true).GetBytes(textBox2.Text);
                fs.Write(info, 0, info.Length);                 //向文件中写入内容
            }
        }
        using (FileStream fs = File.Open(path, FileMode.Open))//以读/写方式打开文件
        {
            byte[] b = new byte[1024];                          //定义一个字节数组
            UTF8Encoding temp = new UTF8Encoding(true);         //实现 UTF-8 编码
            string pp = "";
            while (fs.Read(b, 0, b.Length) > 0)                 //读取文本中的内容
            {
                pp += temp.GetString(b);                        //累加读取的结果
            }
            MessageBox.Show(pp);                                //显示文本中的内容
        }
    }
    catch                                                       //如果文件不存在，则发生异常
    {
        if (MessageBox.Show("该文件不存在，是否创建文件。", "提示", MessageBoxButtons.YesNo)
== DialogResult.Yes)                                            //显示提示框，判断是否创建文件
        {
            FileStream fs = File.Open(path, FileMode.CreateNew);//在指定的路径下创建文件
            fs.Dispose();                                       //释放流
        }
    }
}
//选择打开方式
private void radioButton1_CheckedChanged(object sender, EventArgs e)
{
    if (((RadioButton)sender).Checked == true)                  //如果单选按钮被选中
    {
        //判断单选项的选中情况
        switch (Convert.ToInt32(((RadioButton)sender).Tag.ToString()))
        {
            //记录文件的打开方式
            case 0: fileM = FileMode.Open; break;               //以读/写方式打开文件
            case 1: fileM = FileMode.Append; break;             //以追加方式打开文件
            case 2: fileM = FileMode.Truncate; break;           //打开文件后清空文件内容
            case 3: fileM = FileMode.Create; break;             //以覆盖方式打开文件
        }
    }
}
```

程序运行结果如图 14-1 所示。

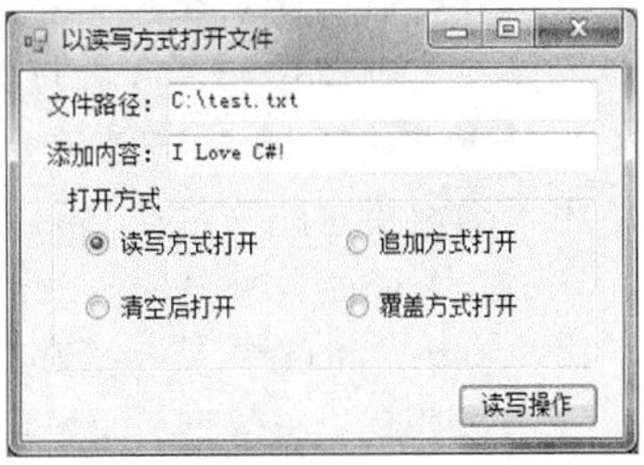

图 14-1　以读/写方式打开文件

注意

使用 File 类和 FileInfo 类创建文本文件时，其默认的字符编码为 UTF-8，而在 Windows 环境中手动创建文本文件时，其字符编码为 ANSI。

2. 以只读方式打开文件

以只读方式打开文件是用 File 类的 OpenRead 方法实现的，该方法用于打开现有文件并对其读取，其语法格式如下：

```
public static FileStream OpenRead(string path)
```

- path：string，要打开的文件路径。
- 返回值：FileStream 类，以只读方式打开指定路径上的 FileStream。

【例 14-11】 以只读方式打开文件，代码如下：

```
FileStream fs = File. OpenRead(path);
```

在这里要说明的是，如果只想读取 UTF-8 编码的文本文件，可以使用 OpenText 方法，其语法格式如下：

```
public static StreamReader OpenText(string path)
```

- path：string，要打开的文件路径。
- 返回值：StreamReader 类。

【例 14-12】 读取指定路径下字符编码为 UTF-8 的文本文件的内容，代码如下：

```
using (StreamReader sr = File.OpenText(path))         //实例化 StreamReader 类
{
    string s = "";
    while ((s = sr.ReadLine()) != null)                //如果从当前流中读取的字符串不为空
    {
        MessageBox.Show(s);                            //显示读取的文本内容
    }
}
```

3. 以写入方式打开文件

以写入方式打开文件是用 File 类的 OpenWrite 方法实现的，该方法用于打开现有文件以进行写入，其语法格式如下：

```
public static FileStream OpenWrite(string path)
```

- path：string，要打开的文件路径。
- 返回值：FileStream 类，以只读方式打开指定路径上的 FileStream。

【例 14-13】 以写入方式打开文件，代码如下：

```
FileStream fs = File. OpenWrite(path);
```

14.2.4 判断文件是否存在

对文件进行创建、复制、移除、打开和删除操作前，判断文件是否存在是非常必要的，它可以避免对一个不存在的文件进行操作。下面介绍两种判断文件是否存在的方法。

1. File 类的 Exists 方法

用于确定指定的文件是否存在，其语法格式如下：

```
public static bool Exists(string path)
```

- path：string，要检查的文件。
- 返回值：布尔型，如果调用方具有要求的权限并且 path 包含现有文件的名称，则为 true；否则为 false。

【例 14-14】 根据指定的文件路径，判断文件是否存在。代码如下：

```
string Path = "test.txt";
if (File.Exists(Path))                                        //如果文件存在
{
    MessageBox.Show("文件存在");
}
else                                                          //文件不存在
{
    MessageBox.Show("文件不存在");
}
```

如果不指明路径，则默认为应用程序当前路径。

2. FileInfo 类的 Exists 属性

获取指示文件是否存在的值，其语法格式如下：

```
public override bool Exists { get; }
```

- 属性值：如果该文件存在，则为 true；如果该文件不存在或如果该文件是目录，则为 false。

【例 14-15】 在删除文件前判断文件是否存在，如果存在，则删除当前文件。代码如下：

```
string Path = "E:\工作记录.rar";
FileInfo fileInfo=new FileInfo(Path);                         //实例化 fileInfo 类
if (fileInfo.Exists)                                          //如果文件存在
{
    fileInfo.Delete();                                        //删除当前文件
}
else
{
    MessageBox.Show("文件不存在");
}
```

14.2.5 复制或移动文件

在日常工作中，文件的复制与移动是经常被用到的。例如，制作一个文档管理系统，当执行文件的导入/导出操作，或对文件进行备份时，都要进行文件的复制或者移动操作。下面讲解如何在 C#中复制和移动文件。

1. 文件的复制

文件的复制可以用 File 类的 Copy 方法和 FileInfo 类的 CopyTo 方法实现，下面分别介绍。

（1）File 类的 Copy 方法，将现有文件复制到新的目录下，其语法格式如下：

```
public static void Copy(string sourceFileName,string destFileName)
public static void Copy(string sourceFileName,string destFileName,bool overwrite)
```

- sourceFileName：string，要复制的文件。
- destFileName：string，目标文件的名称，不能是目录。
- overwrite：bool，如果可以覆盖目标文件，则为 true；否则为 false。

【例 14-16】 将 C 盘下的 test.txt 文件复制到 D 盘下，代码如下：

```
File.Copy("C:\\test.txt","D:\\test.txt");
```

（2）FileInfo 类的 CopyTo 方法，将现有文件复制到新的目录下，其语法格式如下：

```
public static void CopyTo(string destFileName)
public static void CopyTo(string destFileName,bool overwrite)
```

- destFileName：string，目标文件的名称，不能是目录。
- overwrite：bool，如果可以覆盖目标文件，则为 true；否则为 false。

【例 14-17】 将 C 盘下的 test.txt 文件复制到 D 盘下，并覆盖已有文件。代码如下：

```
FileInfo fileInfo = new FileInfo("C:\\test.txt");
fileInfo.CopyTo("D:\\test.txt",true);
```

2. 文件的移动

文件的移动可以用 File 类的 Move 方法和 FileInfo 类的 MoveTo 方法实现，下面分别介绍。

（1）File 类的 Move 方法，将现有文件移动到新的目录下，其语法格式如下：

```
public static void Move(string sourceFileName, string destFileName);
```

- sourceFileName：要移动的文件。
- destFileName：目标文件的名称，不能是目录。

【例 14-18】 将 C 盘下的 test.txt 文件移动到 D 盘下，代码如下：

```
File. Move("C:\\test.txt","D:\\test.txt");
```

【例 14-19】 将 C 盘下 test.txt 文件的名称修改为 test0.txt，代码如下：

```
File. Move("C:\\test.txt","C:\\test0.txt");
```

（2）FileInfo 类的 MoveTo 方法，将现有文件移动到新的目录下，其语法格式如下：

```
public static void MoveTo(string destFileName);
```

- destFileName：目标文件的名称，不能是目录。

【例 14-20】 将 C 盘下的 test.txt 文件移动到 D 盘下，代码如下：

```
FileInfo fileInfo = new FileInfo("C:\\test.txt");
fileInfo. MoveTo("D:\\test.txt");
```

14.2.6 删除文件

文件的删除可以用 File 类或 FileInfo 类的 Delete 方法来实现。下面主要对 File 类进行讲解。

File 类的 Delete 方法用于删除指定的文件，如果文件不存在，也不引发异常，其语法格式如下：

```
public static void Delete(string path)
```

- path string：要删除的文件的名称。

【例 14-21】 删除 D 盘下的 test.txt 文件，代码如下：

```
File.Delete("D:\\test.txt") ;
```

在这里要说明的是，FileInfo 类的 Delete 方法是一个无参数方法。

【例 14-22】 使用 FileInfo 类的 Delete 方法删除 D 盘下 test.txt 文件，代码如下：

```
FileInfo fileInfo = new FileInfo("D:\\test.txt");        //实例化FileInfo类
fileInfo.Delete() ;
```

14.3 文件夹基本操作

Directory 类和 DirectoryInfo 类都可以对文件夹进行创建、移动、浏览等操作，下面对这两个类和文件夹的基本操作进行介绍。

14.3.1　文件夹操作类

1. Directory 类

Directory 类用于文件夹的典型操作，如复制、移动、重命名、创建、删除等，另外，也可将其用于获取和设置与目录的创建、访问及写入操作相关的 DateTime 信息。

Directory 类的常用方法及说明如表 14-6 所示。

表 14-6　Directory 类的常用方法及说明

方　法	说　明
CreateDirectory	创建指定路径中的目录
Delete	删除指定的目录
Exists	确定给定路径是否引用磁盘上的现有目录
GetCreationTime	获取目录的创建日期和时间
GetCurrentDirectory	获取应用程序的当前工作目录
GetDirectories	获取指定目录中子目录的名称
GetFiles	返回指定目录中的文件的名称
GetLogicalDrives	检索此计算机上格式为“<驱动器号>:\”的逻辑驱动器的名称
GetParent	检索指定路径的父目录，包括绝对路径和相对路径
Move	将文件或目录及其内容移到新位置
SetCreationTime	为指定的文件或目录设置创建日期和时间
SetCurrentDirectory	将应用程序的当前工作目录设置为指定的目录

2. DirectoryInfo 类

DirectoryInfo 类和 Directory 类之间的关系与 FileInfo 类和 File 类之间的关系十分类似，这里不再赘述。下面介绍 DirectoryInfo 类的常用属性，如表 14-7 所示。

表 14-7　DirectoryInfo 类的常用属性及说明

属　性	说　明
Attributes	获取或设置当前 Filesysteminfo 的 Fileattributes
CreationTime	获取或设置当前 FileSystemInfo 对象的创建时间
Exists	获取指示目录是否存在的值
FullName	获取目录或文件的完整目录
Parent	获取指定子目录的父目录
Name	获取 DirectoryInfo 实例的名称

DirectoryInfo 类所使用的相关方法请参见表 14-6。

14.3.2　创建文件夹

1. Directory 类的 CreateDirectory 方法

该方法用于创建指定目录下的文件夹和子文件夹，其语法格式如下：

```
public static DirectoryInfo CreateDirectory(string path)
```

- path：string，要创建的目录路径。
- 返回值：path 指定的 DirectoryInfo。

【例 14-23】 在 E 盘的根目录下创建 soft 文件夹，代码如下：

```
Directory. CreateDirectory ("E:\\soft");
```

2. DirectoryInfo 类的 Create 方法

Create 方法用于创建目录，其语法格式如下：

```
public void Create()
```

如果目录已经存在，则此方法不执行任何操作。

在使用 DirectoryInfo 类的 Create 方法创建文件夹前，首先通过要创建文件夹的路径实例化 DirectoryInfo 类，然后再通过 Create 方法进行创建。

【例 14-24】 在 E 盘的根目录下创建 soft 文件夹，代码如下：

```
DirectoryInfo dirInfo = new DirectoryInfo("E:\\soft");
dirInfo.Create();
```

14.3.3 判断文件夹是否存在

Directory 类的 Exists 方法用来确定给定路径是否引用磁盘上的现有目录，其语法格式如下：

```
public static bool Exists(string path)
```

- path：string，要测试的路径。
- 返回值：bool，如果 path 引用现有目录，则为 true；否则为 false。

【例 14-25】 判断 E 盘下是否有文件夹 soft，如果没有则创建。代码如下：

```
if (Directory.Exists("E:\\soft"))                          //如果文件夹存在
{
    MessageBox.Show("文件夹存在");
}
else
{
    Directory.CreateDirectory ("E:\\soft");                //新建一个文件夹
}
```

另外，通过 DirectoryInfo 类的 Exists 属性也可以判断文件夹是否存在。

【例 14-26】 使用 DirectoryInfo 类的 Exists 属性实现例 14-25 中的功能，代码如下：

```
DirectoryInfo dirInfo = new DirectoryInfo("E:\\soft");
if (dirInfo.Exists)                                        //如果文件夹存在
{
    MessageBox.Show("文件夹存在");
}
else
{
    dirInfo.Create();                                      //新建一个文件夹
}
```

14.3.4 移动文件夹

Directory 类的 Move 方法用于将文件或目录及其内容移到新位置，其语法格式如下：

```
public static void Move(string sourceDirName,string destDirName)
```

- sourceDirName：string，要移动的文件或目录的路径。
- destDirName：string，指向 sourceDirName 的新位置的路径。如果 sourceDirName 是一个文件，则 destDirName 也必须是一个文件名。

【例 14-27】 将 D 盘根目录下的 soft 文件夹移到 D:\mr\下，代码如下：

```
Directory.Move("D:\\soft", "D:\\mr\\");
```

【例 14-28】 将 C 盘根目录下 soft 文件夹的名称改为 mr，代码如下：

```
Directory.Move("C:\\soft", "C:\\mr");
```

下面是 Move 方法的错误用法，请读者注意。

【例 14-29】 在不同的驱动器下进行移动，代码如下：

```
Directory.Move("C:\\soft", "D:\\mr");                    //错误代码
```

【例 14-30】 源文件夹和目的文件夹的路径和名称不能相同，代码如下：

```
Directory.Move("C:\\soft", " C:\\soft");                 //错误代码
```

另外，通过 DirectoryInfo 类的 MoveTo 方法也可以对文件夹进行移动。

【例 14-31】 使用 DirectoryInfo 类的 MoveTo 方法实现例 14-27 中的功能，代码如下：

```
DirectoryInfo dirInfo = new DirectoryInfo("D:\\soft");
dirInfo.MoveTo( "D:\\mr\\");
```

14.3.5　删除文件夹

Directory 类的 Delete 方法用于删除指定的文件夹，它有两种重载形式：一是删除空文件夹；二是删除文件夹下的所有子文件夹和文件。其语法格式如下：

```
public static void Delete(string path)
public static void Delete(string path,bool recursive)
```

- path：string，要移除的目录的名称。
- recursive：bool，若要移除 path 中的目录、子目录和文件，则为 true；否则为 false。

如要用第一种重载形式删除一个非空文件夹，会出现异常。

【例 14-32】 删除 D 盘下的空文件夹 soft，代码如下：

```
Directory.Delete("D:\\soft") ;
```

【例 14-33】 删除 D 盘下的文件夹 mr，并删除该文件夹下的所有子文件夹及文件。代码如下：

```
Directory.Delete("D:\\mr",True) ;
```

另外，通过 DirectoryInfo 类的 Delete 方法也可以对文件夹进行删除，其语法格式与 Directory 类的 Delete 方法基本相同。

【例 14-34】 使用 DirectoryInfo 类的 Delete 方法实现例 14-32 中的功能，代码如下：

```
DirectoryInfo dirInfo = new DirectoryInfo("D:\\soft");
dirInfo.Delete();
```

【例 14-35】 使用 DirectoryInfo 类的 Delete 方法实现例 14-33 中的功能，代码如下：

```
DirectoryInfo dirInfo = new DirectoryInfo("D:\\soft");
dirInfo.Delete(true);
```

14.3.6　遍历文件夹

1．遍历文件夹中的子文件夹

（1）Directory 类的 GetDirectories 方法

该方法用于获取指定目录中所有文件夹的名称，也可以通过条件搜索匹配的文件夹，其语法格式如下：

```
public static string[] GetDirectories(string path)
public static string[] GetDirectories(string path,string searchPattern)
```

- path：string，为其返回子目录名称的数组的路径。
- searchPattern：string，要与 path 中的文件夹名称匹配的搜索字符串，此参数不能以两个句点（“..”）结束。
- 返回值：一个 string 类型的数组，它包含 path 中子目录的名称。

【例 14-36】使用 Directory 类的 GetDirectories 方法获取指定路径下的文件夹名称，代码如下：

```
string DirAllName = "";                                  //记录所有文件夹的名称
string DirName = "";                                     //记录单个文件夹的名称
//获取指定文件夹下的所有子文件夹路径
string[] DirEntries = Directory.GetDirectories(textBox1.Text);
foreach (string DName in DirEntries)                     //遍历子文件夹
{
    //获取子文件夹的名称
    DirName  =  DName.Substring(DName.LastIndexOf('\\')  +  1,  DName.Length  -
DName.LastIndexOf('\\') - 1);
    //以换行的形式记录子文件夹的名称
    DirAllName += DirName + "\n";
}
```

上面代码中的 DirAllName 变量记录了指定目录下的所有文件夹名称，以下雷同。

（2）DirectoryInfo 类的 GetDirectories 方法

该方法不但可以获取指定目录下的所有文件夹，还可以通过条件搜索匹配的文件夹，它有两种重载形式，下面分别介绍。

语法一：

```
public DirectoryInfo[] GetDirectories()
```

- 返回值：DirectoryInfo 类型的数组。

语法二：

```
public DirectoryInfo[] GetDirectories(string searchPattern)
```

- searchPattern：string，搜索字符串。
- 返回值：与 searchPattern 匹配的 DirectoryInfo 类型的数组。

【例 14-37】使用 DirectoryInfo 类的 GetDirectories 方法获取指定路径下的文件夹名称，代码如下：

```
string DirAllName = "";                                   //记录所有文件夹的名称
DirectoryInfo DirInfo = new DirectoryInfo(textBox1.Text);//实例化 DirectoryInfo 类
DirectoryInfo[] DirInfos = DirInfo.GetDirectories();      //获取指定目录下的文件夹
foreach (DirectoryInfo Dir in DirInfos)                   //遍历文件夹数组
{
    DirAllName += Dir.Name + "\n";                    //以换行的形式记录子文件夹的名称
}
```

如果想要在指定的目录下根据指定的条件搜索匹配文件夹，可以使用 DirectoryInfo 类的

GetDirectories 方法的第二种重载形式。

【例 14-38】 查询文件夹的名称前缀带有“2009”的所有文件夹，代码如下：

```
DirectoryInfo[] DirInfos = DirInfo.GetDirectories("2009*");  //获取指定目录下的文件夹
```

2. 遍历文件夹中的文件

（1）Directory 类的 GetFile 方法

该方法用于获取指定目录中所有文件的名称，也可以通过条件搜索匹配的文件，其语法格式如下：

```
public static string[] GetFiles(string path)
public static string[] GetFiles(string path,string searchPattern)
```

- path：string，要搜索的目录。
- searchPattern：string，要与 path 中的文件名匹配的搜索字符串，此参数不能以两个句点（“..”）结束。
- 返回值：一个 string 类型的数组，它包含 path 中文件的名称。

【例 14-39】 使用 Directory 类的 GetFile 方法获取指定目录下的所有文件名称，代码如下：

```
string FileNames = "";                                    //记录所有文件的名称
string fileName = "";                                     //记录单个文件的名称
string[] fileEntries = Directory.GetFiles(textBox1.Text);//获取指定目录下所有文件的完整
目录
foreach (string FName in fileEntries)                     //遍历文件
{
    //获取文件的名称
    fileName  =  FName.Substring(FName.LastIndexOf('\\')  +  1,  FName.Length  -
FName.LastIndexOf('\\') - 1);
    FileNames += fileName + "\n";                         //以换行的形式记录文件的名称
}
```

（2）DirectoryInfo 类的 GetFiles 方法

该方法不但可以获取指定目录下的所有文件，还可以通过条件搜索匹配的文件，它有两种重载形式，下面分别介绍。

语法一：

```
public FileInfo[] GetFiles()
```

- 返回值：FileInfo 类型的数组。

语法二：

```
public FileInfo[] GetFiles(string searchPattern)
```

- searchPattern：string，搜索字符串。
- 返回值：FileInfo 类型的数组。

【例 14-40】 使用 DirectoryInfo 类的 GetFiles 方法获取指定目录下的所有文件名称，代码如下：

```
string FileAllName = "";                                  //记录所有文件的名称
DirectoryInfo FileInfo = new DirectoryInfo(textBox1.Text);//实例化 DirectoryInfo 类
FileInfo[] fileInfos = FileInfo.GetFiles();               //获取指定目录下的文件
foreach (FileInfo file in fileInfos)                      //遍历文件数组
{
    FileAllName += file.Name + "\n";                      //以换行的形式记录文件的名称
}
```

如果想要在指定的目录下根据指定的条件搜索匹配文件，可以使用 DirectoryInfo 类的 GetFiles

方法的第二种重载形式。

【例 14-41】创建一个 Windows 应用程序，用来遍历指定驱动器下的所有文件夹及文件名称。在默认窗体中添加一个 ComboBox 控件和一个 TreeView 控件，其中，ComboBox 控件用来显示并选择驱动器，TreeView 控件用来显示指定驱动器下的所有文件夹及文件。代码如下：（实例位置：光盘\MR\源码\第 14 章\14-41）

```
//获取所有驱动器，并显示在 ComboBox 中
private void Form1_Load(object sender, EventArgs e)
{
    string[] dirs = Directory.GetLogicalDrives();           //获取计算上的逻辑驱动器的名称
    if (dirs.Length > 0)                                     //如果有驱动器
    {
        for (int i = 0; i < dirs.Length; i++)                //遍历驱动器
        {
            comboBox1.Items.Add(dirs[i]);                    //将驱动名称添加到下拉项中
        }
    }
}
//选择驱动器
private void comboBox1_SelectedValueChanged(object sender, EventArgs e)
{
    if (((ComboBox)sender).Text.Length > 0)                  //如果在下拉项中选择了值
    {
        treeView1.Nodes.Clear();                             //清空 treeView1 控件
        TreeNode TNode = new TreeNode();                     //实例化 TreeNode
        //将驱动器下的文件夹及文件名称添加到 treeView1 控件上
        Folder_List(treeView1, ((ComboBox)sender).Text, TNode, 0);
    }
}
/// <summary>
/// 显示文件夹下所有子文件夹及文件的名称
/// </summary>
/// <param Sdir="string">文件夹的目录</param>
/// <param TNode="TreeNode">节点</param>
/// <param n="int">标识，判断当前是文件夹，还是文件</param>
private void Folder_List(TreeView TV, string Sdir, TreeNode TNode, int n)
{
    if (TNode.Nodes.Count > 0)                               //如果当前节点下有子节点
        if (TNode.Nodes[0].Text != "")                       //如果第一个子节点的文本为空
            return;                                          //退出本次操作
    if (TNode.Text == "")                                    //如果当前节点的文本为空
        Sdir += "\\";                                        //设置驱动器的根路径
    DirectoryInfo dir = new DirectoryInfo(Sdir);             //实例化 DirectoryInfo 类
    try
    {
        if (!dir.Exists)                                     //判断文件夹是否存在
        {
            return;
        }
        //如果给定参数不是文件夹，则退出
```

```
        }
        DirectoryInfo dirD = dir as DirectoryInfo;
        if (dirD == null)                                   //如果文件夹是否为空
        {
            TNode.Nodes.Clear();                            //清空当前节点
            return;
        }
        else
        {
            if (n == 0)                                     //如果当前是文件夹
            {
                if (TNode.Text == "")                       //如果当前节点为空
                    TNode = TV.Nodes.Add(dirD.Name);        //添加文件夹的名称
                else
                {
                    TNode.Nodes.Clear();                    //清空当前节点
                }
                TNode.Tag = 0;                              //设置文件夹的标识
            }
        }
        FileSystemInfo[] files = dirD.GetFileSystemInfos();//获取文件夹中所有文件和文件夹
        //对单个 FileSystemInfo 进行判断,遍历文件和文件夹
        foreach (FileSystemInfo FSys in files)
        {
            FileInfo file = FSys as FileInfo;               //实例化 FileInfo 类
            //如果是文件的话，将文件名添加到节点下
            if (file != null)
            {
                //获取文件所在路径
                FileInfo SFInfo = new FileInfo(file.DirectoryName + "\\" + file.Name);
                TNode.Nodes.Add(file.Name);                 //添加文件名
                TNode.Tag = 0;                              //设置文件标识
            }
            else                                            //如果是文件夹
            {
                TreeNode TemNode = TNode.Nodes.Add(FSys.Name);//添加文件夹名称
                TNode.Tag = 1;                              //设置文件夹标识
                //在该文件夹的节点下添加一个空文件夹，表示文件夹下有子文件夹或文件
                TemNode.Nodes.Add("");
            }
        }
    }
    catch (Exception ex)
    {
        MessageBox.Show(ex.Message);
        return;
    }
}
private void treeView1_NodeMouseDoubleClick(object sender,
TreeNodeMouseClickEventArgs e)
{
    if (((TreeView)sender).SelectedNode == null)            //如当前节点为空
```

```
        return;
    //将指定目录下的文件夹及文件名称清加到treeView1控件的指定节点下
    Folder_List(treeView1, ((TreeView)sender).SelectedNode.FullPath.Replace("\\\\",
"\\"),((TreeView)sender).SelectedNode, 0);
}
```

程序运行结果如图 14-2 所示。

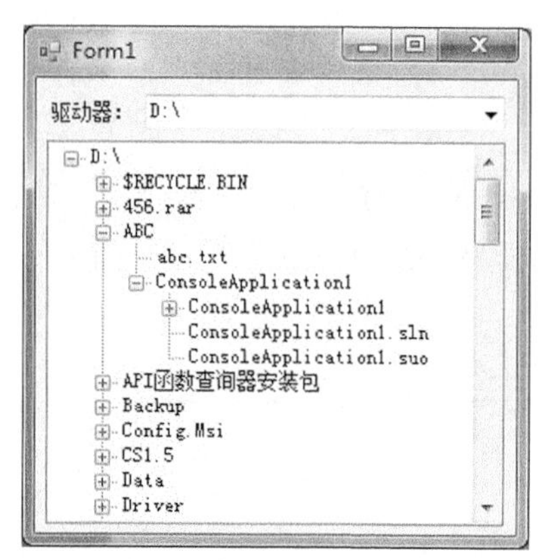

图 14-2　遍历驱动器中的文件及文件夹

14.4　数据流基础

数据流提供了一种向后备存储写入字节和从后备存储读取字节的方式，它是在.NET Framework 中执行读写文件操作时一种非常重要的介质。下面对数据流的基础知识进行详细讲解。

14.4.1　流操作类介绍

.NET Framework 使用流来支持读取和写入文件，开发人员可以将流视为一组连续的一维数组，包含开头和结尾，并且其中的游标指示了流中的当前位置。

1. 流操作

流中包含的数据可能来自内存、文件或 TCP/IP 套接字，流包含以下几种可应用于自身的基本操作。

- 读取：将数据从流传输到数据结构（如字符串或字节数组）中。
- 写入：将数据从数据源传输到流中。
- 查找：查询和修改在流中的位置。

2. 流的类型

在.NET Framework 中，流由 Stream 类来表示，该类构成了所有其他流的抽象类。不能直接创建 Stream 类的实例，但是必须使用它实现的其中一个类。

C#中有许多类型的流，但在处理文件输入/输出（I/O）时，最重要的类型为 FileStream 类，它提供读取和写入文件的方式。可在处理文件 I/O 时使用的其他流主要包括 BufferedStream、CryptoStream、MemoryStream、NetworkStream 等。

14.4.2　文件流

C#中，文件流类使用 FileStream 类表示，该类公开以文件为主的 Stream，它表示在磁盘或网络路径上指向文件的流。一个 FileStream 类的实例实际上代表一个磁盘文件，它通过 Seek 方法进行对文件的随机访问，也同时包含了流的标准输入、标准输出、标准错误等。FileStream 默认对文件的打开方式是同步的，但它同样很好地支持异步操作。

对文件流的操作，实际上可以将文件看做是电视信号发送塔要发送的一个电视节目（文件），将电视节目转换成模似数字信号（文件的二进制流），按指定的发送序列发送到指定的接收地点（文件的接收地址）。

1. FileStream 类的常用属性

FileStream 类的常用属性及说明如表 14-8 所示。

表 14-8　FileStream 类的常用属性及说明

属　性	说　明
Length	获取用字节表示的流长度
Name	获取传递给构造函数的 FileStream 的名称
Position	获取或设置此流的当前位置
ReadTimeout	获取或设置一个值，该值确定流在超时前尝试读取多长时间
WriteTimeout	获取或设置一个值，该值确定流在超时前尝试写入多长时间

2. FileStream 类的常用方法

FileStream 类的常用方法及说明如表 14-9 所示。

表 14-9　FileStream 类的常用方法及说明

属　性	说　明
Close	关闭当前流并释放与之关联的所有资源
Lock	允许读取访问的同时防止其他进程更改 FileStream
Read	从流中读取字节块并将该数据写入给定缓冲区中
ReadByte	从文件中读取一个字节，并将读取位置提升一个字节
Seek	将该流的当前位置设置为给定值
SetLength	将该流的长度设置为给定值
Unlock	允许其他进程访问以前锁定的某个文件的全部或部分
Write	使用从缓冲区读取的数据将字节块写入该流

3. FileStream 流读文件

读文件的内容通常使用 FileStream 类的 Read 方法，该方法实现从流中读取字节块并将该数据写入指定的缓冲区中，其语法格式如下：

```
public override int Read(byte[] array, int offset, int count)
```

- 参数 array 表示被写入数据的指定缓冲区。
- 参数 offset 表示读取流的起始位置。
- 参数 count 表示最多读取的字节数。
- 该方法返回读入缓冲区中的总字节数。

【例 14-42】 创建一个控制台应用程序，命名为 FileStreamRead，在默认类文件 Program.cs 的 Main 方法中，使用 FileStream 类的 Read 方法把指定文件的数据读入缓冲区中，然后再把缓冲区中的数据输出到控制台。代码如下：（实例位置：光盘\mr\example\第 14 章\14-42）

```
static void Main(string[] args)
{
    try
    {
        //获取应用程序当前目录下的 Text.txt 文件的完整路径
        string strFile = AppDomain.CurrentDomain.SetupInformation.ApplicationBase +
"\\Test.txt";
        FileInfo finfo = new FileInfo(strFile);                    //实例化 FileInfo 类
        FileStream fs = finfo.OpenRead();                          //创建 FileStream 流
        byte[] buffer = new byte[1024];                            //定义缓冲区
        int readSize = fs.Read(buffer, 0, 100);                    //读取数据到缓冲区
        string strTemp = Encoding.Default.GetString(buffer);  //字节数组转换为字符串
        Console.WriteLine("总共读取的字节数为：" + readSize.ToString());
        Console.WriteLine("读取的文件内容为：" + strTemp);
    }
    catch (Exception ex)
    {
        Console.WriteLine(ex.Message);
    }
    Console.Read();
}
```

程序运行结果如图 14-3 所示。

F:\图书文档\C#程序设计教...
总共读取的字节数为：14
读取的文件内容为：读者朋友你们好

图 14-3　使用文件流读数据

4. FileStream 流写文件

写文件通常使用 FileStream 类的 Write 方法，该方法实现把从缓冲区中读取的数据写入 FileStream 流，其语法格式如下：

public override void Write(byte[] array, int offset, int count)

- 参数 array 表示包含要写入 FileStream 流的数据的缓冲区。
- 参数 offset 表示从此处开始将字节复制到当前流。
- 参数 count 表示要写入当前流的最大字节数。

【例 14-43】创建一个控制台应用程序，命名为 FileStreamWrite，在默认类文件 Program.cs 的 Main 方法中，首先获取源文件和目标文件的 FileStream 流，然后调用 FileStream 类的 Read 方法从源文件的 FileStream 流中读取数据，最后调用 FileStream 类的 Write 方法把读取的数据写入目标文件对应的 FileStream 流。代码如下：（实例位置：光盘\mr\example\第 14 章\14-43）

```
static void Main(string[] args)
{
    try
    {
        //源文件路径
        string strReadFile = AppDomain.CurrentDomain.SetupInformation.ApplicationBase
+ "\\Test.txt";
        FileInfo finfo = new FileInfo(strReadFile);        //实例化 FileInfo
        FileStream fsReadStream = finfo.OpenRead();        //获取源文件的 FileStream 流
        //目标文件路径
        string strWriteFile =
AppDomain.CurrentDomain.SetupInformation.ApplicationBase + "\\MR.txt";
        //获目标文件的 FileStream 流
        FileStream fsWriteStream = File.Open(strWriteFile, FileMode.Create);
        int intSize = 1024;
        byte[] buffer = new byte[intSize];                 //定义缓冲区
```

```
        int intReadSize;
        //从源文件流读取数据
        while ((intReadSize = fsReadStream.Read(buffer, 0, intSize)) > 0)
        {
            fsWriteStream.Write(buffer, 0, intReadSize);    //把数据写入目标文件流
        }
        fsReadStream.Close();                               //关闭文件流
        fsWriteStream.Flush();                              //把缓冲数据写入目标文件
        fsWriteStream.Close();                              //关闭文件流
        Console.WriteLine("把读取的数据写入新文件成功！");
    }
    catch (Exception ex)
    {
        Console.WriteLine(ex.Message);
    }
    Console.Read();
}
```

若无异常的情况下，程序运行结果将显示“把读取的数据写入新文件成功!”。

14.4.3　缓存流

BufferedStream 类也称为缓存数据流，它实现给另一个流上的读写操作添加一个缓冲层。缓存数据流在内存中创建一个缓冲区，它会以最有效率的增量从磁盘中读取字节到缓冲区。缓冲区是内存中的字节块，用于缓存数据，从而减少对操作系统的调用次数；缓冲区可提高读取和写入性能，所以缓存数据流比较适合处理大容量的文件。

1. BufferedStream 类的常用属性

BufferedStream 类的常用属性及说明如表 14-10 所示。

表 14-10　　BufferedStream 类的常用属性及说明

属 性 名	说　明
Length	获取流长度，长度以字节为单位
Position	获取当前流内的位置

2. BufferedStream 类的方法属性

BufferedStream 类的常用方法及说明如表 14-11 所示。

表 14-11　　BufferedStream 类的常用方法及说明

方 法 名	说　明
Close	关闭当前流并释放与之关联的所有资源（如套接字和文件句柄）
Flush	清除该流的所有缓冲区，使得所有缓冲的数据都被写入到基础设备
Read	将字节从当前缓冲流复制到数组
Seek	设置当前缓冲流中的位置
Write	将字节复制到缓冲流，并将缓冲流内的当前位置前进写入的字节数

3. BufferedStream 流读写文件

BufferedStream 流读文件通常使用 Read 方法，它实现将缓存流中的字节复制到缓冲区，其语

法格式如下：

public override int Read(byte[] array, int offset, int count)

- 参数 array 表示将字节复制到的缓冲区。
- 参数 offset 表示读取字节的起始位置。
- 参数 count 表示要读取的字节数。
- 该方法返回读入缓冲区中的字节数，如果可用的字节没有所请求的那么多，总字节数可能小于请求的字节数；或者如果在可读取任何数据前就已到达流的末尾，则为零。

BufferedStream 流写文件通常使用 Write 方法，它实现将缓冲区中的字节写入缓存流，其语法如下：

public override void Write(byte[] array, int offset, int count)

- 参数 array 表示从中读取数据的缓冲区。
- 参数 offset 表示缓冲区中读取字节的起始位置。
- 参数 count 表示要写入当前缓存流中的字节数。

【例 14-44】 创建一个控制台应用程序，命名为 AboutBufferedStream。在应用程序的 Main 方法中，首先获取源文件和目标文件的 FileStream 流，然后使用这两个 FileStream 流实例化两个缓存流，最后把源文件对应的缓存流写入到目标文件对应的缓存流中。代码如下：（实例位置：光盘\mr\example\第 14 章\14-44）

```
static void Main(string[] args)
{
    try
    {
        BufferedStream bsReadStream;                              //声明缓存流引用
        BufferedStream bsWriteStream;
        //源文件路径
        string strReadFile = AppDomain.CurrentDomain.SetupInformation.ApplicationBase
+ "\\Test.txt";
        FileInfo finfo = new FileInfo(strReadFile);               //实例化 FileInfo
        FileStream fsReadStream = finfo.OpenRead();               //获文件的 FileStream 流
        //目标文件路径
        string strWriteFile =
AppDomain.CurrentDomain.SetupInformation.ApplicationBase + "\\MR.txt";
        if (File.Exists(strWriteFile))
        {
            File.Delete(strWriteFile);
        }
        //获目标文件的 FileStream 流
        FileStream fsWriteStream = File.OpenWrite(strWriteFile);
        int intSize = 1024;                                       //定义缓冲区大小
        byte[] buffer = new byte[intSize];                        //定义缓冲区
        int intReadSize;
        using (bsReadStream = new BufferedStream(fsReadStream))//实例化读取数据的缓存流
        {
            //实例化写入数据的缓存流
            using (bsWriteStream = new BufferedStream(fsWriteStream))
            {
                //从缓存流中读取数据到缓冲区
```

```
                while ((intReadSize = bsReadStream.Read(buffer, 0, intSize)) > 0)
                {
                    //把缓冲区中的数据写入缓存流
                    bsWriteStream.Write(buffer, 0, intReadSize);
                }
            }
        }
        Console.WriteLine("把读取的数据写入新文件成功! ");
    }
    catch (Exception ex)
    {
        Console.WriteLine(ex.Message);
    }
    Console.Read();
}
```

在无异常的情况下，程序运行结果将显示“把读取的数据写入新文件成功!”。

由于缓存流在内存的缓冲区中直接读写数据，而不是从磁盘中直接读写数据，所以它处理大容量的文件尤为适合。

14.5 流读写文件

文件的读写操作是文件最重要的操作之一，System.IO 命名空间提供了许多文件读操作类，对文件进行操作的常见方式有两种：文本模式和二进制模式。

14.5.1 文本文件的读写

文本文件的写入与读取主要是通过 StreamWriter 类和 StreamReader 类来实现的，下面对这两个类进行详细讲解。

1. StreamWriter 类

StreamWriter 类是专门用来处理文本文件的类，可以方便地向文本文件中写入字符串，同时也负责重要的转换和处理向 FileStream 对象写入工作。

StreamWriter 类默认使用 UTF8 编码格式来进行创建。

StreamWriter 类的常用属性及说明如表 14-12 所示。

表 14-12 StreamWriter 类的常用属性及说明

属性	说明
Encoding	获取将输出写入其中的 Encoding
Formatprovider	获取控制格式设置的对象
NewLine	获取或设置由当前 TextWriter 使用的行结束符字符串

StreamWriter 类的常用方法及说明如表 14-13 所示。

表 14-13　　StreamWriter 类的常用方法及说明

方　法	说　明
Close	关闭当前的 StringWriter 和基础流
Write	写入 StringWriter 的此实例中
WriteLine	写入重载参数指定的某些数据，后跟行结束符

2. StreamReader 类

StreamReader 类是专门用来读取文本文件的类，StreamReader 可以从底层 Stream 对象创建 StreamReader 对象的实例，而且也能指定编码规范参数。创建 StreamReader 对象后，它提供了许多用于读取和浏览字符数据的方法。

StreamReader 类的常用方法及说明如表 14-14 所示。

表 14-14　　StreamReader 类的常用方法及说明

方　法	说　明
Close	关闭 StringReader
Read	读取输入字符串中的下一个字符或下一组字符
ReadBlock	从当前流中读取最大 count 的字符并从 index 开始将该数据写入 Buffer
ReadLine	从基础字符串中读取一行
ReadToEnd	将整个流或从流的当前位置到流的结尾作为字符串读取

下面通过一个实例来说明如何使用 StreamWriter 类和 StreamReader 类来读写文本文件。

【例 14-45】 创建一个 Windows 应用程序，主要使用 StreamWriter 类和 StreamReader 类的相关属性和方法实现向文本文件中写入和读取数据的功能。在默认窗体中添加一个 SaveFileDialog 控件、一个 OpenFileDialog 控件、一个 TextBox 控件和两个 Button 控件。其中，SaveFileDialog 控件用来显示“另存为”对话框，OpenFileDialog 控件用来显示“打开”对话框，TextBox 控件用来输入要写入文本文件的内容和显示选中文本文件的内容，Button 控件分别用来打开“另存为”对话框并执行文本文件写入操作和打开“打开”对话框并执行文本文件读取操作。代码如下：（实例位置：光盘\mr\example\第 14 章\14-45）

```
private void button1_Click(object sender, EventArgs e)
{
    if (textBox1.Text == string.Empty)                          //判断文本框是否为空
    {
        MessageBox.Show("要写入的文件内容不能为空");
    }
    else
    {
        saveFileDialog1.Filter = "文本文件(*.txt)|*.txt";       //设置保存文件的格式
        if (saveFileDialog1.ShowDialog() == DialogResult.OK)  //判断是否选择了文件
        {
            //使用“另存为”对话框中输入的文件名创建 StreamWriter 对象
            StreamWriter sw = new StreamWriter(saveFileDialog1.FileName, true);
            sw.WriteLine(textBox1.Text);                        //向创建的文件中写入内容
            sw.Close();                                         //关闭当前文件写入流
            textBox1.Text = string.Empty;                       //清空文本框
```

```
            }
        }
    }
    private void button2_Click(object sender, EventArgs e)
    {
        openFileDialog1.Filter = "文本文件(*.txt)|*.txt";          //设置打开文件的格式
        if (openFileDialog1.ShowDialog() == DialogResult.OK)      //判断是否选择了文件
        {
            textBox1.Text = string.Empty;                          //清空文本框
            //使用“打开”对话框中选择的文件创建 StreamReader 对象
            StreamReader sr = new StreamReader(openFileDialog1.FileName);
            textBox1.Text = sr.ReadToEnd();                        //读取选中文件的全部内容
            sr.Close();                                            //关闭当前文件读取流
        }
    }
```

运行程序，单击“写入”按钮，弹出“另存为”对话框，输出要保存的文件名，单击“保存”按钮，将文本框中的内容写入到文件中；单击“读取”按钮，弹出“打开”对话框，选择要读取的文件，单击“打开”按钮，将选择的文件的内容显示在文本框中。程序运行结果如图 14-4 所示。

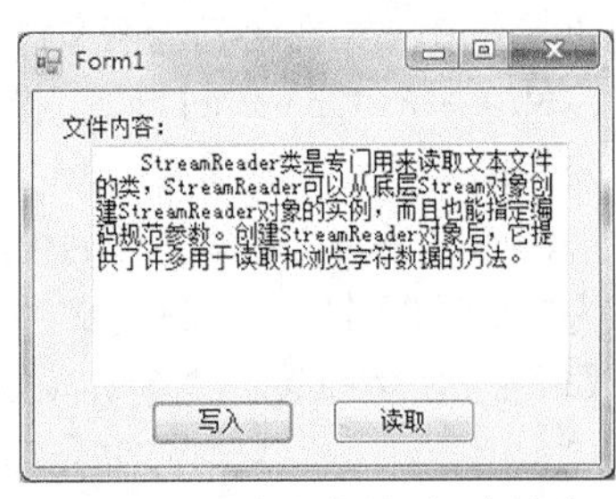

图 14-4　文本文件的写入与读取

14.5.2　二进制文件的读写

二进制文件的写入与读取主要是通过 BinaryWriter 类和 BinaryReader 类来实现的，下面对这两个类进行详细讲解。

1. BinaryWriter 类

BinaryWriter 类以二进制形式将基元类型写入流，并支持用特定的编码写入字符串，其常用方法及说明如表 14-15 所示。

表 14-15　BinaryWriter 类的常用方法及说明

方　法	说　明
Close	关闭当前的 BinaryWriter 和基础流
Seek	设置当前流中的位置
Write	将值写入当前流

2. BinaryReader 类

BinaryReader 类用特定的编码将基元数据类型读作二进制值，其常用方法及说明如表 14-16 所示。

表 14-16　BinaryReader 类的常用方法及说明

方　法	说　明
Close	关闭当前阅读器及基础流
PeekChar	返回下一个可用的字符，并且不提升字节或字符的位置
Read	从基础流中读取字符，并提升流的当前位置
ReadByte	从当前流中读取下一个字节，并使流的当前位置提升一个字节
ReadBytes	从当前流中将 count 个字节读入字节数组，并使当前位置提升 count 个字节

续表

方　法	说　明
ReadChar	从当前流中读取下一个字符，并根据所使用的 Encoding 和从流中读取的特定字符，提升流的当前位置
ReadChars	从当前流中读取 count 个字符，以字符数组的形式返回数据，并根据所使用的 Encoding 和从流中读取的特定字符，提升当前位置
ReadInt32	从当前流中读取 4 字节有符号整数，并使流的当前位置提升 4 个字节
ReadString	从当前流中读取一个字符串。字符串有长度前缀，一次将 7 位编码为整数

下面通过一个实例来说明如何使用 BinaryWriter 类和 BinaryReader 类来读写二进制文件。

【例 14-46】 创建一个 Windows 应用程序，主要使用 BinaryWriter 类和 BinaryReader 类的相关属性和方法实现向二进制文件中写入和读取数据的功能。在默认窗体中添加一个 SaveFileDialog 控件、一个 OpenFileDialog 控件、一个 TextBox 控件和两个 Button 控件。其中，SaveFileDialog 控件用来显示“另存为”对话框，OpenFileDialog 控件用来显示“打开”对话框，TextBox 控件用来输入要写入二进制文件的内容和显示选中二进制文件的内容，Button 控件分别用来打开“另存为”对话框并执行二进制文件写入操作和打开“打开”对话框并执行二进制文件读取操作。代码如下：（实例位置：光盘\mr\example\14 章\14-46）

```
private void button1_Click(object sender, EventArgs e)
{
    if (textBox1.Text == string.Empty)                          //判断文本框是否为空
    {
        MessageBox.Show("要写入的文件内容不能为空");
    }
    else
    {
        saveFileDialog1.Filter = "二进制文件(*.dat)|*.dat";      //设置保存文件的格式
        if (saveFileDialog1.ShowDialog() == DialogResult.OK)    //判断是否选择了文件
        {
            //使用“另存为”对话框中输入的文件名创建 FileStream 对象
            FileStream    myStream    =    new    FileStream(saveFileDialog1.FileName,
FileMode.OpenOrCreate, FileAccess.ReadWrite);
            //使用 FileStream 对象创建 BinaryWriter 二进制写入流对象
            BinaryWriter myWriter = new BinaryWriter(myStream);
            //以二进制方式向创建的文件中写入内容
            myWriter.Write(textBox1.Text);
            myWriter.Close();                                   //关闭当前二进制写入流
            myStream.Close();                                   //关闭当前文件流
            textBox1.Text = string.Empty;                       //清空文本框
        }
    }
}
private void button2_Click(object sender, EventArgs e)
{
    openFileDialog1.Filter = "二进制文件(*.dat)|*.dat";          //设置打开文件的格式
    if (openFileDialog1.ShowDialog() == DialogResult.OK)        //判断是否选择了文件
    {
        textBox1.Text = string.Empty;                           //清空文本框
        //使用“打开”对话框中选择的文件名创建 FileStream 对象
        FileStream myStream = new FileStream(openFileDialog1.FileName, FileMode.Open,
```

```
FileAccess.Read);
            //使用 FileStream 对象创建 BinaryReader 二进制写入流对象
            BinaryReader myReader = new BinaryReader(myStream);
            if (myReader.PeekChar() != -1)                          //判断是否有数据
            {
                //以二进制方式读取文件中的内容
                textBox1.Text = Convert.ToString(myReader.ReadInt32());
            }
            myReader.Close();                                       //关闭当前二进制读取流
            myStream.Close();                                       //关闭当前文件流
        }
    }
```

说明

本实例的运行结果图与例 14-45 中的运行结果图类似，只是写入和读取文件的方式不同，这里不再给出实例运行结果图。

14.6　综合实例——复制文件时显示进度条

复制文件时显示复制进度实际上就是用文件流来复制文件，并在每一块文件复制后，用进度条来显示文件的复制情况。本实例实现复制文件时显示复制进度的功能，实例运行效果如图 14-5 所示。

图 14-5　复制文件时显示复制进度

程序开发步骤如下。

（1）打开 Visual Studio 2010 开发环境，新建一个 Windows 窗体应用程序，命名为 FileCopyPlan。

（2）更改默认窗体 Form1 的 Name 属性为 Frm_Main，在该窗体中添加一个 OpenFileDialog 控件，用来选择源文件；添加一个 FolderBrowserDialog 控件，用来选择目的文件的路径；添加两个 TextBox 控件，分别用来显示源文件与目的文件的路径；添加 3 个 Button 控件，分别用来选择源文件和目的文件的路径，以及实现文件的复制功能；添加一个 ProgressBar 控件，用来显示复制进度条。

（3）在窗体的后台代码中编写 CopyFile 方法，用来实现复制文件，并显示复制进度条。具体代码如下：

```
    public void CopyFile(string FormerFile, string toFile, int SectSize, ProgressBar progressBar1)
    {
        progressBar1.Value = 0;                                     //设置进度栏的当前位置为 0
        progressBar1.Minimum = 0;                                   //设置进度栏的最小值为 0
        //创建目的文件，如果已存在将被覆盖
        FileStream fileToCreate = new FileStream(toFile, FileMode.Create);
        fileToCreate.Close();                                       //关闭所有资源
        fileToCreate.Dispose();                                     //释放所有资源
        //以只读方式打开源文件
        FormerOpen = new FileStream(FormerFile, FileMode.Open, FileAccess.Read);
        //以写方式打开目的文
```

```
        ToFileOpen = new FileStream(toFile, FileMode.Append, FileAccess.Write);
        //根据一次传输的大小，计算传输的个数
        int    max    =    Convert.ToInt32(Math.Ceiling((double)FormerOpen.Length    /
(double)SectSize));
        progressBar1.Maximum = max;                                  //设置进度栏的最大值
        int FileSize;                                                //要拷贝的文件的大小
        //如果分段拷贝，即每次拷贝内容小于文件总长度
        if (SectSize < FormerOpen.Length)
        {
            //根据传输的大小，定义一个字节数组
            byte[] buffer = new byte[SectSize];
            int copied = 0;                                          //记录传输的大小
            int tem_n = 1;                                           //设置进度块的增加个数
            while (copied <= ((int)FormerOpen.Length - SectSize))   //拷贝主体部分
            {
                //从 0 开始读，每次最大读 SectSize
                FileSize = FormerOpen.Read(buffer, 0, SectSize);
                FormerOpen.Flush();                                  //清空缓存
                ToFileOpen.Write(buffer, 0, SectSize);               //向目的文件写入字节
                ToFileOpen.Flush();                                  //清空缓存
                //使源文件和目的文件流的位置相同
                ToFileOpen.Position = FormerOpen.Position;
                copied += FileSize;                                  //记录已拷贝的大小
                progressBar1.Value = progressBar1.Value + tem_n;     //增加进度栏的进度块
            }
            int left = (int)FormerOpen.Length - copied;              //获取剩余大小
            FileSize = FormerOpen.Read(buffer, 0, left);             //读取剩余的字节
            FormerOpen.Flush();                                      //清空缓存
            ToFileOpen.Write(buffer, 0, left);                       //写入剩余的部分
            ToFileOpen.Flush();                                      //清空缓存
        }
        //如果整体拷贝，即每次拷贝内容大于文件总长度
        else
        {
            byte[] buffer = new byte[FormerOpen.Length];             //获取文件的大小
            FormerOpen.Read(buffer, 0, (int)FormerOpen.Length);      //读取源文件的字节
            FormerOpen.Flush();                                      //清空缓存
            ToFileOpen.Write(buffer, 0, (int)FormerOpen.Length);     //写放字节
            ToFileOpen.Flush();                                      //清空缓存
        }
        FormerOpen.Close();                                          //释放所有资源
        ToFileOpen.Close();                                          //释放所有资源
        if (MessageBox.Show("复制完成") == DialogResult.OK)          //显示"复制完成"对话框
        {
            progressBar1.Value = 0;                                  //设置进度栏的当有位置为 0
            textBox1.Clear();                                        //清空文本
            textBox2.Clear();
            str = "";
        }
    }
```

知识点提炼

（1）File 类和 FileInfo 类都可以对文件进行创建、复制、删除、移动、打开、读取、获取文件的基本信息等操作。

（2）File 类支持对文件的基本操作，包括提供用于创建、复制、删除、移动和打开文件的静态方法，并协助创建 FileStream 对象。由于所有的 File 类的方法都是静态的，所以如果只想执行一个操作，那么使用 File 方法的效率比使用相应的 FileInfo 实例方法可能更高。

（3）Directory 类和 DirectoryInfo 类都可以对文件夹进行创建、移动、浏览目录及其子目录等操作。

（4）Directory 类用于文件夹的典型操作，如复制、移动、重命名、创建、删除等，另外，也可将其用于获取和设置与目录的创建、访问及写入操作相关的 DateTime 信息。

（5）数据流提供了一种向后备存储写入字节和从后备存储读取字节的方式，它是在.NET Framework 中执行读写文件操作时一种非常重要的介质。

（6）.NET Framework 使用流来支持读取和写入文件，开发人员可以将流视为一组连续的一维数据，包含开头和结尾，并且其中的游标指示了流中的当前位置。

习　　题

14-1　用户在创建文件时，主要有哪两种格式的文件？

14-2　用户打开文件的 3 种方式是什么？

14-3　简述文件流 FileStream 的功能。

14-4　读写文本文件通常使用哪两个类？

14-5　读写二进制文件通常使用哪两个类？

实验：比较两个文件的内容是否相同

实验目的

（1）创建文件流。

（2）读取文件流。

实验内容

本实验通过逐一比较两个文件的每一个字节，实现判断两个文件的内容是否相同。首先程序通过加载两个文件的完整文件名创建两个 FileStream 实例，然后这两个实例分别调用 ReadByte 方法来逐个字节地读取文件，最后通过比较读取出的两个字节是否相同来判断两个文件的内容是否相同。程序运行效果如图 14-6 所示。

图 14-6　比较两个文件的内容是否相同

实验步骤

（1）创建一个 Windows 应用程序，命名为 CompareFiles，默认窗体为 Form1。

（2）在 Form1 窗体上添加两个 TextBox 控件，用来显示要比较的两个文件的路径；添加两个 OpenFileDialog 控件，作为打开对话框；添加 3 个 Button 控件，其中的两个按钮用来显示打开对话框，另外一个按钮用来操作比较两个文件的内容是否相同。

（3）在窗体的后台代码中编写 CompareFiles 方法，用来实现比较两个文件的内容是否相同，具体代码如下：

```
/// 比较两个文件的内容是否相同
/// <param name="file1">第一个文件的完整名称</param>
/// <param name="file2">第二个文件的完整名称</param>
private bool CompareFiles(string file1, string file2)
{
    if (file1 == file2)                              //判断相同的文件是否被引用两次
    {
        return true;
    }
    int file1byte = 0;                               //声明整型变量，用于存储文件中的一个字节
    int file2byte = 0;                               //声明整型变量，用于存储文件中的一个字节
    try
    {
        //通过加载完整的文件名创建两个 FileStream 类的实例，
        using (FileStream fs1 = new FileStream(file1, FileMode.Open), fs2 = new
FileStream(file2, FileMode.
        {
            //检查文件大小，如果两个文件的大小并不相同，则视为不相同
            if (fs1.Length != fs2.Length)
            {
                fs1.Close();                         //关闭文件
                fs2.Close();                         //关闭文件
                return false;
            }
            //逐一比较两个文件的每一个字节，直到发现不相符或已到达文件尾端为止
            do
            {
                file1byte = fs1.ReadByte();          //从文件中读取一个字节
                file2byte = fs2.ReadByte();          //从文件中读取一个字节
            }
            while ((file1byte == file2byte) && (file1byte != -1));
            fs1.Close();                             //关闭文件
            fs2.Close();                             //关闭文件
        }
    }
    catch (Exception ex)
    {
        MessageBox.Show(ex.Message);
    }
    //返回比较的结果，只有当两个文件的内容完全相同时，"file1byte" 才会等于 "file2byte"
    return ((file1byte - file2byte) == 0);
}
```

第 15 章 网络与多线程

本章要点：

- System.Net 命名空间
- System.Net.Sockets 命名空间
- 线程的挂起与恢复
- 线程的休眠和终止
- 线程的优先级
- 线程的同步

如今是网络时代，C#作为一种优秀的编程语言，它提供了对网络编程的全面支持，例如，开发人员可以通过 C#语言制作一个简单的局域网聊天室等。另外，在处理网络应用时，还常常用到多线程技术，运用多线程技术，开发人员可以对要进行的操作分段执行，这样可以大大提高程序的运行速度和性能。

15.1　网络编程基础

System.Net 和 System.Net.Sockets 这两个命名空间提供了网络编程中用到的大多数类，下面对这两个命名空间及它们包含的主要类进行详细讲解。

15.1.1　System.Net 命名空间

System.Net 命名空间为当前网络上使用的多种协议提供了简单的编程接口，而它所包含的 WebRequest 类和 WebResponse 类形成了所谓的可插接式协议的基础，可插接式协议是网络服务的一种实现，它使用户能够开发出使用 Internet 资源的应用程序，而不必考虑各种不同协议的具体细节。下面对 System.Net 命名空间中的主要类进行详细讲解。

1. Dns 类

Dns 类是一个静态类，它从 Internet 域名系统（DNS）检索关于特定主机的信息。在 IPHostEntry 类的实例中返回来自 DNS 查询的主机信息。如果指定的主机在 DNS 数据库中有多个入口，则 IPHostEntry 包含多个 IP 地址和别名。Dns 类中的常用方法及说明如表 15-1 所示。

表 15-1　Dns 类的常用方法及说明

方　法	说　明
GetHostAddresses	返回指定主机的 Internet 协议（IP）地址

续表

方　　法	说　　明
GetHostByAddress	获取 IP 地址的 DNS 主机信息
GetHostByName	获取指定 DNS 主机名的 DNS 信息
GetHostEntry	将主机名或 IP 地址解析为 IPHostEntry 实例
GetHostName	获取本地计算机的主机名

【例 15-1】下面演示 Dns 类的使用方法，程序开发步骤如下。（实例位置：光盘\MR\源码\第 15 章\15-1）

（1）新建一个 Windows 应用程序，命名为 UseDns，默认窗体为 Form1.cs。

（2）在 Form1 窗体中，添加 4 个 TextBox 控件和一个 Button 控件。其中，TextBox 控件分别用来输入主机地址和显示主机 IP 地址、本地主机名、DNS 主机名，Button 控件用来调用 Dns 类中的各个方法获得主机 IP 地址、本地主机名和 DNS 主机名，并显示在相应的文本框中。

（3）程序主要代码如下：

```
private void button1_Click(object sender, EventArgs e)
{
    if (textBox1.Text == string.Empty)                     //判断是否输入了主机地址
    {
        MessageBox.Show("请输入主机地址!");
    }
    else
    {
        textBox2.Text = string.Empty;
        IPAddress[] ips = Dns.GetHostAddresses(textBox1.Text);//获取指定主机的 IP 地址族
        foreach(IPAddress ip in ips)                       //循环访问获得的 IP 地址
        {
            textBox2.Text = ip.ToString();                 //将得到的 IP 地址显示在文本框中
        }
        textBox3.Text = Dns.GetHostName();                 //获取本机名
        //根据指定的主机名获取 DNS 信息
        textBox4.Text = Dns.GetHostByName(Dns.GetHostName()).HostName;
    }
}
```

程序运行结果如图 15-1 所示。

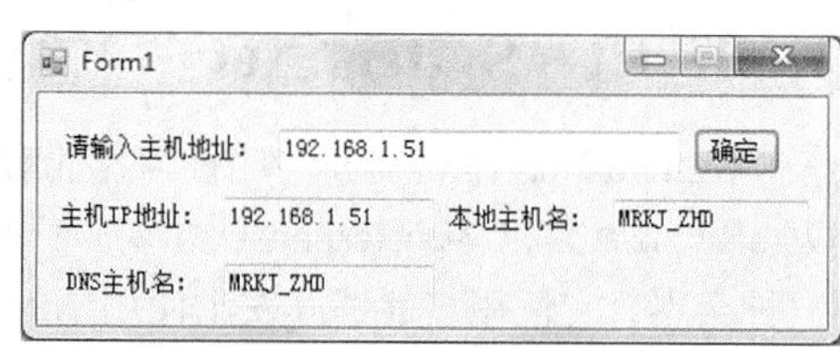

图 15-1　Dns 类的使用

2. IPAddress 类

IPAddress 类包含计算机在 IP 网络上的地址，它主要用来提供网际协议（IP）地址。IPAddress 类中的常用字段、属性、方法及说明如表 15-2 所示。

表 15-2　IPAddress 类的常用字段、属性、方法及说明

字段、属性及方法	说　　明
Address 属性	网际协议（IP）地址
AddressFamily 属性	获取 IP 地址的地址族
IsIPv6LinkLocal 属性	获取地址是否为 IPv6 链接本地地址

续表

字段、属性及方法	说　明
IsIPv6SiteLocal 属性	获取地址是否为 IPv6 站点本地地址
GetAddressBytes 方法	以字节数组形式提供 IPAddress 的副本
Parse 方法	将 IP 地址字符串转换为 IPAddress 实例

【例 15-2】 下面演示 IPAddress 类的使用方法，程序开发步骤如下。（实例位置：光盘\MR\源码\第 15 章\15-2）

（1）新建一个 Windows 应用程序，命名为 UseIPAddress，默认窗体为 Form1.cs。

（2）在 Form1 窗体中，添加一个 TextBox 控件、一个 Button 控件和一个 Label 控件。其中，TextBox 控件用来输入主机的网络地址或 IP 地址，Button 控件用来调用 IPAddress 类中的各个属性获取指定主机的 IP 地址信息，Label 控件用来显示获得的 IP 地址信息。

（3）程序主要代码如下：

```
private void button1_Click(object sender, EventArgs e)
{
    label2.Text = string.Empty;                                  //初始化 Label 标签
    IPAddress[] ips = Dns.GetHostAddresses(textBox1.Text);       //获得指定主机的 IP 地址族
    foreach (IPAddress ip in ips)                                //循环遍历得到的 IP 地址
    {
        //在 Label 标签中显示得到的 IP 地址信息
        label2.Text = "网际协议地址：" + ip.Address + "\nIP 地址的地址族："
            + ip.AddressFamily.ToString() + "\n 是 否 IPv6 链 接 本 地 地 址 ： " +
ip.IsIPv6LinkLocal;
    }
}
```

程序运行结果如图 15-2 所示。

图 15-2　IPAddress 类的使用

3. IPEndPoint 类

IPEndPoint 类包含应用程序连接到主机上的服务所需的主机和本地或远程端口信息。通过组合服务的主机 IP 地址和端口号，IPEndPoint 类形成到服务的连接点，它主要用来将网络端点表示为 IP 地址和端口号。IPEndPoint 类中的常用字段、属性及说明如表 15-3 所示。

表 15-3　IPEndPoint 类的常用字段、属性及说明

字段及属性	说　明
Address 属性	获取或设置终结点的 IP 地址
AddressFamily 属性	获取网际协议（IP）地址族
Port 属性	获取或设置终结点的端口号

【例 15-3】 下面演示 IPEndPoint 类的使用方法，程序开发步骤如下。（实例位置：光盘\MR\源码\第 15 章\15-3）

（1）新建一个 Windows 应用程序，命名为 UseIPEndPoint，默认窗体为 Form1.cs。

（2）在 Form1 窗体中，添加一个 TextBox 控件、一个 Button 控件和一个 Label 控件。其中，TextBox 控件用来输入 IP 地址，Button 控件用来调用 IPEndPoint 类中的各个属性获取终结点的 IP 地址和端口号，Label 控件用来显示获得的 IP 地址和端口号。

（3）程序主要代码如下：

```
private void button1_Click(object sender, EventArgs e)
{
    //创建 IPEndPoint 对象
    IPEndPoint IPEPoint = new IPEndPoint(IPAddress.Parse(textBox1.Text), 80);
    //使用 IPEndPoint 对象获取终结点的 IP 地址和端口号
    label2.Text = "IP 地址："+IPEPoint.Address.ToString() + "\n 端口号：" + IPEPoint.Port;
}
```

程序运行结果如图 15-3 所示。

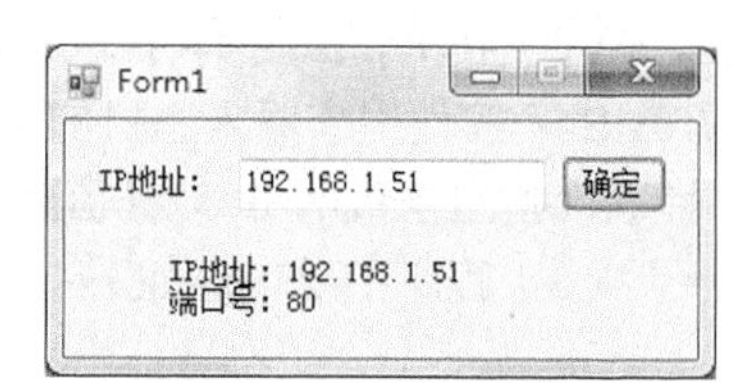

图 15-3　IPEndPoint 类的使用

4. WebClient 类

WebClient 类提供向 URI 标识的任何本地、Intranet 或 Internet 资源发送数据以及从这些资源接收数据的公共方法。WebClient 类中的常用属性、方法及说明如表 15-4 所示。

表 15-4　WebClient 类的常用属性、方法及说明

属性及方法	说　明
ResponseHeaders 属性	获取与响应关联的标头名称/值对集合
DownloadFile 方法	将具有指定 URI 的资源下载到本地文件
DownloadString 方法	以 String 或 URI 形式下载指定的资源
OpenRead 方法	为从具有指定 URI 的资源下载的数据打开一个可读的流
OpenWrite 方法	打开一个流以将数据写入具有指定 URI 的资源
UploadData 方法	将数据缓冲区上载到具有指定 URI 的资源
UploadFile 方法	将本地文件上载到具有指定 URI 的资源

【例 15-4】 下面演示 WebClient 类的使用方法，程序开发步骤如下。（实例位置：光盘\MR\源码\第 15 章\15-4）

（1）新建一个 Windows 应用程序，命名为 UseWebClient，默认窗体为 Form1.cs。

（2）在 Form1 窗体中，添加一个 TextBox 控件、一个 Button 控件和一个 RichTextBox 控件。其中，TextBox 控件用来输入标准网络地址，Button 控件用来获取指定网址中的网页内容，并将内容保存到一个文本文件中，RichTextBox 控件用来显示从指定网址中获取的网页内容。

（3）程序主要代码如下：

```
private void button1_Click(object sender, EventArgs e)
{
    richTextBox1.Text = string.Empty;
    WebClient wclient = new WebClient();                //创建 WebClient 对象
    wclient.BaseAddress = textBox1.Text;                //设置 WebClient 的基 URI
    wclient.Encoding = Encoding.UTF8;                   //指定下载字符串的编码方式
    //为 WebClient 对象添加标头
    wclient.Headers.Add("Content-Type", "application/x-www-form-urlencoded");
    //使用 OpenRead 方法获取指定网站的数据，并保存到 Stream 流中
    Stream stream = wclient.OpenRead(textBox1.Text);
```

```
    //使用流 Stream 声明一个流读取变量 sreader
    StreamReader sreader = new StreamReader(stream);
    //声明一个变量，用来保存一行从 WebCliecnt 下载的数据
    string str = string.Empty;
    while ((str = sreader.ReadLine()) != null)        //循环读取从指定网站获得的数据
    {
       richTextBox1.Text += str + "\n";
    }
    //调用 WebClient 对象的 DownloadFile 方法将指定网站的内容保存到文件中
    wclient.DownloadFile(textBox1.Text, DateTime.Now.ToFileTime() + ".txt");
    MessageBox.Show("保存到文件成功");
}
```

程序运行结果如图 15-4 所示。

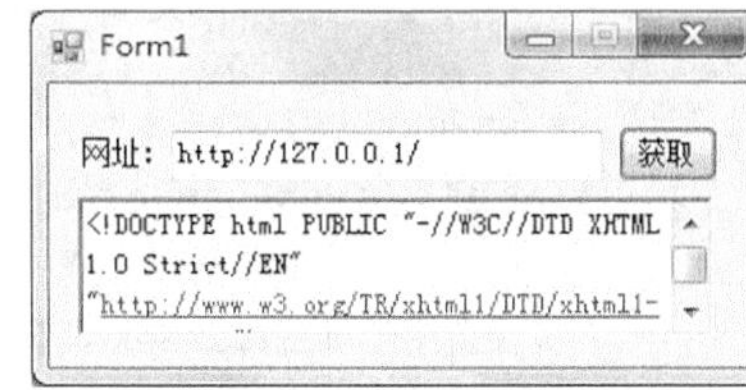

图 15-4　WebClient 类的使用

5. WebRequest 类和 WebResponse 类

WebRequest 类是.NET Framework 的请求/响应模型的抽象基类，用于访问 Internet 数据。使用该请求/响应模型的应用程序可以用协议不可知的方式从 Internet 请求数据，在这种方式下，应用程序处理 WebRequest 类的实例，而协议特定的子类则执行请求的具体细节。

WebResponse 类也是抽象基类，应用程序可以使用 WebResponse 类的实例以协议不可知的方式参与请求和响应事务，而从 WebResponse 类派生的协议类携带请求的详细信息。另外，需要注意的是，客户端应用程序不直接创建 WebResponse 对象，而是通过对 WebRequest 实例调用 GetResponse 方法来进行创建。

WebRequest 类中的常用属性、方法及说明如表 15-5 所示。

表 15-5　WebRequest 类的常用属性、方法及说明

属性及方法	说　明
ContentLength 属性	当在子类中被重写时，获取或设置所发送的请求数据的内容长度
Headers 属性	当在子类中被重写时，获取或设置与请求关联的标头名称/值对的集合
Method 属性	当在子类中被重写时，获取或设置要在此请求中使用的协议方法
Create 方法	初始化新的 WebRequest
GetRequestStream 方法	当在子类中重写时，返回用于将数据写入 Internet 资源的 Stream
GetResponse 方法	当在子类中被重写时，返回对 Internet 请求的响应

WebResponse 类中的常用属性、方法及说明如表 15-6 所示。

表 15-6　WebResponse 类的常用属性、方法及说明

属性及方法	说　明
ContentLength 属性	当在子类中重写时，获取或设置接收的数据的内容长度
ContentType 属性	当在派生类中重写时，获取或设置接收的数据的内容类型
Headers 属性	当在派生类中重写时，获取与此请求关联的标头名称/值对的集合
ResponseUri 属性	当在派生类中重写时，获取实际响应此请求的 Internet 资源的 URI
Close 方法	当由子类重写时，将关闭响应流
GetResponseStream 方法	当在子类中重写时，从 Internet 资源返回数据流

【例 15-5】下面演示 WebRequest 类和 WebResponse 类的使用方法，程序开发步骤如下。(实例位置：光盘\MR\源码\第 15 章\15-5)

(1) 新建一个 Windows 应用程序，命名为 UseWebResponseAndQuest，默认窗体为 Form1.cs。

(2) 在 Form1 窗体中，添加一个 TextBox 控件、一个 Button 控件和一个 RichTextBox 控件。其中，TextBox 控件用来输入标准网络地址，Button 控件用来调用 WebRequest 类和 WebResponse 类中的属性、方法获取指定网站的网页请求信息和网页内容，RichTextBox 控件用来显示根据指定网址获取的网页请求信息及网页内容。

(3) 程序主要代码如下：

```
private void button1_Click(object sender, EventArgs e)
{
    richTextBox1.Text = string.Empty;
    //创建一个 WebRequest 对象
    WebRequest webrequest = WebRequest.Create(textBox1.Text);
    //设置用于对 Internet 资源请求进行身份验证的网络凭据
    webrequest.Credentials = CredentialCache.DefaultCredentials;
    //调用 WebRequest 对象的各种属性获取 WebRequest 请求的相关信息
    richTextBox1.Text = "请求数据的内容长度：" + webrequest.ContentLength;
    richTextBox1.Text += "\n 该请求的协议方法：" + webrequest.Method;
    richTextBox1.Text += "\n 访问 Internet 的网络代理：" + webrequest.Proxy;
    richTextBox1.Text += "\n 与该请求关联的 Internet URI：" + webrequest.RequestUri;
    richTextBox1.Text += "\n 超时时间：" + webrequest.Timeout;
    //调用 WebRequest 对象的 GetResponse 方法创建一个 WebResponse 对象
    WebResponse webresponse = webrequest.GetResponse();
    //获取 WebResponse 响应的 Internet 资源的 URI
    richTextBox1.Text += "\n 响应该请求的 Internet URI：" + webresponse.ResponseUri;
    //调用 WebResponse 对象的 GetResponseStream 方法返回数据流
    Stream stream = webresponse.GetResponseStream();
    //使用创建的 Stream 对象创建一个 StreamReader 流读取对象
    StreamReader sreader = new StreamReader(stream);
    //读取流中的内容，并显示在 RichTextBox 控件中
    richTextBox1.Text += "\n" + sreader.ReadToEnd();
    sreader.Close();
    stream.Close();
    webresponse.Close();
}
```

程序运行结果如图 15-5 所示。

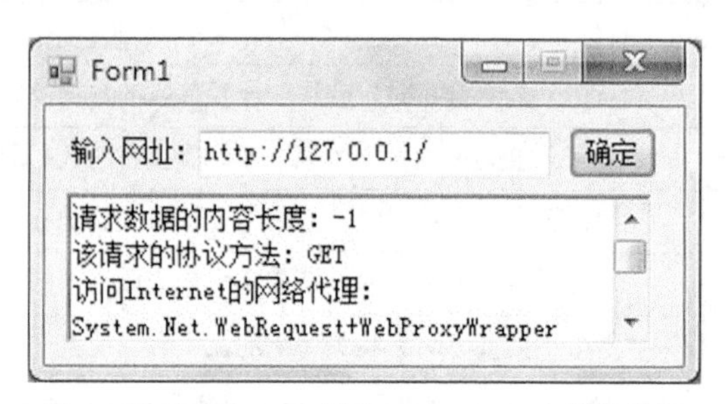

图 15-5　WebRequest 类和 WebResponse 类的使用

15.1.2 System.Net.Sockets 命名空间

System.Net.Sockets 命名空间主要提供制作 Sockets 网络应用程序的相关类，其中 Socket 类、TcpClient 类、TcpListener 类和 UdpClinet 类较为常用，下面对它们进行详细介绍。

1. Socket 类

Socket 类为网络通信提供了一套丰富的方法和属性，它主要用于管理连接，实现 Berkeley 通信端套接字接口，同时，它还定义了绑定、连接网络端点及传输数据所需的各种方法，提供处理端点连接传输等细节所需要的功能。WebRequest、TcpClient、UdpClinet 等类在内部使用该类。Socket 类的常用属性及说明如表 15-7 所示。

表 15-7 Socket 类的常用属性及说明

属　性	说　明
AddressFamily	获取 Socket 的地址族
Available	获取已经从网络接收且可供读取的数据量
Connected	获取一个值，该值指示 Socket 是在上次 Send 还是 Receive 操作时连接到远程主机
Handle	获取 Socket 的操作系统句柄
LocalEndPoint	获取本地终结点
RemoteEndPoint	获取远程终结点

Socket 类的常用方法及说明如表 15-8 所示。

表 15-8 Socket 类的常用方法及说明

方　法	说　明
Accept	为新建连接创建新的 Socket
Close	关闭 Socket 连接并释放所有关联的资源
Connect	建立与远程主机的连接
Disconnect	关闭套接字连接并允许重用套接字
Listen	将 Socket 置于侦听状态
Receive	接收来自绑定的 Socket 的数据
Send	将数据发送到连接的 Socket
SendTo	将数据发送到特定终结点

【例 15-6】 下面演示 Socket 类的使用方法，程序开发步骤如下。（实例位置：光盘\MR\源码\第 15 章\15-6）

（1）新建一个 Windows 应用程序，命名为 UseSocket，默认窗体为 Form1.cs。

（2）在 Form1 窗体中，添加两个 TextBox 控件和一个 Button 控件。其中，TextBox 控件分别用来输入要连接的主机及端口号，Button 控件用来连接远程主机，并获得其上的主页面内容。

（3）程序主要代码如下：

```
private static Socket ConnectSocket(string server, int port)
{
    Socket socket = null;                          //创建 Socket 对象，并初始化为空
    IPHostEntry iphostentry = null;                //创建 IPHostEntry 对象，并初始化为空
    iphostentry = Dns.GetHostEntry(server);        //获得主机信息
```

```
        foreach (IPAddress address in iphostentry.AddressList) //循环遍历得到的 IP 地址列表
        {
            //使用指定的 IP 地址和端口号创建 IPEndPoint
            IPEndPoint IPEPoint = new IPEndPoint(address, port);
            //使用 Socket 的构造函数创建一个 Socket 对象，以便用来连接远程主机
            Socket newSocket = new Socket(IPEPoint.AddressFamily, SocketType.Stream,
ProtocolType.Tcp);
            newSocket.Connect(IPEPoint);                    //调用 Connect 方法连接远程主机
            if (newSocket.Connected)                        //判断远程连接是否连接
            {
                socket = newSocket;
                break;
            }
            else
            {
                continue;
            }
        }
        return socket;
    }
    //获取指定服务器的主页面内容
    private static string SocketSendReceive(string server, int port)
    {
        string request = "GET/HTTP/1.1\n主机:" + server + "\n连接:关闭\n";
        Byte[] btSend = Encoding.ASCII.GetBytes(request);
        Byte[] btReceived = new Byte[256];
        //调用自定义方法 ConnectSocket，使用指定的服务器名和端口号创建一个 Socket 对象
        Socket socket = ConnectSocket(server, port);
        if (socket == null)
            return ("连接失败！");
        socket.Send(btSend, btSend.Length, 0);          //将请求发送到连接的服务器
        int intContent = 0;
        string strContent = server + "上的默认页面内容:\n";
        do
        {
            //从绑定的 Socket 接收数据
            intContent = socket.Receive(btReceived, btReceived.Length, 0);
            //将接收到的数据转换为字符串类型
            strContent += Encoding.ASCII.GetString(btReceived, 0, intContent);
        }
        while (intContent > 0);
        return strContent;
    }
    private void button1_Click(object sender, EventArgs e)
    {
        string server = textBox1.Text;                      //指定主机名
        int port = Convert.ToInt32(textBox2.Text);      //指定端口号
        //调用自定义方法 SocketSendReceive 获取指定主机的主页面内容
        string strContent = SocketSendReceive(server, port);
        MessageBox.Show(strContent);
    }
```

程序运行结果如图 15-6 和图 15-7 所示。

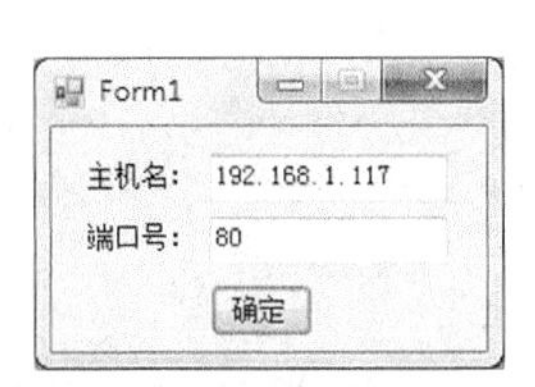

图 15-6　Socket 类的使用

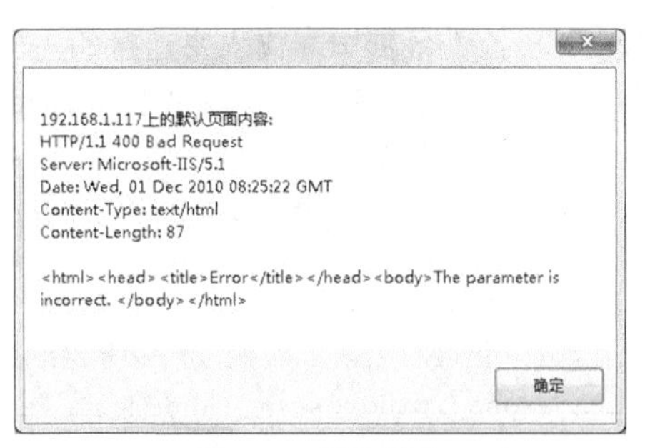

图 15-7　详细信息

2. TcpClient 类和 TcpListener 类

TcpClient 类用于在同步阻止模式下通过网络来连接、发送和接收流数据。为使 TcpClient 连接并交换数据，使用 TCP ProtocolType 类创建的 TcpListener 实例或 Socket 实例必须侦听是否有传入的连接请求。可以使用下面两种方法之一连接到该侦听器。

- 创建一个 TcpClient，并调用 3 个可用的 Connect 方法之一。
- 使用远程主机的主机名和端口号创建 TcpClient，此构造函数将自动尝试一个连接。

TcpListener 类用于在阻止同步模式下侦听和接收传入的连接请求。可使用 TcpClient 类或 Socket 类来连接 TcpListener，并且可以使用 IPEndPoint、本地 IP 地址及端口号或者仅使用端口号来创建 TcpListener 实例对象。

TcpClient 类的常用属性、方法及说明如表 15-9 所示。

表 15-9　　TcpClient 类的常用属性、方法及说明

属性及方法	说　明
Connected 属性	获取一个值，该值指示 TcpClient 的基础 Socket 是否已连接到远程主机
ReceiveBufferSize 属性	获取或设置接收缓冲区的大小
SendBufferSize 属性	获取或设置发送缓冲区的大小
Close 方法	释放此 TcpClient 实例，而不关闭基础连接
Connect 方法	使用指定的主机名和端口号将客户端连接到 TCP 主机
GetStream 方法	返回用于发送和接收数据的 NetworkStream

TcpListener 类的常用属性、方法及说明如表 15-10 所示。

表 15-10　　TcpListener 类的常用属性、方法及说明

属性及方法	说　明
LocalEndpoint 属性	获取当前 TcpListener 的基础 EndPoint
Server 属性	获取基础网络 Socket
AcceptSocket/AcceptTcpClient 方法	接收挂起的连接请求
Start 方法	开始侦听传入的连接请求
Stop 方法	关闭侦听器

【例 15-7】 下面演示 TcpClient 类和 TcpListener 类的使用方法，程序开发步骤如下。（实例位置：光盘\MR\源码\第 15 章\15-7）

（1）新建一个 Windows 应用程序，命名为 UseTCP，默认窗体为 Form1.cs。

（2）在 Form1 窗体中，添加两个 TextBox 控件、一个 Button 控件和一个 RichTextBox 控件。

其中，TextBox 控件分别用来输入要连接的主机及端口号，Button 控件用来执行连接远程主机操作，RichTextBox 控件用来显示远程主机的连接状态。

（3）程序主要代码如下：

```
private void button1_Click(object sender, EventArgs e)
{
    TcpListener tcplistener = null;                    //创建一个TcpListener对象,并初始化为空
    //创建一个IPAddress对象，用来表示网络IP地址
    IPAddress ipaddress = IPAddress.Parse(textBox1.Text);
    int port = Convert.ToInt32(textBox2.Text);         //定义一个int类型变量，用来存储端口号
    tcplistener = new TcpListener(ipaddress, port);//初始化TcpListener对象
    tcplistener.Start();                               //开始TcpListener侦听
    richTextBox1.Text = "等待连接...\n";
    TcpClient tcpclient = null;                        //创建一个TcpClient对象，并赋值为空
    if (tcplistener.Pending())                         //判断是否有挂起的连接请求
        //使用AcceptTcpClient初始化TcpClient对象
        tcpclient = tcplistener.AcceptTcpClient();
    else
        //使用TcpClient的构造函数初始化TcpClient对象
        tcpclient = new TcpClient(textBox1.Text, port);
    richTextBox1.Text += "连接成功! \n";
    tcpclient.Close();                                 //关闭TcpClient连接
    tcplistener.Stop();                                //停止TcpListener侦听
}
```

程序运行结果如图 15-8 所示。

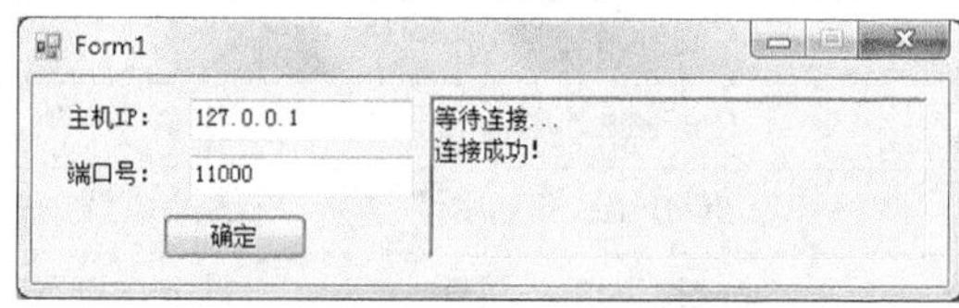

图 15-8 TcpClient 类的使用

3. UdpClient 类

UdpClient 类用于在阻止同步模式下发送和接收无连接 UDP 数据报。因为 UDP 是无连接传输协议，所以不需要在发送和接收数据前建立远程主机连接，但可以选择使用下面两种方法之一来建立默认远程主机。

- ❑ 使用远程主机名和端口号作为参数创建 UdpClient 类的实例。
- ❑ 创建 UdpClient 类的实例，然后调用 Connect 方法。

UdpClient 类的常用属性、方法及说明如表 15-11 所示。

表 15-11 UdpClient 类的常用属性、方法及说明

属性及方法	说　明
Available 属性	获取从网络接收的可读取的数据量
Client 属性	获取或设置基础网络 Socket
Close 方法	关闭 UDP 连接
Connect 方法	建立默认远程主机
Receive 方法	返回已由远程主机发送的 UDP 数据报
Send 方法	将 UDP 数据报发送到远程主机

【例 15-8】 下面演示如何使用 UdpClient 类中的属性及方法，程序开发步骤如下。（实例位置：光盘\MR\源码\第 15 章\15-8）

（1）新建一个 Windows 应用程序，命名为 UseUDP，默认窗体为 Form1.cs。

（2）在 Form1 窗体中，添加 3 个 TextBox 控件、一个 Button 控件和一个 RichTextBox 控件。其中，TextBox 控件分别用来输入远程主机名、端口号及要发送的信息，Button 控件用来向指定的主机发送信息，RichTextBox 控件用来显示接收到的信息。

（3）程序主要代码如下：

```
private void button1_Click(object sender, EventArgs e)
{
    richTextBox1.Text = string.Empty;            //清空 RichTextBox
    //创建 UdpClient 对象
    UdpClient udpclient = new UdpClient(Convert.ToInt32(textBox2.Text));
    //调用 UdpClient 对象的 Connect 建立默认远程主机
    udpclient.Connect(textBox1.Text, Convert.ToInt32(textBox2.Text));
    //定义一个字节数组，用来存放发送到远程主机的信息
    Byte[] sendBytes = Encoding.Default.GetBytes(textBox3.Text);
    //调用 UdpClient 对象的 Send 方法将 Udp 数据报发送到远程主机
    udpclient.Send(sendBytes, sendBytes.Length);
    //创建 IPEndPoint 对象，用来显示响应主机的标识
    IPEndPoint ipendpoint = new IPEndPoint(IPAddress.Any, 0);
    //调用 UdpClient 对象的 Receive 方法获得从远程主机返回的 Udp 数据报
    Byte[] receiveBytes = udpclient.Receive(ref ipendpoint);
    //将获得的 Udp 数据报转换为字符串形式
    string returnData = Encoding.Default.GetString(receiveBytes);
    richTextBox1.Text = "接收到的信息：" + returnData.ToString();
    //使用 IPEndPoint 对象的 Address 和 Port 属性获得响应主机的 IP 地址和端口号
    richTextBox1.Text += "\n这条信息来自主机" + ipendpoint.Address.ToString()
        + "上的" + ipendpoint.Port.ToString() + "端口";
    udpclient.Close();                           //关闭 UdpClient 连接
}
```

程序运行结果如图 15-9 所示。

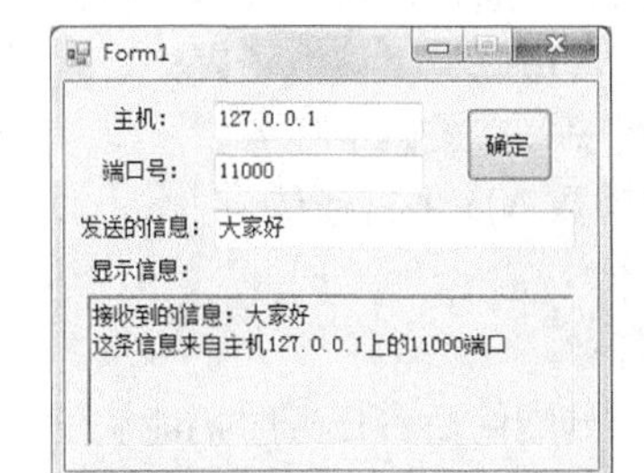

图 15-9　UdpClient 类的使用

15.2　线程简介

在 Windows 操作系统中，每个正在运行的应用程序都是一个进程，一个进程可以包括一个或多个线程。线程是进程中可以并行执行的程序段，它可以独立占用处理器时间片，同一个进程中的线程可以共用进程分配的资源和空间。多线程的应用程序可以在“同一时刻”处理多项任务，本节将对线程进行详细讲解。

进程就好像是一个公司，公司中的每个员工就相当于线程，公司想要运转就必须得有负责人，

负责人应相当于主线程。

15.2.1 单线程简介

单线程顾名思义，就是只有一个线程，默认情况下，系统为应用程序分配一个主线程，该线程执行程序中以 Main 方法开始和结束的代码。

【例 15-9】新建一个 Windows 应用程序，程序会在 Program.cs 文件中自动生成一个 Main 方法，该方法就是主线程的启动入口点。Main 方法代码如下：

```
[STAThread]
static void Main()
{
    Application.EnableVisualStyles();                          //启用应用程序的可视样式
    Application.SetCompatibleTextRenderingDefault(false);      //新控件使用 GDI+
    Application.Run(new LoginForm ());                         //运行 LoginForm 窗体
}
```

说明

在以上代码中，Application 类的 Run 方法用于在当前线程上开始运行标准应用程序，并使指定窗体可见。

15.2.2 多线程简介

一般情况下，需要用户交互的软件都必须尽可能快地对用户的活动作出反应，以便提供丰富多彩的用户体验，但同时它又必须执行必要的计算以便尽可能快地将数据呈现给用户，这时可以使用多线程来实现。

1. 多线程的优点

要提高对用户的响应速度并且处理所需数据以便几乎同时完成工作，使用多线程是一种最为强大的技术，在具有一个处理器的计算机上，多线程可以通过利用用户事件之间很小的时间段在后台处理数据来达到这种效果。例如，通过使用多线程，在另一个线程正在重新计算同一应用程序中的电子表格的其他部分时，用户可以编辑该电子表格。

单个应用程序域可以使用多线程来完成以下任务。

- 通过网络与 Web 服务器和数据库进行通信。
- 执行占用大量时间的操作。
- 区分具有不同优先级的任务。
- 使用户界面可以在将时间分配给后台任务时仍能快速作出响应。

2. 多线程的缺点

使用多线程有好处，同时也有坏处，建议一般不要在程序中使用太多的线程，这样可以最大限度地减少操作系统资源的使用，并有效地提高性能。

如果在程序中使用了多线程，可能会产生如下问题。

- 系统将为进程、AppDomain 对象和线程所需的上下文信息使用内存。因此，可以创建的进程、AppDomain 对象和线程的数目会受到可用内存的限制。
- 跟踪大量的线程将占用大量的处理器时间。如果线程过多，则其中大多数线程都不会产生明显的进度。如果大多数当前线程处于一个进程中，则其他进程中的线程的调度频率就会很低。
- 使用许多线程控制代码执行非常复杂，并可能产生许多 bug。
- 销毁线程需要了解可能发生的问题并对这些问题进行处理。

15.3　线程的基本操作

C#中对线程进行操作时，主要用到了 Thread 类，该类位于 System.Threading 命名空间下。通过使用 Thread 类，可以对线程进行创建、暂停、恢复、休眠、终止及设置优先权等操作。另外，还可以通过使用 Monitor 类、Mutex 类和 lock 关键字控制线程间的同步执行。本节将对 Thread 类及线程的基本操作进行详细讲解。

15.3.1　Thread 类

Thread 类位于 System.Threading 命名空间下，System.Threading 命名空间提供一些使得可以进行多线程编程的类和接口。除同步线程活动和访问数据的类（Mutex、Monitor、Interlocked 和 AutoResetEvent 等）外，该命名空间还包含一个 ThreadPool 类（它允许用户使用系统提供的线程池）和一个 Timer 类（它在线程池线程上执行回调方法）。

Thread 类主要用于创建并控制线程、设置线程优先级并获取其状态。一个进程可以创建一个或多个线程以执行与该进程关联的部分程序代码，线程执行的程序代码由 ThreadStart 委托或 ParameterizedThreadStart 委托指定。

线程运行期间，不同的时刻会表现为不同的状态，但它总是处于由 ThreadState 定义的一个或多个状态中。用户可以通过使用 ThreadPriority 枚举为线程定义优先级，但不能保证操作系统会接受该优先级。

Thread 类的常用属性及说明如表 15-12 所示。

表 15-12　Thread 类的常用属性及说明

属　性	说　明
CurrentThread	获取当前正在运行的线程
IsAlive	获取一个值，该值指示当前线程的执行状态
Name	获取或设置线程的名称
Priority	获取或设置一个值，该值指示线程的调度优先级
ThreadState	获取一个值，该值包含当前线程的状态

Thread 类的常用方法及说明如表 15-13 所示。

表 15-13　Thread 类的常用方法及说明

方　法	说　明
Abort	在调用此方法的线程上引发 ThreadAbortException，以开始终止此线程的过程。调用此方法通常会终止线程
Join	阻止调用线程，直到某个线程终止时为止
ResetAbort	取消为当前线程请求的 Abort
Resume	继续已挂起的线程
Sleep	将当前线程阻止指定的毫秒数
Start	使线程被安排进行执行
Suspent	挂起线程，或者如果线程已挂起，则不起作用

【例 15-10】 下面演示使用 Thread 类的相关方法和属性，开始运行一个子线程，并获得该线程的相关信息，程序开发步骤如下。（实例位置：光盘\MR\源码\第 15 章\15-10）

（1）新建一个 Windows 应用程序，默认窗体为 Form1.cs。

（2）在 Form1 窗体中添加一个 RichTextBox 控件，用来显示获得的线程相关信息。

（3）程序主要代码如下：

```
private void Form1_Load(object sender, EventArgs e)
{
    //定义一个字符串，用来记录线程相关信息
    string strInfo = string.Empty;
    //创建 Thread 类的对象，生成一个子线程
    Thread t = new Thread(new ThreadStart(ThreadFunction));
    t.Start();                                              //启动新建子线程
    //获取线程相关信息
    strInfo = "新建子线程唯一标识符：" + t.ManagedThreadId;
    strInfo += "\n 新建子线程名称：" + t.Name;
    strInfo += "\n 新建子线程状态：" + t.ThreadState.ToString();
    strInfo += "\n 新建子线程优先级：" + t.Priority.ToString();
    strInfo += "\n 新建子是否为后台线程：" + t.IsBackground;
    Thread.Sleep(500);                                      //使主线程休眠 0.5s
    t.Abort("新建子线程退出");                              //临时阻止新建子线程
    t.Join();                                               //等待新建的线程结束
    MessageBox.Show("新建子线程执行结束","新建子线程");
    rtbInfo.Text = strInfo;                                 //显示线程信息
}
public void ThreadFunction()                                //线程执行的方法
{
    MessageBox.Show("新建子线程开始执行", "新建子线程");   //弹出提示框
}
```

说明　在程序中使用线程时，需要在命名空间区域添加 System.Threading 命名空间，下面遇到时将不再提示。

运行程序，先后弹出如图 15-10 和图 15-11 所示的对话框，然后显示如图 15-12 所示的主窗体。

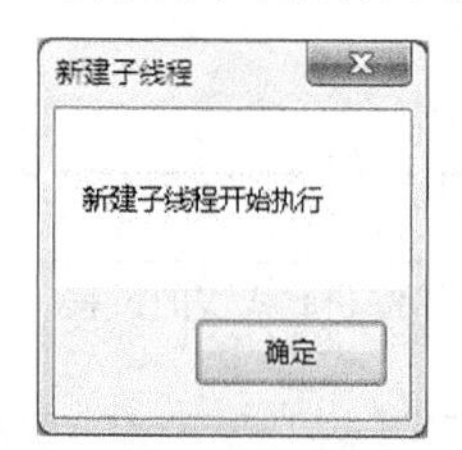

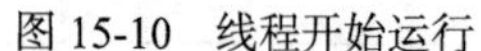
图 15-10　线程开始运行

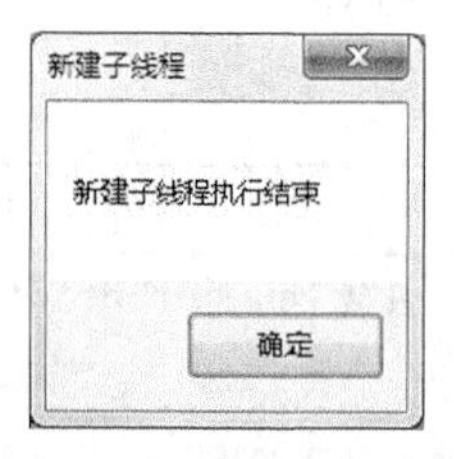

图 15-11　线程运行结束

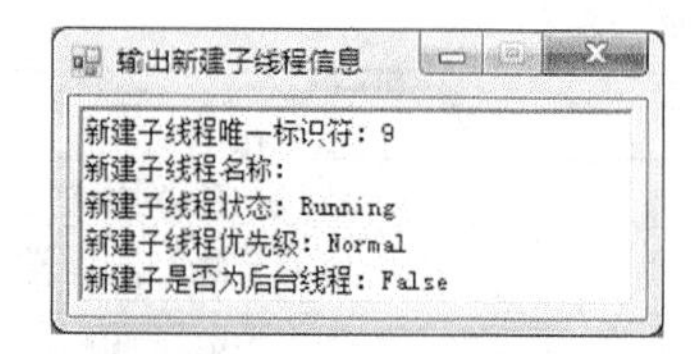

图 15-12　主窗体

15.3.2　创建线程

创建一个线程非常简单，只需将其声明并为其提供线程起始点处的方法委托即可。创建新的线程时，需要使用 Thread 类，Thread 类具有接受一个 ThreadStart 委托或 ParameterizedThreadStart 委托的构造函数，该委托包装了调用 Start 方法时由新线程调用的方法。创建了 Thread 类的对象

之后，线程对象已存在并已配置，但并未创建实际的线程，这时，只有在调用 Start 方法后，才会创建实际的线程。

Start 方法用来使线程被安排进行执行，它有两种重载形式，下面分别介绍。

（1）导致操作系统将当前实例的状态更改为 ThreadState.Running。

```
public void Start ()
```

（2）使操作系统将当前实例的状态更改为 ThreadState.Running，并选择提供包含线程执行的方法要使用的数据的对象。

```
public void Start (Object parameter)
```

- parameter 表示一个对象，包含线程执行的方法要使用的数据。

如果线程已经终止，就无法通过再次调用 Start 方法来重新启动。

【例 15-11】创建一个控制台应用程序，其中自定义一个静态的 void 类型方法 ThreadFunction；然后在 Main 方法中通过实例化 Thread 类对象创建一个新的线程；最后调用 Start 方法启动该线程。代码如下：（实例位置：光盘\MR\源码\第 15 章\15-11）

```
static void Main(string[] args)
{
    Thread t;                                               //声明线程
    //用线程起始点的 ThreadStart 委托创建该线程的实例
    t = new Thread(new ThreadStart(ThreadFunction));
    t.Start();                                              //启动线程
}
public static void ThreadFunction()                         //线程的执行方法
{
    Console.Write("创建一个新的子线程，并且该线程已启动！");   //向控制台输出信息
}
```

程序运行结果如图 15-13 所示。

图 15-13　创建并启动线程

线程的入口（本例中为 ThreadFunction）不带任何参数。

15.3.3　线程的挂起与恢复

创建完一个线程并启动之后，还可以挂起、恢复、休眠或终止它，本节主要对线程的挂起与恢复进行讲解。

线程的挂起与恢复分别可以通过调用 Thread 类中的 Suspend 方法和 Resume 方法实现，下面对这两个方法进行详细介绍。

1. Suspend 方法

该方法用来挂起线程，如果线程已挂起，则不起作用。

```
public void Suspend ()
```

说明 调用 Suspend 方法挂起线程时，.NET 允许要挂起的线程再执行几个指令，目的是为了到达.NET 认为线程可以安全挂起的状态。

2. Resume 方法

该方法用来继续已挂起的线程。

```
public void Resume ()
```

说明 通过 Resume 方法来恢复被暂停的线程时，无论调用了多少次 Suspend 方法，调用 Resume 方法均会使另一个线程脱离挂起状态，并导致该线程继续执行。

【例 15-12】 创建一个控制台应用程序，其中通过实例化 Thread 类对象创建一个新的线程；然后调用 Start 方法启动该线程，最后先后调用 Suspend 方法和 Resume 方法挂起和恢复创建的线程。代码如下：（实例位置：光盘\MR\源码\第 15 章\15-12）

```
static void Main(string[] args)
{
    Thread t;                                              //声明线程
    //用线程起始点的 ThreadStart 委托创建该线程的实例
    t = new Thread(new ThreadStart(ThreadFucntion));
    t.Start();                                             //启动线程
    if (t.ThreadState == ThreadState.Running)              //若线程已经启动
    {
        t.Suspend();                                       //挂起线程
        t.Resume();                                        //恢复挂起的线程
    }
    else                                                   //若线程还未启动
    {
        Console.WriteLine(t.ThreadState.ToString());  //输出线程状态信息
    }
}
public static void ThreadFucntion()                        //线程执行方法
{
    Console.Write("创建一个新的子线程,然后会被挂起");
}
```

程序运行结果如图 15-14 所示。

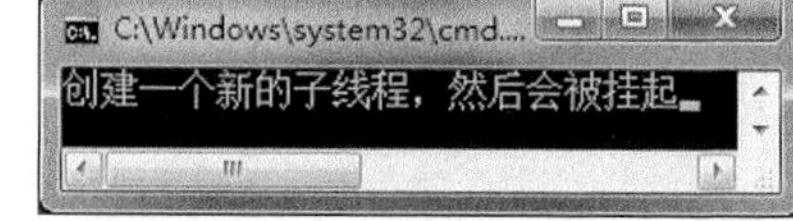

图 15-14 创建并挂起线程

15.3.4 线程休眠

线程休眠主要通过 Thread 类的 Sleep 方法实现，该方法用来将当前线程阻止指定的时间，它有两种重载形式，下面分别进行介绍。

（1）将当前线程挂起指定的时间，语法如下：

```
public static void Sleep (int millisecondsTimeout)
```

- ❑ millisecondsTimeout：表示线程被阻止的毫秒数，指定零以指示应挂起此线程以使其他等待线程能够执行，指定 Infinite 以无限期阻止线程。

（2）将当前线程阻止指定的时间，语法如下：

```
public static void Sleep (TimeSpan timeout)
```

- ❑ timeout：线程被阻止的时间量的 TimeSpan。指定零以指示应挂起此线程以使其他等待线程能够执行，指定 Infinite 以无限期阻止线程。

【例 15-13】 下面的代码用来使当前线程休眠两秒钟，代码如下：

```
Thread.Sleep(2000);                                    //使线程休眠两秒钟
```

15.3.5　终止线程

终止线程可以分别使用 Thread 类的 Abort 方法和 Join 方法实现，下面对这两个方法进行详细介绍。

1. Abort 方法

Abort 方法用来终止线程，它有两种重载形式，下面分别介绍。

（1）终止线程，在调用此方法的线程上引发 ThreadAbortException 异常，以开始终止此线程的过程。

```
public void Abort ()
```

（2）终止线程，在调用此方法的线程上引发 ThreadAbortException 异常，以开始终止此线程并提供有关线程终止的异常信息的过程。

```
public void Abort (Object stateInfo)
```

- stateInfo：表示一个对象，它包含应用程序特定的信息（如状态），该信息可供正被终止的线程使用。

【例 15-14】创建一个控制台应用程序，在其中开始了一个线程，然后调用 Thread 类的 Abort 方法终止了已开启的线程。代码如下：（实例位置：光盘\MR\源码\第 15 章\15-14）

```
static void Main(string[] args)
{
    Thread t;                                          //声明线程
    //用线程起始点的 ThreadStart 委托创建该线程的实例
    t = new Thread(new ThreadStart(ThreadFunction));
    t.Start();                                         //启动线程
    t.Abort();                                         //终止线程
}
public static void ThreadFunction()                    //线程的执行方法
{
    Console.Write("创建线程，然后将被终止");              //输出信息
}
```

由于使用 Abort 方法永久性地终止了新创建的线程，所以编译并运行程序后，在控制台窗口看不到任何输出信息。

2. Join 方法

Join 方法用来阻止调用线程，直到某个线程终止时为止，它有 3 种重载形式，下面分别介绍。

（1）在继续执行标准的 COM 和 SendMessage 消息处理期间阻止调用线程，直到某个线程终止为止，语法格式如下：

```
public void Join ()
```

（2）在继续执行标准的 COM 和 SendMessage 消息处理期间阻止调用线程，直到某个线程终止或经过了指定时间为止，语法格式如下：

```
public bool Join (int millisecondsTimeout)
```

- millisecondsTimeout：表示等待线程终止的毫秒数。如果线程已终止，则返回值为 true；如果线程在经过了 millisecondsTimeout 参数指定的时间量后未终止，则返回值为 false。

（3）在继续执行标准的 COM 和 SendMessage 消息处理期间阻止调用线程，直到某个线程终止或经过了指定时间为止，语法格式如下：

```
public bool Join (TimeSpan timeout)
```

- timeout：表示等待线程终止的时间量的 TimeSpan。如果线程已终止，则返回值为 true；如果线程在经过了 timeout 参数指定的时间量后未终止，则返回值为 false。

【例 15-15】创建一个控制台应用程序，其中调用了 Thread 类的 Join 方法等待线程终止。代码如下：（实例位置：光盘\MR\源码\第 15 章\15-15）

```
static void Main(string[] args)
{
    Thread t;                                                    //声明线程
    //用线程起始点的 ThreadStart 委托创建该线程的实例
    t = new Thread(new ThreadStart(ThreadFunction));
    t.Start();                                                   //启动线程
    t.Join();                                                    //阻止调用该线程，直到该线程终止
}
public static void ThreadFunction()
{
    Console.Write("创建线程,阻止调用该线程");
}
```

图 15-15　运行结果

程序运行结果如图 15-15 所示。

注意

如果在应用程序中使用了多线程，辅助线程还没有执行完毕，在关闭窗体时必须要关闭辅助线程，否则会引发异常。

15.3.6　线程的优先级

线程优先级指定一个线程相对于另一个线程的相对优先级。每个线程都有一个分配的优先级。在公共语言运行库内创建的线程最初被分配为 Normal 优先级，而在公共语言运行库外创建的线程，在进入公共语言运行库时将保留其先前的优先级。

线程是根据其优先级而调度执行的，用于确定线程执行顺序的调度算法随操作系统的不同而不同。在某些操作系统下，具有最高优先级（相对于可执行线程而言）的线程经过调度后总是首先运行。如果具有相同优先级的多个线程都可用，则程序将遍历处于该优先级的线程，并为每个线程提供一个固定的时间片来执行。只要具有较高优先级的线程可以运行，具有较低优先级的线程就不会执行。如果在给定的优先级上不再有可运行的线程，则程序将移到下一个较低的优先级并在该优先级上调度线程以执行。如果具有较高优先级的线程可以运行，则具有较低优先级的线程将被抢先，并允许具有较高优先级的线程再次执行。除此之外，当应用程序的用户界面在前台和后台之间移动时，操作系统还可以动态调整线程优先级。

注意

一个线程的优先级不影响该线程的状态，该线程的状态在操作系统可以调度该线程之前必须为 Running。

线程的优先级值及说明如表 15-14 所示。

表 15-14　线程的优先级值及说明

优先级值	说　明
AboveNormal	可以将 Thread 安排在具有 Highest 优先级的线程之后，在具有 Normal 优先级的线程之前

续表

优先级值	说　明
BelowNormal	可以将 Thread 安排在具有 Normal 优先级的线程之后，在具有 Lowest 优先级的线程之前
Highest	可以将 Thread 安排在具有任何其他优先级的线程之前
Lowest	可以将 Thread 安排在具有任何其他优先级的线程之后
Normal	可以将 Thread 安排在具有 AboveNormal 优先级的线程之后，在具有 BelowNormal 优先级的线程之前。默认情况下，线程具有 Normal 优先级

开发人员可以通过访问线程的 Priority 属性来获取和设置其优先级。Priority 属性用来获取或设置一个值，该值指示线程的调度优先级。

```
public ThreadPriority Priority { get; set; }
```

❑ 属性值为 hreadPriority 类型的枚举值之一，默认值为 Normal。

【例 15-16】 创建一个控制台应用程序，其中创建了两个 Thread 线程类对象，并设置第二个 Thread 类对象的优先级为最高，然后调用 Start 方法开启这两个线程。代码如下：（实例位置：光盘\MR\源码\第 15 章\15-16）

```
static void Main(string[] args)
{
    Thread t1 = new Thread(new ThreadStart(Fun1));    //使用自定义方法 t1 声明线程
    Thread t2 = new Thread(new ThreadStart(Fun2));    //使用自定义方法 t2 声明线程
    t2.Priority = ThreadPriority.Highest;             //设置线程 2 的调度优先级为高级
    t2.Start();                                       //开启线程二
    t1.Start();                                       //开启线程一
}
static void Fun1()                                    //线程 1 的执行方法
{
    Console.WriteLine("启动线程 1");
}
static void Fun2()                            //线程 2 的执行方法
{
    Console.WriteLine("启动线程 2");
}
```

程序运行结果如图 15-16 所示。

启动线程2
启动线程1

图 15-16　设置线程的优先级

15.3.7　线程同步

在单线程程序中，每次只能做一件事情，后面的事情需要等待前面的事情完成后才可以进行，但是如果使用多线程程序，就会发生两个线程抢占资源的问题，如两个人同时说话，两个人同时过同一个独木桥等。所以在多线程编程中，需要防止这些资源访问的冲突，为此 C#提供线程同步机制来防止资源访问的冲突。

线程同步机制是指并发线程高效、有序的访问共享资源所采用的技术，所谓同步，是指某一时刻只有一个线程可以访问资源，只有当资源所有者主动放弃了代码或资源的所有权时，其他线程才可以使用这些资源。线程同步技术主要用到 lock 关键字、Monitor 类和 Mutex 类，下面对这几种实现方法进行介绍。

1. 使用 lock 关键字实现线程同步

lock 关键字可以用来确保代码块完成运行，而不会被其他线程中断，它是通过在代码块运行期间为给定对象获取互斥锁来实现的。

lock 语句以关键字 lock 开头，它有一个作为参数的对象，在该参数的后面还有一个一次只能有一个线程执行的代码块。lock 语句语法格式如下：

```
Object thisLock = new Object();
lock (thisLock)
{
    //要运行的代码块
}
```

说明

提供给 lock 语句的参数必须为基于引用类型的对象，该对象用来定义锁的范围。严格来说，提供给 lock 语句的参数只是用来唯一标识由多个线程共享的资源，所以它可以是任意类实例，然而实际上，此参数通常表示需要进行线程同步的资源。

【例 15-17】 创建一个控制台应用程序，命名为 UseLock。在其中定义一个公共资源类 TestLock，在该类中定义一个线程的绑定方法 TestRun，在该方法中使用 lock 关键字锁定当前线程，然后在 Main 方法中实例化 TestLock 类，并同时启动 3 个线程来访问 TestRun 方法。代码如下：（实例位置：光盘\MR\源码\第 15 章\15-17）

```
class Program
{
    static void Main(string[] args)
    {
        TestLock tl = new TestLock();                  //实例化 TestLock 类
        for (int i = 0; i < 3; i++)                    //创建 3 个线程，模拟多线程运行
        {
            Thread th = new Thread(tl.TestRun);        //创建线程并绑定 TestRun 方法
            th.Start();                                //启动线程
        }
        Console.Read();
    }
}
class TestLock                                         //线程要访问的公共资源类
{
    private Object obj = new object();                 //定义锁定标记
    private int i = 0;                                 //定义整型变量，用于输出显示
    public void TestRun()                              //定义线程的绑定方法
    {
        lock (obj)                                     //锁定当前的线程，阻止其他线程的进入
        {
            Console.WriteLine("i 的初始值为：" + i.ToString());
            Thread.Sleep(1000);                        //模拟做一些耗时的工作
            i++;                                       //变量 i 自增
            Console.WriteLine("i 在自增之后的值为：" +
i.ToString());
        }
    }
}
```

程序运行结果如图 15-17 所示。

```
i的初始值为：0
i在自增之后的值为：1
i的初始值为：1
i在自增之后的值为：2
i的初始值为：2
i在自增之后的值为：3
```

图 15-17　使用 lock 关键字实现线程同步

2. 使用 Monitor 类实现线程同步

Monitor 类提供了同步对对象的访问机制，它通过向单个线程授予对象锁来控制对对象的访问，对象锁提供限制访问代码块（通常称为临界区）的能力。当一个线程拥有对象锁时，其他任何线程都不能获取该锁。

Monitor 类的常用方法及说明如表 15-15 所示。

表 15-15　Monitor 类的常用方法及说明

方　法	说　明
Enter	在指定对象上获取排他锁
Exit	释放指定对象上的排他锁
Wait	释放对象上的锁并阻止当前线程，直到它重新获取该锁

【例 15-18】 创建一个控制台应用程序，名称为 UseMonitor。在其中定义一个公共资源类 TestMonitor，在该类中定义一个线程的绑定方法 TestRun，在该方法中使用 Monitor.Enter 方法开始同步，并使用 Monitor.Exit 方法退出同步；然后在 Main 方法中实例化 TestMonitor 类，并同时启动 3 个线程来访问 TestRun 方法。代码如下：（实例位置：光盘\MR\源码\第 15 章\15-18）

```
class Program
{
    static void Main(string[] args)
    {
        TestMonitor tm = new TestMonitor();                 //实例化 TestMonitor 类
        for (int i = 0; i < 3; i++)                         //创建 3 个线程，模拟多线程运行
        {
            Thread th = new Thread(tm.TestRun);             //创建线程并绑定 TestRun 方法
            th.Start();                                     //启动线程
        }
        Console.Read();
    }
}
class TestMonitor                                           //线程要访问的公共资源类
{
    private Object obj = new object();                      //定义同步对象
    private int i = 0;                                      //定义整型变量，用于输出显示
    public void TestRun()                                   //定义线程的绑定方法
    {
        Monitor.Enter(obj);                                 //在同步对象上获取排他锁
        Console.WriteLine("i 的初始值为: " + i.ToString());
        Thread.Sleep(1000);                                 //模拟做一些耗时的工作
        i++;                                                //变量 i 自增
        Console.WriteLine("i 在自增之后的值为: " + i.ToString());
        Monitor.Exit(obj);                                  //释放同步对象上的排他锁
    }
}
```

程序运行结果请参考图 15-17 所示的运行结果。

说明

使用 Monitor 类有很好的控制能力，例如，它可以使用 Wait 方法指示活动的线程等待一段时间，当线程完成操作时，还可以使用 Pulse 方法或 PulseAll 方法通知等待中的线程。

3. 使用 Mutex 类实现线程同步

当两个或更多线程需要同时访问一个共享资源时，系统需要使用同步机制来确保一次只有一个线程使用该资源。Mutex 类是同步基元，它只向一个线程授予对共享资源的独占访问权。如果一个线程获取了互斥体，则要获取该互斥体的第二个线程将被挂起，直到第一个线程释放该互斥体。Mutex 类与监视器类似，它防止多个线程在某一时间同时执行某个代码块，然而与监视器不同的是，Mutex 类可以用来使跨进程的线程同步。

可以使用 Mutex 类的 WaitOne 方法请求互斥体的所属权，拥有互斥体的线程可以在对 WaitOne 方法的重复调用中请求相同的互斥体而不会阻止其执行，但线程必须调用同样多次数的 Mutex 类的 ReleaseMutex 方法来释放互斥体的所属权。Mutex 类强制线程标识，因此互斥体只能由获得它的线程释放。

Mutex 类的常用方法及说明如表 15-16 所示。

表 15-16　　Mutex 类的常用方法及说明

方　法	说　明
Close	在派生类中被重写时，释放由当前 WaitHandle 持有的所有资源
ReleaseMutex	释放 Mutex 一次
WaitOne	当在派生类中重写时，阻止当前线程，直到当前的 WaitHandle 收到信号

【例 15-19】创建一个控制台应用程序，命名为 UseMutex。在其中定义一个公共资源类 TestMutex，在该类中定义一个线程的绑定方法 TestRun，在该方法中首先使用 Mutex 类的 WaitOne 方法阻止当前线程。然后再调用 Mutex 类的 ReleaseMutex 方法释放 Mutex 对象，即释放当前线程。最后在 Main 方法中实例化 TestMutex 类，并同时启动 3 个线程来访问 TestRun 方法。代码如下：（实例位置：光盘\MR\源码\第 15 章\15-19）

```
class Program
{
    static void Main(string[] args)
    {
        TestMutex tm = new TestMutex();              //实例化 TestMutex 类
        for (int i = 0; i < 3; i++)                  //创建 3 个线程，模拟多线程运行
        {
            Thread th = new Thread(tm.TestRun);      //创建线程并绑定 TestRun 方法
            th.Start();                              //启动线程
        }
        Console.Read();
    }
}
class TestMutex                                      //线程要访问的公共资源类
{
    private int i = 0;                               //定义整型变量，用于输出显示
    Mutex myMutex = new Mutex(false);                //实例化 Mutex 类
    public void TestRun()                            //定义线程的绑定方法
    {
        while(true)
        {
```

```
            if (myMutex.WaitOne())                    //阻止线程，等待 WaitHandle 收到信号
            {
                break;
            }
        }
        Console.WriteLine("i 的初始值为：" + i.ToString());
        Thread.Sleep(1000);                           //模拟做一些耗时的工作
        i++;                                          //变量 i 自增
        Console.WriteLine("i 在自增之后的值为：" + i.ToString());
        myMutex.ReleaseMutex();                       //执行完毕释放资源
    }
}
```

程序运行结果请参考图 15-17 所示的运行结果。

15.4　综合实例——设计点对点聊天程序

网络的快速发展使得信息交流的速度和方式发生巨大变化，聊天程序则是其中最常见的信息交换方式，常见的聊天程序一般都需要将信息通过服务器，然后再发送给对方，本节使用 C#制作了一个点对点聊天程序，该程序把本机作为服务器，可以直接将信息发送给对方。本实例运行效果如图 15-18 所示。

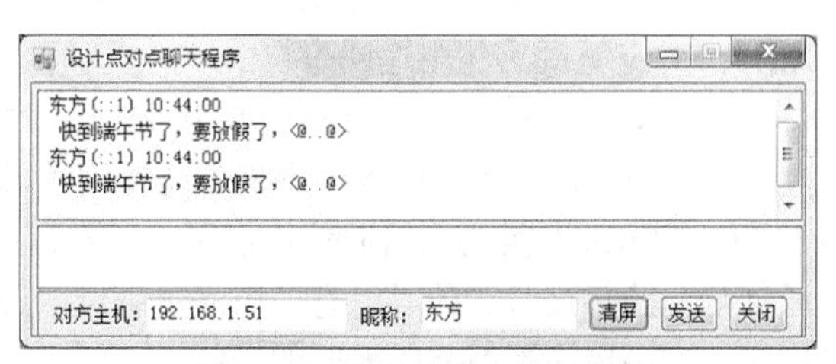

图 15-18　设计点对点聊天程序

程序开发步骤如下。

（1）打开 Visual Studio 2010 开发环境，新建一个 Windows 窗体应用程序，命名为 P2PChat。

（2）更改默认窗体 Form1 的 Name 属性为 Frm_Main，在该窗体中主要添加两个 RichTextBox 控件，分别用来输入聊天信息和显示聊天信息；添加两个 TextBox 控件，分别用来输入对方的主机和昵称；添加 3 个 Button 控件，分别用来清空聊天记录、发送信息和退出程序；添加一个 Timer 控件，用来时刻更新接收到的信息。

（3）程序主要代码如下：

```
//单击“发送”按钮，向指定主机发送聊天信息
private void button2_Click(object sender, EventArgs e)
{
    try
    {
        IPAddress[] ip = Dns.GetHostAddresses(Dns.GetHostName());//获取主机名
        string    strmsg    =    "    "+txtName.Text    +    "("+ip[0].ToString()+")
"+DateTime.Now.ToLongTimeString()+"\n" +"  "+
    this.rtbSend.Text + "\n";                              //定义消息格式
        TcpClient client = new TcpClient(txtIP.Text, 888);//创建 TcpClient 对象
        NetworkStream netstream = client.GetStream();      //创建 NetworkStream 网络流
        //创建数据写入对象
        StreamWriter wstream = new StreamWriter(netstream, Encoding.Default);
```

```
            wstream.Write(strmsg);                          //将消息写入网络流
            wstream.Flush();                                //释放网络流对象
            wstream.Close();                                //关闭网络流对象
            client.Close();                                 //关闭 TcpClient
            rtbContent.AppendText(strmsg);                  //将发送的消息添加到文本框
            rtbContent.ScrollToCaret();                     //自动滚动文本框的滚动条
            rtbSend.Clear();                                //清空发送消息文本框
        }
        catch (Exception ex)
        {
            MessageBox.Show(ex.Message);
        }
    }
```

知识点提炼

（1）Dns 类是一个静态类，它从 Internet 域名系统（DNS）检索关于特定主机的信息。在 IPHostEntry 类的实例中返回来自 DNS 查询的主机信息。

（2）IPAddress 类包含计算机在 IP 网络上的地址，它主要用来提供网际协议（IP）地址。

（3）IPEndPoint 类包含应用程序连接到主机上的服务所需的主机和本地或远程端口信息。

（4）Socket 类为网络通信提供了一套丰富的方法和属性，它主要用于管理连接，实现 Berkeley 通信端套接字接口，同时，它还定义了绑定、连接网络端点及传输数据所需的各种方法，提供处理端点连接传输等细节所需要的功能。

（5）在 Windows 操作系统中，每个正在运行的应用程序都是一个进程，一个进程可以包括一个或多个线程。

（6）lock 关键字可以用来确保代码块完成运行，而不会被其他线程中断，它是通过在代码块运行期间为给定对象获取互斥锁来实现的。

（7）Monitor 类提供了同步对对象的访问机制，它通过向单个线程授予对象锁来控制对对象的访问，对象锁提供限制访问代码块（通常称为临界区）的能力。当一个线程拥有对象锁时，其他任何线程都不能获取该锁。

（8）Mutex 类是同步基元，它只向一个线程授予对共享资源的独占访问权。如果一个线程获取了互斥体，则要获取该互斥体的第二个线程将被挂起，直到第一个线程释放该互斥体。

习　题

15-1　通常使用哪两种方法来侦听是否有传入的连接请求？

15-2　可以使用哪两种方法来实现建立默认的远程主机？

15-3　简述多线程的优点。

15-4　简述多线程可以存在的缺点。

15-5　概要说明怎样来实现创建和执行线程。

15-6　什么是线程同步？

实验：使用多线程扫描局域网 IP 地址

实验目的

（1）创建线程。
（2）线程方法引用和调用。
（3）判断线程的状态。
（4）获取 DNS 主机信息。

实验内容

在局域网中扫描 IP 地址，为了使计算机不出现假死现象，可以利用多线程来完成 IP 的扫描。首先应用 IPAddress 类将 IP 地址转换成网际协议的 IP 地址，然后使用 IPHostEntry 对象加载 IP 地址来获取其对应的主机名，如果有主机名，则表示当前 IP 已被使用，并将该 IP 地址显示在列表中，这个过程可以通过执行子线程来完成。实例运行效果如图 15-19 所示。

图 15-19　使用线程扫描局域网 IP 地址

实验步骤

（1）打开 Visual Studio 2010 开发环境，新建一个 Windows 窗体应用程序，命名为 ScanIP。

（2）更改默认窗体 Form1 的 Name 属性为 Frm_Main，在该窗体上添加两个 TextBox 控件，分别用来输入开始地址和结束地址；添加一个 Button 控件，用来执行扫描局域网 IP 操作；添加一个 ListView 控件，用来显示搜索到的 IP 地址；添加一个 ProgressBar 控件，用来显示扫描进度；添加一个 Timer 控件，用来刷新 ListView 控件中的 IP 和 ProgressBar 控件的进度。

（3）在 Frm_Main 窗体的后台代码中声明一些成员变量，用来存储子线程和 IP 地址的扫描范围，具体如下：

```
private Thread myThread;                              //声明线程引用
int intStrat =0;                                      //定义存储扫描起始值的变量
int intEnd = 0;                                       //定义存储扫描终止值的变量
```

（4）单击“开始”按钮，开始按照指定范围扫描局域网内的 IP 地址。其 Click 事件代码如下：

```
private void button1_Click(object sender, EventArgs e)
 {
     try
     {
         if (button1.Text == "开始")                  //若还未开始搜索
         {
             listView1.Items.Clear();                 //清空 ListView 控件中的项
             textBox1.Enabled = textBox2.Enabled = false;
             strIP = "";                              //字符串变量赋值为空字符串
             strflag = textBox1.Text;
             StartIPAddress = textBox1.Text;          //获取开始 IP 地址
             EndIPAddress = textBox2.Text;            //获取终止 IP 地址
             //扫描的起始值
             intStrat                                                              =
```

```
Int32.Parse(StartIPAddress.Substring(StartIPAddress.LastIndexOf(".") + 1));
                //扫描的终止值
                intEnd = Int32.Parse(EndIPAddress.Substring(EndIPAddress.LastIndexOf(".")
+ 1));
                progressBar1.Minimum = intStrat;              //指定进度条的最小值
                progressBar1.Maximum = intEnd;                //指定进度条的最大值
                progressBar1.Value = progressBar1.Minimum;    //指定进度条初始值
                timer1.Start();                               //开始运行计时器
                button1.Text = "停止";                        //设置按钮文本为停止
                //使用 StartScan 方法创建线程
                myThread = new Thread(new ThreadStart(this.StartScan));
                myThread.Start();                             //开始运行扫描 IP 的线程
            }
            else                                              //若已开始搜索
            {
                textBox1.Enabled = textBox2.Enabled = true;
                button1.Text = "开始";                        //设置按钮文本为开始
                timer1.Stop();                                //停止运行计时器
                progressBar1.Value = intEnd;                  //设置进度条的值为最大值
                if (myThread != null)                         //判断线程对象是否为空
                {
                    //若扫描 IP 的线程正在运行
                    if (myThread.ThreadState == ThreadState.Running)
                    {
                        myThread.Abort();                     //终止线程
                    }
                }
            }
        }
        catch { }
    }
```

（5）自定义 StartScan 方法，该方法实现按照指定范围扫描局域网内的 IP 地址。具体代码如下：

```
    private void StartScan()
    {
        //循环扫描指定的 IP 地址范围
        for (int i = intStrat; i <= intEnd; i++)
        {
            string strScanIP = StartIPAddress.Substring(0, StartIPAddress.LastIndexOf(".")
+ 1) + i.ToString();                                          //得到 IP 地址字符串
            IPAddress myScanIP = IPAddress.Parse(strScanIP);  //转换成 IP 地址为 IPAddress
            strflag = strScanIP;                              //临时存储扫描到的 IP 地址
            try
            {
                IPHostEntry myScanHost = Dns.GetHostByAddress(myScanIP);//获取 DNS 主机信息
                string strHostName = myScanHost.HostName.ToString();   //获取主机名
                if (strIP == "")                              //若是扫描到的第一个 IP 地址
                    strIP += strScanIP + "->" + strHostName;  //IP 地址与主机名组合的字符串
                else
                    strIP += "," + strScanIP + "->" + strHostName;
            }
            catch { }
        }
    }
```

第 16 章 GDI+绘图

本章要点：

- GDI+操作的基础类（Graphics 类）
- 画笔类（Pen 类）和画刷类（Brush 类）
- 绘制直线和矩形
- 绘制椭圆、弧形和扇形
- 绘制多边形

用户界面上的窗体和控件非常有用，非常引人注目，而有时还需要在屏幕上使用颜色和图形对象。例如，可能需要使用线条或弧线来开发游戏，或者需要使用许多移动的圆来开发屏保程序。在这种情况下，只使用 WinForms 控件是不够的，还需要使用图形功能。通过使用绘图功能，开发人员可以轻松地绘制用户界面屏幕，并提供颜色、图形和对象。WinForms 中的图形通过 GDI+实现，GDI+是图形设备接口的高级版本。

16.1 GDI+绘图基础

GDI+是 GDI 的后继者，它是.NET Framework 为操作图形提供的应用程序编程接口（API）。

一般来说，有 3 种基本类型的绘图界面，分别为 Windows 窗体上的控件、要发送给打印机的页面和内存中的位图图像。

16.1.1 GDI+概述

GDI+指的是.NET Framework 4.0 中提供的二维图形、图像处理等功能，是构成 Windows 操作系统的一个子系统，它提供了图形图像操作的应用程序编程接口（API）。使用 GDI+可以用相同的方式在屏幕或打印机上显示信息，而无须考虑特定显示设备的细节。GDI+类提供程序员用以绘制的方法，这些方法随后会调用特定设备的驱动程序。GDI+将应用程序与图形硬件分隔，使程序员能够创建与设备无关的应用程序。GDI+主要用于在窗体上绘制各种图形图像，可以用于绘制各种数据图形、数学仿真等。GDI+可以在窗体程序中产生很多自定义的图形，便于开发人员展示各种图形化的数据。

GDI+就好像是一个绘图仪，它可以将已经制作好的图形绘制在指定的模板中，并可以对图形的颜色、线条粗细、位置等进行设置。

16.1.2 创建 Graphics 对象

Graphics 类是 GDI+的核心，Graphics 对象表示 GDI+绘图表面，提供将对象绘制到显示设备的方法。Graphics 与特定的设备上下相关联，是用于创建图形图像的对象。Graphics 类封装了绘制直线、曲线、图形、图像和文本的方法，是进行一切 GDI+操作的基础类。在绘图之前，必须在指定的窗体上创建一个 Graphics 对象，才可以调用 Graphics 类的方法画图，但是不能直接建立 Graphics 类的对象。创建 Graphics 对象有以下 3 种方法。

（1）在窗体或控件的 Paint 事件中创建，将其作为 PaintEventArgs 的一部分。在为控件创建绘制代码时，通常会使用此方法来获取对图形对象的引用。

【例 16-1】 在 Paint 事件中创建 Graphics 对象，代码如下：

```
private void Form1_Paint(object sender, PaintEventArgs e)//窗体的 Paint 事件
{
    Graphics g = e.Graphics;                                    //创建 Graphics 对象
}
```

（2）调用控件或窗体的 CreateGraphics 方法以获取对 Graphics 对象的引用，该对象表示控件或窗体的绘图画面。如果在已存在的窗体或控件上绘图，应该使用此方法。

【例 16-2】 在窗体的 Load 事件中，通过 CreateGraphics 方法创建 Graphics 对象。代码如下：

```
private void Form1_Load(object sender, EventArgs e)        //窗体的 Load 事件
{
Graphics g;                                                 //声明一个 Graphics 对象
//使用 CreateGraphics 方法创建 Graphics 对象
    g = this.CreateGraphics();
}
```

这种对象通常只有在处理窗体消息时有效。

（3）由从 Image 继承的任何对象创建 Graphics 对象，此方法在需要更改已存在的图像时十分有用。

【例 16-3】 在窗体的 Load 事件中，通过 FromImage 方法创建 Graphics 对象。代码如下：

```
private void Form1_Load(object sender, EventArgs e)        //窗体的 Load 事件
{
Bitmap mbit = new Bitmap(@"C:\ls.bmp");                    //实例化 Bitmap 类
//通过 FromImage 方法创建 Graphics 对象
Graphics g = Graphics.FromImage(mbit);
}
```

16.1.3 创建 Pen 对象

Pen 类主要用于绘制线条，或者线条组合成的其他几何形状。Pen 类的构造函数如下：
public Pen (Color color,float width)

- color：设置 Pen 的颜色。
- width：设置 Pen 的宽度。

可以通过设置画笔的 CustomStartCap 属性和 CustomEndCap 属性来为直线添加线帽。

Pen 对象的常用属性及说明如表 16-1 所示。

表 16-1 Pen 对象的常用属性及说明

属　性	说　明
Brush	获取或设置 Brush，用于确定此 Pen 的属性
Color	获取或设置此 Pen 的颜色
CustomEndCap	获取或设置要在通过此 Pen 绘制的直线终点使用的自定义线帽
CustomStartCap	获取或设置要在通过此 Pen 绘制的直线起点使用的自定义线帽
DashCap	获取或设置用在短划线终点的线帽样式，这些短划线构成通过此 Pen 绘制的虚线
DashStyle	获取或设置用于通过此 Pen 绘制的虚线的样式
EndCap	获取或设置要在通过此 Pen 绘制的直线终点使用的线帽样式
StartCap	获取或设置在通过此 Pen 绘制的直线起点使用的线帽样式
Transform	获取或设置此 Pen 的几何变换的副本
Width	获取或设置此 Pen 的宽度，以用于绘图的 Graphics 对象为单位

【例 16-4】 创建一个 Pen 对象，使其颜色为蓝色，宽度为 2。代码如下：

```
Pen mypen1 = new Pen(Color.Blue, 2);                    //实例化一个 Pen 类，并设置其颜色和宽度
```

16.1.4 创建 Brush 对象

Brush 类主要用于填充几何图形，如将正方形和圆形填充其他颜色。Brush 类是一个抽象基类，不能进行实例化。若要创建一个画刷对象，需使用从 Brush 派生出的类，如 SolidBrush、HatchBrush 等，下面对这些派生出的类进行详细介绍。

1. SolidBrush 类

SolidBrush 类定义单色画刷，画刷用于填充图形形状，如矩形、椭圆、扇形、多边形和封闭路径。其语法如下：

```
public SolidBrush(Color color)
```

- color：表示此画刷的颜色。

【例 16-5】 创建一个 Windows 应用程序，通过 Brush 对象给矩形、椭圆形和扇形填充单色，运行结果如图 16-1 所示。（实例位置：光盘\MR\源码\第 16 章\16-5）

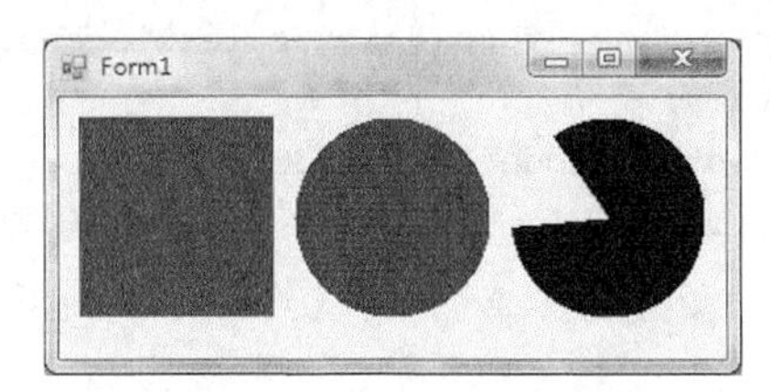

图 16-1 给图形填充单色

主要代码如下：

```
private void Form1_Paint(object sender, PaintEventArgs e)
{
    Graphics ghs = this.CreateGraphics();               //创建 Graphics 对象
    Brush mybs = new SolidBrush(Color.Red);             //使用 SolidBrush 类创建 Brush 对象
    Rectangle rt = new Rectangle(10, 10, 100, 100);     //绘制一个矩形
    ghs.FillRectangle(mybs, rt);                        //用 Brush 填充 Rectangle
```

```
    rt.Offset(110, 0);                              //位置偏移
    mybs = new SolidBrush(Color.Green);             //实例化 Brush 对象
    ghs.FillEllipse(mybs, rt);                      //填充椭圆
    rt.Offset(110, 0);                              //位置偏移
    mybs = new SolidBrush(Color.Blue);              //实例化 Brush 对象
    ghs.FillPie(mybs, rt, -125, 300);               //填充扇形
}
```

2. HatchBrush 类

HatchBrush 类提供了一种特定样式的图形，用来制作填满整个封闭区域的绘图效果。HatchBrush 类位于 System.Drawing.Drawing2D 命名空间下，其语法如下：

public HatchBrush (HatchStyle hatchstyle,Color foreColor)

- hatchstyle：HatchStyle 值之一，表示此 HatchBrush 所绘制的图案。
- foreColor：Color 结构，它表示此 HatchBrush 所绘制线条的颜色。

HatchBrush 类共提供了 56 种不同的样式用于填充图形。

【例 16-6】下面创建一个控制台应用程序，通过 HatchBrush 类的对象给椭圆形和矩形添加阴影，运行结果如图 16-2 所示。（实例位置：光盘\MR\源码\第 16 章\16-6）

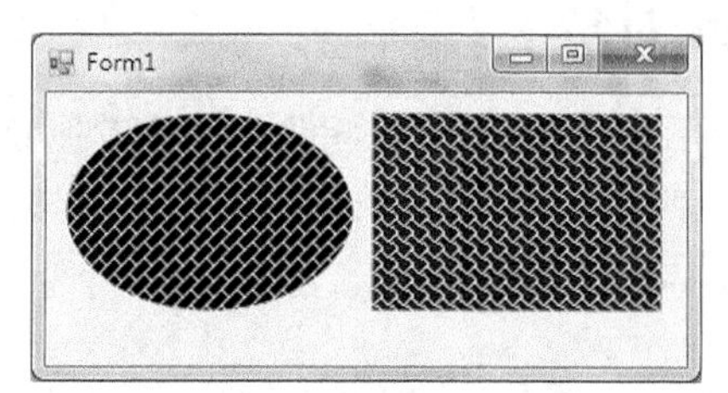

图 16-2　给图形添加阴影

主要代码如下：

```
private void Form1_Paint(object sender, PaintEventArgs e)
{
    Rectangle rect = new Rectangle(10, 10, 150, 100);//绘制一个矩形
    //使用 HatchBrush 类创建一个 Brush 对象
    HatchBrush brush = new HatchBrush(HatchStyle.DiagonalBrick , Color.Yellow );
    Graphics g = e.Graphics;                        //创建 Graphics 对象
    g.SmoothingMode = SmoothingMode.AntiAlias;
    g.FillEllipse(brush, rect);                     //填充椭圆
    rect.Offset(160, 0);                            //移动位置
    //实例化 Brush 对象
    brush = new HatchBrush(HatchStyle.Shingle , Color.White, Color.Blue );
    g.FillRectangle(brush, rect);                   //填充矩形
}
```

3. LinerGradientBrush 类

LinerGradientBrush 类提供一种渐变色彩的特效，填满图形的内部区域，类的渐变方向是沿着指定角度的直线路径，其语法如下：

public LinerGradientBrush(Point point1, Point point2,Color color1, Color color2)

语法中的参数说明如表 16-2 所示。

表 16-2　　参数说明

参　数	说　明
point1	表示线型渐变的开始点
point2	表示线型渐变的结束点
color1	表示线型渐变的开始色彩
color2	表示线型渐变的结束色彩

【例 16-7】 下面创建一个控制台应用程序，通过 LinerGradientBrush 类的对象给图形添加渐变色，运行结果如图 16-3 所示。（实例位置：光盘\MR\源码\第 16 章\16-7）

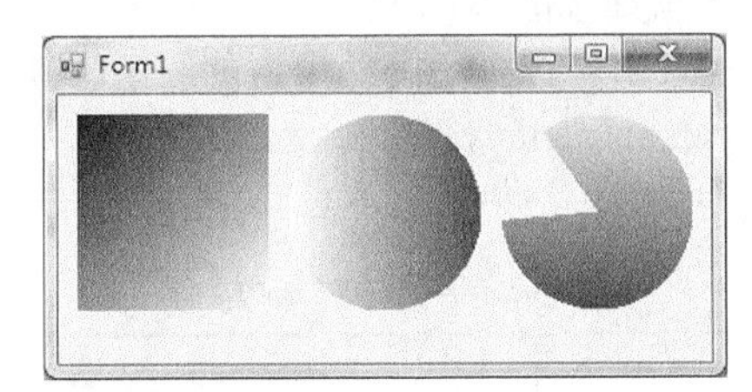

图 16-3　给图形添加渐变色

主要代码如下：

```
private void Form1_Paint(object sender, PaintEventArgs e)
{
    Rectangle rt = new Rectangle(10, 10, 100, 100);        //绘制一个矩形
    //实例化 LinerGradientBrush 类，设置其使用黄色和白色进行渐变
    LinearGradientBrush lgb=new LinearGradientBrush(rt,Color.Blue,Color.
White,LinearGradientMode .ForwardDiagonal);
    Graphics ghs = this.CreateGraphics();                  //实例化 Graphics 类
    //设置 WrapMode 属性指示该 LinearGradientBrush 的环绕模式
    ghs.FillRectangle(lgb,rt);                             //填充绘制矩形
    rt.Offset(110, 0);                                     //移动位置
    //实例化 LinearGradientBrush 类的实例
    lgb    =    new    LinearGradientBrush(rt,    Color.White    ,    Color.Red    ,
LinearGradientMode.Horizontal );
    ghs.FillEllipse(lgb, rt);                              //填充椭圆
    rt.Offset(110, 0);                                     //移动位置
    //实例化 LinearGradientBrush 类的实例
    lgb    =    new    LinearGradientBrush(rt,    Color.Yellow    ,    Color.Green    ,
LinearGradientMode.Vertical );
    ghs.FillPie(lgb, rt, -125, 300);                       //填充扇形
}
```

16.2　基本图形绘制

介绍完 GDI+图形图像技术的几个基本对象，下面通过这些基本对象绘制常见的几何图形。常见的几何图形包括直线、矩形、椭圆等。通过对本节的学习，读者能够轻松掌握这些图形的绘制方法。

16.2.1 GDI+中的直线和矩形

1. 绘制直线

调用 Graphics 类中的 DrawLine 方法，结合 Pen 对象可以绘制直线。DrawLine 方法有以下两种构造函数。

（1）第一种用于绘制一条连接两个 Point 结构的线，其语法如下：

public void DrawLine (Pen pen,Point pt1,Point pt2)

- ❑ pen：Pen 对象，它确定线条的颜色、宽度和样式。
- ❑ pt1：Point 结构，它表示要连接的第一个点。
- ❑ pt2：Point 结构，它表示要连接的第二个点。

（2）第二种用于绘制一条连接由坐标指定的两个点的线条，其语法如下：

public void DrawLine (Pen pen,int x1,int y1,int x2,int y2)

DrawLine 方法的参数说明如表 16-3 所示。

表 16-3　DrawLine 方法的参数说明

参　　数	说　　明
pen	Pen 对象，它确定线条的颜色、宽度和样式
x1	第一个点的 x 坐标
y1	第一个点的 y 坐标
x2	第二个点的 x 坐标
y2	第二个点的 y 坐标

【例 16-8】 下面创建一个控制台应用程序，在 Panel 控件中绘制正弦和余弦，运行结果如图 16-4 和图 16-5 所示。（实例位置：光盘\MR\源码\第 16 章\16-8）

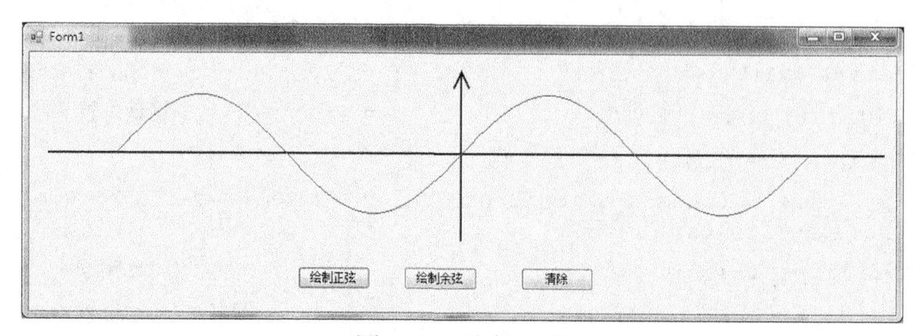

图 16-4　绘制正弦

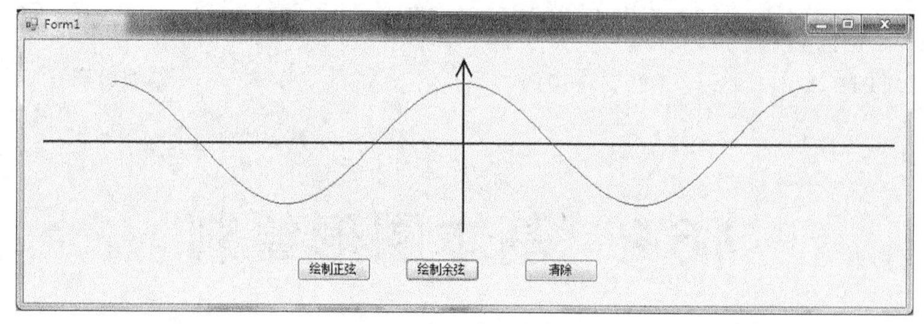

图 16-5　绘制余弦

主要代码如下：

```
private void panel1_Paint(object sender, PaintEventArgs e)
```

```
{
    Graphics g = e.Graphics;                          //实例化一个 Graphics 类
    if (drawmode == DrawMode.none)                    //如果要清除
    {
        g.Clear(this.BackColor);                      //清除
        return;
    }
    else
    {
        Point[] points = new Point[2 * 360];          //创建一个点数组
        if (drawmode == DrawMode.cos)                 //如果要绘制余弦曲线
        {
            for (int i = 0; i < points.Length; i++)   //实例化要绘制余弦曲线所需的点
            {
                points[i] = new Point(i - 360, Convert.ToInt32(-60 * Math.Cos(i * Math.PI
/ 180.0)));
            }
        }
        else
        {
            for (int i = 0; i < points.Length; i++)   //实例化正弦曲线所需的点
            {
                points[i] = new Point(i - 360, Convert.ToInt32(-60 * Math.Sin(i * Math.PI
/ 180.0)));
            }
        }
        int halfWidth = panel1.Width / 2;
        int halfHeight = panel1.Height / 2;
        Pen pen1 = new Pen(Color.Blue, 2);            //实例化画笔
        //定义画笔线帽
        AdjustableArrowCap arrow = new AdjustableArrowCap(8, 8, false);
        pen1.CustomEndCap = arrow;
        g.DrawLine(pen1, 7, halfHeight, Width - 7, halfHeight);//画横坐标轴
        g.DrawLine(pen1, halfWidth, Height - 5, halfWidth, 5);//画纵坐标轴
        g.TranslateTransform(halfWidth, halfHeight); //确定坐标原点
        g.DrawLines(Pens.Red, points);               //画曲线
    }
}
```

2. 绘制矩形

通过 Graphics 类中的 DrawRectangle 方法，可以绘制矩形图形。该方法可以绘制由坐标对、宽度和高度指定的矩形，其语法如下：

```
public void DrawRectangle (Pen pen,int x,int y,int width,int height)
```

DrawRectangle 方法的参数说明如表 16-4 所示。

表 16-4　　DrawRectangle 方法的参数说明

参　数	说　明
pen	Pen 对象，它确定矩形的颜色、宽度和样式
x	要绘制矩形的左上角的 *x* 坐标
y	要绘制矩形的左上角的 *y* 坐标
width	要绘制矩形的宽度
height	要绘制矩形的高度

说明

可以根据指定的矩形结构来绘制矩形，此时需要用到 Rectangle 类。

【例 16-9】创建一个 Windows 应用程序，调用 Graphics 类中的 DrawRectangle 方法绘制矩形，运行结果如图 16-6 所示。（实例位置：光盘\MR\源码\第 16 章\16-9）

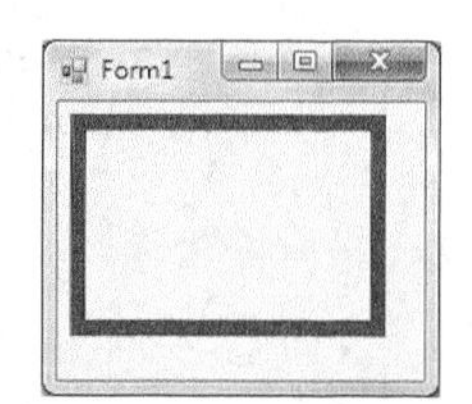

图 16-6　绘制矩形

代码如下：

```
private void Form1_Paint(object sender, PaintEventArgs e)
{
    Graphics graphics = this.CreateGraphics();
     //声明一个 Graphics 对象
    Pen myPen = new Pen(Color.Red , 8);                    //实例化 Pen 类
    //调用 Graphics 对象的 DrawRectangle 方法，绘制矩形
    graphics.DrawRectangle(myPen, 10, 10, 150, 100);
}
```

16.2.2　GDI+中的椭圆、弧和扇形

1. 绘制椭圆

通过 Graphics 类中的 DrawEllipse 方法可以轻松地绘制椭圆。此方法可以绘制由一对坐标、高度和宽度指定的椭圆，其语法如下：

public void DrawEllipse (Pen pen,int x,int y,int width,int height)

DrawEllipse 方法的参数说明如表 16-5 所示。

表 16-5　DrawEllipse 方法的参数说明

参　数	说　明
pen	Pen 对象，它确定曲线的颜色、宽度和样式
x	定义椭圆边框左上角的 x 坐标
y	定义椭圆边框左上角的 y 坐标
width	定义椭圆边框的宽度
height	定义椭圆边框的高度

【例 16-10】创建一个 Windows 应用程序，通过 Graphics 类中的 DrawEllipse 方法绘制一个线条宽度为 3 的绿色椭圆，运行结果如图 16-7 所示。（实例位置：光盘\MR\源码\第 16 章\16-10）

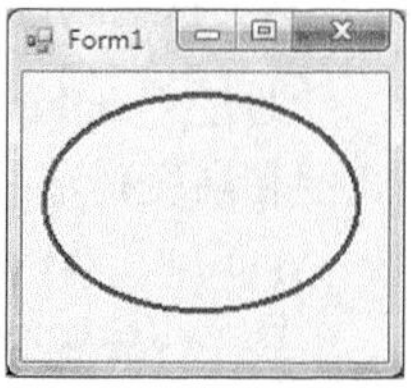

图 16-7　绘制椭圆

代码如下：

```
private void Form1_Paint(object sender, PaintEventArgs e)
{
    Graphics graphics = this.CreateGraphics();
    //创建 Graphics 对象
    Rectangle rt = new Rectangle(10, 10, 150, 100);          //实例化一个矩形类
    Pen myPen = new Pen(Color.Green , 3);                    //创建 Pen 对象
    graphics.DrawEllipse(myPen, rt);                         //绘制椭圆
}
```

2. 绘制圆弧

通过 Graphics 类中的 DrawArc 方法，可以绘制圆弧。此方法可以绘制由一对坐标、宽度和高

度指定的圆弧，其语法如下：

public void DrawArc (Pen pen,Rectangle rect,float startAngle,float sweepAngle)

DrawArc 方法的参数说明如表 16-6 所示。

表 16-6 DrawArc 方法的参数说明

参 数	说 明
pen	Pen 对象，它确定弧线的颜色、宽度和样式
rect	Rectangle 结构，它定义圆弧的边界
startAngle	从 *x* 轴到弧线的起始点沿顺时针方向度量的角（以度为单位）
sweepAngle	从 startAngle 参数到弧线的结束点沿顺时针方向度量的角（以度为单位）

【例 16-11】 创建一个 Windows 应用程序，通过 Graphics 类中的 DrawArc 方法绘制一个线条宽度为 3 的蓝色圆弧，运行结果如图 16-8 所示。（实例位置：光盘\MR\源码\第 16 章\16-11）

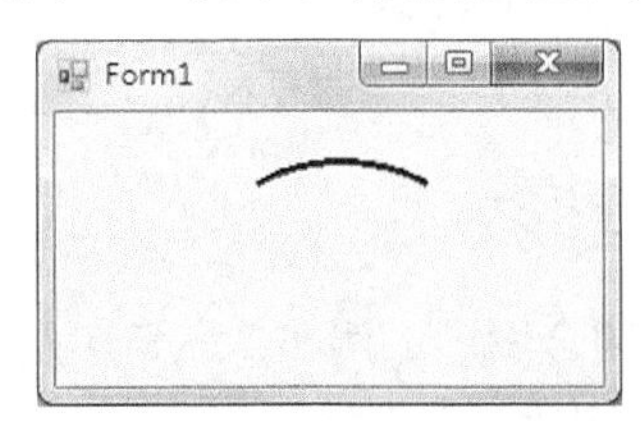

图 16-8 绘制圆弧

代码如下：

```
private void Form1_Paint(object sender, PaintEventArgs e)
{
    Graphics ghs = this.CreateGraphics();                    //实例化 Graphics 类
    Pen myPen = new Pen(Color.Blue , 3);                     //实例化 Pen 类
    Rectangle myRectangle = new Rectangle(70, 20, 100, 60);//定义一个 Rectangle 结构
    //调用 Graphics 对象的 DrawArc 方法绘制圆弧
    ghs.DrawArc(myPen, myRectangle, 210, 120);
}
```

3. 绘制扇形

通过 Graphics 类中的 DrawPie 方法可以绘制扇形。此方法可以绘制由一个坐标对、宽度、高度以及两条射线所指定的扇形，其语法如下：

public void DrawPie (Pen pen,float x,float y,float width,float height,float startAngle,float sweepAngle)

DrawPie 方法的参数说明如表 16-7 所示。

表 16-7 DrawPie 方法的参数说明

参 数	说 明
pen	Pen，它确定扇形的颜色、宽度和样式
x	边框的左上角的 *x* 坐标，该边框定义扇形所属的椭圆
y	边框的左上角的 *y* 坐标，该边框定义扇形所属的椭圆
width	边框的宽度，该边框定义扇形所属的椭圆
height	边框的高度，该边框定义扇形所属的椭圆
startAngle	从 *x* 轴到扇形的第一条边沿顺时针方向度量的角（以度为单位）
sweepAngle	从 startAngle 参数到扇形的第二条边沿顺时针方向度量的角（以度为单位）

【例 16-12】创建一个 Windows 应用程序，通过 Graphics 类中的 DrawPie 方法绘制一个线条宽度为 3 的黄绿色扇形，它的起始坐标分别为 10 和 10，运行结果如图 16-9 所示。（实例位置：光盘\MR\源码\第 16 章\16-12）

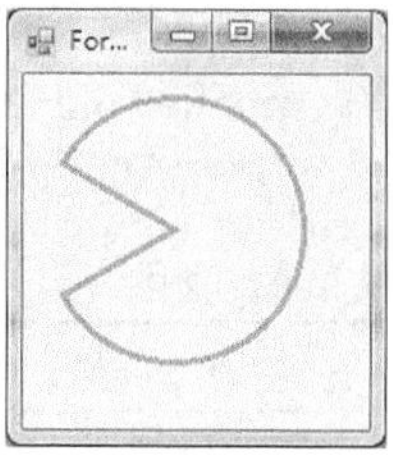

图 16-9　绘制扇形

代码如下：

```
private void Form1_Paint(object sender, PaintEventArgs e)
{
    Graphics ghs = this.CreateGraphics();    //实例化 Graphics 类
    Pen mypen = new Pen(Color.YellowGreen , 3);                //实例化 Pen 类
    ghs.DrawPie(mypen, 10, 10, 120, 120, 210, 300);            //绘制扇形
}
```

可以在扇形的外接矩形中绘制扇形。

16.2.3　GDI+中的多边形

多边形是有 3 条或更多直边的闭合图形。例如，三角形是有 3 条边的多边形，矩形是有 4 条边的多边形，五边形是有 5 条边的多边形。若要绘制多边形，需要 Graphics 对象、Pen 对象和 Point（或 PointF）对象数组。

（1）Graphics 对象提供 DrawPolygon 方法。

Graphics 类中的 DrawPolygon 方法用于绘制由一组 Point 结构定义的多边形，其语法如下：

public void DrawPolygon (Pen pen,Point[] points)

- pen：Pen 对象，用于确定多边形的颜色、宽度和样式。
- points：Point 结构数组，这些结构表示多边形的顶点。

（2）Pen 对象存储用于呈现多边形的线条属性，如宽度和颜色。

（3）Point 对象数组存储将由直线连接的点。

绘制多边形最主要的是要确定其顶点坐标。

【例 16-13】创建一个 Windows 应用程序，通过 Graphics 类中的 DrawPolygon 方法绘制多边形，其参数分别是 Pen 对象和 Point 对象数组，绘制一个线条宽度为 3 的红色多边形，运行结果如图 16-10 所示。（实例位置：光盘\MR\源码\第 16 章\16-13）

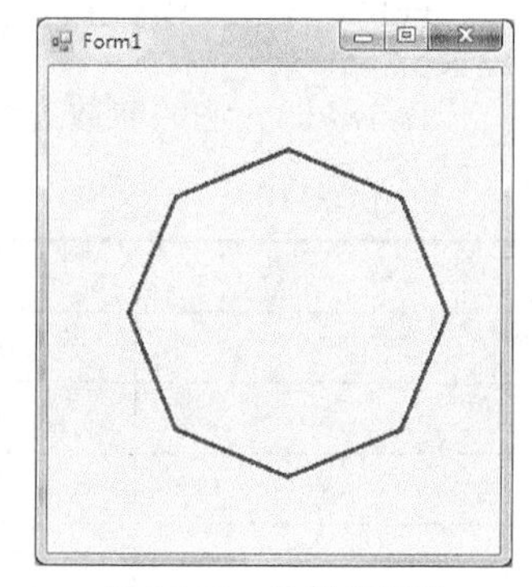

图 16-10　绘制多边形

代码如下：

```
private void Form1_Paint(object sender, PaintEventArgs e)
{
    PointF[] points = new PointF[8];     //创建一个点数组
    float k = 360.0f / points.Length;
    for (int i = 0; i <8; i++)
    {
        //计算点的横坐标
        float x = (float)(100 * Math.Cos(i * k * Math.PI / 180.0));
        //计算点的纵坐标
        float y = (float)(100 * Math.Sin(i * k * Math.PI / 180.0));
```

```
        points[i] = new PointF(x, y);                    //实例化点
    }
    Graphics g = e.Graphics;                             //实例化 Graphics 类
    //确定坐标原点
    g.TranslateTransform(this.Size .Width/2, this .Size .Height/2);
    Pen mypen = new Pen(Color.Red , 3);                  //实例化 Pen 类
    g.DrawPolygon(mypen  , points);                      //画多边形
}
```

16.3　综合实例——绘制图形验证码

经常上网的人对验证码一定不陌生，每当用户注册或登录一个网络程序时大多数情况下都要求输入指定位数的验证码，所有信息经过验证无误时方可进入系统，那么如何生成类似的图形验证码呢？本实例使用 C#语言实现了绘制图形验证码的功能，实例运行效果如图 16-11 所示。

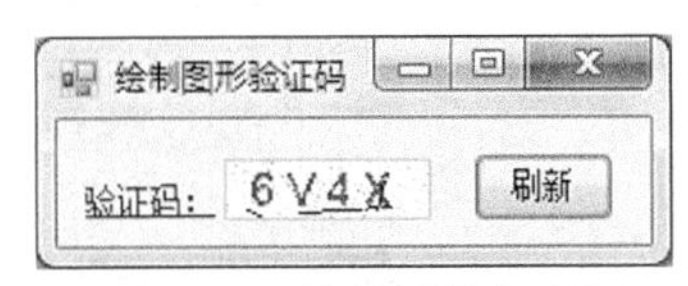

图 16-11　绘制图形验证码

程序开发步骤如下。

（1）打开 Visual Studio 2010 开发环境，新建一个 Windows 窗体应用程序，命名为 DrawValidateCode。

（2）更改默认窗体 Form1 的 Name 属性为 Frm_Main，在该窗体中添加一个 PictureBox 控件，用来显示图形验证码；添加一个 Button 控件，用来生成图形验证码。

（3）在 Frm_Main 窗体的后台代码中编写 CheckCode 方法，该方法用来生成一个随机验证码，具体如下：

```
private string CheckCode()
{
    int number;
    char code;
    string checkCode = String.Empty;                 //用于存储随机生成的 4 位英文或数字
    Random random = new Random();                    //生成随机数
    for (int i = 0; i < 4; i++)
    {
        number = random.Next();                      //返回非负随机数
        if (number % 2 == 0)                         //判断数字是否为偶数
            code = (char)('0' + (char)(number % 10));
        else                                         //如果不是偶数
            code = (char)('A' + (char)(number % 26));
        checkCode += " " + code.ToString();          //累加字符串
    }
    return checkCode;                                //返回生成的字符串
}
```

（4）再定义一个 CodeImage 方法，该方法用来实现将 CheckCode 方法中生成的随机验证码以图像的方式绘制出来，具体代码如下：

```
private void CodeImage(string checkCode)
{
```

```
        if (checkCode == null || checkCode.Trim() == String.Empty)
            return;
        System.Drawing.Bitmap image = new System.Drawing.Bitmap((int)Math.Ceiling((checkCode.Length * 9.5)), 22);
        Graphics g = Graphics.FromImage(image);              //创建Graphics对象
        try
        {
            Random random = new Random();                    //生成随机生成器
            g.Clear(Color.White);                            //清空图片背景色
            for (int i = 0; i < 3; i++)                      //画图片的背景噪音线
            {
                int x1 = random.Next(image.Width);
                int x2 = random.Next(image.Width);
                int y1 = random.Next(image.Height);
                int y2 = random.Next(image.Height);
                g.DrawLine(new Pen(Color.Black), x1, y1, x2, y2);
            }
            Font font = new System.Drawing.Font("Arial", 12, (System.Drawing.FontStyle.Bold));
            g.DrawString(checkCode, font, new SolidBrush(Color.Red), 2, 2);
            for (int i = 0; i < 150; i++)                    //画图片的前景噪音点
            {
                int x = random.Next(image.Width);
                int y = random.Next(image.Height);
                image.SetPixel(x, y, Color.FromArgb(random.Next()));
            }
            g.DrawRectangle(new Pen(Color.Silver), 0, 0, image.Width - 1, image.Height - 1);
                                                             //画图片的边框线
            this.pictureBox1.Width = image.Width;            //设置PictureBox的宽度
            this.pictureBox1.Height = image.Height;          //设置PictureBox的高度
            this.pictureBox1.BackgroundImage = image;        //设置PictureBox的背景图像
        }
        catch
        { }
    }
```

知识点提炼

（1）Graphics 类是 GDI+的核心，Graphics 对象表示 GDI+绘图表面，提供将对象绘制到显示设备的方法。

（2）Pen 类主要用于绘制线条，或者线条组合成的其他几何形状。

（3）Brush 类主要用于填充几何图形，如将正方形和圆形填充其他颜色。Brush 类是一个抽象基类，不能进行实例化。

（4）调用 Graphics 类中的 DrawLine 方法，结合 Pen 对象可以绘制直线。

（5）通过 Graphics 类中的 DrawRectangle 方法，可以绘制矩形图形。该方法可以绘制由坐标对、宽度和高度指定的矩形。

（6）通过 Graphics 类中的 DrawEllipse 方法可以轻松地绘制椭圆。此方法可以绘制由一对坐标、高度和宽度指定的椭圆。

（7）通过 Graphics 类中的 DrawArc 方法，可以绘制圆弧。此方法可以绘制由一对坐标、宽度和高度指定的圆弧。

（8）通过 Graphics 类中的 DrawPie 方法可以绘制扇形。此方法可以绘制由一个坐标对、宽度、高度以及两条射线所指定的扇形。

（9）Graphics 类中的 DrawPolygon 方法用于绘制由一组 Point 结构定义的多边形。

习　　题

16-1　简单概述 GDI+技术。

16-2　通常有几种方法来创建 Graphics 对象，分别是什么？

16-3　Brush 抽象类的常用派生子类有哪两个？

16-4　绘制一个多边形，通常需要用到哪几个对象？

实验：使用双缓冲技术绘图

实验目的

（1）通过 Bitmap 类创建内存位图。

（2）通过 FromImage 方法创建画布。

（3）通过 DrawImage 方法实现在画布上绘制图像。

实验内容

在窗体中使用 GDI+技术绘图时，有时会发现绘制出的图形线条不够流畅，或者在改变窗体大小时会出现不断闪烁的现象。绘制的图形线条不流畅，是因为窗体在重绘时其自身的重绘与图形的重绘之间存在时间差，从而导致这二者之间的图像显示不协调；改变窗体大小出现的闪烁现象，是因为窗体在重绘时其自身的背景颜色与图形颜色频繁交替，从而造成人们视觉上的闪烁现象，若使用双缓冲技术绘制图形，则可以解决上述绘图中出现的若干问题。本实验使用双缓冲技术绘制 4 个图形，分别是贝赛尔曲线、圆形、矩形及一个不规则图形区域。实验运行效果如图 16-12 所示。

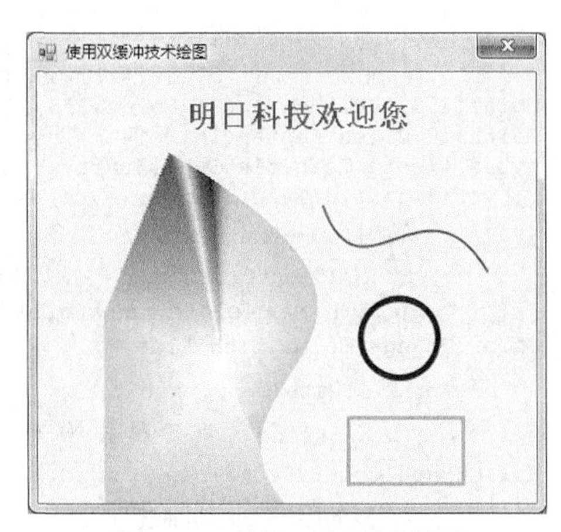

图 16-12　使用双缓冲技术绘图

实验步骤

（1）打开 Visual Studio 2010 开发环境，新建一个 Windows 窗体应用程序，命名为 Double Buffer。

（2）更改默认窗体 Form1 的 Name 属性为 Frm_Main。

（3）在窗体的Paint事件中，首先创建一个Bitmap位图实例，然后通过加载该位图实例生成一个Graphics画布对象，接着调用自定义方法PaintImage实现绘制图形，最后通过调用Graphics类的DrawImage方法将内存中的多个图形一次性绘制到窗体上，其实现代码如下：

```
private void Form1_Paint(object sender, PaintEventArgs e)
{
    //创建位图对象
    Bitmap localBitmap = new Bitmap(ClientRectangle.Width, ClientRectangle.Height);
    Graphics bitmapGraphics = Graphics.FromImage(localBitmap);//创建的画布
    bitmapGraphics.Clear(BackColor);                                //清空画布
    bitmapGraphics.SmoothingMode = SmoothingMode.AntiAlias;         //消除画布锯齿
    PaintImage(bitmapGraphics);                                     //绘制多个图形
    Graphics g = e.Graphics;                                        //获取窗体画布
    //将内存中的多个图形一次性绘制到窗体上
    g.DrawImage(localBitmap, 0, 0);
    bitmapGraphics.Dispose();                                       //销毁画布对象
    localBitmap.Dispose();                                          //销毁位图对象
    g.Dispose();                                                    //销毁画布对象
}
```

上面的代码中，由于Graphics类实现了IDisposable接口，所以在创建Graphics类的实例时，可以考虑使用using语句，这样当using语句块运行结束后，程序会自动调用IDisposable接口的Dispose方法来销毁实例。

（4）上面的代码中用到了PaintImage方法，该方法为自定义的无返回值类型方法，主要用来绘制4个图形，它有一个参数，表示绘图的画布。PaintImage方法实现代码如下：

```
private void PaintImage(Graphics g)
{
    //绘制不规则图形区域
    GraphicsPath path = new GraphicsPath(new Point[]{ new Point(100,60),new
Point(350,200),new Point(105,225),new Point(190,ClientRectangle.Bottom),new
Point(50,ClientRectangle.Bottom),new Point(50,180)}, new
byte[]{(byte)PathPointType.Start,(byte)PathPointType.Bezier,(byte)PathPointType.Bezier
,(byte)PathPointType.Bezier,(byte)PathPointType.Line, (byte)PathPointType.Line});
    //创建PathGradientBrush对象
    PathGradientBrush pgb = new PathGradientBrush(path);
    pgb.SurroundColors = new Color[] { Color.Green, Color.Yellow, Color.Red, Color.Blue,
Color.Orange,Color.LightBlue };                                    //设置填充区域的颜色数组
    g.FillPath(pgb, path);                                          //指定颜色填充不规则图形
    g.DrawString("明日科技欢迎您", new Font("宋体", 18, FontStyle.Bold), new
SolidBrush(Color.Red), new PointF(110, 20));                       //在画布上绘制字符串
    //在画布上绘制贝塞尔曲线
    g.DrawBeziers(new Pen(new SolidBrush(Color.Green),2),new Point[] {new
Point(220,100),new Point(250,180),new Point(300,70),new Point(350,150)});
    g.DrawArc(new Pen(new SolidBrush(Color.Blue), 5), new Rectangle(new Point(250, 170),
new Size(60, 60)), 0, 360);                                        //在画布上绘制圆形
    g.DrawRectangle(new Pen(new SolidBrush(Color.Orange), 3), new Rectangle(new
Point(240, 260), new Size(90, 50)));                               //在画布上绘制长方形
}
```

第 17 章 C#语言新特性

本章要点：

- 隐式类型 var 的用法
- 对象和集合初始化器的用法
- 如何自定义扩展方法
- 匿名类型的定义及使用
- Lambda 表达式的定义及应用
- 自动实现属性的定义
- 查询表达式的基本应用
- 使用 LINQ 到 SQL 技术操作数据库

C#语言的发展经历了多个版本，从 C#1.1 到 C#2.0，再至今日比较流行的 C#3.0 和 C#4.0，Windows 平台下的编程变得越来越容易操作。强大的功能、简洁的代码使得由代码组成的编程世界平添许多色彩与欢乐。C#3.0 和 C#4.0 可以视为其他版本的扩充版本，这两个版本添加了许多新功能和新特性。

17.1 简述 C#的新技术

C# 3.0 和 C#4.0 在保持 C#2.0 原有技术的基础之上，增加了若干新特性。这些新特性使 C#语言变得更加强大也更加现代化，从而大大提高了 C#的开发效率。用 C#3.0 新特性编写的程序需要在.NET Framework 3.5 及以上版本的框架下运行；用 C#4.0 新特性编写的程序需要在.NET Framework 4.0 及以上版本的框架下运行。C#语言的主要新增特性如下。

- 隐式类型 var。在与本地变量一起使用时，var 关键字指示编译器根据初始化语句右侧的表达式推断变量或数组元素的类型。
- 对象初始化器。支持无须显式调用构造函数即可进行对象初始化。
- 集合初始化器。支持使用初始化列表而不是对 Add 或其他方法的特定调用来初始化集合。
- 扩展方法。使用静态方法扩展现有类，这些静态方法可以通过实例方法语法进行调用。
- 匿名类型。允许动态创建可以添加到集合中并且可以使用 var 进行访问的未命名结构化类型。
- Lambda 表达式。支持可绑定到委托或表达式树并带有输入参数的内联表达式。
- 自动实现的属性。支持使用简化的语法声明属性。

- LINQ 技术。使用 LINQ 技术（中文译作“语言集成查询”）可以使用语言关键字和熟悉的运算符针对强类型化对象集合编写查询的功能。

上面总共列举了 8 种主要的新特性，可以说前 7 种新特性都是为最后一种 LINQ 技术服务的，都是特意为 LINQ 技术而设计的，下面将对这 8 种特性进行讲解。

17.2 列举 C#语言的新特性

根据 17.1 节中列出的 C#语言的 8 大新特性，下面逐一的详细讲解。本节在讲解时，首先列出每种特性的概念和语法，然后再举例说明该种特性的具体方法。学会使用 C#语言的新特性编写程序，会使编写的代码更加简洁和优雅。

17.2.1 隐式类型 var

C#新技术提供了一个特殊的关键字——var，允许程序使用 var 关键字而无须显示给出类型即可定义一个局部变量。在使用 var 关键字声明变量时，编译器将会通过该变量的初始化代码来推断出该变量实际的类型。

使用 var 关键字定义变量十分容易，可以把它看做是一个“万能”的类型，在 var 关键字的后面是局部变量名，然后是变量的初始化表达式，基本语法格式如下：

```
var 【变量名称】=【初始化表达式】;
```

使用 var 关键字可以声明一般变量，也可以声明数组变量。具体是哪一种，编译器可以通过初始化表达式来推断。

【例 17-1】 使用 var 关键字定义一个字符串变量和一个整型数组变量，并对这两个变量赋初值，然后在控制台中输出这两个变量的值。具体代码如下：（实例位置：光盘\MR\源码\第 17 章\17-1）

```
static void Main(string[] args)
{
    var strShow = "这 3 个男孩子的年龄分别是：";          //使用 var 声明并初始化字符串变量
    var intAges = new[] {15,18,16};                    //使用 var 声明并初始化整型数组变量
    Console.WriteLine(strShow);                        //输出字符串变量的值
    foreach (var age in intAges)                       //使用 var 定义一个过程变量 age
    {
        Console.Write(age+"岁 ");                      //输出整型数组中元素的值
    }
    Console.Read();
}
```

程序运行结果如图 17-1 所示。

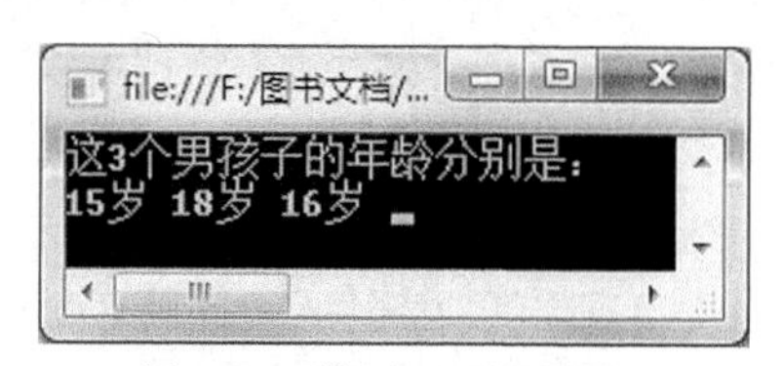

图 17-1 使用 var 声明变量

17.2.2　对象初始化器

对象初始化器允许在创建对象时使用一条语句为对象指定一个或多个属性（或公共字段）的值，这样就可以以声明的方式初始化任意类型的对象，其语法格式如下：

```
【数据类型或 var】 对象名称 = new 【数据类型】 { 【属性或公共字段 1】, 【属性或公共字段 2】……}
```

【例 17-2】 创建一个控制台应用程序，首先在默认类文件 Program.cs 中定义一个包含 3 个属性的类 Goods，该类用来描述购买产品的信息（包括商品名称、商品单价、购买数量）；然后在应用程序默认类 Program 的 Main 方法中使用对象初始化器创建 Goods 类的对象；最后输出该对象的 3 个属性值。具体代码如下：（实例位置：光盘\MR\源码\第 17 章\17-2）

```
class Goods
{
    private string strName;
    public string Name                                  //描述商品名称
    {
        get { return strName; }
        set { strName = value; }
    }
    private decimal decPrice;
    public decimal Price                                //描述商品单价
    {
        get { return decPrice; }
        set { decPrice = value; }
    }
    private int intQuantity;
    public int Quantity                                 //描述商品的数量
    {
        get { return intQuantity; }
        set { intQuantity = value; }
    }
}
class Program
{
    static void Main(string[] args)
    {
        var goods = new Goods                           //创建 Goods 类的对象
        {
            Name = "轿车",                              //设置产品名称
            Price = 200000,                             //设置产品价格
            Quantity = 3                                //设置产品数量
        };
        //输出 goods 对象的相关信息
        Console.WriteLine("公司打算购买" + goods.Quantity + "辆价值" + goods.Price + "
的" + goods.Name);
        Console.Read();
    }
}
```

程序运行结果如图 17-2 所示。

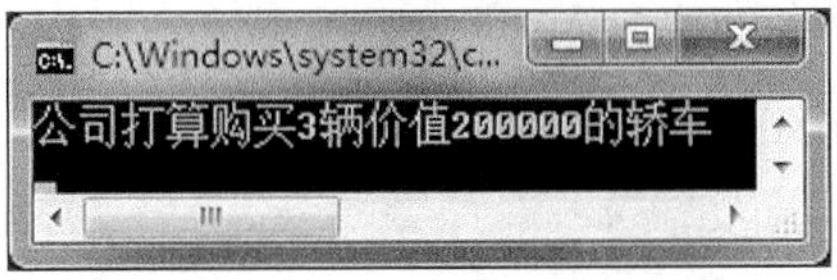

图 17-2　使用对象初始化器

17.2.3 集合初始化器

集合初始化器允许在创建集合对象时使用一语句为集合对象添加若干个元素，这样就可以以声明的方式向集合对象中添加元素并初始化元素，使用集合初始化器会使 C#程序变得更加优雅和简洁，其语法格式如下：

【集合数据类型或 var】 集合对象名称 = new 【集合数据类型】 { 【元素 1】, 【元素 2】,【元素 3】……}

【例 17-3】创建一个控制台应用程序，首先在默认类文件 Program.cs 中定义一个包含 3 个属性的类 Goods，该类用来描述购买产品的信息（包括商品名称、商品单价、购买数量）；然后在应用程序默认类 Program 的 Main 方法中使用集合初始化器创建 List<Goods>集合的对象；最后输出该集合对象中所有元素的属性值。具体代码如下：（实例位置：光盘\MR\源码\第 17 章\17-3）

```
class Goods
{
    private string strName;
    public string Name                                          //描述商品名称
    {
        get { return strName; }
        set { strName = value; }
    }
    private decimal decPrice;
    public decimal Price                                        //描述商品单价
    {
        get { return decPrice; }
        set { decPrice = value; }
    }
    private int intQuantity;
    public int Quantity                                         //描述商品的数量
    {
        get { return intQuantity; }
        set { intQuantity = value; }
    }
}
class Program
{
    static void Main(string[] args)
    {
        var list = new List<Goods>
        {
            new Goods{ Name = "轿车", Price = 100000, Quantity=2},
            new Goods{ Name = "电脑", Price = 5000, Quantity=50},
            new Goods{ Name = "打印机", Price = 2000, Quantity = 5}
        };                                                      //使用集合初始化器创建集合对象
        Console.WriteLine("近期公司打算采购以下商品：");
        foreach (var item in list)                              //遍历集合中的元素
        {
            //输出元素的属性值
            Console.WriteLine("价值为{0}的{1}，采购数量为{2}", item.Price, item.Name,
item.Quantity);
        }
        Console.Read();
```

```
    }
}
```

程序运行结果如图 17-3 所示。

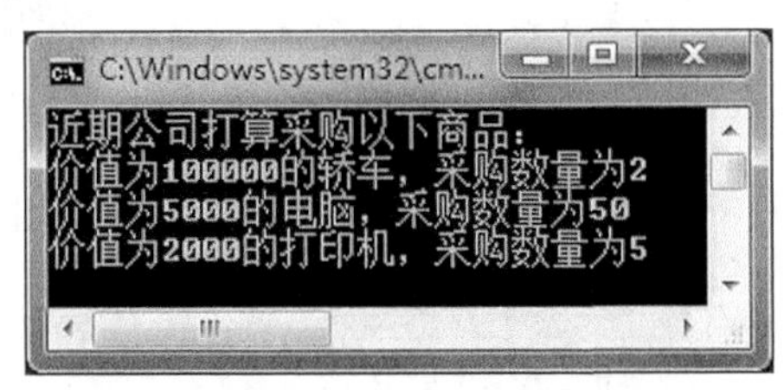

图 17-3　使用集合初始化器

17.2.4　扩展方法

扩展方法可以向现有类型中“添加”方法，而无须创建新的派生类型、重新编译或以其他方式修改原始类型。扩展方法是一种特殊的静态方法，可以像实例方法一样进行调用。

要定义扩展方法，需要注意以下几点。

- 扩展方法必须被定义在一个静态类中，扩展方法自身必须是一个静态方法。
- 扩展方法中的首个参数必须是 this，后面紧跟扩展类的名称，接着是参数名称。
- 扩展方法可以被扩展类的对象调用，也可以使用在其中定义扩展方法的静态类直接调用。

【例 17-4】创建一个控制台应用程序，首先在默认类文件 Program.cs 中定义一个静态类 ExtendStringClass，并在该类中定义一个静态方法 StringToInt32，用来作为 String 类型的扩展方法；然后在 Main 方法中定义一个字符串类型的变量来存储从控制台中读取的数字字符；最后调用该字符串变量的扩展方法 StringToInt32 将存储在其中的数字字符转换为 Int32 类型的整数。具体代码如下：（实例位置：光盘\MR\源码\第 17 章\17-4）

```
static class ExtendStringClass                                //定义一个静态类，用于封装扩展方法
{
    public static Int32 StringToInt32(this String str)    //声明一个扩展方法
    {
        try
        {
            return Convert.ToInt32(str);                      //字符转换为 Int32 类型
        }
        catch (Exception ex)                                  //抛出转换异常
        {
            throw ex;
        }
    }
}
class Program
{
    static void Main(string[] args)
    {
        Console.Write("请输入数字：");                          //提示输入数字字符
        string strTemp = Console.ReadLine();                  //输入数字字符
        try
        {
            Int32 intTemp = strTemp.StringToInt32();          //调用扩展方法把数字字符转换为整数
            if (intTemp % 2 == 0)                             //若输入的数值可以被 2 整除
```

```
            {
                Console.WriteLine("你输入的是数字是偶数");
            }
            else                                        //若输入的数值不可以被 2 整除
            {
                Console.WriteLine("你输入的是数字是奇数");
            }
        }
        catch (Exception ex)
        {
            Console.WriteLine(ex.Message);              //输出异常信息
        }
        Console.Read();
    }
}
```

程序运行结果如图 17-4 所示。

图 17-4　定义扩展方法

17.2.5　匿名类型对象

匿名类型提供了一种方便的方法，可用来将一组只读属性封装到单个对象中，而无须首先显式定义一个类型。类型名由编译器生成，并且不能在源代码级使用。这些属性的类型由编译器推断。

若要创建一个匿名类型的对象，可以使用类似于对象初始化器的语法，由于匿名类型没有名字，所以只能使用 var 关键字修饰。其语法格式如下：

```
var 【匿名类型的对象的名称】 = new { 【一组只读属性】 }
```

使用匿名类型时需要注意以下几点。

- 匿名类型虽然没有名字，但它仍然是类型，在运行期，编译器会为其自动生成名字。
- 在使用匿名类型时，若离开了定义该类型的方法，我们将无法再以强类型的方式使用此匿名类型的实例。这也就意味着若是希望将某个匿名类型的实例传递给另外一个方法的话，该方法的这个参数的类型只能为 Object，而不能为其他任何更精确的类型。
- 匿名类型的实例是不可变的，也就是说一旦创建了一个匿名类型的实例，那么该实例的各个属性值就永远地确定下来，不能进行修改。

【例 17-5】 创建一个控制台应用程序，在 Main 方法中定义一个匿名类型，用来描述学生的相关信息（包括学生名称、年龄及地址），同时实例化该匿名类型；然后输出该匿名类型的实例的属性值。具体代码如下：（实例位置：光盘\MR\源码\第 17 章\17-5）

```
static void Main(string[] args)
{
    //定义匿名类型，并实例化
    var student = new { name = "东方",Age="30",Address = "吉林省长春市"};
    Console.WriteLine("该学生的信息为：\n 姓名：{0}、年龄：{1}、地址：{2}",student.name,
student.Age,student.Address);               //输出匿名类型实例的属性值
    Console.Read();
}
```

程序运行结果如图 17-5 所示。

图 17-5　定义并实例化匿名类型

17.2.6　Lambda 表达式

在 C#2.0 中引入了匿名方法，它允许把原来要用委托传入的参数直接使用方法体来替换，这在一定程度上降低了代码量。在 C#语言的新技术中引入了 Lambda 表达式，Lambda 表达式可以应用于任何匿名方法可以应用的场合（即使用 Lambda 表达式替换匿名方法），而且与匿名方法相比，Lambda 表达式显得更简洁和易用。

所有的 Lambda 表达式都使用 Lambda 运算符(=>), 该 Lambda 运算符的左边是输入参数(当然输入参数也可以没有)，右边包含表达式或语句块，其语法格式如下：

【输入参数列表】=>【表达式或语句块】;

输入参数的个数不限制，多个参数之间用逗号隔开，当然也可以没有参数。

当 Lambda 运算符（=>）左侧只有一个参数时，这个参数无须使用括号“( )”括起来，如图 17-6 所示。

Lambda 运算符（=>）左侧可以包含多个参数，如果参数超过 1 个，必须使用括号“( )”括起来，参数之间使用逗号分隔。多参数的 Lambda 表达式如图 17-7 所示。

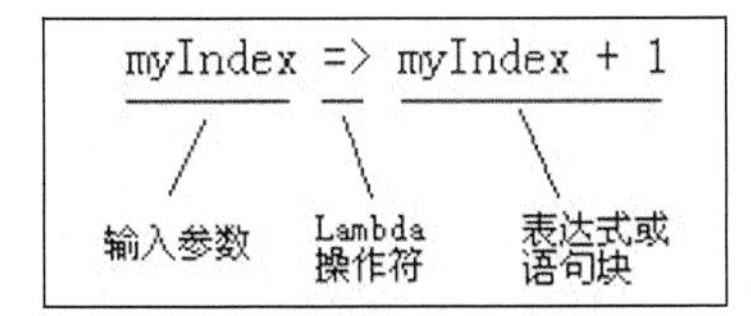

图 17-6　一个参数的 Lambda 表达式

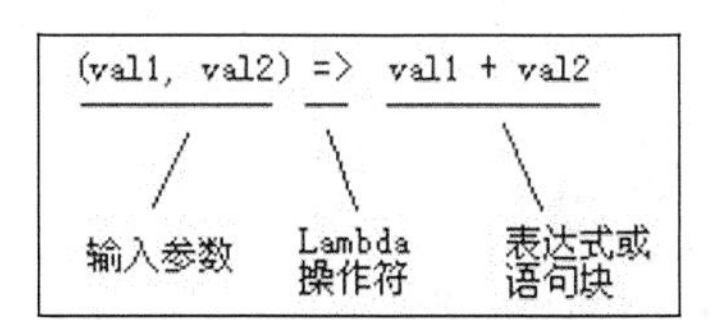

图 17-7　多个参数的 Lambda 表达式

另外，根据 Lambda 运算符（=>）右侧表达方式的不同，Lambda 表达式分为以下两种。

（1）Lambda 运算符右边是表达式的叫做表达式 Lambda，如下面的例子。

【例 17-6】 定义 3 个表达式 Lambda，第一个无输入参数，第二个只有一个输入参数，第三个有 3 个输入参数。示例如下：

```
() => 1                                    //无参表达式 Lambda
(x) => x % 2==0                            //一个参数的表达式 Lambda
(x,y,z) => (x+y)*z                         //多个参数的表达式 Lambda
```

（2）Lambda 运算符右边是一个大括号括起来的任意多条语句叫做语句 Lambda，如下面的例子。

【例 17-7】 定义 2 个语句 Lambda，第一个只有一个输入参数，第二个有两个输入参数。示例如下：

```
x => { return x*10; }                      //一个参数的语句 Lambda
(x,y) => { return x+y; }                   //两个参数的语句 Lambda
```

语句 Lambda 除需要使用大括号之外，它与表达式 Lambda 在语法上没有什么区别，但当需要处理多条语句时，建议使用语句 Lambda。

下面通过一个完整的例子来讲述如何使用 Lambda 表达式。

【例 17-8】 创建一个控制台应用程序，定义一个描述商品的类 Goods；然后在应用程序默认类 Program 中定义一个静态方法 FilterGoods，该方法实现获取符合筛选条件的商品，并且该方法的第一参数类型为 Predicate<Goods>委托；接着在入口方法 Main 中调用 FilterGoods 方法，并向该方法的第一个参数传入Lambda表达式来实现Predicate<Goods>委托的约定。具体代码如下：（实例位置：光盘\MR\源码\第 17 章\17-8）

```
class Goods
{
    private string strName;
    public string Name                           //描述商品名称
    {
        get { return strName; }
        set { strName = value; }
    }
    private decimal decPrice;
    public decimal Price                         //描述商品单价
    {
        get { return decPrice; }
        set { decPrice = value; }
    }
    private int intQuantity;
    public int Quantity                          //描述商品的数量
    {
        get { return intQuantity; }
        set { intQuantity = value; }
    }
}
class Program
{
    /// <summary>
    /// 定义静态方法，用来获取符合筛选条件的商品
    /// </summary>
    /// <param name="match">委托类型,该委托类型匹配一个根据输入Goods类的实例返回true或false
的方法</param>
    /// <param name="list">列表集合，该集合包含 Goods 类的实例</param>
    /// <returns>返回符合筛选条件的并包含 Goods 类的实例的列表集合</returns>
    static List<Goods> FilterGoods(Predicate<Goods> match,List<Goods> list)
    {
        var someGoods = new List<Goods>();       //定义列表集合，存储符合筛选条件的商品
        foreach (var item in list)               //循环包含多种商品的列表集合
        {
            if (match.Invoke(item))              //若该商品符合筛选条件
            {
                someGoods.Add(item);             //添加符合筛选条件的商品
            }
        }
        return someGoods;                        //返回符合筛选条件的商品
    }
    static void Main(string[] args)              //应用程序入口方法
    {
        var list = new List<Goods>
        {
            new Goods{ Name = "轿车", Price = 100000, Quantity=2},
            new Goods{ Name = "电脑", Price = 5000, Quantity=50},
```

```
        new Goods{ Name = "打印机", Price = 2000, Quantity = 5}
    };                                    //定义列表集合，并向其中添加商品
    Console.WriteLine("公司采购的商品中单价超过 3000 的有：");
    //筛选单价超过 3000 的商品
    var someGoods = FilterGoods(goods => goods.Price > 3000, list);
    foreach (var item in someGoods)       //循环筛选出的商品
    {
        Console.Write(item.Name+" ");     //输出商品的名称
    }
    Console.Read();
  }
}
```

程序运行结果如图 17-8 所示。

图 17-8　使用 Lambda 表达式

上面的代码中的 Predicate<Goods>是个委托类型，该委托类型匹配一个根据输入 Goods 类的实例返回 true 或 false 的方法，这里使用 Lambda 表达式(goods => goods.Price > 3000)来实现该委托类型的约定。

17.2.7　自动实现属性

在 C#2.0 中，要实现一个类的属性，就必须定义一个在属性内部使用的私有成员变量，当属性访问器中不需要其他逻辑时，所有属性的 get 和 set 访问器内的逻辑表达基本相同，这就使得在定义多个属性时带来大量重复性工作。为此，在 C#语言的新技术中引入了自动实现属性，它使得属性的声明变得更加简洁，自动实现属性省略掉了 get 和 set 访问器内的逻辑语句，它的语法格式如下：

```
public 【属性类型】【属性名称】
{
    get;
    set;
}
```

当属性访问器内不需要其他逻辑时才可以使用自动实现的属性，若在获取或设置属性时，还包括一些计算，则不允许使用自动实现的属性。

【例 17-9】 创建一个控制台应用程序，定义一个描述商品的类 Goods，在其中定义 3 个自动实现属性。具体代码如下：（实例位置：光盘\MR\源码\第 17 章\17-9）

```
class Goods
{
    public string Name                  //描述商品名称，自动实现的属性
    {
        get;
        set;
    }
    public decimal Price                //描述商品单价，自动实现的属性
    {
        get;
        set;
    }
```

```
        public int Quantity                 //描述商品数量，自动实现的属性
        {
            get;
            set;
        }
    }
    class Program
    {
        static void Main(string[] args)
        {
            var goods = new Goods           //创建Goods类的对象
            {
                Name = "苹果",               //设置商品名称
                Price = 8,                  //设置商品价格
                Quantity = 10               //设置商品数量
            };
            //输出Goods类的对象的3个属性值
            Console.WriteLine("购买" + goods.Quantity + "公斤单价" + goods.Price + "的" +
goods.Name);
            Console.Read();
        }
    }
```

程序运行结果如图17-9所示。

图17-9　使用自动实现的属性

17.2.8　LINQ技术

语言集成查询（LINQ）技术为C#语言提供了强大的查询功能。LINQ引入了标准的、易于学习的查询和更新数据模式，可以对其技术进行扩展以支持几乎任何类型的数据存储。Visual Studio 2010包含LINQ提供程序的程序集，这些程序集支持将LINQ与.NET Framework集合、SQL Server数据库、ADO.NET数据集和XML文档一起使用，它在对象领域和数据领域之间架起了一座桥梁。

LINQ的操作技术有多种，比如LINQ查询表达式、LINQ到对象的操作、LINQ到XML的操作、LINQ到SQL的操作及LINQ到DataSet的操作等。本节主要讲解LINQ操作技术中比较具有代表性的两种，即LINQ查询表达式和LINQ到SQL。

1. LINQ查询表达式

LINQ提供一个看起来类似于SQL语法的查询功能，这就是LINQ查询表达式，它允许LINQ查询操作以类似SQL语法的形式进行表达，甚至可以说差别很小。

在使用LINQ查询表达式之前，我们先来认识几个查询关键字，这些查询关键字是LINQ查询表达式的核心内容，查询关键字及说明如表17-1所示。

表17-1　查询关键字及说明

关键字	说　明
from	指定数据源和范围变量（类似于迭代变量）
where	根据一个或多个由逻辑“与”和逻辑“或”运算符（&& 或 ||）分隔的布尔表达式筛选源元素
select	指定当执行查询时返回的序列中的元素将具有的类型和形式
group	按照指定的键值对查询结果进行分组
into	提供一个标识符，它可以充当对 join、group 或 select 子句的结果的引用

续表

关键字	说　明
orderby	基于元素类型的默认比较器按升序或降序对查询结果进行排序
join	基于两个指定匹配条件之间的相等比较来联接两个数据源
let	引入一个用于存储查询表达式中的子表达式结果的范围变量

【例 17-10】 使用 var 关键字定义一个字符串数组，该数组存储若干书的名称；然后使用 LINQ 查询表达式过滤出数组中长度大于 6 的元素，并按照元素的长度排序；最后输出这些元素。代码如下：（实例位置：光盘\MR\源码\第 17 章\17-10）

```
static void Main(string[] args)
{
    var strArray = new[]
    {
        "C#快速入门及应用开发","C#编程词典全能版",
        "C#开发之道","C#从入门到精通"
    };                                      //定义字符串数组
    var sequence = from member in strArray
                   where member.Length > 6
                   orderby member.Length
                   select member;           //查询数组中长度大于 6 的元素，并按照元素的长度排序
    foreach (var item in sequence)          //遍历查询结果
    {
        Console.WriteLine(item);            //输出元素
    }
    Console.Read();
}
```

程序运行结果如图 17-10 所示。

图 17-10　使用查询表达式

2. LINQ 到 SQL

使用 LINQ 技术不但可以操作集合对象或数组，而且还可以操作数据库中的记录，这就是“LINQ 到 SQL”技术（英文译作 LINQ to SQL）。LINQ 到 SQL 是把合法的 LINQ 表达式应用于存储在关系数据库中的数据。LINQ 到 SQL 的主要目的是在关系数据库和与它们进行交互的编程逻辑间提供一致性。例如，不使用较长的字符串而使用强类型的 LINQ 查询来表示数据库查询。同样，不把关系数据当做记录流来处理，而使用标准的面向对象技术来与数据交互。下面将通过一个实例来演示如何实现“LINQ 到 SQL”的操作技术。

【例 17-11】 使用“LINQ 到 SQL”技术实现从数据表 tb_BooksInfo 中查询图书作者是小科的数据，具体设计步骤如下。（实例位置：光盘\MR\源码\第 17 章\17-11）

（1）启动 Visual Studio 2010，新建一个控制台应用程序，命名为 LinqToSql。

（2）单击“视图/服务器资源管理器”菜单项，打开“服务器资源管理器”，右键单击“数据连接”，在弹出的快捷菜单中选择“添加连接”命令，如图 17-11 所示。

图 17-11　添加连接

（3）选择“添加连接”命令后，打开“选择数据源”对话框，在该对话框中设置“数据源”和“数据提供程序”，如图 17-12 所示。

（4）设置完“数据源”和“数据提供程序”之后，单击“继续”按钮，打开“添加连接”对话框，如图 17-13 所示。

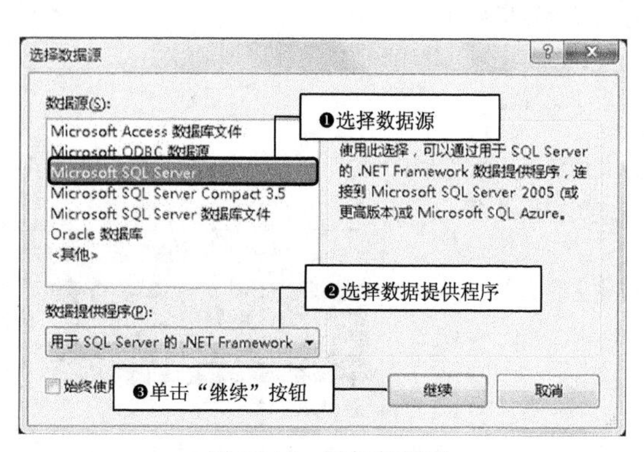

图 17-12　选择数据源

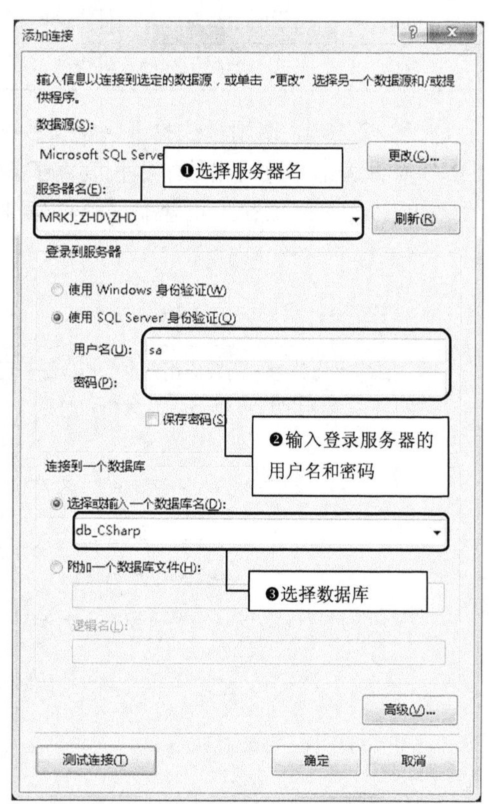

图 17-13　设置数据连接信息

（5）按照图 17-13 中的图注，输入相关数据库连接信息后（可以通过单击“测试连接”按钮来测试输入的连接信息是否正确），单击“确定”按钮，将会在服务资源管理器中建立一个新的数据连接，如图 17-14 所示。

图 17-14　建立的数据连接

（6）在“服务器资源管理器”中，右键单击项目名称，选择“添加/类”菜单项，打开如图 17-15 所示的对话框，并在右侧的“模板”中选择“LINQ to SQL 类”项，添加的“名称”修改为 BooksInfo.dbml。

图 17-15　添加 Linq to SQL 类

（7）单击图 17-15 中的“添加”按钮，打开“数据类”设计界面，然后在“服务器资源管理器”中，将指定的数据表 tb_BooksInfo 拖到“数据类”设计界面（即 BooksInfo.dbml 中），如图 17-16 所示。

图 17-16　“数据类”设计界面

（8）在应用程序默认类 Program 的 Main 方法中，首先创建 BooksInfoDataContext 类（LINQ to SQL 类）的对象，然后通过该对象并使用 LINQ 查询表达式来筛选数据表 tb_BooksInfo 中作者是“小科”的记录，最后输出作者是“小科”的图书名称。编写代码如下：

```
static void Main(string[] args)
{
    string strConn = "server=.;database=db_21;uid=sa;pwd=";//声明一个常量用于连接数据库
    //实例化“LINQ to SQL类”
    BooksInfoDataContext booksInfo = new BooksInfoDataContext(strConn);
    //声明一个隐藏类型对象，并使用 LINQ 查询表达式进行筛选数据
    var data = from book in booksInfo.tb_BooksInfo
               where book.Author == "小科"
               select book;
    Console.WriteLine("从数据表 tb_BooksInfo 中查询出作者是小科的书有：");
    foreach (var item in data)                              //遍历符合查询条件的数据
    {
        Console.Write(item.BookName+"、");                 //输出书的名字
    }
    Console.ReadLine();
}
```

程序运行结果如图 17-17 所示。

图 17-17　使用 Linq 到 SQL 技术查询数据

17.3 综合实例——使用 LINQ 过滤文章中包含特殊词语的句子

开发新闻或论坛管理系统时，常常需要将要发布文档中的敏感（或不健康）信息过滤掉，这正是本实例要介绍的内容。本实例主要演示使用 LINQ 过滤掉文章中包含的特殊单词（如 of ）的句子，程序运行效果如图 17-18 所示。

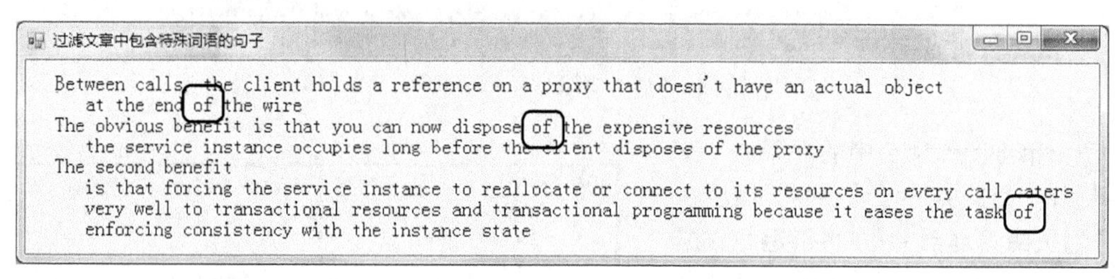

图 17-18 过滤文章中包含特殊单词的句子

程序开发步骤如下。

（1）打开 Visual Studio 2010 开发环境，新建一个 Windows 窗体应用程序，命名为 FiltSentence。

（2）更改默认窗体 Form1 的 Name 属性为 Frm_Main，在该窗体中添加一个 Label 控件，用来显示数据源和查询结果。

（3）程序主要代码如下：

```
private void Frm_Main_Load(object sender, EventArgs e)
{
    //创建字符串，并初始化大量的字符串
    string text = @"A better activation model is to allocate an object for a client only
while a call is in
        progress from the client to the service. That way, you have to create and maintain
only as many
        objects in memory as there are concurrent calls, not as many objects as there are
outstanding
        clients. Between calls, the client holds a reference on a proxy that doesn't have
an actual object
        at the end of the wire. The obvious benefit is that you can now dispose of the expensive
resources
        the service instance occupies long before the client disposes of the proxy. By that
same token,
        acquiring the resources is postponed until they are actually needed by a client.
The second benefit
        is that forcing the service instance to reallocate or connect to its resources on
every call caters
        very well to transactional resources and transactional programming because it eases
the task of
        enforcing consistency with the instance state.";
        string matches = "of";                              //设置要查询的单词 of
        //把句子转换成字符串数组，句子按照句号、问号、叹号进行分割
        string[] sentences = text.Split(new char[] { '.', '?', '!' });
        //使用 LINQ 找出所有包含 of 的句子
```

```
        var query = from item in sentences
                    let words = item.Split(new char[] { '.', '?', '!', ' ', ';', ':', ',' },
StringSplitOptions.RemoveEmptyEntries)                      //将句子按单词转换成字符串数组
                    where words.Contains(matches)           //判断当前句子的单词中是否包含 of
                    select item;                            //选择符合过滤条件的结果
        foreach (var item in query)                         //遍历得到的查询结果（是一个序列）
        {
            label1.Text += item.ToString() + "\n";          //在 Label 控件中显示结果
        }
    }
```

知识点提炼

（1）C#新技术提供了一个特殊的关键字——var，允许程序使用 var 关键字而无须显示给出类型即可定义一个局部变量。在使用 var 关键字声明变量时，编译器将会通过该变量的初始化代码来推断出该变量实际的类型。

（2）使用 var 关键字定义变量十分容易，可以把它看做是一个“万能”的类型，在 var 关键字的后面是局部变量名，然后是变量的初始化表达式。

（3）使用 var 关键字可以声明一般变量，也可以声明数组变量。具体是哪一种，编译器可以通过初始化表达式来推断。

（4）对象初始化器允许在创建对象时使用一条语句为对象指定一个或多个属性（或公共字段）的值，这样就可以以声明的方式初始化任意类型的对象。

（5）集合初始化器允许在创建集合对象时使用一语句为集合对象添加若干个元素，这样就可以以声明的方式向集合对象中添加元素并初始化元素，使用集合初始化器会使 C#程序变得更加优雅和简洁。

（6）扩展方法可以向现有类型中“添加”方法，而无须创建新的派生类型、重新编译或以其他方式修改原始类型。扩展方法是一种特殊的静态方法，可以像实例方法一样进行调用。

（7）匿名类型提供了一种方便的方法，可用来将一组只读属性封装到单个对象中，而无须首先显式定义一个类型。类型名由编译器生成，并且不能在源代码级使用。这些属性的类型由编译器推断。

（8）若要创建一个匿名类型的对象，可以使用类似于对象初始化器的语法，由于匿名类型没有名字，所以只能使用 var 关键字修饰。

（9）所有的 Lambda 表达式都使用 Lambda 运算符（=>），该 Lambda 运算符的左边是输入参数（当然输入参数也可以没有），右边包含表达式或语句块。

习　　题

17-1　定义扩展方法需要注意哪几点？

17-2　使用匿名类型时需要注意哪几点？

17-3　根据 Lambda 运算符（=>）右侧表达方式的不同，可以将其分为哪几类？

17-4　LINQ 的操作技术有多种，请列出 3 种以上。

实验：使用 LINQ 生成随机数

实验目的

（1）使用 Random 创建随机存储器。

（2）使用 Enumerable 类的 Repeat 方法生成一个包含重复值的序列。

实验内容

在程序开发中，经常会用到随机数。比如，开发一个雪花飘落的程序，雪花随风飘落的位置是无规律可循的，这样处理雪花的飘落位置就会用到随机数。本实验使用 LINQ 技术实现了生成随机序列的功能，程序运行效果如图 17-19 所示。

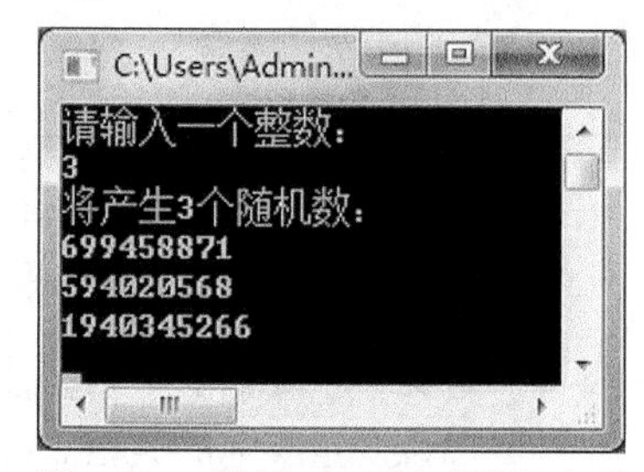

图 17-19　使用 LINQ 生成随机序列

实验步骤

（1）打开 Visual Studio 2010 开发环境，新建一个控制台应用程序，命名为 RandomSeqByLinq。

（2）Main 方法中的主要代码如下：

```
static void Main(string[] args)
{
    Random rand = new Random();                                    //创建一个随机数生成器
    Console.WriteLine("请输入一个整数：");
    try
    {
        int intCount = Convert.ToInt32(Console.ReadLine());      //输入要生成随机数的组数
        //生成一个包含指定个数的重复元素值的序列
        //由于 Linq 的延迟性，所以此时并不产生随机数，而是在枚举 randomSeq 的时候生成随机数
        IEnumerable<int> randomSeq = Enumerable.Repeat<int>(1, intCount).Select(i =>
rand.Next());
        Console.WriteLine("将产生" + intCount.ToString() + "个随机数：");
        foreach (int item in randomSeq)                          //通过枚举序列生成随机数
        {
            Console.WriteLine(item.ToString());                  //输出若干组随机数
        }
    }
    catch (Exception ex)
    {
        Console.WriteLine(ex.Message);
    }
    Console.Read();
}
```

第 18 章 综合案例——进销存管理系统

本章要点：

- 软件的基本开发流程
- 系统的功能结构及业务流程
- 系统的数据库设计
- 设计数据操作层类
- 设计业务逻辑层类
- 系统主窗体的实现
- 商品库存管理的实现
- 商品进货管理的实现
- 商品销售数据的排行实现
- 应用系统的打包部署

前面章节中讲解了使用C#语言进行程序开发的主要技术，而本章则给出一个完整的应用案例——进销存管理系统，该系统能够为使用者提供进货管理、销售管理、往来对账管理、库存管理、基础数据管理等功能；另外，还可以为使用者提供系统维护、辅助工具和系统信息等辅助功能。通过该案例，重点是熟悉实际项目的开发过程，掌握C#语言在实际项目开发中的综合应用。

18.1 需求分析

目前市场上的进销存管理系统很多，但企业很难找到一款真正称心、符合自身实际情况的进销存管理软件。由于存在这样那样的不足，企业在选择进销存管理系统时倍感困惑，主要集中在以下方面。

（1）大多数自称为进销存管理系统的软件其实只是简单的库存管理系统，难以真正让企业提高工作效率，其降低管理成本的效果也不明显。

（2）系统功能不切实际，大多是互相模仿，不是从企业实际需求中开发出来的。

（3）大部分系统安装部署、管理极不方便，或者选用小型数据库，不能满足企业海量数据存取的需要。

（4）系统操作不方便，界面设计不美观、不标准、不专业、不统一，用户实施及学习费时费力。

18.2 总体设计

18.2.1 系统目标

本系统属于中小型的数据库系统，可以对中小型企业进销存进行有效管理。通过本系统可以达到以下目标。

- 灵活的运用表格进行批量录入数据，使信息的传递更加快捷。
- 系统采用人机对话方式，界面美观友好，信息查询灵活、方便，数据存储安全可靠。
- 与供应商和代理商账目清晰。
- 功能强大的月营业额分析。
- 实现各种查询（如定位查询、模糊查询等）。
- 实现商品进货分析与统计、销售分析与统计、商品销售成本明细等功能。
- 强大的库存预警功能，尽可量地减少商家不必要的损失。
- 系统对用户输入的数据进行严格的数据检验，尽可能排除人为的错误。
- 系统最大限度地实现了易安装性、易维护性和易操作性。

18.2.2 构建开发环境

- 系统开发平台：Microsoft Visual Studio 2010。
- 系统开发语言：C#。
- 数据库管理软件：Microsoft SQL Server 2008。
- 运行平台：Windows XP（SP3）/Windows Server 2003（SP2）/Windows 7。
- 运行环境：Microsoft .NET Framework SDK v4.0。
- 分辨率：最佳效果 1024×768 像素。

18.2.3 系统功能结构

企业进销存管理系统是一个典型的数据库开发应用程序，主要由进货管理、销售管理、库存管理、基础数据管理、系统维护、辅助工具、系统信息等模块组成，具体规划如下。

- 进货管理模块

进货管理模块主要负责商品的进货数据录入、进货退货数据录入、进货分析、进货统计（不包含退货）、与供应商往来对账。

- 销售管理模块

销售管理模块主要负责商品的销售数据录入、销售退货数据录入、销售统计（不含退货）、月销售状况（销售分析、明细账本）、商品销售排行、往来分析（与代理商对账）、商品销售成本表。

- 库存管理模块

库存管理模块主要负责库存状况、库存商品数量上限报警、库存商品数量下限报警、商品进销存变动表、库存盘点（自动盘赢盘亏）。

- 基础数据管理模块

基础数据管理模块主要负责对系统基本数据录入（基础数据包括库存商品、往来单位、内部职员）。

❑ 系统维护模块

系统维护模块主要负责本单位信息、操作员设置、操作权限设置、数据备份和数据库恢复、数据清理。

❑ 辅助工具模块

辅助工具模块的功能有登录因特网、启动 Word、启动 Excel、计算器。

❑ 系统信息模块

系统信息模块的功能有系统帮助、系统关于、明日互联网等。

企业进销存管理系统功能结构如图 18-1 所示。

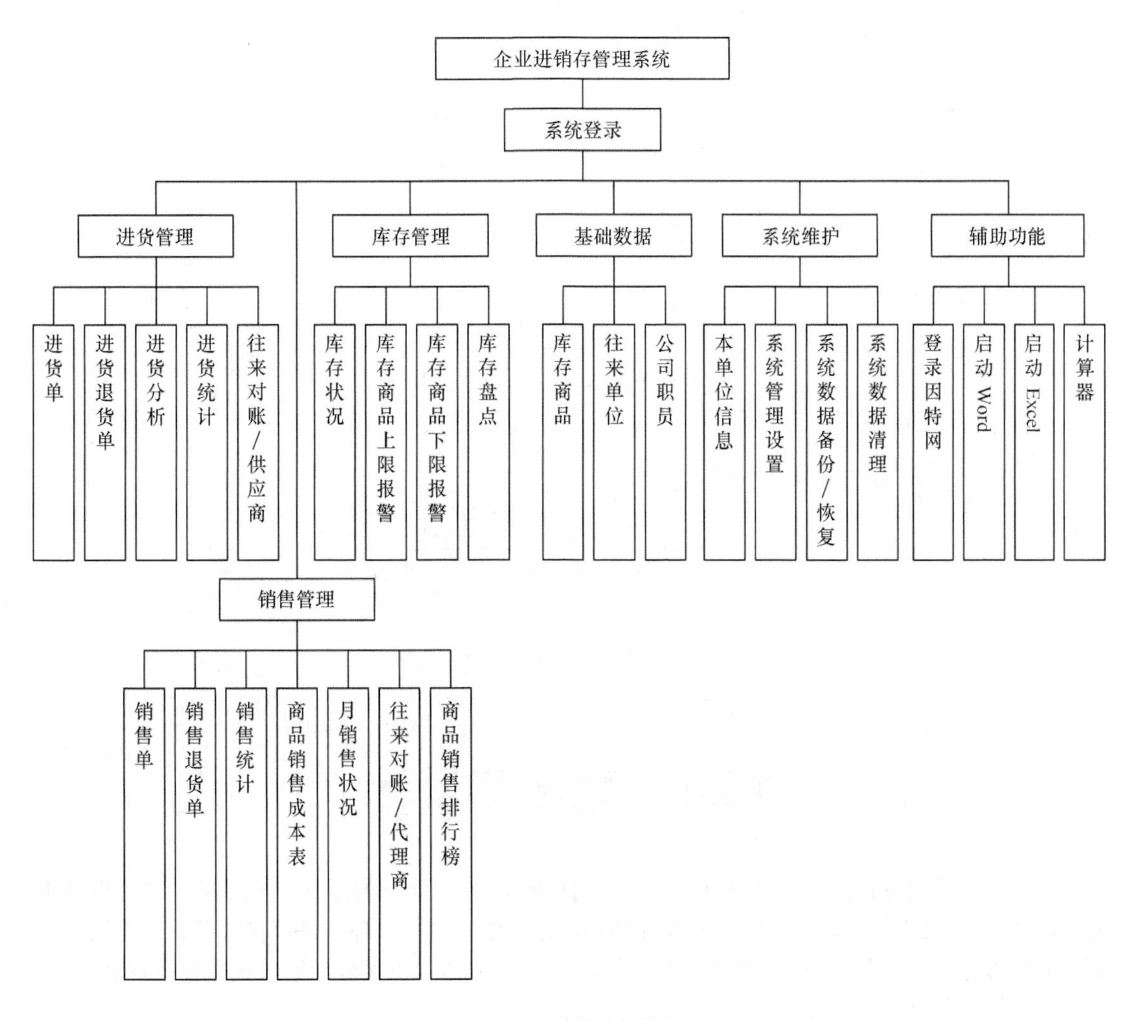

图 18-1　系统功能结构

18.2.4　业务流程图

进销存管理系统的业务流程图如图 18-2 所示。

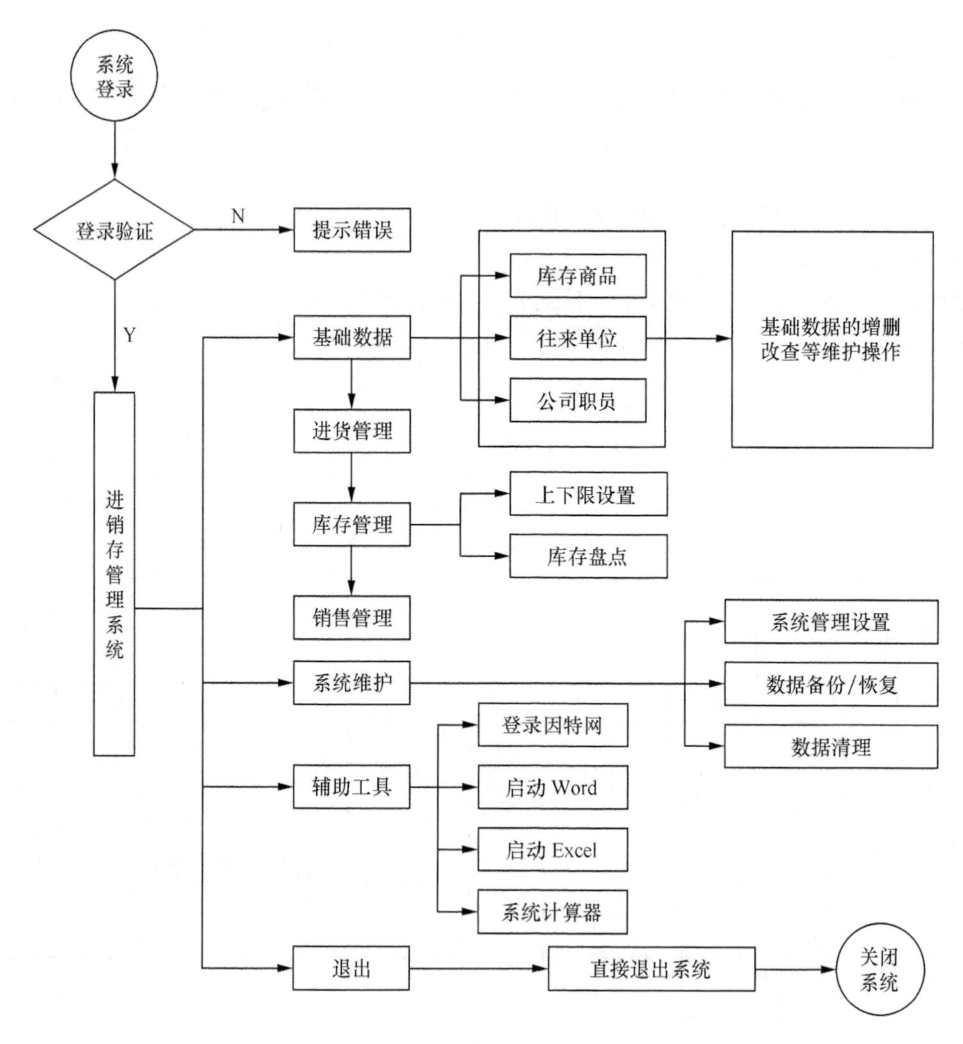

图 18-2 进销存管理系统业务流程图

18.3 数据库设计

一个成功的项目是由 50%的业务+50%的软件所组成的，而 50%的软件又是由 25%的数据库+25%的程序所组成的，因此，数据库设计的好坏是非常重要的一环。进销存管理系统采用 SQL Server 2008 数据库，名称为 db_EMS，其中包含 14 张数据表。下面分别给出数据表概要说明、数据库 E-R 图分析及主要数据表的结构。

18.3.1 数据库概要说明

从读者角度出发，为了使读者对本网站数据库中的数据表有更清晰的认识，笔者在此设计了数据表树形结构图，如图 18-3 所示，其中包含了对系统中所有数据表的相关描述。

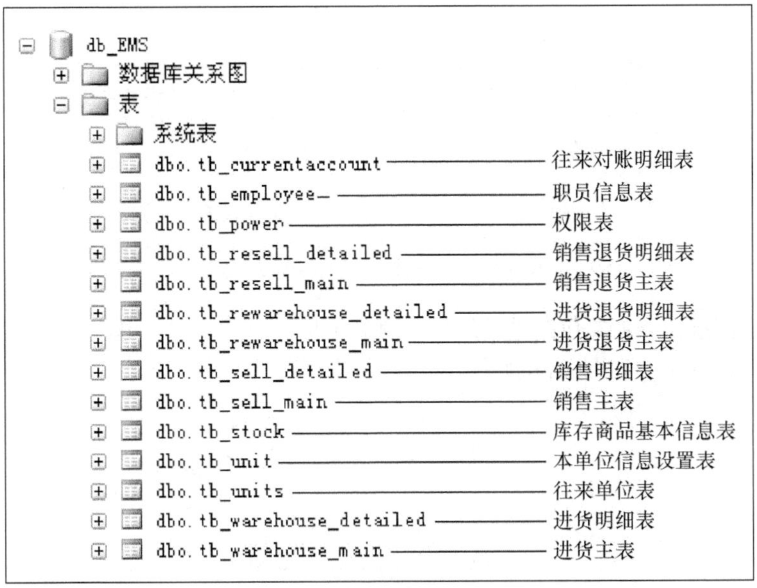

db_EMS
- 数据库关系图
- 表
  - 系统表
  - dbo.tb_currentaccount —— 往来对账明细表
  - dbo.tb_employee —— 职员信息表
  - dbo.tb_power —— 权限表
  - dbo.tb_resell_detailed —— 销售退货明细表
  - dbo.tb_resell_main —— 销售退货主表
  - dbo.tb_rewarehouse_detailed —— 进货退货明细表
  - dbo.tb_rewarehouse_main —— 进货退货主表
  - dbo.tb_sell_detailed —— 销售明细表
  - dbo.tb_sell_main —— 销售主表
  - dbo.tb_stock —— 库存商品基本信息表
  - dbo.tb_unit —— 本单位信息设置表
  - dbo.tb_units —— 往来单位表
  - dbo.tb_warehouse_detailed —— 进货明细表
  - dbo.tb_warehouse_main —— 进货主表

图 18-3　数据表树形结构图

18.3.2　数据库 E-R 图

通过对系统进行的需求分析、业务流程设计以及系统功能结构的确定，规划出系统中使用的数据库实体对象及实体 E-R 图。

企业进销存管理系统的主要功能是商品的入库、出库管理，因此需要规划库存商品基本信息实体，包括商品编号、商品全称、商品简称、商品型号、商品规格、单位、产地、库存数量、最后一次进价、加权平均价、最后一次销价、盘点数量、存货报警上限和存货报警下限属性。库存商品基本信息实体 E-R 图如图 18-9 所示。

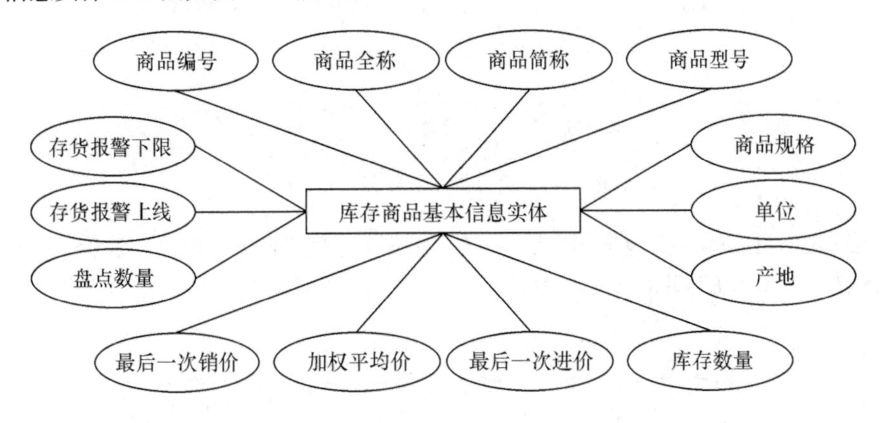

图 18-4　库存商品基本信息实体 E-R 图

企业进销存管理系统中，对库存信息进行管理时，涉及库存商品的各个方面，比如进货信息、销售信息、往来对账信息、盘点信息等，因此在规划数据库实体时，应该规划出相应的实体。下面介绍几个重要的库存商品相关实体。进货主表信息实体主要包括录单日期、进货编号、供货单位、经手人、摘要、应付金额和实付金额属性，其 E-R 图如图 18-5 所示。

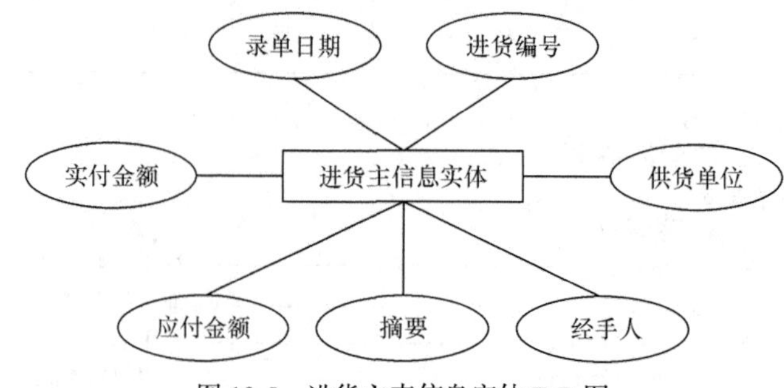

图 18-5　进货主表信息实体 E-R 图

进货明细表信息实体主要包括进货编号、商品编号、商品名称、单位、数量、进价、金额和录单日期属性，其 E-R 图如图 18-6 所示。

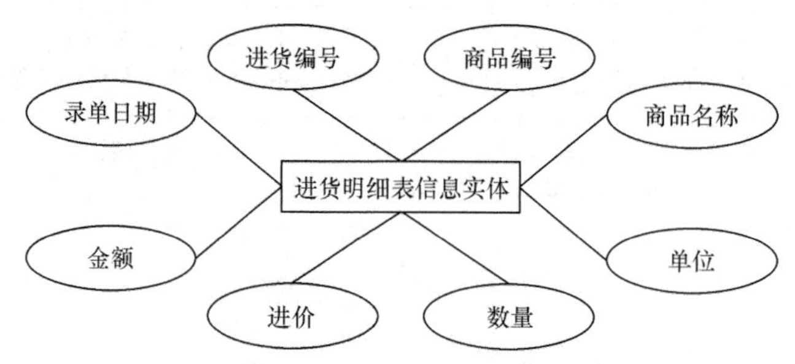

图 18-6　进货明细表信息实体 E-R 图

销售主表信息实体主要包括录单日期、销售编号、购货单位、经手人、摘要、应收金额和实收金额属性，其 E-R 图如图 18-7 所示。

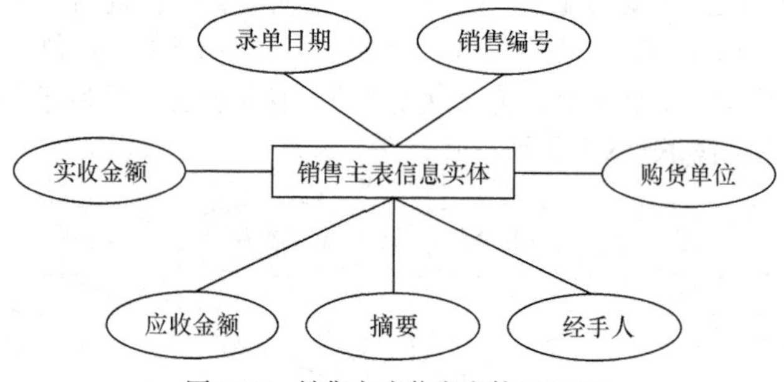

图 18-7　销售主表信息实体 E-R 图

销售明细表信息实体主要包括销售编号、商品编号、商品名称、单位、数量、单价、金额和录单日期属性，其 E-R 图如图 18-8 所示。

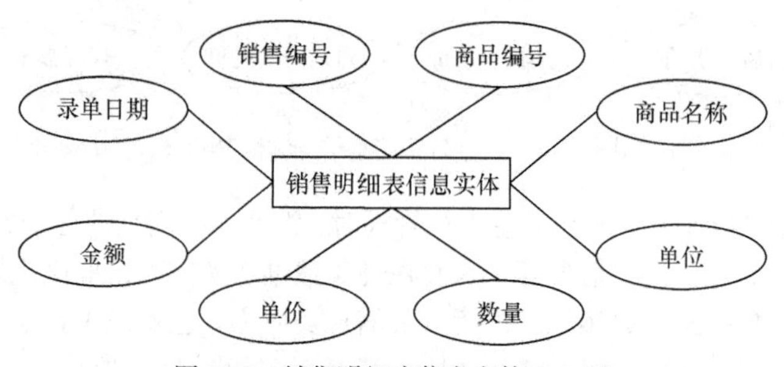

图 18-8　销售明细表信息实体 E-R 图

说明

企业进销存管理系统中还有很多信息实体，比如职员信息实体、往来对账明细信息实体、往来单位信息实体等，这里由于篇幅限制，就不再一一介绍，请参见本书光盘中的数据库。

18.3.3 数据表结构

根据设计好的 E-R 图在数据库中创建数据表，下面给出比较重要的数据表结构，其他数据表结构可参见本书光盘。

❑ tb_stock（库存商品基本信息表）

库存商品基本信息表用于存储库存商品的基础信息，该表的结构如表 18-1 所示。

表 18-1　库存商品基本信息表

字段名称	数据类型	字段大小	说　明
tradecode	varchar	5	商品编号
fullname	varchar	30	商品全称
name	varchar	10	商品简称
type	varchar	10	商品型号
standard	varchar	10	商品规格
unit	varchar	10	单位
produce	varchar	20	产地
qty	float	8	库存数量
price	float	8	进货时的最后一次进价
averageprice	float	8	加权平均价
saleprice	float	8	销售时的最后一次销价
stockcheck	float	8	盘点数量
upperlimit	int	4	存货报警上限
lowerlimit	int	4	存货报警下限

❑ tb_warehouse_main（进货主表）

进货主表用于存储商品进货的主要信息，该表的结构如表 18-2 所示。

表 18-2　进货主表

字段名称	数据类型	字段大小	说　明
billdate	datetime	8	录单日期
billcode	varchar	20	进货编号
units	varchar	30	供货单位
handle	varchar	10	经手人
summary	varchar	100	摘要
fullpayment	float	8	应付金额
payment	float	8	实付金额

❑ tb_warehouse_detailed（进货明细表）

进货明细表用于存储进货商品的详细信息，该表的结构如表 18-3 所示。

表 18-3　　进货明细表

字段名称	数据类型	字段大小	说　明
billcode	varchar	20	进货编号
tradecode	varchar	20	商品编号
fullname	varchar	20	商品名称
unit	varchar	4	单位
qty	float	8	数量
price	float	8	进价
tsum	float	8	金额
billdate	datetime	8	录单日期

- tb_sell_main（销售主表）

销售主表用于保存销售商品的主要信息，该表的结构如表 18-4 所示。

表 18-4　　销售主表

字段名称	数据类型	字段大小	说　明
billdate	datetime	8	录单日期
billcode	varchar	20	销售编号
units	varchar	30	购货单位
handle	varchar	10	经手人
summary	varchar	100	摘要
fullgathering	float	8	应收金额
gathering	float	8	实收金额

- tb_sell_detailed（销售明细表）

销售明细表用于存储销售商品的详细信息，该表的结构如表 18-5 所示。

表 18-5　　销售明细表

字段名称	数据类型	字段大小	说　明
billcode	varchar	20	销售编号
tradecode	varchar	20	商品编号
fullname	varchar	20	商品全称
unit	varchar	4	单位
qty	float	8	数量
price	float	8	单价
tsum	float	8	金额
billdate	datetime	8	录单日期

说明

由于篇幅有限，这里只列举了重要的数据表的结构，其他的数据表结构可参见本书光盘中的数据库文件。

18.4　公共类设计

开发项目时，通过编写公共类可以减少重复代码的编写，有利于代码的重用及维护。进销存管理系统中创建了两个公共类文件 DataBase.cs（数据库操作类）和 BaseInfo.cs（基础功能模块类）。其中，数据库操作类主要用来访问 SQL 数据库，基础功能模块类主要用于处理业务逻辑功能，透彻地说就是实现功能窗体（陈述层）与数据库操作（数据层）的业务功能。下面分别对以上两个公共类中的方法进行详细介绍。

18.4.1　DataBase 公共类

DataBase 类中自定义了 Open、Close、MakeInParam、MakeParam、RunProc、RunProcReturn、CreateDataAdaper、CreateCommand 等多个方法，下面分别对它们进行介绍。

1. Open 方法

建立数据的连接主要通过 SqlConnection 类实现，并初始化数据库连接字符串，然后通过 State 属性判断连接状态，如果数据库连接状态为关，则打开数据库连接。实现打开数据库连接的 Open 方法的代码如下：

```
private void Open()
{
    if (con == null)                                                  //判断连接对象是否为空
    {
        //创建数据库连接对象
        con = new SqlConnection("Data Source=MRWXK\\WANGXIAOKE;DataBase=db_EMS;User
ID=sa;PWD=");
    }
    if (con.State == System.Data.ConnectionState.Closed)              //判断数据库连接是否关闭
        con.Open();                                                   //打开数据库连接
}
```

读者在运行本系统时，需要将 Open 方法中的数据库连接字符串中的 Data Source 属性修改为本机的 SQL Server 2008 服务器名，并且将 User ID 属性和 PWD 属性分别修改为本机登录 SQL Server 2008 服务器的用户名和密码。

2. Close 方法

关闭数据库连接主要通过 SqlConnection 对象的 Close 方法实现。自定义 Close 方法关闭数据库连接的代码如下：

```
public void Close()
{
    if (con != null)                                                  //判断连接对象是否不为空
        con.Close();                                                  //关闭数据库连接
}
```

3. MakeInParam 和 MakeParam 方法

本系统向数据库中读写数据是以参数形式实现的。MakeInParam 方法用于传入参数，MakeParam 方法用于转换参数。实现 MakeInParam 方法和 MakeParam 方法的关键代码如下：

```
//转换参数
public SqlParameter MakeInParam(string ParamName, SqlDbType DbType, int Size, object
```

```
Value)
    {
        //创建 SQL 参数
        return MakeParam(ParamName, DbType, Size, ParameterDirection.Input, Value);
    }
    public SqlParameter MakeParam(string ParamName, SqlDbType DbType, Int32 Size,
ParameterDirection Direction, object Value)
         //初始化参数值
    {
        SqlParameter param;                                          //声明 SQL 参数对象
        if (Size > 0)                                                //判断参数字段是否大于 0
            param = new SqlParameter(ParamName, DbType, Size);       //根据指定的类型和大小创
建 SQL 参数
        else
            param = new SqlParameter(ParamName, DbType);             //创建 SQL 参数对象
        param.Direction = Direction;                                 //设置 SQL 参数的类型
        if (!(Direction == ParameterDirection.Output && Value == null))//判断是否输出参数
            param.Value = Value;                                     //设置参数返回值
        return param;                                                //返回 SQL 参数
    }
```

4. RunProc 方法

RunProc 方法为可重载方法，用来执行带 SqlParameter 参数的命令文本。其中，第一种重载形式主要用于执行添加、修改和删除等操作；第二种重载形式用来直接执行 SQL 语句，如数据库备份与数据库恢复。实现可重载方法 RunProc 的关键代码如下：

```
    public int RunProc(string procName, SqlParameter[] prams)      //执行命令
    {
        SqlCommand cmd = CreateCommand(procName, prams);           //创建 SqlCommand 对象
        cmd.ExecuteNonQuery();                                     //执行 SQL 命令
        this.Close();                                              //关闭数据库连接
        return (int)cmd.Parameters["ReturnValue"].Value;           //得到执行成功返回值
    }
    public int RunProc(string procName)                            //直接执行 SQL 语句
    {
        this.Open();                                               //打开数据库连接
        SqlCommand cmd = new SqlCommand(procName, con);            //创建 SqlCommand 对象
        cmd.ExecuteNonQuery();                                     //执行 SQL 命令
        this.Close();                                              //关闭数据库连接
        return 1;                                                  //返回 1，表示执行成功
    }
```

5. RunProcReturn 方法

RunProcReturn 方法为可重载方法，返回值类型 DataSet。其中，第一种重载形式主要用于执行带 SqlParameter 参数的查询命令文本；第二种重载形式用来直接执行查询 SQL 语句。可重载方法 RunProcReturn 的关键代码如下：

```
    //执行查询命令文本，并且返回 DataSet 数据集
    public DataSet RunProcReturn(string procName, SqlParameter[] prams,string tbName)
    {
        SqlDataAdapter dap = CreateDataAdaper(procName, prams);    //创建桥接器对象
```

```
        DataSet ds = new DataSet();                              //创建数据集对象
        dap.Fill(ds, tbName);                                    //填充数据集
        this.Close();                                            //关闭数据库连接
        return ds;                                               //返回数据集
    }
    //执行命令文本，并且返回 DataSet 数据集
    public DataSet RunProcReturn(string procName, string tbName)
    {
        SqlDataAdapter dap = CreateDataAdaper(procName, null);   //创建桥接器对象
        DataSet ds = new DataSet();                              //创建数据集对象
        dap.Fill(ds, tbName);                                    //填充数据集
        this.Close();                                            //关闭数据库连接
        return ds;                                               //返回数据集
    }
```

6. CreateDataAdaper 方法

CreateDataAdaper 方法将带参数 SqlParameter 的命令文本添加到 SqlDataAdapter 中，并执行命令文本。CreateDataAdaper 方法的关键代码如下：

```
    private SqlDataAdapter CreateDataAdaper(string procName, SqlParameter[] prams)
    {
        this.Open();                                             //打开数据库连接
        SqlDataAdapter dap = new SqlDataAdapter(procName, con);  //创建桥接器对象
        dap.SelectCommand.CommandType = CommandType.Text;        //要执行的类型为命令文本
        if (prams != null)                                       //判断 SQL 参数是否不为空
        {
            foreach (SqlParameter parameter in prams)            //遍历传递的每个 SQL 参数
                dap.SelectCommand.Parameters.Add(parameter);     //将参数添加到命令对象中
        }
        //加入返回参数
        dap.SelectCommand.Parameters.Add(new SqlParameter("ReturnValue", SqlDbType.Int, 4,
            ParameterDirection.ReturnValue,     false,     0,     0,string.Empty,
DataRowVersion.Default, null));
        return dap;                                              //返回桥接器对象
    }
```

7. CreateCommand 方法

CreateCommand 方法将带参数 SqlParameter 的命令文本添加到 CreateCommand 中，并执行命令文本。CreateCommand 方法的关键代码如下：

```
    private SqlCommand CreateCommand(string procName, SqlParameter[] prams)
    {
        this.Open();                                             //打开数据库连接
        SqlCommand cmd = new SqlCommand(procName, con);          //创建 SqlCommand 对象
        cmd.CommandType = CommandType.Text;                      //要执行的类型为命令文本
        //依次把参数传入命令文本
        if (prams != null)                                       //判断 SQL 参数是否不为空
        {
            foreach (SqlParameter parameter in prams)            //遍历传递的每个 SQL 参数
                cmd.Parameters.Add(parameter);                   //将参数添加到命令对象中
        }
```

```
    //加入返回参数
    cmd.Parameters.Add(new SqlParameter("ReturnValue", SqlDbType.Int, 4,
       ParameterDirection.ReturnValue,       false,       0,       0,string.Empty,
DataRowVersion.Default, null));
    return cmd;                                                    //返回 SqlCommand 命令对象
}
```

18.4.2 BaseInfo 公共类

BaseInfo 类是基础功能模块类，它主要用来处理业务逻辑功能。下面对该类中的实体类及相关方法进行详细讲解。

BaseInfo 类中包含了库存商品管理、往来单位管理、进货管理、退货管理、职员管理、权限管理等多个模块的业务代码实现，而它们的实现原理是大致相同的。这里由于篇幅限制，在讲解 BaseInfo 类的实现时，将以库存商品管理为典型进行详细讲解，其他模块的具体业务代码请参见本书光盘中的 BaseInfo 类源代码文件。

1. CStockInfo 实体类

当读取或设置库存商品数据时，都是通过库存商品类 cStockInfo 实现的。库存商品类 cStockInfo 的关键代码如下：

```
public class cStockInfo
{
   private string tradecode = "";
   private string fullname = "";
   private string tradetpye = "";
   private string standard = "";
   private string tradeunit = "";
   private string produce = "";
   private float qty = 0;
   private float price = 0;
   private float averageprice = 0;
   private float saleprice = 0;
   private float check = 0;
   private float upperlimit = 0;
   private float lowerlimit = 0;
   /// <summary>
   /// 商品编号
   /// </summary>
   public string TradeCode
   {
      get { return tradecode; }
      set { tradecode = value; }
   }
   /// <summary>
   /// 单位全称
   /// </summary>
   public string FullName
   {
      get { return fullname; }
      set { fullname = value; }
   }
   /// <summary>
```

```
/// 商品型号
/// </summary>
public string TradeType
{
    get { return tradetpye; }
    set { tradetpye = value; }
}
/// <summary>
/// 商品规格
/// </summary>
public string Standard
{
    get { return standard; }
    set { standard = value; }
}
/// <summary>
/// 商品单位
/// </summary>
public string Unit
{
    get { return tradeunit; }
    set { tradeunit = value; }
}
/// <summary>
/// 商品产地
/// </summary>
public string Produce
{
    get { return produce; }
    set { produce = value; }
}
/// <summary>
/// 库存数量
/// </summary>
public float Qty
{
    get { return qty; }
    set { qty = value; }
}
/// <summary>
/// 进货时最后一次价格
/// </summary>
public float Price
{
    get { return price; }
    set { price = value; }
}
/// <summary>
/// 加权平均价格
/// </summary>
public float AveragePrice
{
    get { return averageprice; }
    set { averageprice = value; }
```

```
        }
        /// <summary>
        /// 销售时的最后一次销价
        /// </summary>
        public float SalePrice
        {
            get { return saleprice; }
            set { saleprice = value; }
        }
        /// <summary>
        /// 盘点数量
        /// </summary>
        public float Check
        {
            get { return check; }
            set { check = value; }
        }
        /// <summary>
        /// 库存报警上限
        /// </summary>
        public float UpperLimit
        {
            get { return upperlimit; }
            set { upperlimit = value; }
        }
        /// <summary>
        /// 库存报警下限
        /// </summary>
        public float LowerLimit
        {
            get { return lowerlimit; }
            set { lowerlimit = value; }
        }
    }
```

2. AddStock 方法

库存商品数据基本操作主要用于完成对库存商品的添加、修改、删除、查询等操作，下面对其相关的方法进行详细讲解。

AddStock 方法主要用于实现添加库存商品基本信息数据。实现关键技术为：创建 SqlParameter 参数数组，通过数据库操作类（DataBase）中 MakeInParam 方法将参数值转换为 SqlParameter 类型，储存在数组中，最后调用数据库操作类（DataBase）中 RunProc 方法执行命令文本。AddStock 方法关键代码如下：

```
public int AddStock(cStockInfo stock)
{
    SqlParameter[] prams = {
            data.MakeInParam("@tradecode",  SqlDbType.VarChar, 5, stock.TradeCode),
            data.MakeInParam("@fullname",  SqlDbType.VarChar, 30,stock.FullName),
            data.MakeInParam("@type",  SqlDbType.VarChar, 10, stock.TradeType),
            data.MakeInParam("@standard",  SqlDbType.VarChar, 10, stock.Standard),
            data.MakeInParam("@unit",  SqlDbType.VarChar, 4, stock.Unit),
            data.MakeInParam("@produce",  SqlDbType.VarChar, 20, stock.Produce),
     };
    return (data.RunProc("INSERT INTO tb_stock (tradecode, fullname, type, standard,
```

```
unit, produce) VALUES (@tradecode,@fullname,@type,@standard,@unit,@produce)", prams));
    }
```

3. UpdateStock 方法

UpdateStock 方法主要实现修改库存商品基本信息，实现代码如下：

```
    public int UpdateStock(cStockInfo stock)
    {
        SqlParameter[] prams = {
            data.MakeInParam("@tradecode",  SqlDbType.VarChar, 5, stock.TradeCode),
            data.MakeInParam("@fullname",  SqlDbType.VarChar, 30,stock.FullName),
            data.MakeInParam("@type",  SqlDbType.VarChar, 10, stock.TradeType),
            data.MakeInParam("@standard",  SqlDbType.VarChar, 10, stock.Standard),
            data.MakeInParam("@unit",  SqlDbType.VarChar, 4, stock.Unit),
            data.MakeInParam("@produce",  SqlDbType.VarChar, 20, stock.Produce),
        };
        return (data.RunProc("update tb_stock set fullname=@fullname,type=@type,standard=
@standard,unit=@unit,produce=@produce where tradecode=@tradecode", prams));
    }
```

4. DeleteStock 方法

DeleteStock 方法主要实现删除库存商品信息，实现代码如下：

```
    public int DeleteStock(cStockInfo stock)
    {
        SqlParameter[] prams = {
                data.MakeInParam("@tradecode",  SqlDbType.VarChar, 5, stock.TradeCode),
        };
        return (data.RunProc("delete from tb_stock where tradecode=@tradecode", prams));
    }
```

5. FindStockByProduce、FindStockByFullName 和 GetAllStock 方法

本系统中主要根据商品产地和商品名称查询库存商品信息以及查询所有库存商品信息。FindStockByProduce 方法根据“商品产地”得到库存商品信息；FindStockByFullName 方法根据“商品名称”得到库存商品信息；GetAllStock 方法得到所有库存商品信息。以上 3 种方法的关键代码如下：

```
    //根据--商品产地--得到库存商品信息
    public DataSet FindStockByProduce(cStockInfo stock, string tbName)
    {
        SqlParameter[] prams = {
                data.MakeInParam("@produce",  SqlDbType.VarChar, 5, stock.Produce+"%"),
        };
        return (data.RunProcReturn("select * from tb_stock where produce like @produce",
prams, tbName));
    }
    //根据--商品名称--得到库存商品信息
    public DataSet FindStockByFullName(cStockInfo stock, string tbName)
    {
        SqlParameter[] prams = {
                data.MakeInParam("@fullname",  SqlDbType.VarChar, 30, stock.FullName+"%"),
        };
        return (data.RunProcReturn("select * from tb_stock where fullname like @fullname",
prams, tbName));
    }
    //得到所有--库存商品信息
    public DataSet GetAllStock(string tbName)
    {
```

```
    return (data.RunProcReturn("select * from tb_Stock ORDER BY tradecode", tbName));
}
```

18.5 系统主要模块开发

本节将对进销存管理系统的几个主要功能模块实现时用到的主要技术及实现过程进行详细讲解。

18.5.1 系统主窗体设计

主窗体是程序操作过程中必不可少的，它是人机交互中的重要环节。通过主窗体，用户可以调用系统相关的各子模块，快速掌握本系统中所实现的各个功能。进销存管理系统中，当登录窗体验证成功后，用户将进入主窗体，主窗体中提供了系统菜单栏，可以通过它调用系统中的所有子窗体。主窗体运行结果如图 18-9 所示。

图 18-9　系统主窗体

1. 使用 MenuStrip 控件设计菜单栏

本系统的菜单栏是通过 MenuStrip 控件实现的，设计菜单栏的具体步骤如下。

（1）从工具箱中拖放一个 MenuStrip 控件置于进销存管理系统的主窗体中，如图 18-10 所示。

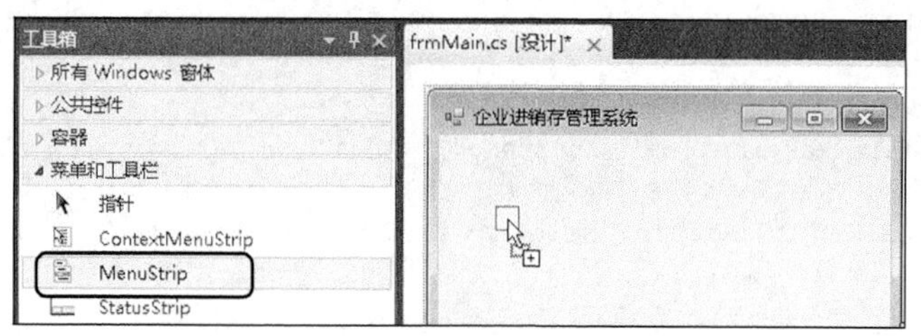

图 18-10　拖放 MenuStrip 控件

（2）为菜单栏中的各个菜单项设置菜单名称，如图 18-11 所示。在输入菜单名称时，系统会自动产生输入下一个菜单名称的提示。

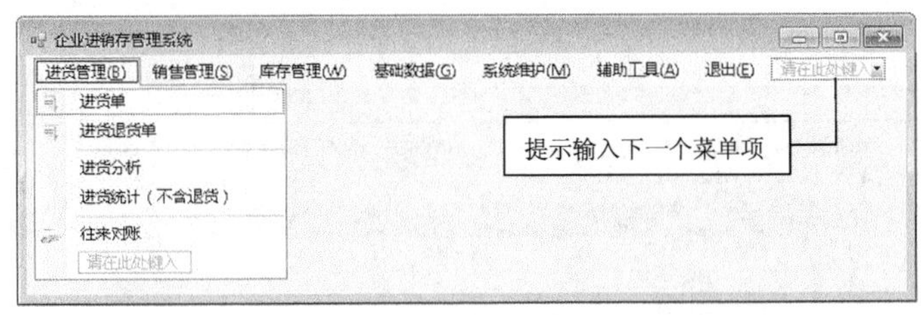

图 18-11 为菜单栏添加项

（3）选中菜单项，单击其“属性”窗口中的 DropDownItems 属性后面的[...]按钮，弹出“项集合编辑器”对话框，如图 18-12 所示。在对话框中可以为菜单项设置 Name 名称，也可以继续通过单击其 DropDownItems 属性后面的[...]按钮添加子项。

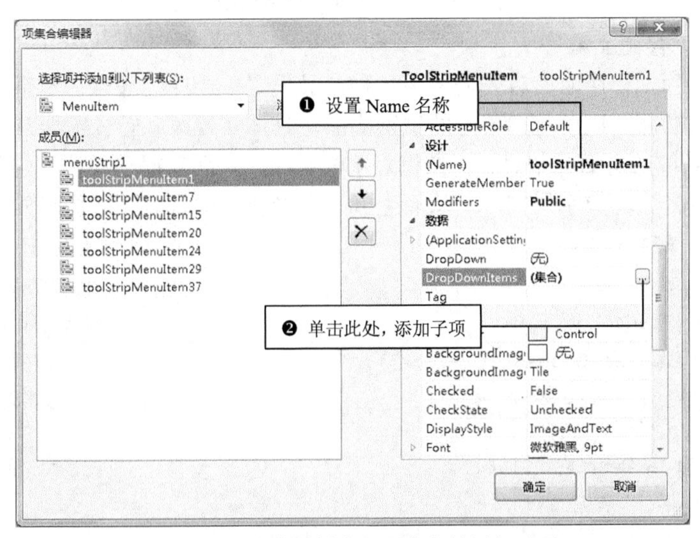

图 18-12 为菜单栏中的项命名并添加子项

2. 系统主窗体实现过程

（1）新建一个 Windows 窗体，命名为 frmMain.cs，主要用来作为进销存管理系统的主窗体，该窗体中添加一个 MenuStrip 控件，用来作为窗体的菜单栏。

（2）单击菜单栏中的各菜单项调用相应的子窗体，下面以单击“进货管理”/“进货单”菜单项为例进行说明，代码如下：

```
private void fileBuyStock_Click(object sender, EventArgs e)
{
    new EMS.BuyStock.frmBuyStock().Show();                //调用进货单窗体
}
```

其他菜单项的 Click 事件与“进货管理”/“进货单”菜单项的 Click 事件实现原理一致，都是使用 new 关键字创建指定的窗体对象，然后使用 Show 方法显示指定的窗体。

18.5.2 库存商品管理模块设计

库存商品管理模块主要用来添加、编辑、删除和查询库存商品的基本信息，其运行结果如图 18-13 所示。

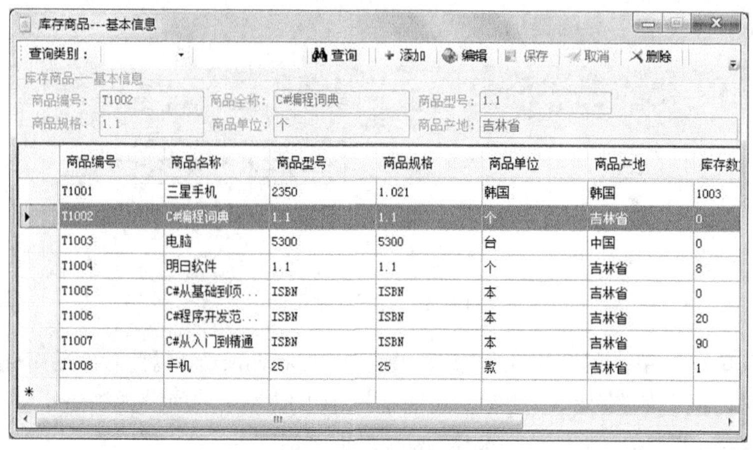

图 18-13　库存商品管理模块

1. 自动生成库存商品编号

实现库存商品管理模块时，首先需要为每种商品设置一个库存编号，本系统中实现了自动生成商品库存编号的功能，以便能够更好的识别商品。具体实现时，首先需要从库存商品基本信息表（tb_stock）中获取所有商品信息，并按编号降序排序，从而获得已经存在的最大编号；然后根据获得的最大编号，为其数字码加一，从而生成一个最新的编号。关键代码如下：

```
DataSet ds = null;                                           //创建数据集对象
string P_Str_newTradeCode = "";                              //设置库存商品编号为空
int P_Int_newTradeCode = 0;                                  //初始化商品编号中的数字码
ds = baseinfo.GetAllStock("tb_stock");                       //获取库存商品信息
if (ds.Tables[0].Rows.Count == 0)                            //判断数据集中是否有值
{
    txtTradeCode.Text = "T1001";                             //设置默认商品编号
}
else
{
    //获取已经存在的最大编号
    P_Str_newTradeCode = Convert.ToString(ds.Tables[0].Rows[ds.Tables[0].Rows.Count
- 1]["tradecode"]);
    //获取一个最新的数字码
    P_Int_newTradeCode = Convert.ToInt32(P_Str_newTradeCode.Substring(1, 4)) + 1;
    P_Str_newTradeCode = "T" + P_Int_newTradeCode.ToString(); //获取最新商品编号
    txtTradeCode.Text = P_Str_newTradeCode;                  //将商品编号显示在文本框中
}
```

2. 库存商品管理模块实现过程

（1）新建一个 Windows 窗体，命名为 frmStock.cs，主要用来对库存商品信息进行添加、修改、删除、查询等操作。该窗体主要用到的控件如表 18-6 所示。

表 18-6　库存商品管理窗体主要用到的控件

控件类型	控件 ID	主要属性设置	用　　途
ToolStrip	toolStrip1	在其 Items 属性中添加相应的工具栏项	作为窗体的工具栏
TextBox	txtTradeCode	无	输入或显示商品编号
	txtFullName	无	输入或显示商品全称

续表

控件类型	控件 ID	主要属性设置	用　　途
TextBox	txtType	无	输入或显示商品型号
	txtStandard	无	输入或显示商品规格
	txtUnit	无	输入或显示商品单位
	txtProduce	无	输入或显示商品产地
DataGridView	dgvStockList	无	显示所有库存商品信息

（2）frmStock.cs 代码文件中，声明全局业务层 BaseInfo 类对象、库存商品数据结构 BaseInfo 类对象和定义全局变量 G_Int_addOrUpdate，用来识别添加库存商品信息还是修改库存商品信息。代码如下：

```
BaseClass.BaseInfo baseinfo = new EMS.BaseClass.BaseInfo();  //创建 BaseInfo 类的对象
//创建 cStockInfo 类的对象
BaseClass.cStockInfo stockinfo = new EMS.BaseClass.cStockInfo();
int G_Int_addOrUpdate = 0;                                    //定义添加/修改操作标识
```

（3）窗体的 Load 事件中主要实现检索库存商品所有信息，并使用 DataGridView 控件进行显示的功能。关键代码如下：

```
private void frmStock_Load(object sender, EventArgs e)
{
    txtTradeCode.ReadOnly = true;                    //设置商品编号文本框只读
    this.cancelEnabled();                            //设置各按钮的可用状态
    //显示所有库存商品信息
    dgvStockList.DataSource                                              =
baseinfo.GetAllStock("tb_stock").Tables[0].DefaultView;
    this.SetdgvStockListHeadText();                  //设置 DataGridView 控件的列标题
}
```

（4）单击“添加”按钮，实现库存商品自动编号功能，编号格式为 T1001，同时将 G_Int_addOrUpdate 变量设置为 0，以标识“保存”按钮的操作为添加数据。“添加”按钮的 Click 事件代码如下：

```
private void tlBtnAdd_Click(object sender, EventArgs e)
{
    this.editEnabled();                              //设置各个控件的可用状态
    this.clearText();                                //清空文本框
    G_Int_addOrUpdate = 0;                           //等于 0 为添加数据
    DataSet ds = null;                               //创建数据集对象
    string P_Str_newTradeCode = "";                  //设置库存商品编号为空
    int P_Int_newTradeCode = 0;                      //初始化商品编号中数字码
    ds = baseinfo.GetAllStock("tb_stock");           //获取库存商品信息
    if (ds.Tables[0].Rows.Count == 0)                //判断数据集中是否有值
    {
        txtTradeCode.Text = "T1001";                 //设置默认商品编号
    }
    else
    {
        //获取已经存在的最大编号
```

```
            P_Str_newTradeCode                                                     =
Convert.ToString(ds.Tables[0].Rows[ds.Tables[0].Rows.Count - 1]["tradecode"]);
            //获取一个最新的数字码
            P_Int_newTradeCode = Convert.ToInt32(P_Str_newTradeCode.Substring(1, 4)) + 1;
            P_Str_newTradeCode = "T" + P_Int_newTradeCode.ToString();//获取最新商品编号
            txtTradeCode.Text = P_Str_newTradeCode;                   //将商品编号显示在文本框
        }
    }
```

（5）单击“编辑”按钮，将 G_Int_addOrUpdate 变量设置为 1，以标识“保存”按钮的操作为修改数据，关键代码如下：

```
    private void tlBtnEdit_Click(object sender, EventArgs e)
    {
        this.editEnabled();                                           //设置各个按钮的可用状态
        G_Int_addOrUpdate = 1;                                        //等于 1 为修改数据
    }
```

（6）单击“保存”按钮，保存新增信息或更改库存商品信息，其功能的实现主要是通过全局变量 G_Int_addOrUpdate 控制。关键代码如下：

```
    private void tlBtnSave_Click(object sender, EventArgs e)
    {
        if (G_Int_addOrUpdate == 0)                                   //判断是添加还是修改数据
        {
            try
            {
                //添加数据
                stockinfo.TradeCode = txtTradeCode.Text;
                stockinfo.FullName = txtFullName.Text;
                stockinfo.TradeType = txtType.Text;
                stockinfo.Standard = txtStandard.Text;
                stockinfo.Unit = txtUnit.Text;
                stockinfo.Produce = txtProduce.Text;
                int id = baseinfo.AddStock(stockinfo);                //执行添加操作
                MessageBox.Show("新增--库存商品数据--成功!", "成功提示!", MessageBoxButtons.OK,
MessageBoxIcon.Information);
            }
            catch (Exception ex)
            {
                MessageBox.Show(ex.Message," 错 误 提 示 ",  MessageBoxButtons.OK,
MessageBoxIcon.Error);
            }
        }
        else
        {
            //修改数据
            stockinfo.TradeCode = txtTradeCode.Text;
            stockinfo.FullName = txtFullName.Text;
            stockinfo.TradeType = txtType.Text;
            stockinfo.Standard = txtStandard.Text;
            stockinfo.Unit = txtUnit.Text;
            stockinfo.Produce = txtProduce.Text;
            int id = baseinfo.UpdateStock(stockinfo);                 //执行修改操作
            MessageBox.Show("修改--库存商品数据--成功! ", "成功提示! ", MessageBoxButtons.OK,
```

```
MessageBoxIcon.Information);
        }
        //显示最新的库存商品信息
        dgvStockList.DataSource                                                   =
baseinfo.GetAllStock("tb_stock").Tables[0].DefaultView;
        this.SetdgvStockListHeadText();                      //设置 DataGridView 标题
        this.cancelEnabled();                                //设置各个按钮的可用状态
    }
```

（7）单击“删除”按钮，删除选中的库存商品信息，关键代码如下：

```
    private void tlBtnDelete_Click(object sender, EventArgs e)
    {
        if (txtTradeCode.Text.Trim() == string.Empty)        //判断是否选择了商品编号
        {
            MessageBox.Show("删除--库存商品数据--失败！", "错误提示！", MessageBoxButtons.OK,
MessageBoxIcon.Error);
            return;
        }
        stockinfo.TradeCode = txtTradeCode.Text;             //记录商品编号
        int id = baseinfo.DeleteStock(stockinfo);            //执行删除操作
        MessageBox.Show("删除--库存商品数据--成功！", "成功提示！", MessageBoxButtons.OK,
MessageBoxIcon.Information);
        //显示最新的库存商品信息
        dgvStockList.DataSource                                                   =
baseinfo.GetAllStock("tb_stock").Tables[0].DefaultView;
        this.SetdgvStockListHeadText();                      //设置 DataGridView 标题
        this.clearText();                                    //清空文本框
    }
```

（8）单击“查询”按钮，根据设置的查询条件查询库存商品数据信息，并使用 DataGridView 控件进行显示。关键代码如下：

```
    private void tlBtnFind_Click(object sender, EventArgs e)
    {
        if (tlCmbStockType.Text == string.Empty)             //判断查询类别是否为空
        {
            MessageBox.Show("查询类别不能为空！", "错误提示！", MessageBoxButtons.OK,
MessageBoxIcon.Error);
            tlCmbStockType.Focus();                      //使查询类别下拉列表获得鼠标焦点
            return;
        }
        else
        {
            if (tlTxtFindStock.Text.Trim() == string.Empty)     //判断查询关键字是否为空
            {
                //显示所有库存商品信息
                dgvStockList.DataSource                                           =
baseinfo.GetAllStock("tb_stock").Tables[0].DefaultView;
                this.SetdgvStockListHeadText();          //设置 DataGridView 控件的列标题
                return;
            }
        }
        DataSet ds = null;                                   //创建 DataSet 对象
```

```
    if (tlCmbStockType.Text == "商品产地")                         //按商品产地查询
    {
        stockinfo.Produce = tlTxtFindStock.Text;                   //记录商品产地
        ds = baseinfo.FindStockByProduce(stockinfo, "tb_Stock");//根据商品产地查询
        dgvStockList.DataSource = ds.Tables[0].DefaultView;     //显示查询到的信息
    }
    else                                                           //按商品名称查询
    {
        stockinfo.FullName = tlTxtFindStock.Text;                  //记录商品名称
        ds = baseinfo.FindStockByFullName(stockinfo, "tb_stock");//根据商品名称查询商品信息
        dgvStockList.DataSource = ds.Tables[0].DefaultView;     //显示查询到的信息
    }
    this.SetdgvStockListHeadText();                                //设置 DataGridView 标题
}
```

18.5.3 进货管理模块概述

进货管理模块主要包括对进货单及进货退货单的管理，由于它们的实现原理是相同的，这里以进货单管理为例来讲解进货管理模块的实现过程。进货单管理窗体主要用来批量添加进货信息，其运行结果如图 18-14 所示。

图 18-14 进货管理模块

1. 向进货单中批量添加商品

进货管理模块实现时，每一个进货单据都会对应多种商品，这样就需要向进货单中批量添加进货信息，那么该功能是如何实现的呢？本系统中通过一个 for 循环，循环遍历进货单中已经选中的商品，从而实现向进货单中批量添加商品的功能。关键代码如下：

```
for (int i = 0; i < dgvStockList.RowCount - 1; i++)
{
    billinfo.BillCode = txtBillCode.Text;
    billinfo.TradeCode = dgvStockList[0, i].Value.ToString();
    billinfo.FullName = dgvStockList[1, i].Value.ToString();
    billinfo.TradeUnit = dgvStockList[2, i].Value.ToString();
    billinfo.Qty = Convert.ToSingle(dgvStockList[3, i].Value.ToString());
    billinfo.Price = Convert.ToSingle(dgvStockList[4, i].Value.ToString());
    billinfo.TSum = Convert.ToSingle(dgvStockList[5, i].Value.ToString());
    //执行多行录入数据（添加到明细表中）
    baseinfo.AddTableDetailedWarehouse(billinfo, "tb_warehouse_detailed");
```

```
        //更改库存数量和加权平均价格
        DataSet ds = null;                              //创建数据集对象
        stockinfo.TradeCode = dgvStockList[0, i].Value.ToString();
        ds = baseinfo.GetStockByTradeCode(stockinfo, "tb_stock");
        stockinfo.Qty = Convert.ToSingle(ds.Tables[0].Rows[0]["qty"]);
        stockinfo.Price = Convert.ToSingle(ds.Tables[0].Rows[0]["price"]);
        stockinfo.AveragePrice = Convert.ToSingle(ds.Tables[0].Rows[0]["averageprice"]);
        //处理--加权平均价格
        if (stockinfo.Price == 0)
        {
            stockinfo.AveragePrice = billinfo.Price; //第一次进货时，加权平均价格等于进货价格
            stockinfo.Price = billinfo.Price;         //获取单价
        }
        else
        {
            //加权平均价格=（加权平均价*库存总数量+本次进货价格*本次进货数量）/
           （库存总数量+本次进货数量）
            stockinfo.AveragePrice   =   ((stockinfo.AveragePrice   *   stockinfo.Qty   +
billinfo.Price * billinfo.Qty) / (stockinfo.Qty + billinfo.Qty));
        }
        stockinfo.Qty = stockinfo.Qty + billinfo.Qty;//更新--商品库存数量
        int d = baseinfo.UpdateStock_QtyAndAveragerprice(stockinfo);//执行更新操作
    }
```

2. 进货管理模块实现过程

（1）新建一个 Windows 窗体，命名为 frmBuyStock.cs，主要用于实现批量进货功能。该窗体主要用到的控件如表 18-7 所示。

表 18-7　进货管理窗体主要用到的控件

控件类型	控件 ID	主要属性设置	用　途
TextBox	txtBillCode	ReadOnly 属性设置为 True	显示单据编号
	txtBillDate	ReadOnly 属性设置为 True	显示录单日期
	txtHandle	Modifiers 属性设置为 Public	输入经手人
	txtUnits	Modifiers 属性设置为 Public	输入供货单位
	txtSummary	无	输入摘要
	txtStockQty	ReadOnly 属性设置为 True	显示进货数量
	txtFullPayment	ReadOnly 属性设置为 True，Text 属性设置为 0	显示应付金额
	txtpayment	Text 属性设置为 0	输入实付金额
	txtBalance	Text 属性设置为 0	显示或输入差额
Button	btnSelectHandle	Text 属性设置为<<	选择经手人
	btnSelectUnits	Text 属性设置为<<	选择供货单位
	btnSave	Text 属性设置为“保存”	保存进货信息
	btnExit	Text 属性设置为“退出”	退出当前窗体
DataGridView	dgvStockList	在其 Columns 属性中添加“商品编号”、“商品名称”、“商品单位”、“数量”、“单价”和“金额”6 列	选择并显示进货单中的所有商品信息

（2）frmBuyStock.cs 代码文件中，声明全局业务层 BaseInfo 类对象、单据数据结构 cBillInfo 类对象、往来账数据结构 cCurrentAccount 类对象和库存商品信息数据结构 stockinfo 类对象。代码如下：

```
BaseClass.BaseInfo baseinfo = new EMS.BaseClass.BaseInfo();  //创建 BaseInfo 类的对象
BaseClass.cBillInfo billinfo = new EMS.BaseClass.cBillInfo();//创建 cBillInfo 类的对象
//创建 cCurrentAccount 类的对象
BaseClass.cCurrentAccount currentAccount = new EMS.BaseClass.cCurrentAccount();
//创建 cStockInfo 类的对象
BaseClass.cStockInfo stockinfo = new EMS.BaseClass.cStockInfo();
```

（3）在 frmBuyStock 窗体的 Load 事件中编写代码，主要用于实现自动生成进货商品单据编号的功能。代码如下：

```
private void frmBuyStock_Load(object sender, EventArgs e)
{
    txtBillDate.Text = DateTime.Now.ToString("yyyy-MM-dd");   //获取录单日期
    DataSet ds = null;                                          //创建数据集对象
    string P_Str_newBillCode = "";                              //记录新的单据编号
    int P_Int_newBillCode = 0;                                  //记录单据编号中的数字码
    ds = baseinfo.GetAllBill("tb_warehouse_main");              //获取所有进货单信息
    if (ds.Tables[0].Rows.Count == 0)                           //判断数据集中是否有值
    {
        //生成新的单据编号
        txtBillCode.Text = DateTime.Now.ToString("yyyyMMdd") + "JH" + "1000001";
    }
    else
    {
        //获取已经存在的最大编号
        P_Str_newBillCode                                                          =
Convert.ToString(ds.Tables[0].Rows[ds.Tables[0].Rows.Count - 1]["billcode"]);
        //获取一个最新的数字码
        P_Int_newBillCode = Convert.ToInt32(P_Str_newBillCode.Substring(10, 7)) + 1;
        //获取最新单据编号
        P_Str_newBillCode    =    DateTime.Now.ToString("yyyyMMdd")    +    "JH"    +
P_Int_newBillCode.ToString();
        txtBillCode.Text = P_Str_newBillCode;                   //将单据编号显示在文本框
    }
    txtHandle.Focus();                                          //使经手人文本框获得焦点
}
```

（4）单击“经手人”文本框后的“<<”按钮弹出窗体对话框，用于选择进货单据经手人。关键代码如下：

```
private void btnSelectHandle_Click(object sender, EventArgs e)
{
    EMS.SelectDataDialog.frmSelectHandle selecthandle;         //声明窗体对象
    selecthandle = new EMS.SelectDataDialog.frmSelectHandle();//初始化窗体对象
    //将新创建的窗体对象设置为同一个窗体类的对象
    selecthandle.buyStock = this;
    //用于识别是那一个窗体调用的 selecthandle 窗口
    selecthandle.M_str_object = "BuyStock";
    selecthandle.ShowDialog();                                  //显示窗体
}
```

（5）单击“往来单位”文本框后的“<<”按钮，弹出往来单位窗体对话框，用于选择供货单位。关键代码如下：

```
private void btnSelectUnits_Click(object sender, EventArgs e)
{
    EMS.SelectDataDialog.frmSelectUnits selectUnits;           //声明窗体对象
    selectUnits = new EMS.SelectDataDialog.frmSelectUnits(); //初始化窗体对象
    //将新创建的窗体对象设置为同一个窗体类的对象
    selectUnits.buyStock = this;
    //用于识别是那一个窗体调用的 selectUnits 窗口
    selectUnits.M_str_object = "BuyStock";
    selectUnits.ShowDialog();                                  //显示窗体
}
```

（6）双击 DataGridView 控件的单元格，弹出库存商品数据，用于选择进货商品。关键代码如下：

```
private void dgvStockList_CellDoubleClick(object sender, DataGridViewCellEventArgs e)
{
    //创建 frmSelectStock 窗体对象
    SelectDataDialog.frmSelectStock          selectStock          =          new
EMS.SelectDataDialog.frmSelectStock();
    //将新创建的窗体对象设置为同一个窗体类的对象
    selectStock.buyStock = this;
    selectStock.M_int_CurrentRow = e.RowIndex;                 //记录选中的行索引
    //用于识别是那一个窗体调用的 selectStock 窗口
    selectStock.M_str_object = "BuyStock";
    //显示 frmSelectStock 窗体
    selectStock.ShowDialog();
}
```

（7）为了实现自动合计某一商品进货金额，在 DataGridView 控件的单元格中的 CellValueChanged 事件中添加如下代码：

```
private void dgvStockList_CellValueChanged(object sender, DataGridViewCellEventArgs
e)
{
    if (e.ColumnIndex == 3)                                    //计算--统计商品金额
    {
        try
        {
            float tsum = Convert.ToSingle(dgvStockList[3, e.RowIndex].Value.ToString())
* Convert.ToSingle(dgvStockList[4, e.RowIndex].Value.ToString());//计算商品总金额
            dgvStockList[5, e.RowIndex].Value = tsum.ToString();//显示商品总金额
        }
        catch { }
    }
    if (e.ColumnIndex == 4)
    {
        try
        {
            float tsum = Convert.ToSingle(dgvStockList[3, e.RowIndex].Value.ToString())
* Convert.ToSingle(dgvStockList[4, e.RowIndex].Value.ToString());//计算商品总金额
            dgvStockList[5, e.RowIndex].Value = tsum.ToString();//显示商品总金额
        }
        catch { }
    }
}
```

（8）为了统计进货单的进货数量和进货金额，在 DataGridView 控件的 CellStateChanged 事件下添加代码如下：

```
private void dgvStockList_CellStateChanged(object sender, DataGridViewCellStateChangedEventArgs e)
{
    try
    {
        float tqty = 0;                                          //记录进货数量
        float tsum = 0;                                          //记录应付金额
        //遍历 DataGridView 控件中的所有行
        for (int i = 0; i <= dgvStockList.RowCount; i++)
        {
            //计算应付金额
            tsum = tsum + Convert.ToSingle(dgvStockList[5, i].Value.ToString());
            //计算进货数量
            tqty = tqty + Convert.ToSingle(dgvStockList[3, i].Value.ToString());
            txtFullPayment.Text = tsum.ToString();               //显示应付金额
            txtStockQty.Text = tqty.ToString();                  //显示进货数量
        }
    }
    catch { }
}
```

（9）在实付金额文本框的 TextChanged 事件添加如下代码，用于实现计算应付金额和实付金额的差额。关键代码如下：

```
private void txtpayment_TextChanged(object sender, EventArgs e)
{
    try
    {
        txtBalance.Text = Convert.ToString(Convert.ToSingle(txtFullPayment.Text) - Convert.ToSingle(txtpayment.Text));   //自动计算差额
    }
    catch(Exception ex)
    {
        MessageBox.Show("录入非法字符！！！"+ex.Message,"错误提示",MessageBoxButtons.OK,MessageBoxIcon.Error);
        //使实付金额文本框获得鼠标焦点
        txtpayment.Focus();
    }
}
```

（10）单击“保存”按钮，保存单据所有进货商品信息。关键代码如下：

```
private void btnSave_Click(object sender, EventArgs e)
{
    //往来单位和经手人不能为空
    if (txtHandle.Text == string.Empty || txtUnits.Text == string.Empty)
    {
        MessageBox.Show("供货单位和经手人为必填项！", "错误提示",MessageBoxButtons.OK,MessageBoxIcon.Error);
        return;
    }
    if (Convert.ToString(dgvStockList[3, 0].Value) == string.Empty || Convert.ToString(dgvStockList[4, 0].Value) == string.Empty ||
```

```
Convert.ToString(dgvStockList[5, 0].Value) == string.Empty)            //列表中数据不能为空
        {
            MessageBox.Show("请核实列表中数据：‘数量’、‘单价’、‘金额’不能为空！", "错误提示",
MessageBoxButtons.OK, MessageBoxIcon.Error);
            return;
        }
        if (txtFullPayment.Text.Trim() == "0")                                //应付金额不能为空
        {
            MessageBox.Show("应付金额不能为‘0’！", "错误提示", MessageBoxButtons.OK,
MessageBoxIcon.Error);
            return;
        }
        //向进货表（主表）录入商品单据信息
        billinfo.BillCode = txtBillCode.Text;
        billinfo.Handle = txtHandle.Text;
        billinfo.Units = txtUnits.Text;
        billinfo.Summary = txtSummary.Text;
        billinfo.FullPayment =Convert.ToSingle(txtFullPayment.Text);
        billinfo.Payment = Convert.ToSingle(txtpayment.Text);
        baseinfo.AddTableMainWarehouse(billinfo, "tb_warehouse_main");//执行添加操作
        //向进货（明细表）中录入商品单据信息
        for (int i = 0; i < dgvStockList.RowCount - 1; i++)
        {
            billinfo.BillCode = txtBillCode.Text;
            billinfo.TradeCode = dgvStockList[0, i].Value.ToString();
            billinfo.FullName = dgvStockList[1, i].Value.ToString();
            billinfo.TradeUnit = dgvStockList[2, i].Value.ToString();
            billinfo.Qty = Convert.ToSingle(dgvStockList[3, i].Value.ToString());
            billinfo.Price = Convert.ToSingle(dgvStockList[4, i].Value.ToString());
            billinfo.TSum = Convert.ToSingle(dgvStockList[5, i].Value.ToString());
            //执行多行录入数据（添加到明细表中）
            baseinfo.AddTableDetailedWarehouse(billinfo, "tb_warehouse_detailed");
            //更改库存数量和加权平均价格
            DataSet ds = null;                                                //创建数据集对象
            stockinfo.TradeCode = dgvStockList[0, i].Value.ToString();
            ds = baseinfo.GetStockByTradeCode(stockinfo, "tb_stock");
            stockinfo.Qty = Convert.ToSingle(ds.Tables[0].Rows[0]["qty"]);
            stockinfo.Price = Convert.ToSingle(ds.Tables[0].Rows[0]["price"]);
            stockinfo.AveragePrice                                                        =
Convert.ToSingle(ds.Tables[0].Rows[0]["averageprice"]);
            //处理--加权平均价格
            if (stockinfo.Price == 0)
            {
                //第一次进货时，加权平均价格等于进货价格
                stockinfo.AveragePrice = billinfo.Price;
                stockinfo.Price = billinfo.Price;                             //获取单价
            }
            else
            {
                //加权平均价格=（加权平均价*库存总数量+本次进货价格*本次进货数量）/
                （库存总数量+本次进货数量）
                stockinfo.AveragePrice  =  ((stockinfo.AveragePrice  *  stockinfo.Qty  +
```

```
billinfo.Price * billinfo.Qty) / (stockinfo.Qty + billinfo.Qty));
            }
            stockinfo.Qty = stockinfo.Qty + billinfo.Qty;                //更新--商品库存数量
            int d = baseinfo.UpdateStock_QtyAndAveragerprice(stockinfo);//执行更新操作
        }
        //向往来对账明细表中添加明细数据
        currentAccount.BillCode = txtBillCode.Text;
        currentAccount.ReduceGathering =Convert.ToSingle(txtFullPayment.Text);
        currentAccount.FactReduceGathering =Convert.ToSingle(txtpayment.Text);
        currentAccount.Balance =Convert.ToSingle(txtBalance.Text);
        currentAccount.Units = txtUnits.Text;
        int ca = baseinfo.AddCurrentAccount(currentAccount);          //执行添加操作
        MessageBox.Show(" 进 货 单 - - 过 账 成 功 ! "," 成 功 提 示
",MessageBoxButtons.OK,MessageBoxIcon.Information);
        this.Close();                                                  //关闭当前窗体
    }
```

18.5.4 商品销售排行模块概述

商品销售排行模块主要用来根据指定的日期、往来单位及经手人等条件，按销售数量或销售金额对商品销售信息进行排行，该模块运行时，首先弹出“选择排行榜条件”对话框，如图 18-5 所示。

在图 18-15 所示对话框中选择完排行榜条件后，单击“确定”按钮，显示商品销售排行榜窗体，如图 18-16 所示。

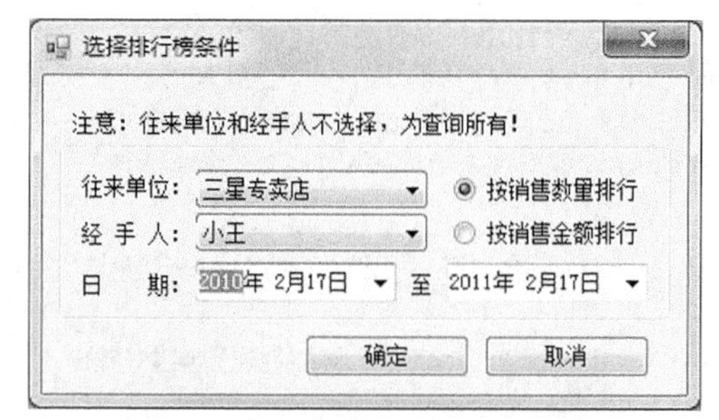

图 18-15 “选择排行榜条件”对话框

商品销售排行榜 - - 销售管理

商品编号	商品名称	销售数量	销售金额
T1002	C#编程词典	10	3680
T1005	C#从基础到项...	10	790
T1006	C#程序开发范...	10	950
T1007	C#从入门到精通	10	0
T1003	电脑	5	15000
T1004	明日软件	1	500

图 18-16 商品销售排行榜

1. 使用 BETWEEN…AND 关键字查询数据

实现商品销售排行模块时，涉及查询指定时间段内信息的功能，这时需要使用 SQL 中的 BETWEEN…AND 关键字，下面对其进行详细讲解。

BETWEEN…AND 关键字是 SQL 中提供的用来查询指定时间段数据的关键字，其使用效果如图 18-17 所示。

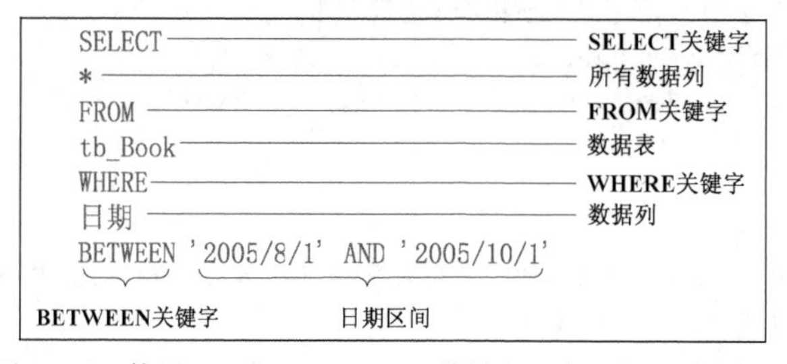

图 18-17 使用 BETWEEN…AND 关键字查询指定时间段数据

说明 本系统中使用了 BETWEEN…AND 关键字查询指定时间段的数据记录，另外，开发人员还可以通过该关键字查询指定数值范围的数据记录，如查询年龄在 20～29 岁的学生信息等。

2. 商品销售排行模块实现过程

（1）新建一个 Windows 窗体，命名为 frmSelectOrderby.cs，主要用来指定筛选商品销售排行榜的条件，该窗体主要用到的控件如表 18-8 所示。

表 18-8 选择排行榜条件窗体主要用到的控件

控件类型	控件 ID	主要属性设置	用　途
ComboBox	cmbUnits	DropDownStyle 属性设置为 DropDownList	选择往来单位
	cmbHandle	DropDownStyle 属性设置为 DropDownList	选择经手人
RadioButton	rdbSaleQty	Checked 属性设置为 True，Text 属性设置为“按销售数量排行”	按销售数量排行
	rdbSaleSum	Text 属性设置为“按销售金额排行”	按销售金额排行
DateTimePicker	dtpStar	无	选择开始日期
	dtpEnd	无	选择结束日期
Button	btnOk	Text 属性设置为“确定”	根据指定的条件查询信息
	btnCancel	Text 属性设置为“取消”	关闭当前窗体

（2）新建一个 Windows 窗体，命名为 frmSellStockDesc.cs，在该窗体中添加一个 DataGridView 控件，用来显示商品销售排行。

（3）在 frmSelectOrderby.cs 代码文件中，创建全局 BaseInfo 类对象，用于调用业务层中的功能方法，因为类 BaseInfo 存放在 BaseClass 目录中，在创建类对象时先指名目录名称。代码如下：

```
BaseClass.BaseInfo baseinfo = new EMS.BaseClass.BaseInfo();                //创建 BaseInfo
类的对象
```

（4）在窗体的 Load 事件中编写如下代码，主要用于将经手人和往来单位动态添加到 ComboBox 控件中。关键代码如下：

```
private void frmSelectOrderby_Load(object sender, EventArgs e)
{
    DataSet ds = null;                                              //创建数据集对象
    ds = baseinfo.SetUnitsList("tb_units");                         //获取往来单位信息
    for (int i = 0; i < ds.Tables[0].Rows.Count; i++)               //遍历往来单位信息数据集
    {
        //显示往来单位名称
        cmbUnits.Items.Add(ds.Tables[0].Rows[i]["fullname"].ToString());
    }
    ds = baseinfo.SetHandleList("tb_employee");                     //获取职员信息
    for (int i = 0; i < ds.Tables[0].Rows.Count; i++)               //遍历职员信息数据
    {
        //显示职员名称
        cmbHandle.Items.Add(ds.Tables[0].Rows[i]["fullname"].ToString());
    }
}
```

（5）单击“确定”按钮，根据所选的条件进行排行，关键代码如下：

```
private void btnOk_Click(object sender, EventArgs e)
{
    //创建商品销售排行榜窗体对象
    SaleStock.frmSellStockDesc sellStockDesc = new EMS.SaleStock.frmSellStockDesc();
    DataSet ds = null;                                          //创建数据集对象
    //判断“按销售金额排行”单选按钮是否选中
    if (rdbSaleSum.Checked)
    {
        ds  =  baseinfo.GetTSumDesc(cmbHandle.Text,  cmbUnits.Text,  dtpStar.Value,
dtpEnd.Value, "tb_desc");                                       //按销售金额排行查询数据
        //在商品销售排行榜窗体中显示查询到的数据
        sellStockDesc.dgvStockList.DataSource = ds.Tables[0].DefaultView;
    }
    else
    {
        //按销售数量排行查询数据
        ds  =  baseinfo.GetQtyDesc(cmbHandle.Text,  cmbUnits.Text,  dtpStar.Value,
dtpEnd.Value, "tb_desc");
        //在商品销售排行榜窗体中显示查询到的数据
        sellStockDesc.dgvStockList.DataSource = ds.Tables[0].DefaultView;
    }
    sellStockDesc.Show();                                       //显示商品销售排行榜窗体
    this.Close();                                               //关闭当前窗体
}
```

18.6 系统打包部署

系统开发完成之后，如何将本系统打包并制作成安装程序在客户机上安装运行呢？本节将详细介绍如何对进销存管理系统进行打包部署，具体步骤如下。

（1）选中创建 EMS 项目时自动生成的 EMS 解决方案，单击鼠标右键，在弹出的快捷菜单中选择“添加”/“新建项目”选项，弹出“添加新项目”对话框。在“已安装的模板”列表中选择“其他项目类型”/“安装和部署”/“Visual Studio Installer”节点，在右侧列表中选择“安装项目”，在“名称”文本框中输入安装项目名称，这里命名为 EMSSetup，在“位置”下拉列表中选择存放安装项目文件的目标地址，如图 18-18 所示。

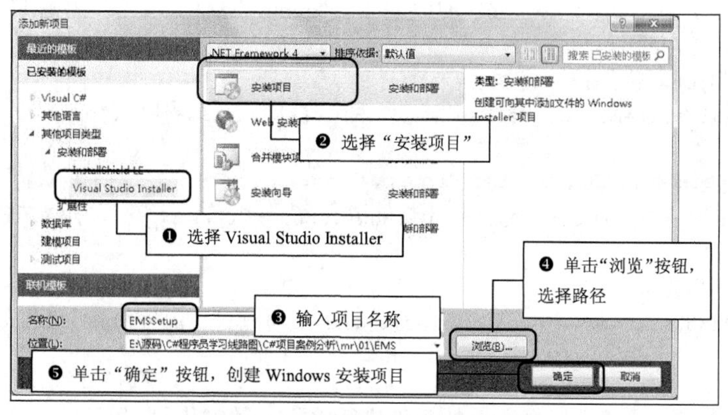

图 18-18 “添加新项目”对话框

（2）单击“确定”按钮，即可创建一个 EMSSetup 安装项目，如图 18-19 所示。

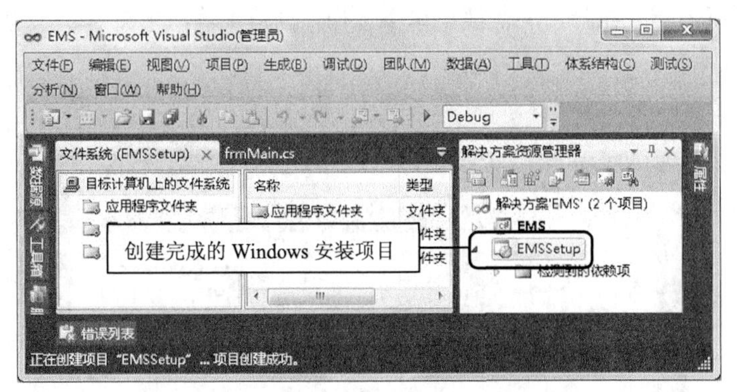

图 18-19　创建完成的 Windows 安装项目

（3）在“文件系统”的“目标计算机上的文件系统”节点下选中“应用程序文件夹”，单击鼠标右键，在弹出的快捷菜单中选择“添加”/“项目输出”选项，弹出如图 18-20 所示的“添加项目输出组”对话框。在该对话框中的“项目”下拉列表框中选择要部署的应用程序，然后选择要输出的类型，这里选择“主输出”选项，单击“确定”按钮，即可将项目输出文件添加到 EMSSetup 安装项目中。

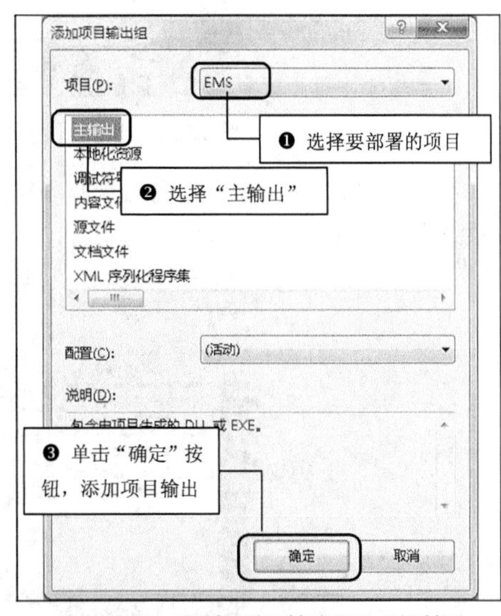

图 18-20　“添加项目输出组”对话框

（4）在 Visual Studio 2010 开发环境的中间部分单击鼠标右键，在弹出的快捷菜单中选择“添加”/“文件”选项，弹出如图 18-21 所示的“添加文件”对话框。在该对话框中选择要添加的内容文件，单击“打开”按钮，即可将选中的内容文件添加到 EMSSetup 安装项目中。

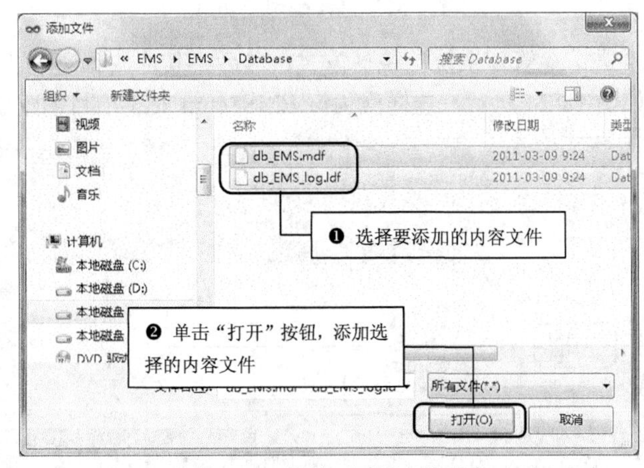

图 18-21　“添加文件”对话框

添加内容文件时，需要添加进销存管理系统用到的数据库文件。

（5）添加完内容文件之后，在 Visual Studio 2010 开发环境的中间部分选中“主输出来自 EMS（活动）”，单击鼠标右键，在弹出的快捷菜单中选择“创建主输出来自 EMS（活动）的快捷方式”命令，如图 18-22 所示。

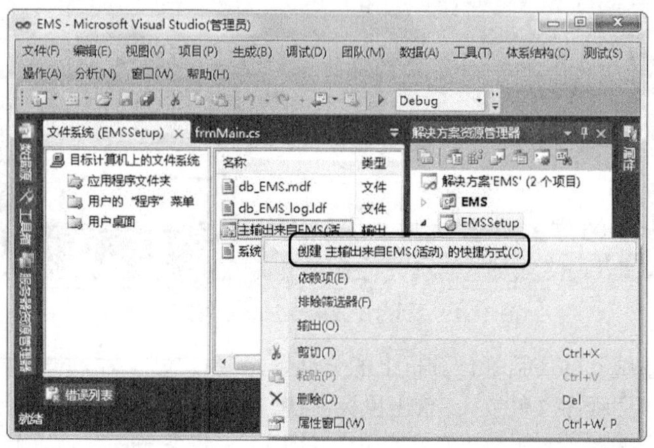

图 18-22　选择“创建主输出来自 EMS（活动）的快捷方式”选项

（6）添加了一个“主输出来自 EMS（活动）的快捷方式”选项，将其重命名为“进销存管理系统”，如图 18-23 所示。

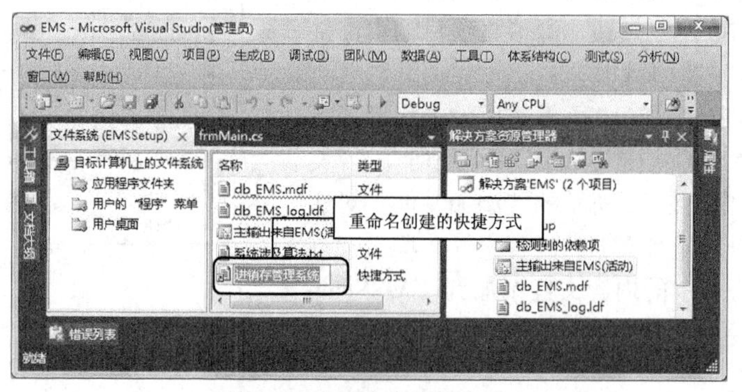

图 18-23　重命名快捷方式

（7）选中创建的“进销存管理系统”快捷方式，然后将其拖放到左边“文件系统”下的“用户桌面”文件夹中，如图 18-24 所示，这样就为该 EMSSetup 安装项目创建了一个桌面快捷方式。

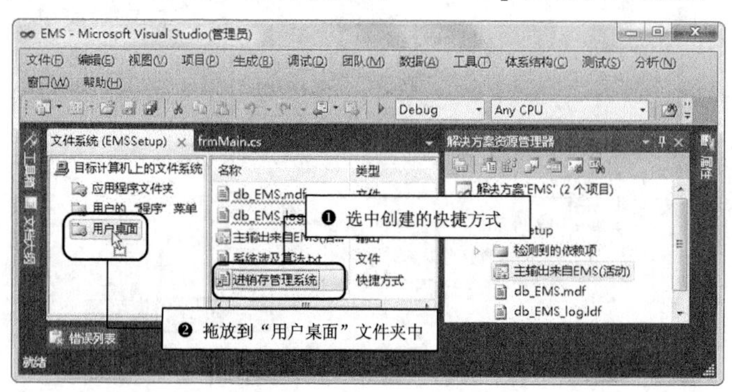

图 18-24　将“快捷方式”拖放到“用户桌面”文件夹中

（8）在“解决方案资源管理器”窗口中选中安装项目，单击鼠标右键，在弹出的快捷菜单中选择“视图”/“注册表”选项，在 Windows 安装项目的左侧显示“注册表”选项卡，在“注册表”选项卡中依次展开 HKEY_CURRENT_USER/Software 节点，然后对注册表项“[Manufacturer]”进行重命名，如图 18-25 所示。

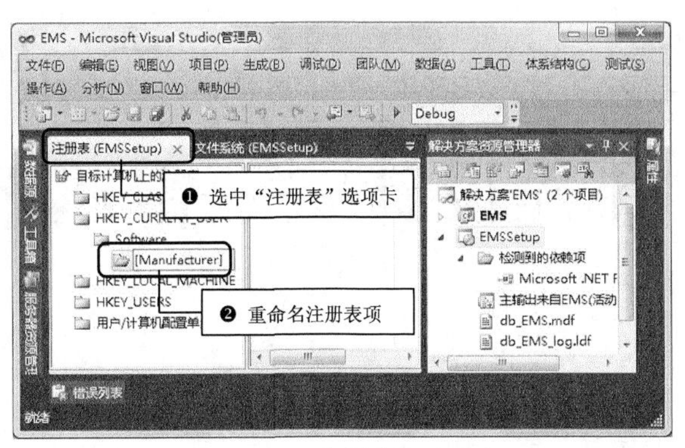

图 18-25　“注册表”选项卡

注意　“[Manufacturer]”注册表项用方括号括起来，表示它是一个属性，它将被替换为输入的部署项目的 Manufacturer 属性值。

（9）选中添加的注册表项，单击鼠标右键，在弹出的快捷菜单中选择“新建”/“字符串值”选项，为添加的注册表项初始化一个值。选中添加的注册表项值，单击鼠标右键，在弹出的快捷菜单中选择“属性窗口”选项，弹出“属性”窗口，如图 18-26 所示，这里可以对注册表项的值进行修改。

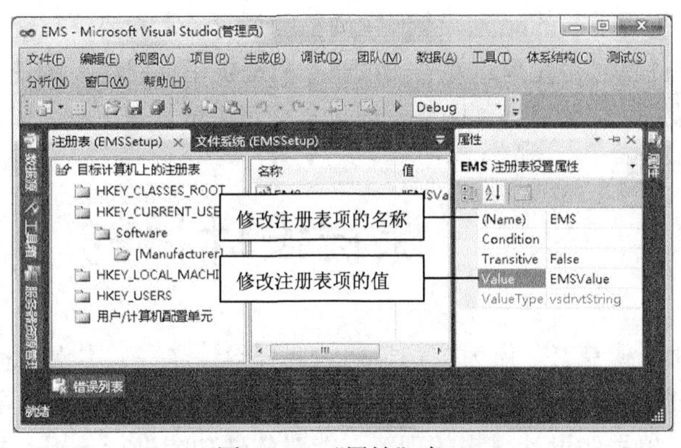

图 18-26　“属性”窗口

（10）添加完进销存管理系统所需的项目输出文件、内容文件、快捷方式、注册表项等内容后，在“解决方案资源管理器”窗口中选中添加的 EMSSetup 安装项目，单击鼠标右键，在弹出的快捷菜单中选择“生成”选项，即可生成进销存管理系统的安装程序。生成的进销存管理系统安装文件如图 18-27 所示。

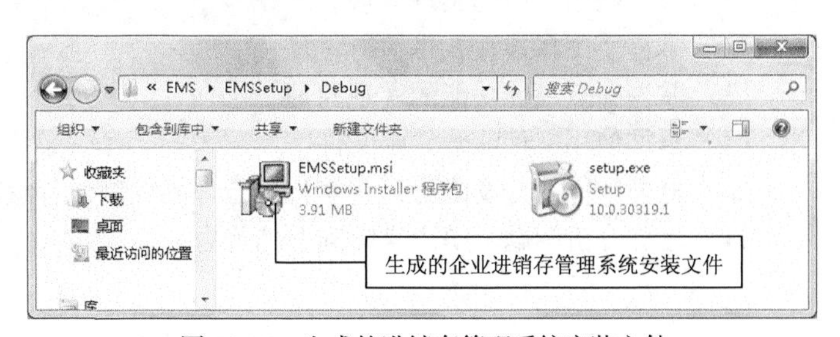

图 18-27　生成的进销存管理系统安装文件

系统打包完成之后，双击 setup.exe 或 EMSSetup.msi 文件，即可将进销存管理系统安装到自己的计算机上。

第 19 章 课程设计——雷速下载专家

本章要点：

- ■ 雷速下载专家的设计目的
- ■ 雷速下载专家的开发环境要求
- ■ 雷速下载专家的功能结构及业务流程
- ■ 主要功能模块的界面设计
- ■ 主要功能模块的关键代码
- ■ 雷速下载专家的调试运行

雷速下载专家是一款基于 TCP/IP 的网络下载软件，它可以提供多任务多线程下载及断点续传功能，用户可以使用它在因特网自由地下载软件，现在比较流行的下载软件有迅雷、网际快车、网络蚂蚁等，它们都有多线程下载的能力。人们在浏览网页时经常需要下载一些应用软件或其他文件资料，那么使用下载软件就显得尤为重要了。雷速不只提供了多线程下载任务的功能，还可以实现断点续传，使用户可以方便快捷地得到网络资源。本章将讲解雷速下载专家软件的实现过程。

19.1 课程设计目的

本章提供了“雷速下载专家”作为这一学期的课程设计之一，本次课程设计旨在提升学生的动手能力，加强大家对专业理论知识的理解和实际应用。本次课程设计的主要目的如下。

- ❑ 加深对面向对象程序设计思想的理解，能对软件功能进行分析，并设计合理的类结构。
- ❑ 掌握网络下载的实现原理。
- ❑ 掌握使用多线程技术执行任务。
- ❑ 掌握断点续传功能的实现原理。
- ❑ 掌握使用文件流合并多文件。
- ❑ 提高软件的开发能力，能够运用合理的控制流程编写高效的代码。
- ❑ 培养分析问题、解决实际问题的能力。

19.2 功 能 描 述

通过深入广泛的实际调研，为雷速下载专家设计出以下功能。

- 软件的界面设计和操作流程要求友好度要高，适用于各年龄段的用户，操作便捷容易上手。
- 可以手动填写下载资源的地址。
- 可以设置每个下载任务所使用的线程数量。
- 可以下载多个任务。
- 可以续传多个任务。
- 在任务下载过程中，可以暂停任务、继续执行任务和删除下载任务。

19.3　总体设计

19.3.1　构建开发环境

雷速下载专家的开发环境具体要求如下。

- 系统开发平台：Microsoft Visual Studio 2010。
- 系统开发语言：C#。
- 运行平台：Windows 2000（SP4）/ Windows XP（SP3）/Windows Server 2003（SP2）/Windows 7。
- 运行环境：Microsoft .NET Framework SDK v4.0。
- 分辨率：最佳效果 1024×768 像素。

19.3.2　软件功能结构

雷速下载专家中主要包含 3 大功能模块，分别为下载、续传和添加下载任务，它们的具体介绍如下。

- 下载功能：用来执行下载网络资源，程序首先会分析要下载的文件，然后开始下载资源，下载完成后，要将相关的下载信息保存到配置文件中。
- 续传功能：用来继续下载暂停或意外终止的下载任务，程序首先要装载配置文件，然后按照配置信息进行续传网络资源，下载完成后，要将相关的下载信息保存到配置文件中。
- 添加下载任务：添加下载任务主要用来向雷速网络下载专家中添加新的下载任务。

雷速下载专家的功能结构图如图 19-1 所示。

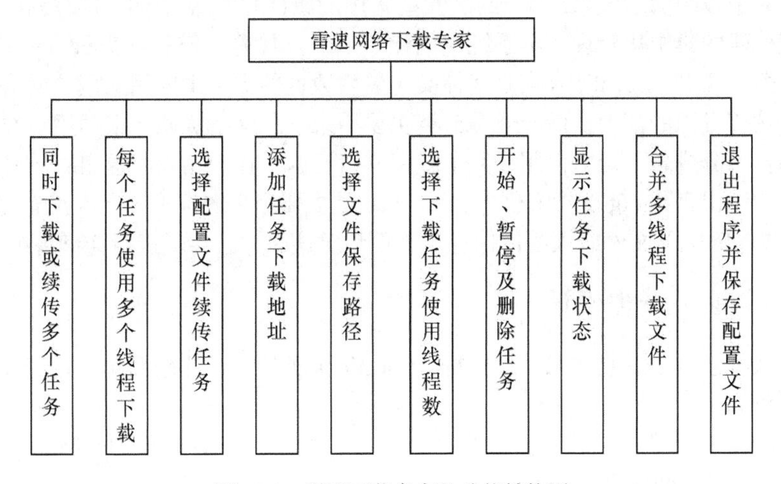

图 19-1　雷速下载专家的功能结构图

19.3.3 业务流程图

雷速下载专家的业务流程图如图 19-2 所示。

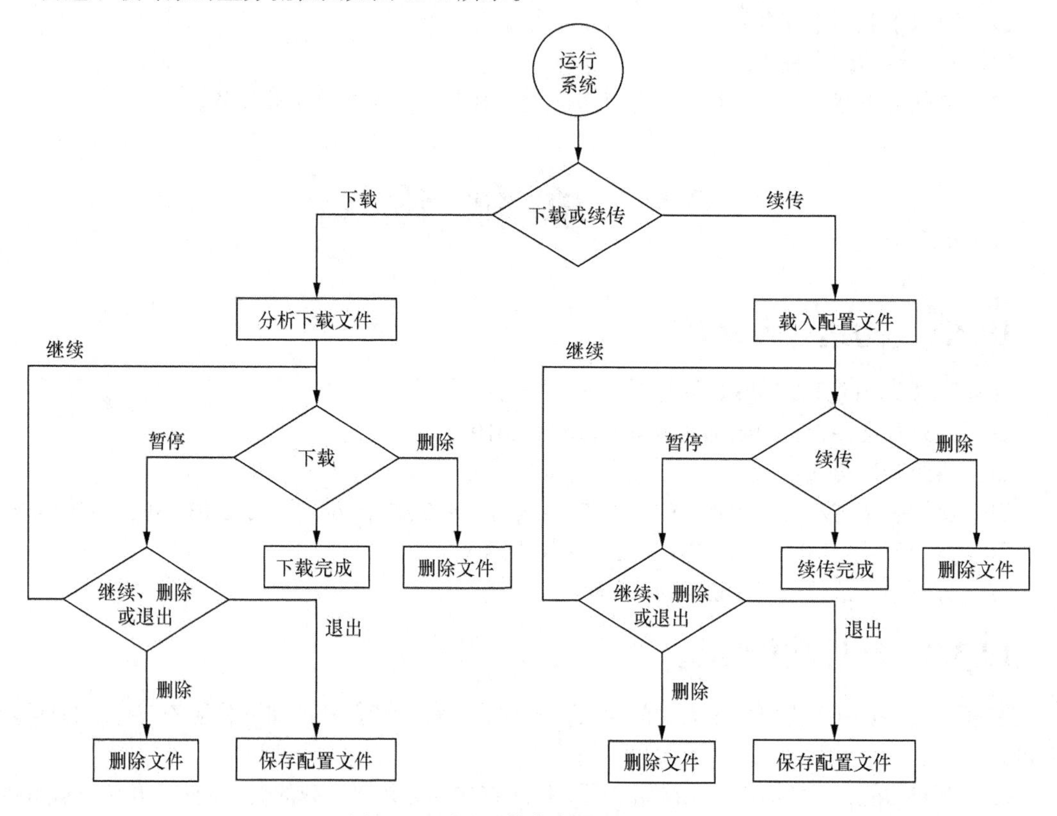

图 19-2 雷速下载专家的业务流程图

19.4 公共类设计

在开发项目中以类的形式来组织、封装一些常用的属性和方法，不但可以提高代码的重用率，而且可以实现代码的集中化管理。本系统中创建了 3 个公共类，分别为 Locations 类、DownLoad 类和 xuchuan 类。其中，Locations 类是实体类（装载数据的类）主要用来记录网络资源的下载范围，或者记录续传资源的范围；DownLoad 类主要用来下载网络资源，根据用户选择使用线程的数量，将网络资源分成若干份，使用线程下载每一份资源，在应用程序退出时，可以将未下载完成的任务信息自动保存到 cfg 配置文件中；xuchuan 类主要用来继续下载上次没有完成的任务，可以通过手动选择 cfg 配置文件载入续传信息。下面将对这 3 个公共类进行详细讲解。

19.4.1 Locations 类设计

Locations 类是实体类，它用来装载数据，Locations 类的设计比较简单，只包含了几个私有字段和属性，代码如下：

```
[Serializable]                                          //标记序列化属性
public class Locations
{
```

```
    public Locations(int i, int i2)                              //构造方法
    {
        start = i;
        end = i2;
    }
    public Locations(int i, int i2, string url,
        string filename,long filesize,Locations ls)  //构造方法
    {
        start = i;
        end = i2;
        this.url = url;
        this.filename = filename;
        this.ls = ls;
        this.filesize = filesize;
    }
    private int start;                                           //记录数据的开始位置
    private int end;                                             //记录数据的结束位置
    private string url;                                          //记录数据下载的地址
    private string filename;                                     //记录下载文件的名称
    private Locations ls;                                        //引用一个新的续传点
    private long filesize;                                       //记录下载文件的总大小
    public long Filesize                                         //记录下载文件的总大小
    {
        get { return filesize; }
        set { filesize = value; }
    }
    public Locations Ls                                          //引用一个新的续传点
    {
        get { return ls; }
        set { ls = value; }
    }
    public string Filename                                       //记录下载文件的名称
    {
        get { return filename; }
        set { filename = value; }
    }
    public string Url                                            //记录数据下载的地址
    {
        get { return url; }
        set { url = value; }
    }
    public int End                                               //记录数据的结束位置
    {
        get { return end; }
        set { end = value; }
    }
    public int Start                                             //记录数据的开始位置
    {
        get { return start; }
        set { start = value; }
    }
}
```

19.4.2 DownLoad 类设计

DownLoad 类主要用来下载网络资源，根据用户选择使用线程的数量，将网络资源分成若干份，使用线程下载每一份资源。在应用程序退出时，可以将未下载完成的任务自动保存到 cfg 配置文件中。下面列举出 DownLoad 类中重要的方法，代码如下：

```
/// <summary>
/// 开始下载网络资源
/// </summary>
public void StartLoad()
{
    long filelong = 0;
    try
    {
                                                        //创建 HttpWebRequest 对象
        HttpWebRequest hwr = (HttpWebRequest)HttpWebRequest.Create(downloadUrl);
                                                        //得到 HttpWebResponse 对象
        HttpWebResponse hwp = (HttpWebResponse)hwr.GetResponse();
        filelong = hwp.ContentLength;                   //得到下载文件的长度
    }
    catch (WebException we)
{
                                                        //向上一层抛出异常
     throw new Exception("未能找到文件下载服务器或下载文件，请添入正确下载地址！");
    }
    catch (Exception ex)
    {
        throw new Exception(ex.Message);
    }
    filesize = filelong;                                //filesize 得到文件长度值
    int meitiao = (int)filelong / xiancheng;            //开始计算每条线程要下载多少字节
    int yitiao = (int)filelong % xiancheng;             //每条线程分配字节后，余出的字节
    Locations ll = new Locations(0, 0);                 //新建一个续传信息对象
    lbo = new List<bool>();                             //初始化布尔集合
    for (int i = 0; i < xiancheng; i++)                 //开始为每条线程分配下载区间
    {
        ll.Start = i != 0 ? ll.End + 1 : ll.End;        //分配下载区间
        ll.End = i == xiancheng - 1 ?                   //分配下载区间
            ll.End + meitiao + yitiao : ll.End + meitiao;
        System.Threading.Thread th =                    //为每一条线程分配下载区间
            new System.Threading.Thread(GetData);
        th.Name = i.ToString();                         //线程的名称为下载区间排序的索引
        th.IsBackground = true;                         //线程为后台线程
        th.Start(ll);                                   //线程开始
        lli.Add(new Locations(ll.Start, ll.End, downloadUrl, filename,filesize,
            new Locations(ll.Start, ll.End)));          //续传状态列表添加新的续传区间
        ll = new Locations(ll.Start, ll.End);           //得到新的区间对象
        lbo.Add(false);                                 //设置每条线程的完成状态为 false
    }
    hebinfile();                                        //合并文件线程开始启动
}
```

DownLoad 类共有代码 300 行以上，由于篇幅问题，不能将所有代码一一列出，请读者参照本书光盘查看 DownLoad 类的所有源代码。

19.4.3　xuchuan 类设计

xuchuan 类主要用来继续下载上次没有完成的任务，可以通过手动选择 cfg 配置文件载入续传信息。下面例举出 xuchuan 类中重要的方法，Begin 方法是续传开始的第一个方法，主要负责将流中的数据反序列化为续传信息对象，通过分析续传信息对象来继续执行上一次的多线程下载动作。代码如下：

```
/// <summary>
/// 续传开始的第一个方法
/// </summary>
/// <param name="sm">文件流对象</param>
/// <param name="filenames">续传文件的文件名</param>
public void Begin(Stream sm, string filenames)
{
    BinaryFormatter bf = new BinaryFormatter();                  //实例化二进制格式对象
    lli = (List<Locations>)bf.Deserialize(sm);                   //反序列化，得到续传信息
    dtbegin = DateTime.Now;                                      //设置开始续传的时间
    if (lli.Count>0)
    {
        filesize = lli[lli.Count-1].Filesize;                    //得到文件的总大小
    }
    xiancheng = lli.Count;                                       //判断续传时需要多少线程
    string s = filenames;                                        //得到续传文件名称
    fileNameAndPath = s.Substring(0,
        s.Length - 4);                                           //得到文件的完整名称
    filename = fileNameAndPath.Substring(fileNameAndPath.LastIndexOf(@"\") + 1,
        fileNameAndPath.Length - (fileNameAndPath.LastIndexOf(@"\") + 1));//得到文件名
    filepath = fileNameAndPath.Substring(0,
        fileNameAndPath.LastIndexOf(@"\") + 1);                  //得到文件路径
    for (int i = 0; i < lli.Count; i++)                          //为每条线程分配续传任务
    {
        lbo.Add(false);                                          //设置续传的文件为未完成
        Thread th = new Thread(GetData);                         //建立线程，处理每条续传
        th.Name = i.ToString();                                  //设置线程的名称
        th.IsBackground = true;                                  //将线程设置为后台线程
        th.Start(lli[i]);                                        //线程开始
    }
    hebinfile();                                                 //合并文件线程开始启动
    sm.Close();                                                  //关闭文件流对象
}
```

xuchuan 类共有代码 300 行以上，由于篇幅问题，不能将所有代码一一列出，请读者参照本书光盘查看 xuchuan 类的所有源代码。

19.5 实 现 过 程

19.5.1 雷速主窗体设计

雷速下载专家的主窗体实现了对下载任务的基本操作，该窗体中，可以新建下载任务，可以续传上一次的下载任务，也可以对正在下载或续传的任务进行管理，如暂停、开始及删除下载任务。雷速下载专家的主窗体运行结果如图 19-3 所示。

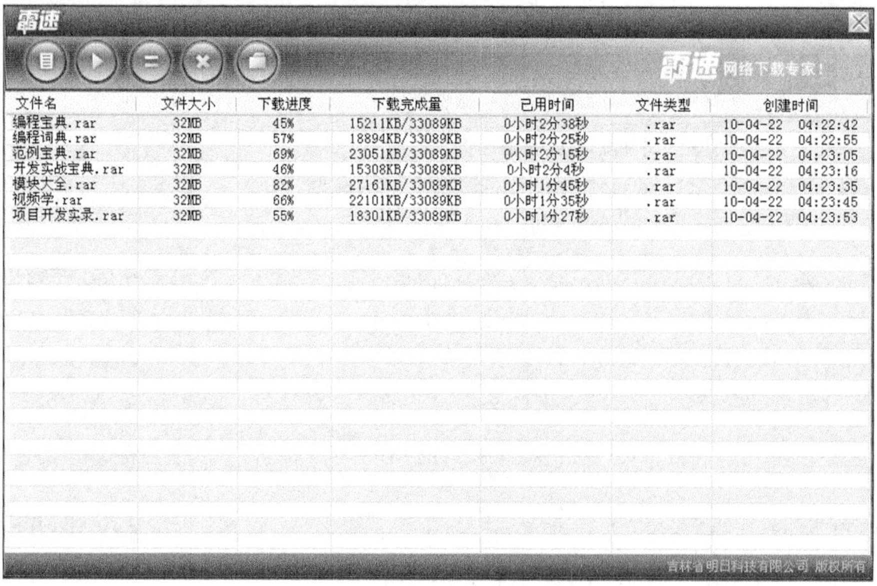

图 19-3 雷速下载专家主窗体

1. 界面设计

将雷速下载专家项目中的默认窗体 Form1.cs 修改为 Main_form.cs，设置 BackgroundImage 属性为 Main_Form.png 图片，设置 FormBorderStyle 属性为 None，作为雷速的主窗体，该窗体主要用到的控件及说明如表 19-1 所示。

表 19-1 雷速下载专家主窗体用到的主要控件

控件类型	控件名称	主要属性设置	用 途
ListView	lv_state	在 columns 集合中添加 7 个新成员，成员的 Text 属性分别为“文件名”、“文件大小”、“下载进度”、“下载完成量”、“已用时间”、“文件类型”和“创建时间”。将控件调整为适当大小	显示文件下载状态
PictureBox	pbox_new	Images 属性中添加 pbox_new2.png	新建下载任务
	pbox_start	Images 属性中添加 pbox_start2.png	开始下载任务
	pbox_pause	Images 属性中添加 pbox_pause2.png	暂停下载任务
	pbox_delete	Images 属性中添加 pbox_delete2.png	删除下载任务
	pbox_continue	Images 属性中添加 pbox_continue2.png	续传下载任务
	pbox_close	Images 属性中添加 pbox_close.png	退出程序

2. 关键代码

（1）Main_from 窗体加载时，首先要初始化一些信息，包括 InitialListViewMenu 方法，用于初始化 lv_state 控件中的右键菜单；SetToolTip 方法，用于向主窗体中的控件添加提示信息。th 线程执行 BeginDisplay 方法，用于更新 lv_state 控件内下载或续传任务的状态，而 th2 执行 DisplayListView 方法，线程负责定时重绘 lv_state 控件表格颜色。代码如下：

```
private void bt_StartLoad_Load(object sender, EventArgs e)
{
    Thread th = new Thread(
        new ThreadStart(BeginDisplay));                //线程用于显示任务状态
    th.IsBackground = true;                            //设置线程为后台线程
    th.Start();                                        //线程开始
    SetToolTip();                                      //定义控件提示信息
    InitialListViewMenu();                             //初始化 ListView 控件菜单
    Thread th2 = new Thread(                           //线程用于重绘 Listview 控件
        new ThreadStart(DisplayListView));
    th2.IsBackground = true;                           //设置线程为后台线程
    th2.Start();                                       //开始执行线程
}
```

（2）上面的代码中用到了 SetToolTip 方法和 InitialListViewMenu 方法及建立了两个线程，下面进行分别介绍。SetToolTip 方法为自定义的无返回值类型方法，主要用来定义控件提示信息，其实现代码如下：

```
private void SetToolTip()
{
    ToolTip ttnew = new ToolTip();                     //创建 ToolTip 对象
    ttnew.InitialDelay = 10;                           //设置延迟为 10ms
    ttnew.SetToolTip(pbox_new, "新建");                //为控件添加提示信息
    ToolTip ttbegin = new ToolTip();                   //创建 ToolTip 对象
    ttbegin.InitialDelay = 10;                         //设置延迟为 10ms
    ttbegin.SetToolTip(pbox_start, "开始");            //为控件添加提示信息
    ToolTip ttpause = new ToolTip();                   //创建 ToolTip 对象
    ttpause.InitialDelay = 10;                         //设置延迟为 10ms
    ttpause.SetToolTip(pbox_pause, "暂停");            //为控件添加提示信息
    ToolTip ttdel = new ToolTip();                     //创建 ToolTip 对象
    ttdel.InitialDelay = 10;                           //设置延迟为 10ms
    ttdel.SetToolTip(pbox_delete, "删除");             //为控件添加提示信息
    ToolTip ttopen = new ToolTip();                    //创建 ToolTip 对象
    ttopen.InitialDelay = 10;                          //设置延迟为 10ms
    ttopen.SetToolTip(pbox_continue, "续传");          //为控件添加提示信息
    ToolTip ttclose = new ToolTip();                   //创建 ToolTip 对象
    ttclose.InitialDelay = 10;                         //设置延迟为 10ms
    ttclose.SetToolTip(pbox_close, "关闭");            //为控件添加提示信息
}
```

在上面的代码中，InitialDelay 属性的单位是毫秒，用户将鼠标放在指定控件所在的区域若干毫秒后，出现提示信息；SetToolTip 方法用于为指定控件添加提示信息。

（3）InitialListViewMenu 方法为自定义的无返回值的方法，主要用来为 lv_state 控件添加菜单项及菜单响应事件，其实现代码如下：

```
private void InitialListViewMenu()
{
    MenuItem mi = new MenuItem("开始");                            //定义菜单的开始项
    mi.Click += new EventHandler(mi_Click);                         //为菜单的开始项添加事件
    MenuItem mi2 = new MenuItem("暂停");                           //定义菜单的暂停项
    mi2.Click += new EventHandler(mi2_Click);                       //为菜单的暂停项添加事件
    MenuItem mi3 = new MenuItem("删除");                           //定义菜单的删除项
    mi3.Click += new EventHandler(mi3_Click);                       //为菜单的删除项添加事件
    lv_state.ContextMenu =                                          //为 ListView 控件添加菜单
        new ContextMenu(new MenuItem[] { mi, mi2, mi3 });
}
```

（4）窗体 Load 事件中的两个线程，线程 th 执行 BeginDisplay 方法，用于更新 lv_state 控件内下载或续传任务的状态，而线程 th2 执行 DisplayListView 方法，线程负责定时重绘 lv_state 控件表格颜色。由于 BeginDisplay 方法的代码过多，在书中不做介绍，下面看一下 DisplayListView 方法实现定时重绘 lv_state 控件表格颜色。代码如下：

```
private void DisplayListView()
{
    while (true)
    {
        this.Invoke(
            (MethodInvoker)delegate                                 //使用匿名方法
            {
                if (lv_state.Items.Count < 28)                      //lv_state 发生改变则执行下面
                {
                    for (int j = 0; j < 28 - lv_state.Items.Count; j++)
                    {
                        lv_state.Items.Add(
                            new ListViewItem(new string[] {   //初始化 lv_state 的状态
                        string.Empty,string.Empty,string.Empty,string.Empty,
                        string.Empty,string.Empty,string.Empty,string.Empty}));
                    }
                }
                for (int i = 0; i < lv_state.Items.Count; i++)
                {
                    if (i % 2 == 0)
                    {
                        lv_state.Items[i].BackColor =
                            Color.FromArgb(225, 238, 255);    //背景设为浅蓝色
                    }
                    else
                    {
                        lv_state.Items[i].BackColor = Color.White;    //背景设为白色
                    }
                }
            });
        Thread.Sleep(1000);                                         //线程挂起 1s
    }
}
```

说明　上面的代码中，this.Inovke 方法实现将线程中执行的方法转到窗体主线程中执行。

（5）现在窗体 Load 事件中执行的方法已经介绍完成了，可以单击工具栏中的“新建”按钮为雷速添加新的下载任务，“新建”按钮如图 19-4 所示。

图 19-4　新建任务按钮

（6）“新建”按钮的 Click 事件，代码如下：

```
private void pictureBox1_Click(object sender, EventArgs e)
{
    LoadStart ls = new LoadStart();          //实例化下载页面对象
    ls.Owner = this;                         //下载页面的 Owner 属性为本窗体
    ls.Show();                               //显示下载页面
}
```

（7）单击“新建”按钮后会打开下载窗口，在下载窗口中输入下载信息，单击“确定”按钮，会向主窗体添加下载任务。下载任务添加完成后，可以使用工具栏中的“开始”、“暂停”、“删除”按钮来操作下载任务，“开始”、“暂停”、“删除”按钮如图 19-5 所示。

图 19-5　开始、暂停及删除按钮

（8）“开始”按钮的 Click 事件，代码如下：

```
private void pictureBox2_Click(object sender, EventArgs e)
{
    start();                                        //调用 start 方法开始下载或续传任务
}
```

（9）“暂停”按钮的 Click 事件，代码如下：

```
private void pictureBox3_Click(object sender, EventArgs e)
{
    pause();                                        //调用 pause 暂停下载或续传任务
}
```

（10）“删除”按钮的 Click 事件

```
private void pictureBox4_Click(object sender, EventArgs e)
{
    delete();                                       //调用 delete 删除下载或续传
}
```

（11）我们不只可以使用工具栏中的“开始”、“暂停”、“删除”按钮来操作下载任务，还可在 lv_state 控件中使用鼠标右键菜单来操作下载任务，如图 19-6 所示。

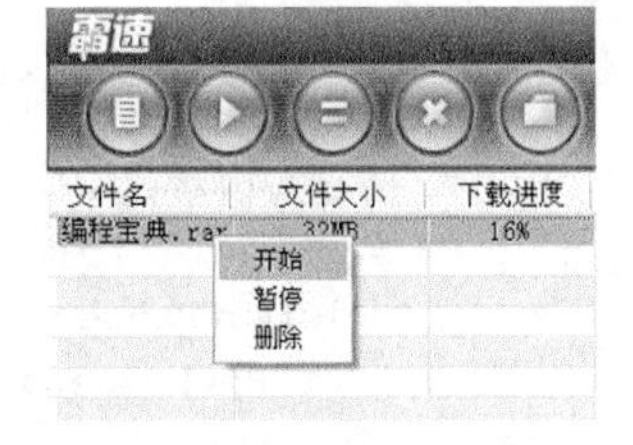

图 19-6　鼠标右键菜单中的开始、暂停、删除按钮

（12）鼠标右键菜单“开始”菜单项的 Click 事件，代码如下：

```
void mi_Click(object sender, EventArgs e)
{
    start();                                        //调用 start 开始下载或续传任务
}
```

（13）鼠标右键菜单“暂停”菜单项的 Click 事件，代码如下：

```
void mi2_Click(object sender, EventArgs e)
```

```
{
    pause();                                                    //调用 pause 暂停下载或续传任务
}
```

（14）鼠标右键菜单“删除”菜单项的 Click 事件，代码如下：

```
void mi3_Click(object sender, EventArgs e)
{
    delete();                                                   //删除下载或续传任务
}
```

（15）从上面的事件中可以看到，“开始”、“暂停”、“删除”任务都分别调用了 start 方法、pause 方法和 delete 方法，这 3 个方法具体是怎样实现的呢？下面分别介绍。start 方法代码如下：

```
/// <summary>
/// 单击开始按钮时，终止暂停动作，开始下载
/// </summary>
void start()
{
    if (RowProcess != -1)                                       //判断 lv_state 是否选中行
    {
        if (lv_state.Items[RowProcess].Text != string.Empty)   //判断选中行是否为有效行
        {
            if (RowProcess + 1 > dl.Count)
            {
                jc[RowProcess - dl.Count > 0 ?                  //设置任务的状态为开始
                    RowProcess - dl.Count : 0].stop = false;
            }
            else
            {
                dl[RowProcess].stop = false;                    //设置任务的状态为开始
            }
        }
    }
}
```

（16）实现暂停任务的 pause 方法，代码如下：

```
/// <summary>
/// 单击暂停按钮时，暂停下载进程或续传任务
/// </summary>
void pause()
{
    if (RowProcess != -1)                                       //判断 lv_state 是否选中行
    {
        if (lv_state.Items[RowProcess].Text != string.Empty)   //判断选中行是否为有效行
        {
            if (RowProcess + 1 > dl.Count)
            {
                jc[RowProcess - dl.Count > 0 ?                  //设置任务的状态为暂停
                    RowProcess - dl.Count : 0].stop = true;
            }
            else
            {
                dl[RowProcess].stop = true;                     //设置任务的状态为暂停
            }
        }
    }
}
```

（17）实现删除任务的 delete 方法，代码如下：

```
/// <summary>
/// 单击删除按钮时，删除下载或续传任务
/// </summary>
void delete()
{
    if (RowProcess != -1)                                   //判断 lv_state 是否选中行
    {
        if (lv_state.Items[RowProcess].Text != string.Empty)  //判断选中行是否为有效行
        {
            if (RowProcess + 1 > dl.Count)
            {
                jc[RowProcess - dl.Count > 0 ?              //设置任务的状态为暂停
                    RowProcess - dl.Count : 0].stop = false;
                jc[RowProcess - dl.Count > 0 ?              //设置任务的状态为删除
                    RowProcess - dl.Count : 0].stop2 = true;
            }
            else
            {
                dl[RowProcess].stop = false;                //设置任务的状态为暂停
                dl[RowProcess].stop2 = true;                //设置任务的状态为删除
            }
        }
    }
}
```

（18）前面已经介绍了怎样实现“新建”按钮的 Click 事件向雷速中添加下载任务，以及怎样实现“开始”、“继续”、“删除”按钮的 Click 事件来控制下载任务的状态。下面来实现雷速中强大的续传功能，在续传按钮的 Click 事件中写入代码如下：

```
private void pictureBox5_Click(object sender, EventArgs e)
{
    openFileDialog1.FileName = string.Empty;                //重置续传文件的名称
    openFileDialog1.Filter = string.Format("cfg 文件|*.cfg");//续传文件类型筛选
    DialogResult dr = openFileDialog1.ShowDialog();         //打开文件浏览，选择续传文件
    if (dr == DialogResult.OK)                              //判断是否点下确定按钮
    {
        Stream sm = openFileDialog1.OpenFile();             //得到续传文件的流对象
        string s = openFileDialog1.FileName;                //得到续传文件的文件名
        xuchuan jcc = new xuchuan();                        //实例化续传实例
        jcc.Begin(sm, s);                                   //正式开始处理续传信息
        jc.Add(jcc);                                        //将续传对象加入到续传处理队列
    }
}
```

上面的代码中，Begin 方法用于开始处理续传信息。

（19）从上面的代码中可以看出，当单击“续传”按钮后，会弹出打开文件对话框，手动选择 cfg 配置文件，载入上一次的下载进度，继续下载网络资源。现在我们来看一下主窗体中的“关

闭”按钮，“关闭”按钮主要用于关闭应用程序，它还有一个重要的功能，当关闭雷速应用程序时，雷速会自动检测是否有下载或续传任务正在执行，如果有下载或续传任务，则暂停任务并保存续传信息到 cfg 文件中。“关闭”按钮的 Click 事件代码如下：

```
private void pictureBox6_Click(object sender, EventArgs e)
{
    exit();                                              //执行退出应用程序方法
}
```

（20）可以看到，主窗体中的“关闭”按钮调用了 exit 方法。exit 方法代码如下：

```
private void exit()
{
    //下载或续传队列，若有任务，则继续执行
    if (dl.Count > 0 || jc.Count > 0)
    {
        DialogResult dr = MessageBox.Show("正在进行下载，确认关闭应用程序", "提示",
            MessageBoxButtons.YesNo);                    //是否关闭应用程序
        if (dr == DialogResult.Yes)                      //单击确认按钮向下执行
        {
            if (dl.Count > 0)                            //如果下载队列中有下载进程
            {
                for (int i = 0; i < dl.Count; i++)       //遍历下载队列中所有下载进程
                {
                    dl[i].stop = true;                   //暂停下载进程的下载动作
                    System.Threading.Thread.Sleep(3000); //线程挂起 3s
                    dl[i].SaveState();                   //保存下载数据的续传信息
                }
            }
            if (jc.Count > 0)                            //如果续传队列中有续传进程
            {
                for (int j = 0; j < jc.Count; j++)       //遍历续传队列中所有续传进程
                {
                    jc[j].stop = true;                   //暂停续传进程的下载动作
                    System.Threading.Thread.Sleep(3000); //线程挂起 3s
                    jc[j].SaveState();                   //保存续传数据的续传信息
                }
            }
            Environment.Exit(0);                         //强制退出应用程序
        }
    }
    else
    {
        this.Close();                                    //退出应用程序
    }
}
```

19.5.2 添加下载任务模块

添加下载任务模块主要用来向雷速下载专家中添加下载任务，在该模块中，输入下载网络资源的地址，手动选择文件存储路径，然后选择下载网络资源所使用的线程的数量，最后单击“立即下载”按钮，即可向主窗体添加下载任务。添加下载任务模块运行结果如图 19-7 所示。

图 19-7　添加下载任务模块

1. 界面设计

新建一个 Windows 窗体，命名为 LoadStart.cs，作为添加下载任务的窗体，为窗体的 BackgroundImage 属性添加图片 LoadStart.png，设置 FormBorderStyle 属性为 None，将窗体调整为适当大小。该窗体主要用到的控件及说明如表 19-2 所示。

表 19-2　　添加下载任务窗体用到的主要控件

控件类型	控件名称	主要属性设置	用　途
TextBox	tb_url	无	下载链接地址
	tb_filename	BackColor 属性选择为"Control"	下载文件名称
	tb_savepath	无	下载文件保存路径
PictureBox	pbox_true	Image 属性中添加 pbox_begin.png	立即下载
	pbox_cancel	Image 属性中添加 pbox_cancel.png	取消
Button	btn_browse	Text 属性设置为"浏览"	浏览文件夹
ComboBox	cbox_count	在 Items 字符串集合编加器中添加如下字符串："单线程"、"两条线程"、"三条线程"、"四条线程"、"五条线程" "六条线程"、"七条线程"、"八条线程"、"九条线程"、"十条线程"、"十一条线程"、"十二条线程"	选择线程数量

2. 关键代码

（1）当主窗体 Main_from 中单击"新建"按钮后，将会显示 LoadStart 窗体，LoadStart 窗体加载时，首先要初始化一些信息，包括选择线程数量的默认值和引用主窗体对象，代码如下：

```
private void LoadStart_Load(object sender, EventArgs e)
{
    cbox_count.SelectedIndex = 5;                          //默认选择使用六条线程下载
    bs2 = Owner as Main_form;                              //得到主窗体的实例的引用
}
```

上面的代码中，程序从 Owner 属性中得到主窗体的引用。

（2）添加下载任务的窗体加载后，就可以向雷速添加下载任务了。首先在下载链接的 tb_url 控件中填写下载网络资源的地址，然后单击“浏览”按钮，选择下载资源保存路径。“浏览”按钮的 Click 事件代码如下：

```
private void button3_Click(object sender, EventArgs e)
{
    DialogResult dr = folderBrowserDialog1.ShowDialog(); //选择下载文件保存到的文件夹
    if (dr == DialogResult.OK)                           //确定已经选择文件夹
    {
        tb_savepath.Text = folderBrowserDialog1.SelectedPath; //显示下载路径
        bs2.filepath = tb_savepath.Text;                 //得到下载路径
    }
}
```

（3）在前面，我们已经向新建任务窗体中添加了资源下载地址和资源保存路径，现在可以手动选择下载网络资源所使用线程的数量。线程数量默认为 6 条，假定我们选择了 6 条线程，现在单击“立即下载”按钮，就可以向主窗体中添加新的下载任务。“立即下载”按钮的 Click 事件代码如下：

```
private void pictureBox1_Click(object sender, EventArgs e)
{
    bs2.downloadUrl = tb_url.Text;                       //设置下载地址
    bs2.filename = bs2.downloadUrl.Substring(bs2.downloadUrl.LastIndexOf("/") + 1,
bs2.downloadUrl.Length - (bs2.downloadUrl.LastIndexOf("/") + 1)); //设置文件名称
    tb_filename.Text = bs2.filename;
    bs2.xiancheng = cbox_count.SelectedIndex + 1;        //设置下载文件时使用的线程数量
    bs2.fileNameAndPath = bs2.filepath + @"\" + bs2.filename; //设置文件全路径
    if (tb_savepath.Text != string.Empty)                //确认填写保存路径
    {
        DownLoad dll = new DownLoad(bs2.filename,        //创建下载类型的实例
            bs2.filepath,
            bs2.downloadUrl,
            bs2.fileNameAndPath, bs2.xiancheng);
        bs2.dl.Add(dll);                                 //将实例放入下载列表
        this.Close();                                    //关闭当前窗体
    }
    else
    {
        MessageBox.Show("请选择下载文件保存的位置");      //提示选择文件保存路径
    }
}
```

（4）上面的操作可以正确地向雷速中添加新的下载任务，在添加下载任务时，也可以单击“取消”按钮，取消创建新的下载任务。“取消”按钮的 Click 事件代码如下：

```
private void pictureBox2_Click(object sender, EventArgs e)
{
    this.Close();                                        //关闭当前窗体
}
```

可以看到，“取消”按钮只是简单的将窗体关闭，一切都是这么简单。现在雷速下载专家的主体部分已经介绍完成了，读者可以结合程序源码更深入地学习细节部分。

由于程序代码量过大，在书没有将所有代码一一列出，感兴趣的读者可以试着自己实现部分功能，也可以结合代码及代码中的注释更深入的学习。

19.6 调 试 运 行

在软件的开发过程中，由于技术或经验的原因，难免会遇到一些问题。在开发雷速下载专家时，出现的问题主要体现在雷速下载专家无法连接到下载的服务器和无法实现多线程下载资源，下面就讲解关于这两方面的解决问题思路。

19.6.1 无法连接到下载服务器

使用雷速下载专家添加新的任务时，可能会出现如图 19-8 所示的 WebException 异常。

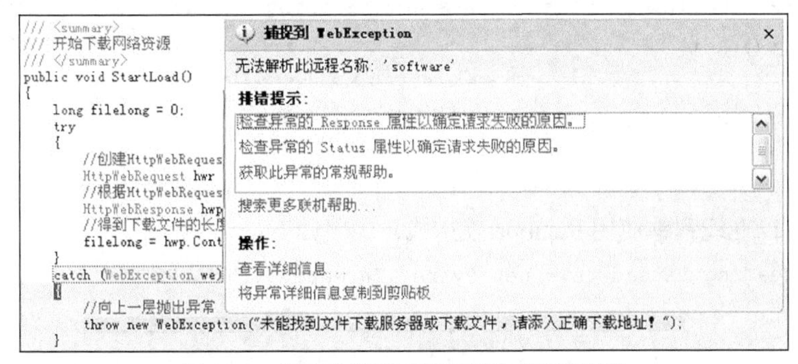

图 19-8　无法连接到远程服务器或下载资源

跟踪该异常，发现它出现在 HttpWebRequest 对象的 GetResponse 方法中，但追踪其来源，它主要是由于无法连接远程服务器或未能找到下载资源造成的。找到此异常的来源后，需要作出一个友好的处理方法，可以使用 try catch 块捕获异常，捕获到异常后，本类中不做处理，然后将此异常抛向应用层，由应用层处理此异常，应用层会将异常信息写入 log 日志文件，然后通知用户“未能找到文件下载服务器或下载文件，请添入正确下载地址！”。

19.6.2 无法使用多线程下载资源

使用雷速下载专家在因特网下载网络资源时要注意，一些网络资源服务器不提供多线程下载，即使在雷速中设置了使用多线程下载，但是实际工作方式是，所有线程不能并发访问服务器资源，只能是所有线程等待一条线程下载完毕后，再由下一条线程继续下载。

雷速下载专家提供了最多 12 条线程同时下载文件，但是有一点要注意，在下载网络资源时，并不是使用线程数量越多下载速度就越快，要根据实际情况，适当选择相应的线程数量，这样才能达到理想的下载效果。

19.7 课程设计总结

在没有进行课程设计实训之前，大家对 C#语言的知识掌握只能说是很肤浅，只知道分开来使用那些语句和语法，对它们根本没有整体感念，所以在学习时经常会感觉很盲目，甚至不知道自己学这些东西是为了什么。而通过课程设计实训，不仅能使大家对 C#语言有更深入的了解，同时还可以学到很多课本上学不到的东西，最重要的是，它让我们能够知道学习 C#语言的最终目的和将来发展的方向。关于雷速下载专家这个软件，下面就从技术和开发经验两个方面进行总结。

19.7.1 技术总结

1. 适当的使用线程增加应用程序友好度

窗体应用程序在做大量复杂的运算或比较耗时的I/O操作时，可能会出现窗体间歇性无响应情况，问题在于主窗体线程将CPU资源过多的分配给运算或I/O操作，所以导制了窗体反应速度慢或无响应情况，解决此问题的最好方法就是适当的使用线程，来缓解窗体线程的压力，使用户对窗体的操作轻松、流畅。

在使用线程时，如果线程执行方法的代码比较少，可以在线程中使用匿名方法或Lambda表达式，这样会使代码更简洁、明了。在线程中使用匿名方法，代码如下：

```
System.Threading.Thread th = new System.Threading.Thread(          //创建线程
    delegate()                                                      //线程中使用匿名方法
    {
        System.Console.WriteLine("线程中执行的代码");
    });
th.Start();                                                         //开始执行线程
```

另外，也可以在线程中使用Lambda表达式，代码如下：

```
System.Threading.Thread th = new System.Threading.Thread(          //创建线程
    () =>                                                           //使用 Lambda 表达式
    {
        System.Console.WriteLine("线程中执行的代码");
    });
th.Start();                                                         //开始执行线程
```

Lambda表达式是C#3.0之后出现的新特性，可以将Lambda表达式理解为匿名方法的一个超集，Lambda表达式与匿名方法比较则显得更为简洁。

2. 使用HttpWebRequest对象批量下载网络资源

在读过前面的内容后，你一定对HttpWebRequest对象有了深入的了解，前面的代码中使用了HttpWebRequest对象下载网络文件资源，我们也可以使用HttpWebRequest对象在网络中下载图片等其他信息，可以通过分析Html信息来得到图片的确切地址，使用线程配合HttpWebRequest对象做一个图片批量下载工具。

在使用HttpWebRequest对象时，要注意可能会出现的异常信息和适当的捕获异常信息。

19.7.2 经验总结

在开发一个系统之前，首先应当详细了解软件实现的功能，然后制定业务流程图，根据业务流程图开发系统的各功能模块，这样可以提高系统的开发效率，可以使用面向对象的封装、继承、多态等特性，也可以使用面向对象中的一些原则，如单一职责原则、接口隔离原则、开放关闭原则等，这样不但提高了代码的重用性，而且也可以使代码易于管理，方便后期的维护。

第 20 章 课程设计——快递单打印系统

本章要点：

■ 快递单打印系统的设计目的
■ 快递单打印系统的开发环境要求
■ 快递单打印系统的功能结构及业务流程
■ 主要功能模块的界面设计
■ 主要功能模块的关键代码
■ 快递单打印系统的调试运行

该快递单打印系统是一套通用的快递单打印系统，它使用灵活方便，不受各种快递单格式的限制，由使用者自行定义单据的打印格式，并且该系统可以设置多种单据格式，满足了一个用户使用多种快递单的要求。该系统包括快递单设置、快递单打印、快递单查询等若干模块。本章将讲解该快递单打印系统的实现过程。

20.1 课程设计目的

本章提供了“快递单打印系统”作为这一学期的课程设计之一，本次课程设计旨在提升学生的动手能力，加强学生对专业理论知识的理解和实际应用。本次课程设计的主要目的如下。

❑ 加深对面向对象程序设计思想的理解，能对软件功能进行分析，并设计合理的类结构。
❑ 了解数据库的行列转换技术。
❑ 熟悉应用 List<T>泛型存储数据。
❑ 熟悉扩展已有控件技术。
❑ 掌握如何在 C#中调用存储过程。
❑ 掌握使用序列化技术保存图像到数据库。
❑ 掌握使用反序列化技术从数据库读取图像。
❑ 提高软件的开发能力，能够运用合理的控制流程编写高效的代码。
❑ 培养分析问题、解决实际问题的能力。

20.2 功能描述

通过深入广泛的实际调研，本系统能够提供以下功能。

- ❑ 限于操作人员的计算机操作水平，因此要求系统具有良好的人机交互界面。
- ❑ 对于用户使用软件时的错误操作，系统应给予自动控制或主动提示，确保数据的准确性。
- ❑ 因快递单种类较多，所以要求自定义快递单打印模板，以适应企业对不同快递单的打印需求。
- ❑ 由于考虑到数据的保密性，所以要求系统提供操作员登记功能，非登记人员则无法进入该系统。
- ❑ 考虑到用户录入快递单数据时的直观性，所以要求快递单的打印界面要与快递单实物的界面完全相同。
- ❑ 因实际操作过程中可能出现打印机故障，所以系统应提供重新打印快递单的功能。
- ❑ 为了便于日后的查询和统计工作，系统应提供方便快捷的综合查询功能，并做到可按任意一项快递单信息进行查询。

20.3 总体设计

20.3.1 构建开发环境

快递单打印系统的开发环境具体要求如下。

- ❑ 系统开发平台：Microsoft Visual Studio 2010。
- ❑ 系统开发语言：C#。
- ❑ 数据库：Microsoft SQL Server 2008。
- ❑ 运行平台：Windows 2000（SP4）/ Windows XP（SP3）/Windows Server 2003（SP2）/Windows 7。
- ❑ 运行环境：Microsoft .NET Framework SDK v4.0。
- ❑ 分辨率：最佳效果 1024×768 像素。

20.3.2 软件功能结构

快递单打印系统中主要包含 3 大功能模块，分别为快递单设置、快递单打印和快递单查询，它们的具体介绍如下。

- ❑ 快递单设置：该模块主要用于自定义快递单样式，用户可以通过该模块添加任意样式快递单的模板，并可根据实际需要随时修改模板。
- ❑ 快递单打印：由于一个用户可能使用多种快递单，所以本模块提供可以自由选择快递单种类的功能，在选择某一种快递单后，程序将自动生成多个文本输入框，这些文本输入框的大小及位置与对应模板的设置完全相同，在文本输入框中录入完相关信息后，即可打印快递单。
- ❑ 快递单查询：打印后的快递单记录被保存到数据库中，该模块提供查询打印记录、修改打印记录、删除打印记录及重新打印单据的功能。

快递单打印系统的功能结构图如图 20-1 所示。

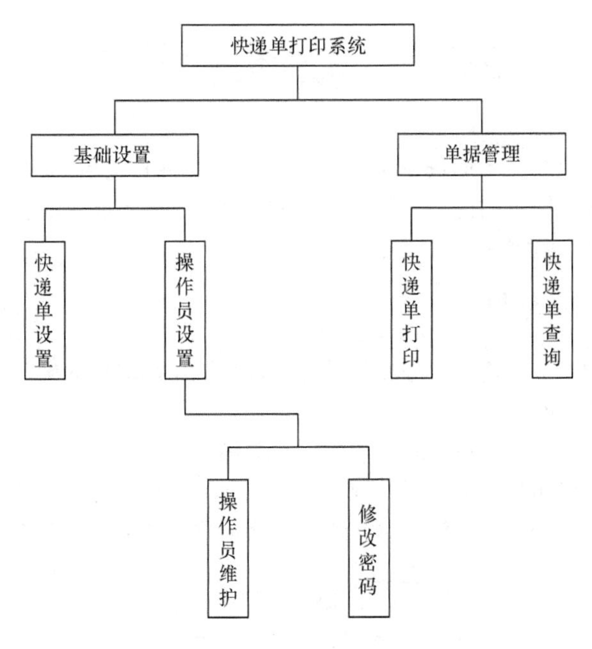

图 20-1　快递单打印系统的功能结构图

20.3.3　业务流程图

快递单打印系统的业务流程图如图 20-2 所示。

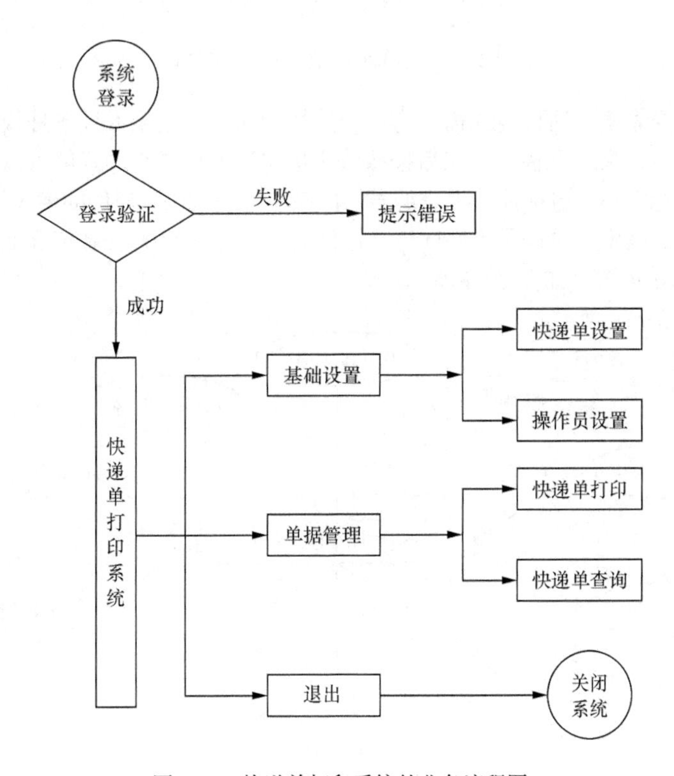

图 20-2　快递单打印系统的业务流程图

20.4 数据库设计

快递单打印系统采用 SQL Server 2008 数据库，该数据库作为目前常用的数据库，在安全性、准确性和运行速度方面有绝对的优势，并且处理数据量大、效率高，而且可与 SQL Server 2000、SQL Server 2005 数据库无缝连接。

20.4.1 实体 E-R 图

通过对系统进行的需求分析、业务流程设计以及系统功能结构的确定，规划出系统中使用的数据库实体对象及实体 E-R 图。

该系统可以打印多种类型的快递单，所以需要对快递单进行分类，这样就需要设计一个快递单分类信息实体，包括快递单种类代码、快递单种类名称、单据宽度、单据高度、单据图像、单据号的位数、单据备注和是否启用标记。快递单分类信息实体 E-R 图如图 20-3 所示。

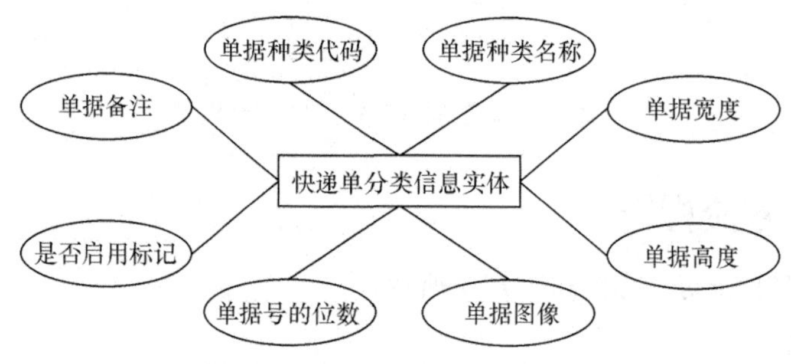

图 20-3 快递单分类信息实体 E-R 图

由于快递单种类繁多，所以软件需要有一个通用的模板，用来设计各种快递单界面，在模板的界面上动态生成一些文本框控件，然后按照快递单实物的样式布局好就可以了，这样就需要有一个快递单模板信息实体，包括控件唯一编号、快递单种类代码、控件的横坐标、控件的纵坐标、控件的宽度、控件的高度、单据号控件标记、控件名称、控件默认 Text 值和回车后跳转控件。快递单模板信息实体 E-R 图，如图 20-4 所示。

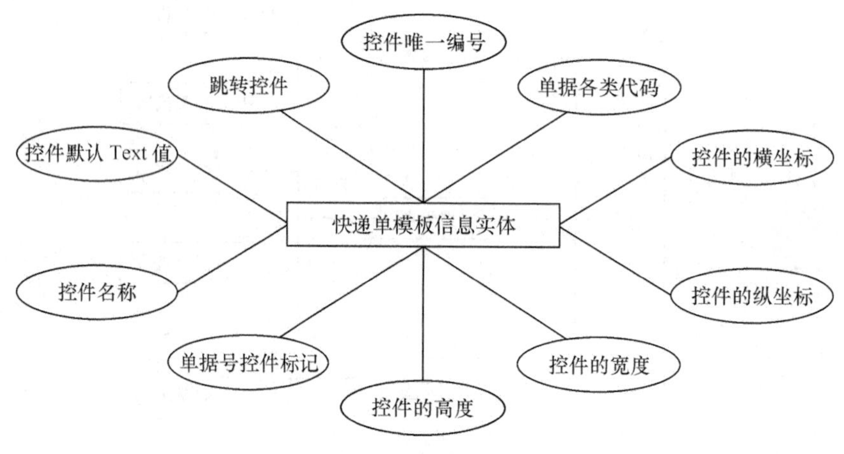

图 20-4 快递单模板信息实体 E-R 图

每一张快递单上打印的信息，都需要保存到软件系统中，以便后期查询和统计之用，所以需要设计一个快递单记录信息实体，包括记录自增序号、快递单种类代码、快递单号、控件唯一编号和控件的 Text 值，其 E-R 图如图 20-5 所示。

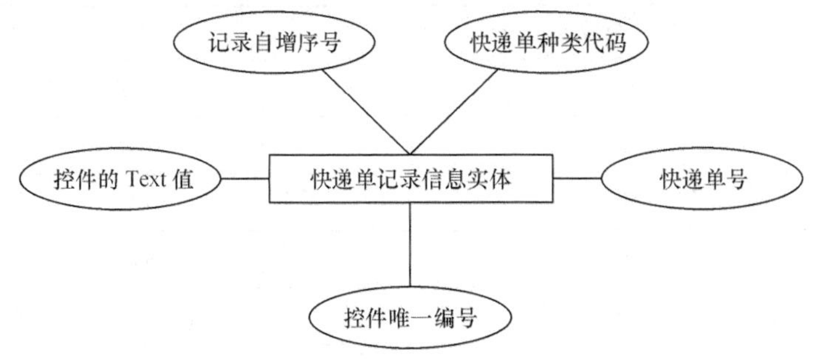

图 20-5　快递单记录信息实体 E-R 图

由于使用这套系统的操作人员可能有多个，所以需要登记操作员信息，这样就需要设计一个操作员登记信息实体，包括操作员代码、操作员名称、操作员密码和超级用户标记，其 E-R 图如图 20-6 所示。

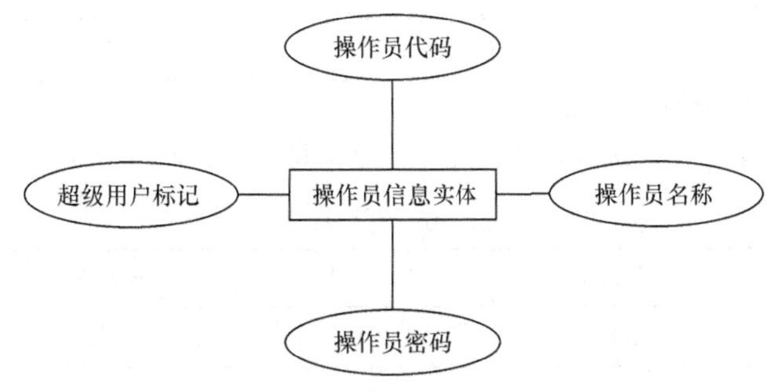

图 20-6　操作员信息实体 E-R 图

20.4.2　数据表设计

该系统的数据库命名为 db_Express，结合实际情况及对实体 E-R 图的分析，设计了 4 个数据表，具体数据结构如下。

❑ tb_BillType（快递单分类信息表）

表 tb_BillType 用于保存不同种类快递单的基本信息，该表的结构如表 20-1 所示。

表 20-1　快递单分类信息表

字段名	数据类型	长　度	主键否	描　述
BillTypeCode	varchar	2	主键	快递单种类代码
BillTypeName	varchar	20	否	快递单种类名称
BillWidth	int	4	否	单据宽度
BillHeight	int	4	否	单据高度
BillPicture	image	16	否	单据图像
BillCodeLength	int	4	否	单据号的位数
Remark	text	16	否	单据备注
IsEnabled	char	1	否	是否启用标记

❑ tb_BillTemplate（快递单模板信息表）

表 tb_BillTemplate 用于保存不同种类快递单的模板信息，该表的结构如表 20-2 所示。

表 20-2 快递单模板信息表

字段名	数据类型	长　度	主键否	描　述
ControlId	int	4	主键	控件唯一编号
BillTypeCode	varchar	2	否	快递单种类代码
X	int	4	否	控件的横坐标
Y	int	4	否	控件的纵坐标
Width	int	4	否	控件的宽度
Height	int	4	否	控件的高度
IsFlag	char	1	否	单据号控件标记
ControlName	varchar	20	否	控件名称
DefaultValue	varchar	100	否	控件默认 Text 值
TurnControlName	varchar	20	否	回车后跳转控件

❑ tb_BillText（快递单记录信息表）

表 tb_ BillText 用于保存每次打印的快递单记录信息，该表的结构如表 20-3 所示。

表 20-3 快递单记录信息表

字段名	数据类型	长　度	主键否	描　述
NoteId	int	4	主键	记录自增序号
BillTypeCode	varchar	2	否	快递单种类代码
ExpressBillCode	varchar	20	否	快递单号
ControlId	int	4	否	控件唯一编号
ControlText	varchar	100	否	控件的 Text 值

❑ tb_Operator（操作员登记信息表）

表 tb_ Operator 用于登记操作员信息，该表的结构如表 20-4 所示。

表 20-4 操作员登记信息表

字段名	数据类型	长　度	主键否	描　述
OperatorCode	varchar	20	主键	操作员代码
OperatorName	varchar	8	否	操作员名称
Password	varchar	20	否	操作员密码
IsFlag	char	1	否	超级用户标记

20.4.3 存储过程设计

该系统总共设计了 3 个存储过程，这里仅介绍两个比较重要的存储过程，另外一个存储过程请参见本系统源程序。

1. P_IsExistExpressBillCode 存储过程

存储过程 P_IsExistExpressBillCode 用于判断当前正在录入的快递单号在数据库中是否已经存在。创建该存储过程的 SQL 语句如下：

```
CREATE PROCEDURE P_IsExistExpressBillCode
    @ExpressBillCode varchar(20),
    @BillTypeCode varchar(2)
 AS
--在指定的快递单种类情况下，检索指定的快递单号记录
SELECT Count(*) From tb_BillText
WHERE ExpressBillCode  = @ExpressBillCode and BillTypeCode = @BillTypeCode
GO
```

上面的代码中，参数@ExpressBillCode 表示当前录入的快递单号；参数@BillTypeCode 表示快递单的种类代码。

2. P_QueryExpressBill 存储过程

存储过程 P_QueryExpressBill 用于实现 tb_BillTemplate 表中 ControlId 字段的行数据转为列，该存储过程主要通过动态 SQL 语句来实现。创建存储过程的 SQL 语句如下：

```
CREATE PROCEDURE P_QueryExpressBill @BillTypeCode varchar(2) AS
  declare @ControlId int
  declare @strSql nvarchar(4000)
SET @strSql = N'SELECT '
DECLARE cur CURSOR for
--该语句表示从 tb_BillTemplate 表（快递单模板信息表）取出某种快递单模板中所有控件的编号
  SELECT ControlId FROM tb_BillTemplate Where BillTypeCode = @BillTypeCode
OPEN cur
WHILE @@ERROR = 0
    BEGIN
       FETCH NEXT FROM cur
       INTO @ControlId
       if @@FETCH_STATUS = 0
     if @strSql = 'SELECT '     --该语句表示第一次执行 WHILE 语句时给变量@ strSql 赋值
             set @strSql = @strSql+ 'MAX(CASE ControlId WHEN '+cast(@ControlId as
varchar(10))+' THEN ControlText ELSE NULL END) as "'+cast(@ControlId as varchar(10))+'"'
        else                    --该语句表示非第一次执行 WHILE 语句时给变量@ strSql 赋值
             set @strSql = @strSql+ ',MAX(CASE ControlId WHEN '+cast(@ControlId as
varchar(10))+' THEN ControlText ELSE NULL END) as "'+cast(@ControlId as varchar(10))+'"'
       else
          break
    END
set @strSql = @strSql+ ' FROM tb_BillText Where BillTypeCode ='+@BillTypeCode+' GROUP
BY ExpressBillCode'              --该语句表示给动态 SQL 语句添加 FROM 字句和 Where 字句
EXEC sp_executesql  @strSql  --该语句表示执行动态 SQL 语句
CLOSE cur
DEALLOCATE cur
GO
```

上面代码中的相关参数说明如下。

@BillTypeCode 参数：表示单据种类代码。

@ControlId 变量：表示控件的唯一编号。

@ strSql 变量：表示行转列的动态 SQL 语句。

20.5 技术准备

由于快递单种类较多，所以系统在设计时考虑开发一个通用模板，由用户根据自己使用的快递单样式自定义快递单的文本输入框，这其中的技术难点是需要开发一个可由用户自行拉伸和自行拖放的文本框。本软件通过扩展系统的 TextBox 控件设计一个自定义控件（在本章可称之为文本框或文本输入框），该自定义控件完全符合上述要求。下面将介绍扩展系统已有控件的一般开发步骤。

（1）选中解决方案资源管理器中要添加自定义控件的某个文件夹，单击鼠标右键，在弹出的快捷菜单中选择“添加” / “组件”选项，如图 20-7 所示。

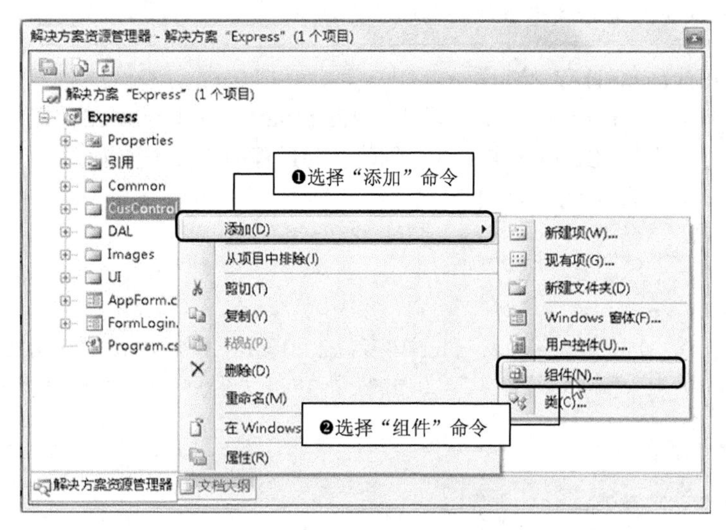

图 20-7 选择“添加” / “组件”选项

（2）弹出“添加新项”对话框，如图 20-8 所示。在该对话框的右下角选择 “自定义控件”项，并输入自定控件的名称，单击“添加”按钮，添加一个自定义控件。

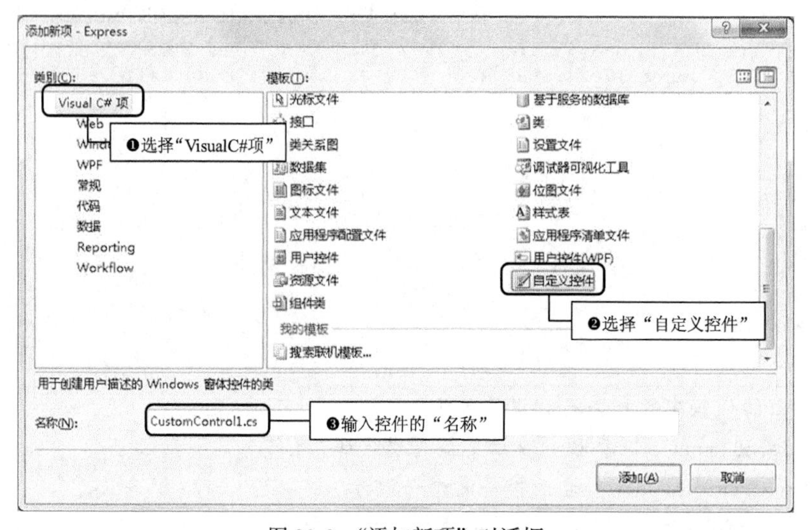

图 20-8 “添加新项”对话框

（3）在如图 20-9 所示的设计窗口中，若要在该控件中添加组件，请从工具箱中拖曳所需的组件到该设计窗口，并可设置它们的属性；若要为该控件创建自定义功能，请单击鼠标右键，然后选择快捷菜单中的“查看代码”命令，切换到代码编辑界面。以上两种操作也可按设计窗口的提示进行。

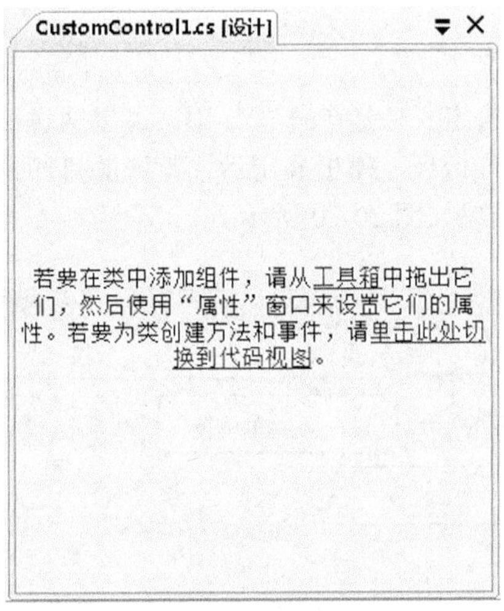

图 20-9　“设计”窗口

（4）进入代码编辑界面后，首先要确定当前自定义控件的扩展基类（可以是 Control 类，也可以是其他标准控件），然后可以在自定义控件中添加字段、方法、事件、属性等类的成员。这里以本软件的自定义控件 CTextBox 为例，鉴于篇幅限制，此处只给出部分代码，具体如下：

```
//自定义控件 CTextBox 扩展自标准控件 TextBox
public partial class CTextBox : TextBox
{
    bool isMoving = false;                  //定义一个 bool 型变量，表示鼠标按下标记
    Point offset;                           //声明一个 Point 类型引用，表示光标位置
    int intWidth;                           //定义一个整形变量，表示控件的宽度
    //定义一个方法，作为自定义控件鼠标按下事件的绑定方法
    private void CTextBox_MouseDown(object sender, MouseEventArgs e)
    {
        isMoving = true;                    //表示鼠标按下
        offset = new Point(e.X, e.Y);       //创建光标位置对象
        intWidth = this.Width;              //获取控件的初始宽度值
    }
    private string m_IsFlag;
    //定义一个属性，用于表示当前控件是否为单据编号控件
    public string IsFlag
    {
        get
        { return m_IsFlag; }                //获取属性值
        set
        { m_IsFlag = value; }               //设置属性值
    }
    ……其他事件或方法的代码
}
```

20.6 实现过程

20.6.1 快递单设置

快递单设置窗体主要用于自定义快递单样式，用户可以通过该窗体添加任意样式快递单的模板，并可根据实际需要随时修改模板。模板确定后，就能够打印快递单和查询打印过的快递单记录。“快递单设置”窗体运行结果如图 20-10 所示。

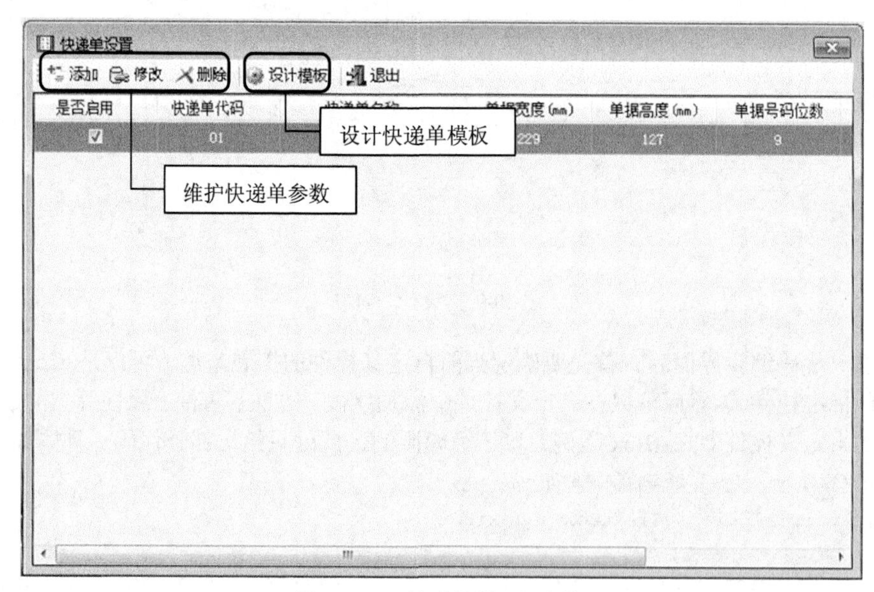

图 20-10 “快递单设置”窗体

1. 界面设计

新建一个 Windows 窗体，命名为 FormBillType.cs，设置 MinimizeBox 属性和 MaximizeBox 属性均为 false，设置 ShowInTaskbar 属性为 false，Text 属性为“快递单设置”。该窗体用到的主要控件如表 20-5 所示。

表 20-5 快递单设置窗体中用到的主要控件

控件类型	控件 ID	主要属性设置	用　　途
ToolStrip	toolStrip1	其 Items 属性的详细设置请查看源程序	制作工具栏
DataGridView	dgvBillType	AllowUserToAddRows 属性设置为 False；Modifiers 属性设置为 Public；其 Columns 属性的设置请参见源程序	显示快递单的基本信息
BindingSource	bsBillType	Modifiers 属性设置为 Public	用于管理数据源

2. 关键代码

（1）在快递单设置窗体中，单击“添加”按钮或“修改”按钮都将打开“快递单基本信息”窗体，该窗体用于录入快递单的基本信息。“快递单基本信息”窗体运行结果如图 20-11 所示。

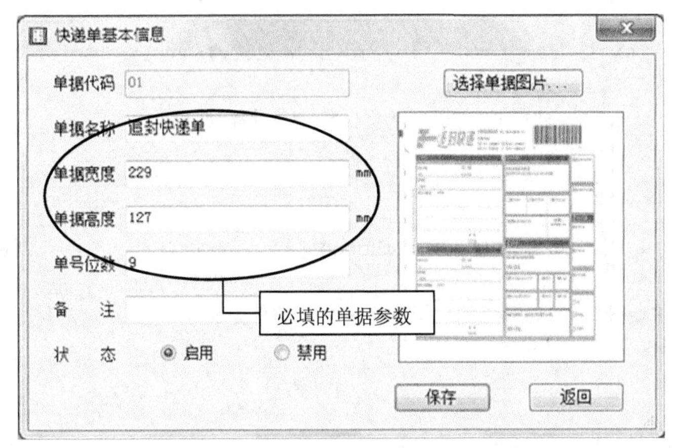

图 20-11　“快递单基本信息”窗体

（2）单击“添加”按钮，打开“快递单基本信息”窗体，该窗体用于录入快递单实物的相关信息，如单据高度、单据宽度、单据图像等。“添加”按钮的 Click 事件代码如下：

```
private void toolAdd_Click(object sender, EventArgs e)
{
    cc.ShowDialogForm(typeof(FormBillTypeInput), "Add", this);//打开"快递单基本信息"窗体
}
```

上面代码中的 ShowDialogForm 方法用于实例化并显示窗体，第二个参数若为 Add，则表示添加操作；若为 Edit，则表示修改操作，后面将不再赘述。

（3）单击“修改”按钮，仍将打开“快递单基本信息”窗体，此时该窗体用于修改已录入的快递信息。“修改”按钮的 Click 事件代码如下：

```
private void toolAmend_Click(object sender, EventArgs e)
{
    if (dgvBillType.RowCount > 0)   //若存在快递单信息记录
    {
        //打开"快递单基本信息"窗体
        cc.ShowDialogForm(typeof(FormBillTypeInput), "Edit", this);
    }
}
```

在录入快递单基本信息之前，要准备好快递单的参数（比如，宽度、高度、单据号位数等）和快递单实物图片（要求原始大小）。

（4）在“快递单基本信息”窗体中录入单据参数和设置单据图片完毕之后，单击“保存”按钮，程序会保存快递单信息到数据库，保存信息分为两种情况，分别是添加记录保存和修改记录保存。“保存”按钮的 Click 事件代码如下：

```
private void btnSave_Click(object sender, EventArgs e)
{
    if (String.IsNullOrEmpty(txtBillTypeName.Text.Trim()))    //判断名称是否空
    {
        MessageBox.Show("单据名称不许为空！", "软件提示");
        txtBillTypeName.Focus();
        return;
```

```
        }
        if (String.IsNullOrEmpty(txtBillWidth.Text.Trim()))          //判断宽度是否空
        {
            MessageBox.Show("单据宽度不许为空！", "软件提示");
            txtBillWidth.Focus();
            return;
        }
        if (String.IsNullOrEmpty(txtBillHeight.Text.Trim()))         //判断高度是否空
        {
            MessageBox.Show("单据高度不许为空！", "软件提示");
            txtBillHeight.Focus();
            return;
        }
        if (pbxBillPicture.Image == null)                            //判断图片是否空
        {
            MessageBox.Show("请选择单据图片！", "软件提示");
            return;
        }
        if (this.Tag.ToString() == "Add")                            //若是添加操作
        {
            //创建一个 DataGridViewRow 对象
            DataGridViewRow dgvr = cc.AddDataGridViewRow(formBillType.dgvBillType,
formBillType.bsBillType);
            dgvr.Cells["BillTypeCode"].Value = txtBillTypeCode.Text;   //设置代码
            dgvr.Cells["BillTypeName"].Value = txtBillTypeName.Text.Trim();//设置名称
            dgvr.Cells["BillWidth"].Value = Convert.ToInt32(txtBillWidth.Text);//设置宽度
            //设置高度
            dgvr.Cells["BillHeight"].Value = Convert.ToInt32(txtBillHeight.Text);
            //设置单号位数
            dgvr.Cells["BillCodeLength"].Value =
Convert.ToInt32(txtBillCodeLength.Text);
            dgvr.Cells["Remark"].Value = txtRemark.Text.Trim();     //设置备注
            //设置图片
            dgvr.Cells["BillPicture"].Value = cc.GetBytesByImage(pbxBillPicture.Image);
            if (rbIsEnabled1.Checked)
            {
                dgvr.Cells["IsEnabled"].Value = "1";                //设置为启用
            }
            else
            {
                dgvr.Cells["IsEnabled"].Value = "0";                //设置为禁用
            }
            //保存新添单据
            if (cc.Commit(formBillType.dgvBillType, formBillType.bsBillType))
            {
                //若确认继续添加
                if (MessageBox.Show("保存成功，是否继续添加？", "软件提示",
MessageBoxButtons.YesNo, MessageBoxIcon.Exclamation) == DialogResult.Yes)
                {
                    //自动生成新的单据编号
                    txtBillTypeCode.Text = cc.BuildCode("tb_BillType", "", "BillTypeCode",
```

```
"", 2);                                                    //自动生成新的单据编号
                txtBillTypeName.Text = "";
                txtBillWidth.Text = "";
                txtBillHeight.Text = "";
                txtRemark.Text = "";
                pbxBillPicture.Image = null;
            }
            else
            {
                this.Close();                              //关闭当前窗体
            }
        }
        else
        {
            MessageBox.Show("保存失败","软件提示");
        }
    }
    if (this.Tag.ToString() == "Edit")                     //若是修改状态
    {
        DataGridViewRow dgvr = formBillType.dgvBillType.CurrentRow;//获取当前要修改的行
        dgvr.Cells["BillTypeName"].Value = txtBillTypeName.Text.Trim();//设置单据名称
        dgvr.Cells["BillWidth"].Value = Convert.ToInt32(txtBillWidth.Text)//设置宽度
        //设置单据高度
        dgvr.Cells["BillHeight"].Value = Convert.ToInt32(txtBillHeight.Text);
        //设置代码位数
        dgvr.Cells["BillCodeLength"].Value                                          =
Convert.ToInt32(txtBillCodeLength.Text);
        dgvr.Cells["Remark"].Value = txtRemark.Text.Trim();    //设置备注
        //设置图片
        dgvr.Cells["BillPicture"].Value = cc.GetBytesByImage(pbxBillPicture.Image);
        if (rbIsEnabled1.Checked)
        {
            dgvr.Cells["IsEnabled"].Value = "1";               //表示可以使用该单据
        }
        else
        {
            dgvr.Cells["IsEnabled"].Value = "0";               //表示禁用该单据
        }
        //保存修改数据
        if (cc.Commit(formBillType.dgvBillType, formBillType.bsBillType))
        {
            MessageBox.Show("保存成功！", "软件提示");          //弹出提示信息框
            this.Close();
        }
        else
        {
            MessageBox.Show("保存失败！", "软件提示");          //弹出提示信息框
        }
    }
}
```

在上面的代码中，自定义方法 GetBytesByImage 实现通过序列化技术把图像转换为字节数组，自定义方法 Commit 实现通过 DataGridView 和 BindingSource 直接提交数据。

（5）在“快递单设置”窗体中，用鼠标选中一条快递单记录，然后单击该窗体的“设计模板”按钮，程序将打开“设计模板”窗体，如图 20-12 所示，用户可以在该窗体中根据快递单实物的图像自行设计打印模板。

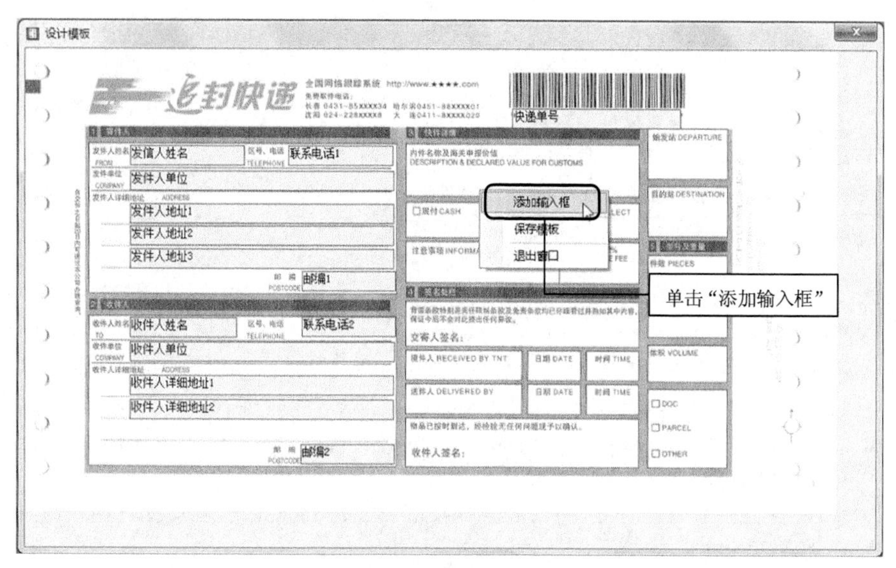

图 20-12 “设计模板”窗体

（6）在“设计模板”窗体的 Load 事件中，程序首先获取当前窗体的图像分辨率，然后通过加载数据库中的模板信息来动态创建文本输入框。Load 事件的代码如下：

```
private void FormSetTemplate_Load(object sender, EventArgs e)
{
    fDpiX = this.CreateGraphics().DpiX;                    //获取水平分辨率
    fDpiY = this.CreateGraphics().DpiY;                    //获取垂直分辨率
    formBillType = (FormBillType)this.Owner;               //获取拥有当前窗体的窗体
    dgvrBillType = formBillType.dgvBillType.CurrentRow;    //获取当前的快递单记录行
    //动态创建文本输入框
    InitTemplate(dgvrBillType.Cells["BillTypeCode"].Value.ToString());
}
```

上面代码中的自定义方法 InitTemplate 通过加载数据库中的模板信息来动态创建文本框。

（7）在“设计模板”窗体的 Paint 事件中，程序首先从数据库中读取快递单图像，然后在窗体上绘制出该图像。Paint 事件的代码如下：

```
private void FormSetTemplate_Paint(object sender, PaintEventArgs e)
{
    //根据当前窗体的位置创建 Point 实例
    offset = new Point(this.Location.X, this.Location.Y);
    //从数据库中获取快递单图像
```

```
        Image   img   =   cc.GetImageByBytes(dgvrBillType.Cells["BillPicture"].Value  as
byte[]);
        Point point = new Point(0, 0);                       //创建左上角顶点
        //创建 SizeF 实例，表示要绘制的新图像大小
        SizeF                    newSize                    =                    new
SizeF(MillimetersToPixel(Convert.ToInt32(dgvrBillType.Cells["BillWidth"].Value),
fDpiX),MillimetersToPixel(Convert.ToInt32(dgvrBillType.Cells["BillHeight"].Value),
fDpiY));
        //创建 RectangleF 实例，它指定所绘制新图像的位置和大小
        RectangleF NewRect = new RectangleF(point, newSize);
        //创建 SizeF 实例，表示原图像的大小
        SizeF oldSize = new SizeF(img.Width,img.Height);
        //指原图像中要绘制部分（此处是全部）
        RectangleF OldRect = new RectangleF(point, oldSize);
        //重新绘制原图像，从而达到图像缩放的效果
        e.Graphics.DrawImage(img, NewRect, OldRect, System.Drawing.GraphicsUnit.Pixel);
        //窗体根据图像的大小自动调整自身的大小
        if (newSize.Width > this.Width || newSize.Height > this.Height)
        {
            Size                    size                    =                    new
Size(Convert.ToInt32(MillimetersToPixel(Convert.ToInt32(dgvrBillType.Cells["BillWidth"
].Value),                                                                   fDpiX)),
Convert.ToInt32(MillimetersToPixel(Convert.ToInt32(dgvrBillType.Cells["BillHeight"].Va
lue), fDpiY)));
            FormAutoResize(size);                            //根据新图像的大小自动调整窗体大小
        }
    }
```

（8）在“设计模板”窗体的空白处单击鼠标右键，将弹出一个用于模板设计的快捷菜单，该快捷菜单包括“添加输入框”、“保存模板”、“退出窗口”3 个菜单项（见图 20-12）。单击“添加输入框”菜单项将在鼠标位置添加一个文本输入框，然后可用鼠标将控件拖曳到快递单图像的合适位置或拉伸到需要的长度。“添加输入框”菜单项的 Click 事件代码如下：

```
    private void toolAddCTextBox_Click(object sender, EventArgs e)
    {
        ctxt = new CTextBox();
        ctxt.IsFlag = "0";                                   //系统默认不是单据编号对应的输入框
        ctxt.ControlId = 0;                                  //系统默认的控件编号为零
        ctxt.FormParent = this;                              //设置父窗体
        ctxt.Location = new Point(MousePosition.X - offset.X, MousePosition.Y - offset.Y);
                                                             //设置文本输入框的位置
        ctxt.ReadOnly = true;                                //设置文本输入框为只读
        ctxt.BackColor = Color.Red;                          //设置文本输入框的背景颜色为红色
        this.Controls.Add(ctxt);                             //向窗体中添加新的文本输入框
        ctxt.Focus();                                        //设置新的文本输入框获取光标
        ctxt.SelectAll();                                    //设置新的文本输入框选择全部文本
    }
```

（9）对于“设计模板”窗体上的任意文本输入框，可以对其设置属性，属性的内容包括控件的名称、默认值、回车后光标的跳转位置、单号标记等信息。右键单击任意文本输入框，会弹出一个用于操作文本输入框的快捷菜单，如图 20-13 所示。在该快捷菜单中选择“设置属性”菜单项，将打开如图 20-14 所示的“属性”窗体，在该窗体中可以设置当前文本输入框的相关属性。

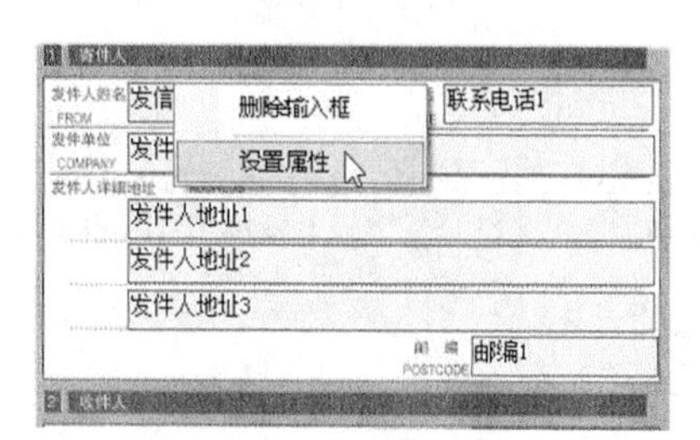

图 20-13　快捷菜单

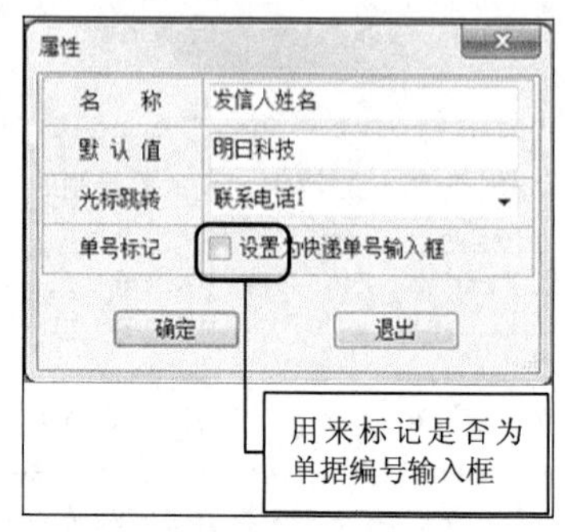

图 20-14　“属性”窗体

（10）在该窗体的 Load 事件中，程序首先获取当前窗体的所有者——设计模板窗体（即 FormSetTemplate 窗体），用来访问设计模板窗体上面的文本输入框，然后初始化当前窗体上面的多个控件。具体代码如下：

```
private void FormSetProperty_Load(object sender, EventArgs e)
{
    formSetTemplate = (FormSetTemplate)this.Owner;          //获取当前窗体的所有者
    //若窗体的 Tag 属性值为 CTextBox 类型
    if (this.Tag.GetType() == typeof(CTextBox))
    {
        //获取设计模板窗体中被选中的文本输入框
        ctxtCur = this.Tag as CTextBox;
        txtDefaultValue.Visible = true;                     //设置默认值文本框可见
        txtControlName.Text = ctxtCur.ControlName;          //显示被选中的文本输入框的名称
        txtDefaultValue.Text = ctxtCur.DefaultValue;        //显示被选中文本输入框的默认值
        //设置光标跳转的数据源
        cbxTurnControlName.DataSource = GetCTextBoxes(formSetTemplate);
        cbxTurnControlName.DisplayMember = "ControlName"; //设置显示值
        cbxTurnControlName.ValueMember = "ControlName";   //设置数据值
        if (!String.IsNullOrEmpty(ctxtCur.TurnControlName))//若光标跳转不为空
        {
            //设置要跳转到的文本输入框的名称
            cbxTurnControlName.SelectedValue = ctxtCur.TurnControlName;
        }
        else                                                //若光标跳转转向为空
        {
            cbxTurnControlName.SelectedIndex = -1;          //不选中任何项
        }
        //获取是否为“单据编号”文本框的标记
        chbIsFlag.Checked = cc.GetCheckedValue(ctxtCur.IsFlag);
    }
}
```

（11）如果在设计模板窗体中被选中的文本输入框是单据编号输入框，则需要为该文本输入框打上“单号标记”。由于一个模板中只存在一个单据编号输入框，所以程序会对重复性的设置弹出警告提示，代码如下：

```
private void chbIsFlag_CheckedChanged(object sender, EventArgs e)
{
     if (chbIsFlag.Checked)                                 //若选中单号标记复选框
```

```
    {
        //获取设计模板窗体中被选中的文本输入框
        List<CTextBox> ctxts = GetCTextBoxes(formSetTemplate);
        foreach (CTextBox ctxt in ctxts)                    //遍历设计模板窗体中所有文本框
        {
            //若当前遍历的文本输入框不是设计模板窗体中被选中的文本输入框
            if (!ctxt.Equals(ctxtCur))
            {
                //如果当前遍历的文本输入框已经是单据编号文本框，这样就发生了重复设置
                if (ctxt.IsFlag == "1")
                {
                    MessageBox.Show("已存在快递单号输入框！", "软件提示");//程序弹出提示信息
                    chbIsFlag.Checked = false;              //禁用复选框
                    break;                                  //跳出循环
                }
            }
        }
    }
}
```

（12）在设置完属性之后，单击“确定”按钮来确认设置的属性信息。单击“确定”按钮将触发其 Click 事件，该事件代码如下：

```
private void btnConfirm_Click(object sender, EventArgs e)
{
    if (String.IsNullOrEmpty(txtControlName.Text.Trim()))//若名称为空
    {
        MessageBox.Show("名称不许为空！", "软件提示");
        txtControlName.Focus();                         //设置名称文本框得到焦点
        return;                                         //停止程序运行
    }
    //获取设计模板窗体中所有的文本输入框
    List<CTextBox> ctxts = GetCTextBoxes(formSetTemplate);
    foreach (CTextBox ctxt in ctxts)                //遍历设计模板窗体中的所有文本输入框
    {
        //如果当前遍历的文本输入框不是设计模板窗体中被选中的文本输入框
        if (!ctxt.Equals(ctxtCur))
        {
            if (ctxt.ControlName == txtControlName.Text.Trim())//如果二者的名称相同
            {
                MessageBox.Show("名称重复，请重新设置！", "软件提示");//则提示名称重复
                txtControlName.Focus();                     //设置得到焦点
                return   ;                              //停止程序运行
            }
        }
    }
    ctxtCur.ControlName = txtControlName.Text.Trim();     //设置文本输入框的名称
    ctxtCur.Text = txtControlName.Text.Trim();            //设置 Text 属性值
    ctxtCur.DefaultValue = txtDefaultValue.Text.Trim();   //设置默认值
    //若设置了光标跳转的文本框
    if(cbxTurnControlName.SelectedValue!=null)
```

```
    {
        //设置光标掉转的文本框的名称
        ctxtCur.TurnControlName = cbxTurnControlName.SelectedValue.ToString();
    }
    //设置“单据编号输入框”标记
    ctxtCur.IsFlag = cc.GetFlagValue(chbIsFlag.CheckState);
    //设置设计模板窗体中被选中的文本输入框的背景颜色为红色
    ctxtCur.BackColor = Color.Red;
    this.Close();                                              //关闭当前窗体
}
```

（13）快递单模板设计完成之后，在“设计模板”窗体的空白处单击鼠标右键，会弹出一个用于模板设计的快捷菜单，在该快捷菜单中选择“保存模板”菜单项，将保存设计的模板，如图 20-15 所示。

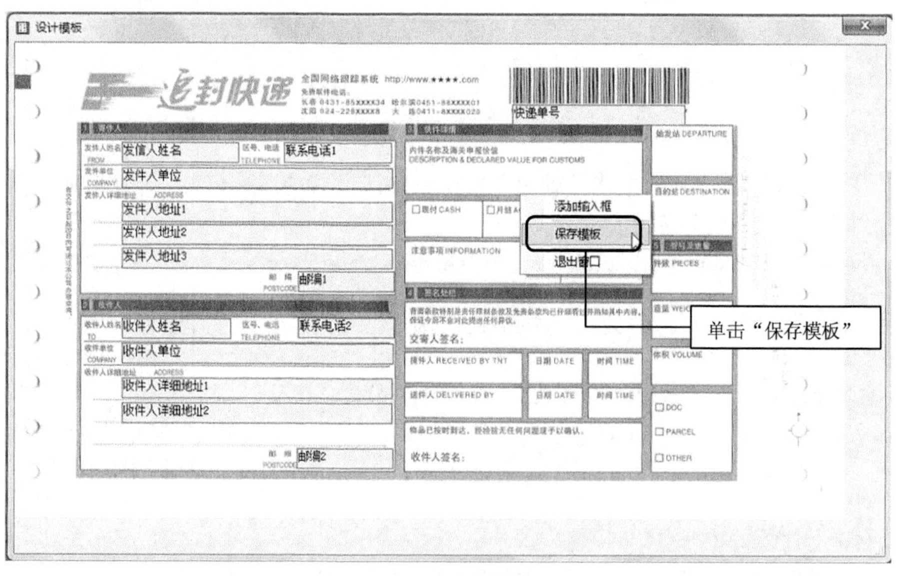

图 20-15　保存模板

（14）“保存模板”菜单项的 Click 事件代码如下：

```
private void toolSave_Click(object sender, EventArgs e)
{
    bool boolIsFlag = false;                                   //标识单据号输入框
    string strSql = null;                                      //表示 SQl 语句字符串
    //获取单据类型代码
    string strBillTypeCode = dgvrBillType.Cells["BillTypeCode"].Value.ToString();
    List<string> strSqls = new List<string>();                 //创建 List<string>实例
    //获取 List<CTextBox>实例
    List<CTextBox> ctxts = this.GetCTextBoxes(this);
    foreach (CTextBox ctxt in ctxts)
    {
        if (ctxt.IsFlag == "1")                                //若是快递单号输入框
        {
            boolIsFlag = true;                                 //标记值为 true
        }
```

```
            If (ctxt.ControlId == 0)                        //若该控件为新添控件
            {
                strSql                =                   "INSERT                INTO
tb_BillTemplate(BillTypeCode,X,Y,Width,Height,IsFlag,ControlName,DefaultValue,TurnCont
rolName) VALUES( '" + strBillTypeCode + "','" + ctxt.Location.X + "','" + ctxt.Location.Y
+ "','" + ctxt.Width + "','" + ctxt.Height + "','" + ctxt.IsFlag + "','" + ctxt.ControlName
+ "','"+ctxt.DefaultValue+"','"+ctxt.TurnControlName+"')";
        //插入新添控件的信息
            }
            else                                            //若该控件为原有控件
            {
                //修改原有控件的信息
                strSql = "Update tb_BillTemplate Set BillTypeCode = '" + strBillTypeCode +
"',X='"+ctxt.Location.X+"',Y='"+ctxt.Location.Y+"',Width='"+ctxt.Width+"',Height
= '" + ctxt.Height + "',IsFlag = '" + ctxt.IsFlag + "',ControlName = '" + ctxt.ControlName
+ "',DefaultValue = '"+ctxt.DefaultValue+"',TurnControlName = '"+ctxt.TurnControlName+"'
Where ControlId = '" + ctxt.ControlI
            }
            strSqls.Add(strSql);                            //向 strSqls 中添加元素
        }
        if (!boolIsFlag)                                    //若模板中无快递单号输入框
        {
            MessageBox.Show("请设置快递单号输入框","软件提示");
            return;
        }
        if (strSqls.Count > 0)
        {
            if (MessageBox.Show("确定要保存吗？", "软件提示", MessageBoxButtons.YesNo,
MessageBoxIcon.Exclamation) == DialogResult.Yes)
            {
                if (dataOper.ExecDataBySqls(strSqls))       //若提交数据成功
                {
                    DisposeAllCTextBoxes(this);             //清除现有文本输入框
                    InitTemplate(strBillTypeCode);          //重新加载文本输入框
                    MessageBox.Show("保存模板成功！", "软件提示");
                }
                else
                {
                    MessageBox.Show("保存模板失败！", "软件提示");
                }
            }
        }
        else
        {
            MessageBox.Show("未添加输入框，无须保存！", "软件提示");
        }
    }
```

在上面的代码中，GetCTextBoxes 方法用于获取窗体中的所有文本输入框；ExecDataBySqls 方法用于实现使用事务对象同时提交多条 SQL 语句；DisposeAllCTextBoxes 方法用于实现销毁窗体中的所有文本输入框。

单击“设计模板”窗体中的任意文本输入框，将弹出一个用于设置文本输入框的快捷菜单，该快捷菜单包括“删除输入框”和“设置属性”两个菜单项。单击“删除输入框”菜单项，将删除当前的文本输入框；单击“设置属性”菜单项，将打开当前文本输入框的属性窗口，该属性窗口包括“名称”、“默认值”、“光标跳转”和“单号标记”4 个属性设置项。鉴于篇幅限制，上述代码请参见源程序。

20.6.2 快递单打印

由于一个用户可能使用多种类型的快递单，所以在“快递单打印”窗体中提供了自由选择快递单种类的功能，在确定使用某一种快递单后，程序将自动生成多个文本输入框，这些文本输入框的大小及位置与对应模板的设置完全相同。“快递单打印”窗体运行结果如图 20-16 所示。

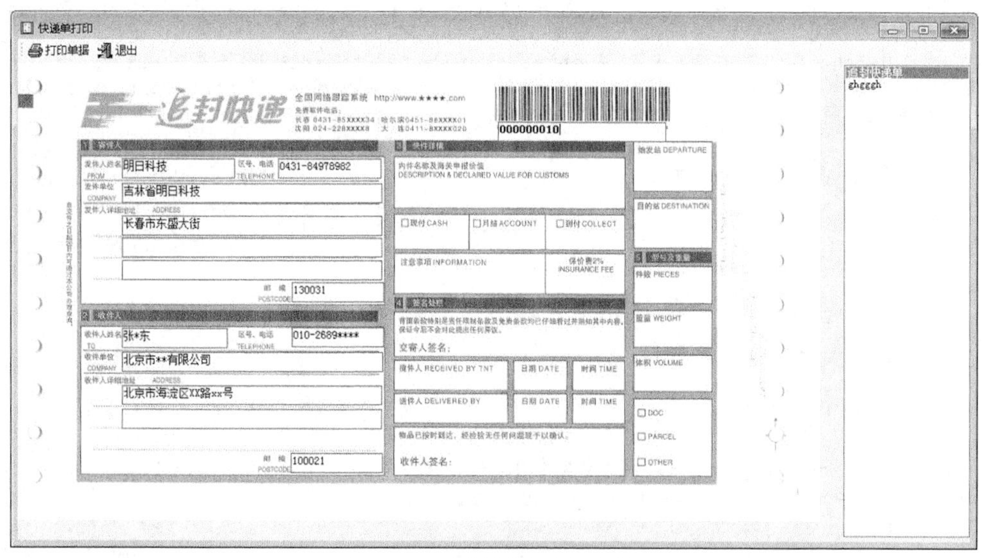

图 20-16 “快递单打印”窗体

1. 界面设计

新建一个 Windows 窗体，命名为 FormBillPrint.cs，设置 TopMost 属性为 true，Text 属性为“快递单打印”，该窗体用到的主要控件如表 20-6 所示。

表 20-6 快递单打印窗体中用到的主要控件

控件类型	控件 ID	主要属性设置	用　途
ToolStrip	toolStrip1	其 Items 属性的详细设置请查看源程序	制作工具栏
SplitContainer	splitContainer1	Dock 属性设置为 Fill	把窗体分割成两个大小可调区域
ListBox	lbxBillTypeCode	Dock 属性设置为 Fill	显示快递单种类
PictureBox	pbxBillPicture	Dock 属性设置为 Fill	显示快递单图像
PrintDocument	pd	默认设置	设置打印参数并打印快递单

2. 关键代码

（1）在窗体的 Load 事件中，首先把 ListBox 控件绑定到快递单分类数据表，列出所有启用的快递单，并把列表中的第一项作为默认选项，然后初始化默认快递单的模板样式（初始化的内容包括快递单图像、文本编辑框、单据默认值等），最后在窗体中按照当前快递单的模板布局生成若于文本框。实现关键代码如下：

```
private void FormBillPrint_Load(object sender, EventArgs e)
{
    fDpiX = this.CreateGraphics().DpiX;                          //获取水平分辨率
    fDpiY = this.CreateGraphics().DpiY;                          //获取垂直分辨率
    cc.ListBoxBindDataSource(lbxBillTypeCode,    "BillTypeCode",    "BillTypeName",
"Select * From tb_BillType Where IsEnabled = '1'", "tb_BillType");//ListBox 控件绑定数据源
    if (lbxBillTypeCode.Items.Count > 0)                         //若存在快递单
    {
      //获取单据信息和模板信息
      BuildImageData(lbxBillTypeCode.SelectedValue.ToString());
      InitTemplate(dtBillTemplate);                              //生成文本输入框
    }
    else                                                         //若无快递单
    {
       toolPrint.Enabled = false;                                //禁用“打印”按钮
    }
}
```

在上面的代码中，ListBoxBindDataSource 方法实现 ListBox 控件绑定到数据源；BuildImageData 方法获取指定快递单的基本信息和对应的模板信息；InitTemplate 方法根据指定快递单的模板数据生成文本框。

（2）在该窗体的 PictureBox 控件的 Paint 事件中，程序首先将数据库中存储的二进制快递单图像信息转换为 Image 图像，然后在 PictureBox 控件中按照快递单实物的大小重新绘制该图像。Paint 事件的代码如下：

```
private void pbxBillPicture_Paint(object sender, PaintEventArgs e)
{
    if (lbxBillTypeCode.Items.Count > 0)                         //若存在快递单
    {
       //把二进制图像信息转换为 Image 图像
       Image img = cc.GetImageByBytes(dtBillType.Rows[0]["BillPicture"] as byte[]);
       Point point = new Point(0, 0);                            //左上角顶点
       //新图像大小
       SizeF                    newSize                    =                    new
SizeF(MillimetersToPixel(Convert.ToInt32(dtBillType.Rows[0]["BillWidth"]),      fDpiX),
MillimetersToPixel(Convert.ToInt32(dtBillType.Rows[0]["BillHeight"]), fDpiY));
       RectangleF NewRect = new RectangleF(point, newSize);     //新图像的区域
       SizeF oldSize = new SizeF(img.Width, img.Height);        //原图像的大小
       RectangleF OldRect = new RectangleF(point, oldSize);     //原图像的区域
       //重新绘制原图像，从而达到图像缩放的效果
       e.Graphics.DrawImage(img,                   NewRect,                   OldRect,
System.Drawing.GraphicsUnit.Pixel);
    }
}
```

上面的代码中，自定义方法 MillimetersToPixel 实现将毫米转换为像素；另外，Graphics 类的 DrawImage 方法有多种重载形式，上面代码中用到的这种形式可用来处理图像的缩放，若新图像区域比原图像区域大，则图像会被放大，若新图像区域比原图像区域小，则图像会被缩小。

（3）在“快递单打印”窗体中填写完快递单的内容之后，单击“打印单据”按钮，程序首先将填写的快递单信息保存到数据库，然后实现快递单的套打。“打印单据”按钮的 Click 事件代码如下：

```
private void toolPrint_Click(object sender, EventArgs e)
{
    string strSql = null;                                       //声明表示 SQL 语句的字符串
    List<string> strSqls = new List<string>();                  //创建字符串列表
    //实例化 List<CTextBox>
    List<CTextBox> ctxts = GetCTextBoxes(this.splitContainer1.Panel1);
    foreach (CTextBox ctxt in ctxts)                            //循环所有的文本输入框
    {
        if (ctxt.IsFlag == "1")                                 //若是单据号控件
        {
            if (String.IsNullOrEmpty(ctxt.Text.Trim()))         //若单据号为空
            {
                MessageBox.Show("单据号不许为空！","软件提示");
                ctxt.Focus();                                   //单据号控件获得焦点
                return;
            }
            else
            {
                if (ctxt.Text.Trim().Length != ctxt.MaxLength)//若单据号位数不正确
                {
                    MessageBox.Show("单据号位数不正确！", "软件提示");
                    ctxt.Focus();
                    return;
                }
            }
            //若数据库中已存在当前的单据号码
            if
(cc.IsExistExpressBillCode(ctxt.Text.Trim(),lbxBillTypeCode.SelectedValue.ToString()))
            {
                MessageBox.Show("该单据号已经存在！", "软件提示");
                ctxt.Focus();
                return;
            }
        }
        else                                                    //若不是单据号控件
        {
            if (String.IsNullOrEmpty(ctxt.Text.Trim()))         //若当前控件的 Text 属性值为空
            {
                if (MessageBox.Show(ctxt.ControlName + "为空，是否继续", "软件提示",
MessageBoxButtons.YesNo, MessageBoxIcon.Exclamation) == DialogResult.No)
                {
                    ctxt.Focus();
                    return;
                }
            }
        }
        strSql                    =                    "INSERT                    INTO
tb_BillText(BillTypeCode,ControlId,ExpressBillCode,ControlText)        VALUES(        '"
```

```
+lbxBillTypeCode.   SelectedValue.ToString()+"','"+   ctxt.ControlId   +   "','"   +
ctxtExpressBillCode.Text.Trim() + "','" + ctxt.Text.Trim() + "')";
                         //表示插入新快递单的某项信息
            strSqls.Add(strSql);                          //向 strSqls 中添加 SQL 字符串
        }
        if (strSqls.Count > 0)
        {
            if (dataOper.ExecDataBySqls(strSqls))         //若保存快递单数据成功
            {
                Margins margin = new Margins(0, 0, 0, 0);    //实例化 Margins
                pd.DefaultPageSettings.Margins = margin;     //设置打印文档的边距
                //定义纸型
                PaperSize   pageSize   =   new   PaperSize("  快  递  单  打  印  ",
Convert.ToInt32(MillimetersToPixel(Convert.ToInt32(dtBillType.Rows[0]["BillWidth"]),
fDpiX)),
Convert.ToInt32(MillimetersToPixel(Convert.ToInt32(dtBillType.Rows[0]["BillHeight"]),
fDpiY)));
                pd.DefaultPageSettings.PaperSize = pageSize;  //设置打印文档的纸张大小
                pd.Print();                                   //开始打印快递单
            }
            else                                              //若保存快递单数据失败
            {
                MessageBox.Show("保存失败，无法打印","软件提示");  //弹出提示框
                return;
            }
        }
    }
```

（4）在“打印单据”按钮的 Click 事件中，主要完成了数据检查和数据保存的功能，具体打印内容的设置发生在 PrintDocumnet 控件的 PrintPage 事件中，该事件的具体代码如下：

```
    private void pd_PrintPage(object sender, System.Drawing.Printing.PrintPageEventArgs
e)
    {
        Graphics g = e.Graphics;                                //获取绘制页的图像
        Font font = new Font("宋体", 12, GraphicsUnit.Pixel);  //定义字体
        Brush brush = new SolidBrush(Color.Black);              //实例化 Brush
        List<CTextBox> ctxts = GetCTextBoxes(this.splitContainer1.Panel1);//获取文本框
        foreach (CTextBox ctxt in ctxts)                        //遍历所有文本输入框
        {
            if (ctxt.IsFlag != "1")                             //若不是单据号文本框
            {
                g.DrawString(ctxt.Text, font, brush, ctxt.Location.X, ctxt.Location.Y);//
在图像中绘制字符串
            }
        }
        foreach (CTextBox ctxt in ctxts)                        //遍历所有文本输入框
        {
            if (ctxt.IsFlag == "1")                             //若是单号文本输入框
            {
                ctxt.Text   =   cc.BuildCode("tb_BillText",   "Where   ControlId   =   '"   +
ctxt.ControlId + "'", "ExpressBillCode", "", ctxt.MaxLength);
    //自动生成新快递单号
```

```
            }
            else
            {
                if (String.IsNullOrEmpty(ctxt.DefaultValue))    //若当前文本输入框无默认值
                {
                    ctxt.Text = "";                              //设 Text 属性为空字符
                }
                else                                             //若当前文本输入框有默认值
                {
                    ctxt.Text = ctxt.DefaultValue;               //设 Text 属性为默认值
                }
            }
        }
    }
```

20.6.3 快递单查询

打印后的快递单记录被保存到数据库中，快递单查询窗体提供了查询打印记录、修改打印记录、删除打印记录及重新打印单据的功能。该窗体运行结果如图 20-17 所示。

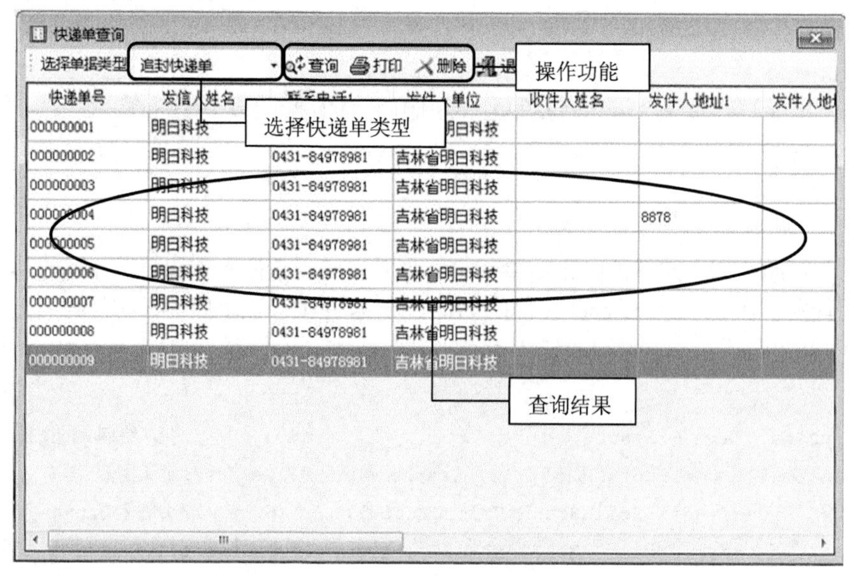

图 20-17 “快递单查询”窗体

1．界面设计

新建一个 Windows 窗体，命名为 FormExpressBill.cs，设置 MinimizeBox 属性和 MaximizeBox 属性均为 false，设置 ShowInTaskbar 属性为 false，Text 属性为“快递单查询”。该窗体用到的主要控件如表 20-7 所示。

表 20-7　　快递单查询窗体中用到的主要控件

控件类型	控件 ID	主要属性设置	用　　途
ToolStrip	toolStrip1	其 Items 属性的详细设置请查看源程序	制作工具栏
DataGridView	dgvExpressBill	AllowUserToAddRows 属性设置为 False； Modifiers 属性设置为 Public	显示快递单记录

2. 关键代码

（1）在“快递单查询”窗体中，由于不同种类快递单的基本信息并不完全相同，所以程序要根据选择的单据类型在 DataGridView 控件中显示不同的列信息，这就要求程序能够动态生成快递单的列。在窗体的 Load 事件中，程序首先获取所有的快递单类别信息，然后将其添加到工具栏的下拉列表中。具体实现关键代码如下：

```
public partial class FormExpressBill : Form
{
    //实例化Dictionary<int, object>
    IDictionary<int, object> dicKeyValue = new Dictionary<int, object>();
    DataOperate dataOper = new DataOperate();                    //实例化DataOperate类
    CommClass cc = new CommClass();                                 //实例化CommClass
    string strExpressBillCodeColumn = null;                         //声明字符串引用
    public FormExpressBill()
    {
        InitializeComponent();
    }
    private void FormExpressBill_Load(object sender, EventArgs e)
    {
        try
        {
            DataTable dt = dataOper.GetDataTable("Select BillTypeCode, BillTypeName
From tb_BillType", "tb_BillType");                                  //获取单据类型数据源
            for (int i = 0; i < dt.Rows.Count; i++)                 //循环读取数据源
            {
                //向下拉列表中添加项
                toolcbxBillTypeCode.Items.Insert(i, dt.Rows[i]["BillTypeName"]);
                dicKeyValue.Add(i, dt.Rows[i]["BillTypeCode"]);     //向泛型字典添加键值
            }
            if (toolcbxBillTypeCode.Items.Count > 0)                //若存在单据种类记录
            {
                toolcbxBillTypeCode.SelectedIndex = 0;              //设置当前项索引为0
            }
        }
        catch (Exception ex)
        {
            MessageBox.Show(ex.Message, "软件提示");
            throw ex;
        }
    }
    ……其他事件或方法的代码
}
```

上面的代码中用到了 IDictionary<int, object>接口，它是 IDictionary<TKey, TValue>泛型接口的一种形式。IDictionary<TKey, TValue>泛型接口也称作泛型字典，参数 TKey 为字典中键的类型，参数 TValue 为字典中值的类型。

（2）选择下拉列表中的某项，程序将根据当前的选项动态生成 DataGridView 中的列。选择下拉列表中的项将触发它的 SelectedIndexChanged 事件，该事件代码如下：

```
private void toolcbxBillType_SelectedIndexChanged(object sender, EventArgs e)
{
```

```
        if (toolcbxBillTypeCode.Items.Count > 0)
        {
            dgvExpressBill.DataSource = null;                           //清除数据源
            dgvExpressBill.Columns.Clear();                             //清除现有列
            //根据选择的列表项索引，从泛型字典中取出快递单种类代码
            m_BillTypeCode = dicKeyValue[toolcbxBillTypeCode.SelectedIndex].ToString();
            DataTable dt = dataOper.GetDataTable("Select * From tb_BillTemplate Where
BillTypeCode = '" + m_BillTypeCode + "'", "tb_BillTemplate");        //获取快递单模板信息
            if (dt.Rows.Count > 0)
            {
                //获取单号控件的信息
                DataRow drBillCode = dt.AsEnumerable().FirstOrDefault(itm =>
itm.Field<string>("IsFlag") == "1");
                //获取控件的唯一编号
                strExpressBillCodeColumn = drBillCode["ControlId"].ToString();
                //向DataGridView控件中添加单据号列
                dgvExpressBill.Columns.Add(strExpressBillCodeColumn,
drBillCode["ControlName"].ToString());
                //设置单据号列绑定的数据库列
                dgvExpressBill.Columns[strExpressBillCodeColumn].DataPropertyName =
strExpressBillCodeColumn;
                //设置单号列只读
                dgvExpressBill.Columns[strExpressBillCodeColumn].ReadOnly = true;
                foreach (DataRow dr in dt.Rows)                       //循环所有数据行
                {
                    if (dr["IsFlag"].ToString() == "0")               //若不是单号控件
                    {
                        string strColumnName = dr["ControlId"].ToString();//获取控件编号
                        //向DataGridView中添加列
                        dgvExpressBill.Columns.Add(strColumnName,
dr["ControlName"].ToString());
                        //设置当前列绑定的数据库列
                        dgvExpressBill.Columns[strColumnName].DataPropertyName =
strColumnName;
                        //设置当前列为只读
                        dgvExpressBill.Columns[strColumnName].ReadOnly = true;
                    }
                }
            }
        }
    }
```

（3）在快递单查询窗体中，选定某一种快递单，单击“查询”按钮将打开“查询条件输入”窗体，在该窗体的文本框中输入查询条件（查询条件可任意，并支持模糊查询的功能），然后单击“查询”按钮执行查询操作。“查询条件输入”窗体的运行结果如图20-18所示。

（4）在“查询条件输入”窗体的Load事件中，程序按照当前快递单的模板信息自动生成若干文本输入框，代码如下：

```
    private void FormBrowseBill_Load(object sender, EventArgs e)
    {
        formExpressBill = (FormExpressBill)this.Owner;    //获取拥有当前窗体的窗体
        strBillTypeCode = formExpressBill.BillTypeCode;   //获取单据种类代码
```

图 20-18　“查询条件输入”窗体

```
        strExpressBillCode = formExpressBill.ExpressBillCode;//获取单据号
        fDpiX = this.CreateGraphics().DpiX;                   //获取水平分辨率
        fDpiY = this.CreateGraphics().DpiY;                   //获取垂直分辨率
        dtBillType = dataOper.GetDataTable("Select * From tb_BillType Where BillTypeCode
= '" + strBillTypeCode + "'", "tb_BillType");                //获取单据种类信息
        InitTemplate(strBillTypeCode);                        //根据模板信息生成若干文本输入框
        if (this.Tag.ToString() == "Query")                   //若窗体处于查询操作状态
        {
            toolSave.Visible = false;                         //"保存"按钮不可见
            toolPrint.Visible = false;                        //"打印"按钮不可见
            this.Text = "查询条件输入";
        }
        else                                                  //若窗体处于打印操作状态
        {
            toolQuery.Visible = false;                        //"查询"按钮不可见
            InitText(strBillTypeCode, strExpressBillCode);//设置所有文本框的 Text 属性
            this.Text = "单据打印";
        }
    }
```

说明　在“快递单查询”窗体中，单击“查询”或“打印”按钮实际上打开的是相同的开发资源，即 FormBrowseBill 窗体，程序通过向该窗体的 Tag 属性传递不同的值来加以区分。另外，代码中的 InitText 方法实现为窗体上所有文本输入框设置 Text 属性值。

（5）在“查询条件输入”窗体的文本框中输入查询信息，然后单击“查询”按钮，程序将过滤出查询结果，并将查询结果显示在“快递单查询”窗体中。“查询”按钮的 Click 事件代码如下：

```
    private void toolQuery_Click(object sender, EventArgs e)
    {
```

```
        string strSql = String.Empty;                          //声明表示 SQL 语句的字符串
        //创建 SqlParameter 对象
        SqlParameter param = new SqlParameter("@BillTypeCode", SqlDbType.VarChar);
        param.Value = strBillTypeCode;                         //给参数对象 Value 的属性值
        //实例化 List<SqlParameter>
        List<SqlParameter> parameters = new List<SqlParameter>();
        parameters.Add(param);                                 //向参数列表中添加元素
        SqlParameter[] inputParameters = parameters.ToArray();//把参数列表的元素复制到数组中
        //获取符合该查询条件的单据记录
        DataTable dt = dataOper.GetDataTable("P_QueryExpressBill", inputParameters);
        //获取窗体中的所有文本输入框
        List<CTextBox> ctxts = GetCTextBoxes(this.panelBillPictrue);
        foreach (CTextBox ctxtTemp in ctxts)                   //遍历所有的文本输入框
        {
            //若当前文本框的 Text 属性不为空
            if (!(String.IsNullOrEmpty(ctxtTemp.Text.Trim())))
            {
                if (String.IsNullOrEmpty(strSql))              //若 foreach 循环第一次执行
                {
                    //设置表示查询的 SQL 语句
                    strSql = "[" + ctxtTemp.ControlId.ToString() + "] like '%" +
ctxtTemp.Text.Trim() + "%'";
                }
                else                                           //若 foreach 循环非第一次执行
                {
                    //设置表示查询的 SQL 语句
                    strSql += " and [" + ctxtTemp.ControlId.ToString() + "] like '%" +
ctxtTemp.Text.Trim() + "%'";
                }
            }
        }
        dt.DefaultView.RowFilter = strSql;                     //设置过滤条件
        //设置 DataGridView 控件的数据源
        formExpressBill.dgvExpressBill.DataSource = dt.DefaultView;
        this.Close();                                          //关闭窗体
    }
```

20.7 调 试 运 行

在软件的开发过程中，由于技术或经验的原因，难免会遇到一些问题。在开发快递单打印系统时，出现的问题主要体现在空引用异常和数组越界异常两个方面，下面就讲解关于这两方面的解决问题思路。

20.7.1 空引用异常调试

在开发数据库应用程序时，经常使用 DataGridView 控件来浏览数据记录，本系统在进行数据记录浏览时基本都使用了该控件。这里以快递单设置模块为例，若 DataGridView 控件中无数据行，当单击“删除”按钮时，可能会出现如图 20-19 所示的异常提示窗口。

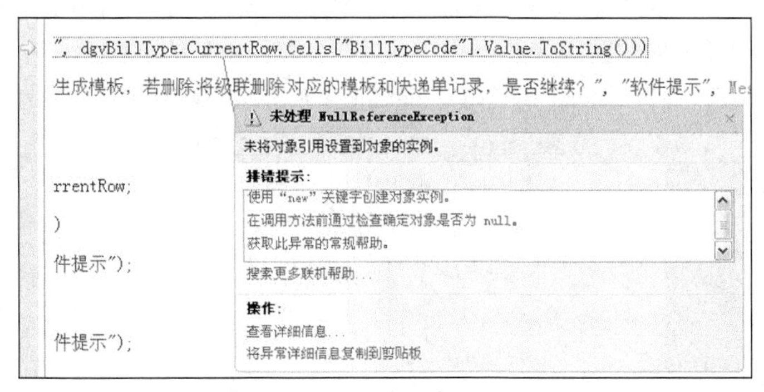

图 20-19　空引用异常提示窗口

经分析发现，异常语句中的 CurrentRow 属性值为空，其实道理很简单，由于 DataGridView 控件中无数据记录，自然其 CurrentRow 的属性值为 null。产生异常的主要源代码如下：

```
    private void toolDelete_Click(object sender, EventArgs e)
    {
        if (MessageBox.Show("确定要删除吗？", "软件提示", MessageBoxButtons.YesNo,
MessageBoxIcon.Exclamation) == DialogResult.Yes)
        {
            if                                  (cc.IsExistConstraint("tb_BillType",
dgvBillType.CurrentRow.Cells["BillTypeCode"].Value.ToString()))
            {
                ……其他的代码
            }
            ……其他的代码
        }
    }
```

解决该问题的办法就是，若 DataGridView 控件中无数据行，则终止程序继续运行，修改后的主要代码如下：

```
    private void toolDelete_Click(object sender, EventArgs e)
    {
        if (dgvBillType.RowCount == 0)
        {
            return;
        }
        if (MessageBox.Show("确定要删除吗？", "软件提示", MessageBoxButtons.YesNo,
MessageBoxIcon.Exclamation) == DialogResult.Yes)
        {
            if                                  (cc.IsExistConstraint("tb_BillType",
dgvBillType.CurrentRow.Cells["BillTypeCode"].Value.ToString()))
            {
                ……其他的代码
            }
            ……其他的代码
        }
    }
```

20.7.2　数组越界异常调试

在快递单打印模块中，当切换快递单种类时，程序首先要清除原有快递单模板，然后再生成新的模版。若要清除原有快递单模板，首先要获取窗体上的控件集合，然后找出控件集合中的文本输入框，最后通过调用文本输入框的 Dispose 方法销毁自己。但程序在运行过程中，可能会出现如图 20-20 所示的异常提示窗口。

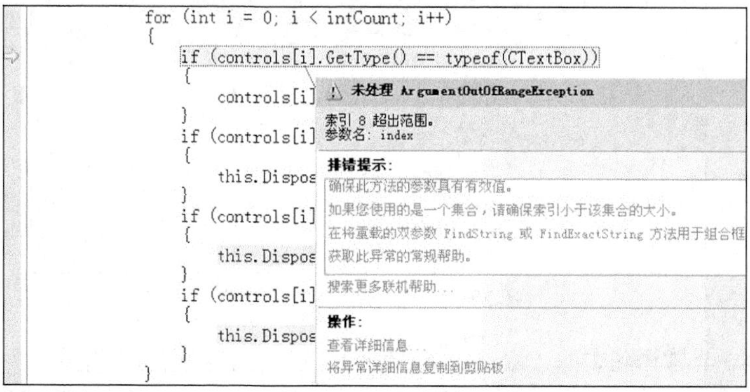

```
for (int i = 0; i < intCount; i++)
{
    if (controls[i].GetType() == typeof(CTextBox))
    {
        controls[i]
    }
    if (controls[i]
    {
        this.Dispos
    }
    if (controls[i]
    {
        this.Dispos
    }
    if (controls[i]
    {
        this.Dispos
    }
}
```

未处理 ArgumentOutOfRangeException
索引 8 超出范围。
参数名: index
排错提示:
确保此方法的参数具有有效值。
如果您使用的是一个集合，请确保索引小于该集合的大小。
在将重载的双参数 FindString 或 FindExactString 方法用于组合框
获取此异常的常规帮助。
搜索更多联机帮助...
操作:
查看详细信息...
将异常详细信息复制到剪贴板

图 20-20　数组越界异常提示窗口

根据异常信息提示可知，发生了数组越界，那么为什么会这样呢？进一步分析发现，每当销毁一个文本输入框，控件集合的 Count 属性值会减小 1，而且控件集合中某些元素的索引值也会发生变化，而实际上程序并没有对 Count 属性值和相关元素的索引值进行任何处理，这就是问题的所在。产生异常的主要源代码如下：

```
public void DisposeAllCTextBoxes(Control control)
{
    Control.ControlCollection controls = control.Controls;
    int intCount = controls.Count;
    for (int i = 0; i < intCount; i++)
    {
        if (controls[i].GetType() == typeof(CTextBox))
        {
            controls[i].Dispose();
        }
        ……其他的代码
    }
}
```

解决该问题的办法就是，在每个文本输入框被销毁之后，使 Count 属性值和下一个元素的索引值都减小 1，修改后的代码如下：

```
public void DisposeAllCTextBoxes(Control control)
{
    Control.ControlCollection controls = control.Controls;
    int intCount = controls.Count;
    for (int i = 0; i < intCount; i++)
    {
        if (controls[i].GetType() == typeof(CTextBox))
        {
            controls[i].Dispose();
            i -= 1;
            intCount -= 1;
        }
        ……其他的代码
    }
}
```

20.8　课程设计总结

关于快递单打印系统这个软件，下面就从技术和开发经验两个方面进行总结。

20.8.1　技术总结

1. 把图像保存到数据库

本系统将快递单的实物图像保存到数据库中，其实现原理是：首先通过序列化技术将图像转换为字节数组，然后把得到的字节数组以二进制的格式存储到数据库中。该功能的实现方法如下：

```
/// <param name="img">Image 对象的引用</param>
/// <returns>字节数组</returns>
public byte[] GetBytesByImage(Image img)
{
    try
    {
        MemoryStream ms = new MemoryStream();                       //实例化内存流
        new BinaryFormatter().Serialize(ms, img);                   //把图像序列化为内存流
        return ms.GetBuffer();                                      //把内存流转换为字节数组
    }
    catch (Exception ex)
    {
        MessageBox.Show(ex.Message, "软件提示");
        throw ex;
    }
}
```

2. 从数据库中读取图像

在快递单打印模块和快递单查询模块中，程序需要从数据库中读取快递单图像，其实现原理是：首先通过反序列化技术将数据库中存储的二进制图像数据还原为图像，然后再将该图像显示到窗体或图片控件中。该功能的实现方法如下：

```
/// <param name="buffer">字节数组</param>
/// <returns>Image 图像</returns>
public Image GetImageByBytes(byte[] buffer)
{
    try
    {
        MemoryStream ms = new MemoryStream(buffer);          //使用字节数组实例化内存流
        return new BinaryFormatter().Deserialize(ms) as Image//通过反序列化技术还原图像
    }
    catch (Exception ex)
    {
        MessageBox.Show(ex.Message, "软件提示");
        throw ex;
    }
}
```

3. 清空绑定数据源的 DataGridview 控件

DataGridView 控件的 Rows 属性的 Clear 方法用来清除该控件中所有的行，但该方法不能清

空用数据源绑定的 DataGridView 控件，针对这种情况，本系统通过清空 DataGridView 控件的数据源来解决这个问题。具体实现方法如下：

```
public void DataGridViewReset(DataGridView dgv)
{
    if (dgv.DataSource != null)                              //若数据源不为空
    {
        if (dgv.DataSource.GetType() == typeof(DataTable))//若绑定的数据源为 DataTable
        {
            DataTable dt = dgv.DataSource as DataTable;      //获取数据源
            dt.Clear();                                      //清空数据
        }
        //若绑定的数据源为 BindingSource
        if (dgv.DataSource.GetType() == typeof(BindingSource))
        {
            BindingSource bs = dgv.DataSource as BindingSource;//获取数据源
            DataTable dt = bs.DataSource as DataTable;       //把数据源转换为 DataTable
            dt.Clear();                                      //清空数据
        }
    }
}
```

20.8.2 经验总结

1. 重复信息的提示

在数据库应用程序开发中，有些信息在业务要求上不允许重复，如本实例中的快递单号码，那么对于出现了重复信息的情况，软件要给予主动提示，并强制用户改正，然后程序方可继续运行，这有利于保证数据与实际业务的一致性。

2. 删除前提示

在删除数据记录时，软件应该给予主动提示，提示用户是否继续进行，以防止用户的误操作，进而造成不必要的损失。

3. 适当使用存储过程

存储过程是一组具有特定逻辑功能的 SQL 语句集合，它存放在数据库中，并预先编译好。适当地使用存储过程的好处很多，如可以提高 SQL 语句的执行效率、降低网络流量等。通过开发本系统，总结出以下 3 种情况比较适合调用存储过程。

- 当某项业务同时操作多个数据表时。
- 当某项业务对数据库进行复杂操作时，如同时执行查询、更新、插入等操作。
- 当某项业务频繁查询某个或多个数据表时。

4. 善于抽取公共逻辑

对于软件开发中的一些公共逻辑，比如打开子窗体、控件绑定到数据源等，最好将这些公共逻辑封装成方法，然后把这些方法放入到公共类中，从而减少重复性代码的编写。